微积分基础

主　编　黄永彪　杨社平
副主编　梁丽杰　梁元星
　　　　蒙江凌　贺仁初

北京理工大学出版社
BEIJING INSTITUTE OF TECHNOLOGY PRESS

版权专有　侵权必究

图书在版编目(CIP)数据

微积分基础/黄永彪,杨社平主编. —北京:北京理工大学出版社,2012.9 (2021.8重印)

ISBN 978-7-5640-6533-1

Ⅰ.①微…　Ⅱ.①黄…②杨…　Ⅲ.①微积分-高等学校-教材　Ⅳ.①O172

中国版本图书馆 CIP 数据核字(2012)第 186496 号

出版发行 / 北京理工大学出版社
社　　址 / 北京市海淀区中关村南大街5号
邮　　编 / 100081
电　　话 / (010)68914775(办公室)68944990(批销中心)68911084(读者服务部)
网　　址 / http://www.bitpress.com.cn
经　　销 / 全国各地新华书店
印　　刷 / 三河市华骏印务包装有限公司
开　　本 / 787毫米×1092毫米　1/16
印　　张 / 23.5
字　　数 / 543千字　　　　　　　　　　　　　　　　责任编辑／张慧峰
版　　次 / 2012年9月第1版　2021年8月第12次印刷　　责任校对／周瑞红
定　　价 / 43.80元　　　　　　　　　　　　　　　　责任印制／王美丽

图书出现印装质量问题,本社负责调换

普通高等学校少数民族预科教育系列教材编审指导委员会

主任委员 林志杰

委　　员（按姓氏笔画为序）

　　　　　　吴胜富　杨社平　陆广文　陆文捷
　　　　　　周国平　赵留美　郭金世　梁元星
　　　　　　黄永彪　谢　铭　樊爱琼　樊常宝

序　言

普通高校少数民族预科教育是指对参加高考统一招生考试、适当降分录取的各少数民族学生实施的适应性教育，是为少数民族地区培养急需的各类人才而在高校设立的向本科教育过渡的特殊教育阶段；它是为加快民族高等教育的改革与发展，使之适应少数民族地区经济社会发展需要而采取的特殊有效的措施，是有中国特色社会主义高等教育体系的重要组成部分，是高等教育的特殊层次，也是我国民族高等教育的鲜明特色之一，其对加强民族团结、维护祖国统一、促进各民族的共同团结奋斗和共同繁荣发展具有重大的战略意义。

为了贯彻落实"为少数民族地区服务，为少数民族服务"的民族预科办学宗旨，建设好广西少数民族预科教育基地，适应普通高等学校少数民族预科教学的需要，近年来，广西民族大学预科教育学院在实施教学质量工程以及不断深化教育教学改革中，结合少数民族学生的实际情况，组织在民族预科教育教学一线的教师编写了《思想品德教育》《阅读与写作》《微积分基础》《基础物理》《普通化学》等系列"试用教材"，形成了颇具广西地方特色的有较高水准的少数民族预科教材体系。广西少数民族预科系列教材的编写和出版，成为了我国少数民族预科教材建设中的一朵奇葩。

本套教材以国家教育部制定的各科课程教学大纲为依据，以民族预科阶段的教学任务为中心内容，以少数民族预科学生的认知水平及心理特征为着眼点，在编写中力求思想性、科学性、前瞻性、适用性相统一，尽量做到内涵厚实、重点突出、难易适度、操作性强，真正适合民族预科学生使用，使他们在高中阶段各科教学内容学习的基础上，通过一年预科阶段的学习，对应掌握的学科知识能进行全面的查漏补缺，进一步巩固基础知识，培养基本能力，从而达到预科阶段的教学目标，实现预与补的有机结合，为学生一年之后直升进入大学本科学习专业知识打下扎实的基础。

百年大计，教育为本；富民强桂，教育先行。教育是民族振兴、社会进步的基石，是提高国民素质，促进人的全面发展的根本途径，寄托着千百万家庭对美好生活的期盼；而少数民族预科作为我国普通高等教育的一个特殊层次，她是少数民族青年学子由以进入大学深造的"金色桥梁"，承载着培养少数民族干部和技术骨干、为民族地区经济社会发展提供人才保证的重任。我们祈望，本套教材在促进少数民族预科教育教学中能发挥其应有的作用，在少数民族高等教育这个百花园里绽放出异彩！

是为序。

林志杰

前　言

　　为了适应普通高校预科数学教学的需要,让教材反映新时期数学教育改革的精神,根据普通高等学校少数民族预科数学教学大纲的要求,我们编写了这部《微积分基础》教材.全书包括函数、极限、连续、导数、微分、不定积分和定积分以及微积分思想作文等内容,共八章.

　　考虑到民族预科教学的特殊要求,结合编者多年的预科数学教学经验和预科学生的特点,本教材编写的基本出发点是:帮助学生打好数学基础,加强运算训练,掌握数学基本思想和方法.既要巩固和加深对初等数学基础知识的理解和掌握,又要学习高等数学中的一些相关内容,使学生初步了解和掌握高等数学的学习方法,以便学生能较好地从初等数学学习向高等数学学习的自然过渡,实现"补"和"预"的教学目标,为学生直升本科学习专业知识和提高数学素养服务.

　　本教材在编写过程中力求做到基本概念准确,语言流畅易懂,内容由浅入深,难易梯度适中,突出重点,分散难点,趣味性强,有利于启迪学生的思维和培养学生的学习能力.书中编选了较多的典型例题和习题.根据教学的不同要求,每一章都配备了A、B二组习题,其中习题A是与各章节内容相配合的基本题和综合题,习题B是有一定难度的基本题和综合题,便于学生根据需要,测试自己对基本内容的掌握程度.每章末都附有"学习指导"来剖析重点难点内容、归纳解题方法技巧、分析典型例题的解题思路,便于学生抓住每章的重点难点内容和掌握常见题型的解题方法技巧,既有利于教学,又有利于引导学生自主学习.每章末还附有课外阅读材料,以拓宽学生的视野.另外,书末还附有习题参考答案.书中标注有"※"号部分的内容,教师可根据不同的教学需要灵活选用.

　　本教材是为普通高等院校文科类、理工科类、医科类少数民族预科班编写的,但也可作为其他高等院校、高职高专、职工大学和广播电视大学等学生的学习参考书或教材,还可作为中职、中专和中学数学教师的教学参考书或自学者的读本.

　　本书的编写分工是:梁丽杰第1章,杨社平第2、8章,黄永彪第3章,蒙江凌第4、6章,梁元星第5章,贺仁初第7章.全书由黄永彪、杨社平、梁丽杰具体策划和组稿、审稿,最后由黄永彪统稿和定稿.

　　在本书的编写过程中,沈彩霞副教授提出了不少宝贵意见,并参与了部分内容的修改和校对工作;广西民族大学的有关领导给予了大力支持和帮助.在此表示真诚的感谢.同时感谢北京理工大学出版社编辑为本书付出的辛勤工作。

　　编写一本适用并受师生欢迎的预科好教材实非易事,我们虽然作了一些有益的尝试,也几经切磋和修改,但囿于编者的水平,不甚妥或错误之处也必定难免,诚望使用本教材的师生坦诚斧正.

编　者

目 录

绪论 1
第一章　函数 4
　§1-1　预备知识 4
　　一、常量和变量 4
　　二、区间 4
　　三、绝对值与绝对值不等式 5
　　四、邻域 7
　　习题 1-1 9
　§1-2　函数 10
　　一、函数概念 10
　　二、函数的表示法 13
　　三、分段函数 14
　　习题 1-2 15
　§1-3　函数的特性 16
　　一、函数的有界性 16
　　二、函数的单调性 17
　　三、函数的奇偶性 18
　　四、函数的周期性 19
　　习题 1-3 19
　§1-4　反函数 20
　　习题 1-4 22
　§1-5　基本初等函数 23
　　习题 1-5 33
　§1-6　复合函数与初等函数 34
　　一、复合函数 34
　　二、初等函数 37
　　习题 1-6 37
　§1-7　建立函数关系式 38
　　习题 1-7 39

§1-8 参数方程 40
　　习题1-8 43
学习指导 43
　　一、重难点剖析 43
　　二、解题方法技巧 44
　　三、典型例题分析 45
复习题一 48
课外阅读　天才在于积累，聪明在于勤奋
　　　　　——自学成才的华罗庚 52

第二章　函数极限 53

§2-1 预备知识 53
　　一、数列的概念 53
　　二、数列的求和问题 54
　　三、数列的特性 57
　　习题2-1 58

§2-2 数列的极限 59
　　一、数列极限的概念 59
　　二、收敛数列极限的四则运算法则 65
　　三、数列极限的有关定理 67
　　习题2-2 68

§2-3 函数极限 69
　　一、函数极限的概念 69
　　二、函数极限的性质 74
　　习题2-3 74

§2-4 无穷小量与无穷大量 75
　　一、无穷小量 75
　　二、无穷大量 76
　　习题2-4 77

§2-5 函数极限的运算法则 77
　　一、函数极限的四则运算法则 78
　　二、复合函数的极限运算法则 81
　　习题2-5 81

§2-6 两个重要极限 82
　　一、第一个重要极限　$\lim\limits_{x \to 0} \dfrac{\sin x}{x} = 1$ 82
　　二、第二个重要极限　$\lim\limits_{x \to \infty} \left(1 + \dfrac{1}{x}\right)^x = e$ 83

习题 2-6 ······ 84

§2-7　无穷小量的比较 ······ 85
　　一、无穷小量的阶的比较 ······ 85
　　二、利用无穷小量等价替换求极限 ······ 86
　　习题 2-7 ······ 87

学习指导 ······ 88
　　一、重难点剖析 ······ 88
　　二、解题方法技巧 ······ 89
　　三、典型例题分析 ······ 91

复习题二 ······ 101
课外阅读　极限思想 ······ 103

第三章　函数的连续性 ······ 106

§3-1　函数的连续性与间断点 ······ 106
　　一、函数连续性的概念 ······ 106
　　二、函数的间断点及其分类 ······ 110
　　三、连续函数求极限的简便法则 ······ 113
　　习题 3-1 ······ 113

§3-2　连续函数的运算与初等函数的连续性 ······ 114
　　一、连续函数的四则运算 ······ 114
　　二、反函数的连续性 ······ 115
　　三、复合函数的连续性 ······ 115
　　四、初等函数连续性 ······ 116
　　习题 3-2 ······ 118

§3-3　闭区间上连续函数的性质 ······ 119
　　一、有界性定理 ······ 119
　　二、最大值和最小值定理 ······ 119
　　三、介值定理 ······ 120
　　习题 3-3 ······ 121

学习指导 ······ 122
　　一、重难点剖析 ······ 122
　　二、解题方法技巧 ······ 123
　　三、典型例题分析 ······ 123

复习题三 ······ 128
课外阅读　转化思想 ······ 130

第四章　导数与微分 ······ 134

§4-1　导数的概念 ······ 135

一、导数起源 ………………………………………………………… 135
　　二、导数定义及几何意义 …………………………………………… 136
　　三、单侧导数 ………………………………………………………… 138
　　四、函数可导与连续的关系 ………………………………………… 138
　　　习题 4-1 …………………………………………………………… 139
§ 4-2　导函数及其四则运算法则 ………………………………………… 139
　　一、导函数概念 ……………………………………………………… 140
　　二、导数的四则运算法则 …………………………………………… 142
　　　习题 4-2 …………………………………………………………… 143
§ 4-3　复合函数的链式求导法则 ………………………………………… 143
　　一、导数记号 ………………………………………………………… 143
　　二、链式求导法则 …………………………………………………… 145
　　三、链式法则的具体应用方法 ……………………………………… 146
　　　习题 4-3 …………………………………………………………… 148
§ 4-4　特殊求导法则 ……………………………………………………… 149
　　一、反函数求导 ……………………………………………………… 149
　　二、隐函数求导 ……………………………………………………… 149
　　三、取对数技巧求导 ………………………………………………… 150
　　※四、高阶导数 ……………………………………………………… 151
　　　习题 4-4 …………………………………………………………… 152
§ 4-5　微分 ………………………………………………………………… 153
　　一、微分概念 ………………………………………………………… 153
　　二、微分的几何意义 ………………………………………………… 153
　　三、微分运算 ………………………………………………………… 154
　　四、一阶微分形式的不变性 ………………………………………… 154
　　※五、微分在近似计算上的应用 …………………………………… 155
　　　习题 4-5 …………………………………………………………… 156
学习指导 …………………………………………………………………… 156
　　一、重点难点剖析 …………………………………………………… 156
　　二、解题方法技巧 …………………………………………………… 157
　　三、典型例题分析 …………………………………………………… 158
复习题四 …………………………………………………………………… 162
课外阅读　第二次数学危机 ……………………………………………… 164
第五章　中值定理与导数应用 …………………………………………… 166
§ 5-1　中值定理 …………………………………………………………… 166
　　一、罗尔中值定理 …………………………………………………… 166

目 录

　　二、拉格朗日中值定理 ……………………………………………… 168
　　三、柯西中值定理 …………………………………………………… 171
　　习题 5-1 ……………………………………………………………… 173

§5-2　洛必达法则 …………………………………………………… 174
　　一、$\dfrac{0}{0}$ 型未定式 ………………………………………………… 174
　　二、$\dfrac{\infty}{\infty}$ 型未定式 ………………………………………………… 176
　　三、其他类型的未定式 ……………………………………………… 177
　　习题 5-2 ……………………………………………………………… 179

§5-3　导数在研究函数上的应用 …………………………………… 180
　　一、函数的单调性 …………………………………………………… 180
　　二、函数的极值 ……………………………………………………… 182
　　三、函数的最值 ……………………………………………………… 185
　　※四、曲线的凹向与拐点 …………………………………………… 187
　　※五、函数图像的描绘 ……………………………………………… 188
　　习题 5-3 ……………………………………………………………… 191

学习指导 ……………………………………………………………… 192
　　一、重难点剖析 ……………………………………………………… 192
　　二、解题方法技巧 …………………………………………………… 193
　　三、典型例题分析 …………………………………………………… 194

复习题五 ……………………………………………………………… 196

课外阅读 ……………………………………………………………… 199
　　一、贫困的数学家——罗尔 ………………………………………… 199
　　二、欧洲最大的数学家——拉格朗日 ……………………………… 199
　　三、柯西 ……………………………………………………………… 200
　　四、洛必达 …………………………………………………………… 201

第六章　不定积分 …………………………………………………… 203

§6-1　不定积分 ……………………………………………………… 203
　　一、原函数与不定积分的概念 ……………………………………… 203
　　二、不定积分的性质与基本积分公式 ……………………………… 205
　　习题 6-1 ……………………………………………………………… 207

§6-2　换元积分法 …………………………………………………… 208
　　一、第一换元积分法 ………………………………………………… 208
　　二、第二换元积分法 ………………………………………………… 211
　　习题 6-2 ……………………………………………………………… 215

§6-3　分部积分法 …………………………………………………… 215

習題 6-3 ·· 220

※§6-4　有理函数的不定积分 ··· 220
　　一、代数的预备知识 ··· 220
　　二、有理函数的不定积分 ··· 222
　　习题 6-4 ·· 223

学习指导 ··· 223
　　一、重难点剖析 ·· 223
　　二、解题方法技巧 ··· 224
　　三、典型例题分析 ··· 226

复习题六 ··· 232

课外阅读　历史插曲：牛顿与莱布尼兹的争论 ······························ 234

第七章　定积分 ··· 236

§7-1　定积分的概念 ··· 236
　　一、引例 ··· 236
　　二、定积分的定义 ··· 238
　　※三、可积条件 ·· 239
　　四、定积分的几何意义 ··· 242
　　习题 7-1 ·· 243

§7-2　定积分的性质 ··· 244
　　一、定积分的线性性质 ··· 244
　　二、定积分对积分区间的可加性 ····································· 245
　　三、与定积分的估计有关的性质 ····································· 245
　　四、定积分的中值定理 ··· 246
　　习题 7-2 ·· 247

§7-3　微积分学基本定理 ··· 248
　　一、积分上限函数及其导数 ·· 248
　　二、牛顿—莱布尼兹公式 ··· 250
　　习题 7-3 ·· 251

§7-4　定积分的换元积分法与分部积分法 ······························· 252
　　一、定积分的换元积分法 ·· 252
　　二、定积分的分部积分法 ·· 256
　　习题 7-4 ·· 257

§7-5　定积分的应用 ··· 258
　　一、平面图形的面积 ·· 258
　　※二、平面曲线的弧长 ··· 261
　　※三、旋转体的体积 ·· 262

目录

　　※四、变速直线运动经过的路程 …………………………………… 264
　　※五、变力所做的功 ……………………………………………………… 264
　　习题 7-5 …………………………………………………………………… 267
　学习指导 ……………………………………………………………………… 268
　　一、重难点剖析 …………………………………………………………… 268
　　二、解题方法技巧 ………………………………………………………… 269
　　三、典型例题分析 ………………………………………………………… 270
　复习题七 ……………………………………………………………………… 272
　课外阅读　积分学发展简史
　　　　　　——从黎曼积分到勒贝格积分 …………………………… 274

第八章　微积分思想作文 …………………………………………………… 279
　§8-1　数学思想作文导论 …………………………………………………… 279
　　一、数学思想与数学作文 ………………………………………………… 279
　　二、数学思想作文辅导 …………………………………………………… 279
　　习题 8-1 …………………………………………………………………… 283
　§8-2　微积分思想作文示例 ………………………………………………… 283
　　一、极限思想作文 ………………………………………………………… 283
　　二、恒等变换思想作文 …………………………………………………… 289
　　三、构造思想作文 ………………………………………………………… 294
　　四、建模思想作文 ………………………………………………………… 296
　　五、化归思想作文 ………………………………………………………… 298
　　习题 8-2 …………………………………………………………………… 304
　§8-3　自由作文 ……………………………………………………………… 305
　　习作举例之一　计算机与数学 ………………………………………… 305
　　习作举例之二　教室日光灯应如何排列 ……………………………… 310
　　习作举例之三　究其本，以明其身
　　　　　　　　　——记学习微积分的一则感悟 ……………………… 312
　　习作举例之四　微积分中的数学美 …………………………………… 314
　　习题 8-3 …………………………………………………………………… 317
　课外阅读　数学思想方法与语文修辞手法的联系 ……………………… 318

习题参考答案 ………………………………………………………………… 326
附录一　常用的初等数学基本知识 ………………………………………… 346
附录二　导数与微分公式法则对照表 ……………………………………… 352
附录三　简易积分表 ………………………………………………………… 354
参考文献 ……………………………………………………………………… 360

绪 论

微积分学

在一切理论成就中,未必再有什么像17世纪下半叶微积分的发明那样被看做人类精神的最高胜利了.如果在某个地方我们看到人类精神的纯粹的和唯一的功绩,那正是在这里.①

——恩格斯

微积分学是微分学和积分学的总称.

客观世界的一切事物,小至粒子,大至宇宙,始终都在运动和变化着.因此在数学中引入了变量的概念后,就有可能把运动现象用数学来加以描述了.

由于函数概念的产生和运用的加深,也由于科学技术发展的需要,一门新的数学分支就继解析几何之后产生了,这就是微积分学.微积分学这门学科在数学发展中的地位是十分重要的,可以说它是继欧氏几何后,全部数学中的最大的一个创造.

牛顿

微积分学的建立

数学中的生动事例表明,许多数学模型,包括数学理论,总是在长期的应用中逐步构建其逻辑基础的,微积分学就是一个突出的例证.

从微积分成为一门学科来说,是在17世纪,但是,微分和积分的思想在古代就已经产生了.

公元前三世纪,古希腊的阿基米德在研究解决抛物弓形的面积、球和球冠面积、螺线下面积和旋转双曲体的体积的问题中,就隐含着近代积分学的思想.作为微分学基础的极限理论来说,早在古代已有比较清楚的论述.比如我国的庄周所著的《庄子》一书的"天下篇"中,记有"一尺之棰,日取其半,万世不竭".三国时期的刘徽在他的割圆术中提到"割之弥细,所失弥小,割之又割,以至于不可割,则与圆合体而无所失矣".这些都是朴素的、也是很典型的极限概念.

---

① 恩格斯:《自然辩证法》,人民出版社,1964,第224页.

莱布尼兹

到了 17 世纪,有许多科学问题需要解决,这些问题也就成了促使微积分产生的因素.归结起来,大约有四种主要类型的问题:第一类问题是研究运动的时候直接出现的,也就是求即时速度的问题.第二类问题是求曲线的切线的问题.第三类问题是求函数的最大值和最小值问题.第四类问题是求曲线长、曲线围成的面积、曲面围成的体积、物体的重心、一个体积相当大的物体作用于另一物体上的引力.

17 世纪的许多著名的数学家、天文学家、物理学家都为解决上述几类问题做了大量的研究工作,如法国的费玛、笛卡尔、罗伯瓦、笛沙格;英国的巴罗、瓦里士;德国的开普勒;意大利的卡瓦列利等人都提出许多很有建树的理论.为微积分的创立做出了贡献.

17 世纪下半叶,在前人工作的基础上,英国大科学家牛顿和德国数学家莱布尼兹分别在自己的国度里独自研究和完成了微积分的创立工作,虽然这只是十分初步的工作.他们的最大功绩是把两个貌似毫不相关的问题联系在一起,一个是切线问题(微分学的中心问题),一个是求和问题(积分学的中心问题).

牛顿和莱布尼兹建立微积分的出发点是直观的无穷小量,因此这门学科早期也称为无穷小分析,这正是现在数学中分析学这一大分支名称的来源.牛顿研究微积分着重于从运动学来考虑,莱布尼兹却是侧重于几何学来考虑的.

牛顿在 1671 年写了《流数法和无穷级数》,这本书直到 1736 年才出版.他在这本书里指出,变量是由点、线、面的连续运动产生的,否定了以前自己认为的变量是无穷小元素的静止集合.他把连续变量叫做流动量,把这些流动量的导数叫做流数.牛顿在流数术中所提出的中心问题是:已知连续运动的路径,求给定时刻的速度(微分法);已知运动的速度求给定时间内经过的路程(积分法).

德国的莱布尼兹是一个博才多学的学者,1684 年,他发表了现在世界上认为是最早的微积分文献,这篇文章有一个很长而且很古怪的名字《一种求极大极小和切线的新方法,它也适用于分式和无理量,以及这种新方法的奇妙类型的计算》.就是这样一篇说理也颇含糊的文章,却有划时代的意义.它已含有现代的微分记号和基本微分法则.1686 年,莱布尼兹发表了第一篇积分学的文献.他是历史上最伟大的记号学者之一,他所创设的微积分记号,远远优于牛顿的记号,这对微积分的发展有极大的影响.现在我们使用的微积分通用记号就是当时莱布尼兹精心选用的.

微积分学的创立,极大地推动了数学的发展,过去很多初等数学束手无策的问题,运用微积分,往往迎刃而解,显示出微积分学的非凡威力.

前面已经提到,一门科学的创立绝不是某一个人的业绩,他必定是经过多少人的努力后,在积累了大量成果的基础上,最后由某个人或几个人总结完成的.微积分也是这样.

不幸的是,由于人们在欣赏微积分的宏伟功效之余,在提出谁是这门学科的创立者的时候,竟然引起了一场轩然大波,造成了欧洲大陆的数学家和英国数学家的长期对立.英国数学在一个时期里闭关锁国,囿于民族偏见,过于拘泥在牛顿的"流数术"中停步不前,因而数学发展整整落后了一百年.

其实,牛顿和莱布尼兹分别是自己独立研究,在大体上相近的时间里先后完成的.比较特殊的是牛顿创立微积分要比莱布尼兹早 10 年左右,但是正式公开发表微积分这一理论,莱布尼兹却要比牛顿发表早三年.他们的研究各有长处,也都各有短处.那时候,由于民族偏见,关于发明优先权的争论竟从 1699 年始延续了一百多年.

应该指出,这是和历史上任何一项重大理论的完成都要经历一段时间一样,牛顿和莱布尼兹的工作也都是很不完善的.他们在无穷和无穷小量这个问题上,其说不一,十分含糊.牛顿的无穷小量,有时候是零,有时候不是零而是有限的小量;莱布尼兹也不能自圆其说.这些基础方面的缺陷,最终导致了第二次数学危机的产生.

所谓数学危机,是指在一定数学理论系统内无法解决的重大数学矛盾.在围绕微积分理论基础的大辩论中,虽然夹杂着宗教势力的狭隘攻击,但却暴露了早期微积分基础的逻辑混乱,这就迫使数学家不得不探寻微积分的理论基础.

直到 19 世纪初,法国科学学院的科学家以柯西为首,对微积分的理论进行了认真研究,建立了极限理论.后来又经过德国数学家维尔斯特拉斯进一步严格化,使极限理论成为了微积分的坚定基础,才使微积分进一步发展开来.

任何新兴的、具有无量前途的科学成就都吸引着广大的科学工作者.在微积分的历史上也闪烁着这样的一些明星:瑞士的雅科布·贝努利和他的兄弟约翰·贝努利、欧拉,法国的拉格朗日、柯西……

欧氏几何也好,上古和中世纪的代数学也好,都是一种常量数学,微积分才是真正的变量数学,是数学中的大革命.微积分是高等数学的主要分支,不只是局限在解决力学中的变速问题,它驰骋在近代和现代科学技术园地里,建立了数不清的丰功伟绩.

微积分的基本内容

研究函数,从量的方面研究事物运动变化是微积分的基本方法.这种方法叫做数学分析.

本来从广义上说,数学分析包括微积分、函数论等许多分支学科,但是现在一般已习惯于把数学分析和微积分等同起来,数学分析成了微积分的同义词,一提数学分析就知道是指微积分.微积分的基本概念和内容包括微分学和积分学.

微分学的主要内容包括:极限理论、导数、微分等.

积分学的主要内容包括:定积分、不定积分等.

微积分是与应用联系着发展起来的,最初牛顿应用微积分学及微分方程是为了从万有引力定律导出开普勒行星运动三定律.此后,微积分学极大地推动了数学的发展,同时也极大地推动了天文学、力学、物理学、化学、生物学、工程学、经济学等自然科学、社会科学及应用科学各个分支中的发展,并在这些学科中有越来越广泛的应用,而计算机的出现更有助于这些应用不断发展.

第一章

函　数

数学中的转折点是笛卡儿的变量.有了变数,运动速度进入了数学,有了变数,辩证法进入了数学,有了变数,微分和积分也就立刻成为必要的了……

——恩格斯

函数是数学中最重要的基本概念之一,是现实世界中量与量之间的依存关系在数学中的反映.它不仅是高等数学研究的主要对象,也是数学解决问题的桥梁.在本章中,我们将在中学已学过的函数知识的基础上,进一步复习和加深有关函数的概念,介绍函数的几种特性及初等函数等内容.

§1-1　预备知识

一、常量和变量

在考察某种自然现象或某个运动过程中,常常会遇到各种不同的量,其中有的量在某个过程中,总是保持不变而取确定的值,这种量称为**常量**;还有一些量在某个过程中,总是不断地变化而取不同的值,这种量称为**变量**.

例如,在给一个密闭容器内的气体加热的过程中,气体的体积和气体的分子个数保持一定,它们都是常量,而气体的温度和压力在变化,它们则是变量.

应当注意,一个量是常量还是变量并不是绝对的,要根据所考察的具体过程或场合来具体分析,同一个量可能在某个过程或场合中是常量,而在另一过程或场合中却是变量.

例如,飞机在起飞和降落的过程中,飞行速度是不断变化的,因而它是变量;由于飞机在起飞到一定的高度(一般在 1000m 以上)时,即开始匀速飞行,直到开始降落为止,在这段匀速飞行的过程中速度保持不变,因而它是常量.

又如,严格地说,重力加速度 g 在离地心距离不同的地点所测得的值是不同的,因而在较小范围的地区内,g 可当作常量,而在较大范围的地区内,g 就应看作是变量.

在数学中,通常用英文的前面几个字母,如 a、b、c、A、B、C 等表示常量,而后面的几个字母,如 x、y、z、X、Y、Z 等表示变量.

二、区间

任何一个变量的取值都有一定的范围,这就是变量的变化范围.它通常是一个非空的实数集合.如果变量是连续变化的,它的变化范围常用区间来表示.下面给出常用区间的分类、名称和记号.

1. 有限区间

(1) 设 a 和 b 都是实数,且 $a<b$,则称实数集合 $\{x\mid a\leqslant x\leqslant b\}$ 为闭区间,记作 $[a,b]$. 即
$$[a,b]=\{x\mid a\leqslant x\leqslant b\}.$$

(2) 称实数集合 $\{x\mid a<x<b\}$ 为开区间,记作 (a,b). 即
$$(a,b)=\{x\mid a<x<b\}.$$

(3) 称实数集合 $\{x\mid a\leqslant x<b\}$ 和 $\{x\mid a<x\leqslant b\}$ 为半开区间,分别记作 $[a,b)$ 和 $(a,b]$. 即
$$[a,b)=\{x\mid a\leqslant x<b\} \text{ 和 } (a,b]=\{x\mid a<x\leqslant b\}.$$

以上这些区间都称为有限区间,a 和 b 称为区间的端点,数 $b-a$ 称为这些区间的长度,从数轴上看,这些有限区间都是长度有限的线段,而这些线段可以不包括两个端点,也可以包括一个或两个端点(图 1-1).

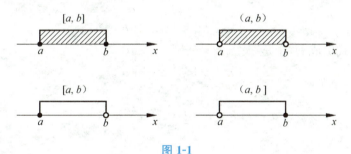

图 1-1

以上图中实心点"·"表示包括该端点,空心点"○"表示不包括该端点.

2. 无限区间

实数集合 $\{x\mid a\leqslant x<+\infty\}$、$\{x\mid -\infty<x<b\}$、$\{x\mid -\infty<x<+\infty\}$ 等都是无限区间,依次记作
$$[a,+\infty)=\{x\mid a\leqslant x<+\infty\};$$
$$(-\infty,b)=\{x\mid -\infty<x<b\};$$
$$(-\infty,+\infty)=\{x\mid -\infty<x<+\infty\}.$$

类似地可以定义无限区间 $(a,+\infty)$ 及 $(-\infty,b]$.

今后在不需要区分上述各种情况时,我们就简单地称它为"区间",常用 I 表示.

三、绝对值与绝对值不等式

1. 绝对值的概念

实数 a 的绝对值是一个非负实数,记作 $|a|$,即定义
$$|a|=\begin{cases}a, & \text{当 } a\geqslant 0 \text{ 时},\\ -a, & \text{当 } a<0 \text{ 时}.\end{cases}$$

例如,$|3\times 5|=3\times 5$,$|-5|=5$,$|0|=0$.

在几何上,$|a|$ 表示数轴上的点 a 到原点 O 的距离. 根据算术根的定义,显然有 $|a|=\sqrt{a^2}$.

2. 含有绝对值的不等式(或等式)的性质

(1) $|a|=|-a|\geqslant 0$;当且仅当 $a=0$ 时,才有 $|a|=0$.

(2) $-|a| \leqslant a \leqslant |a|$;

(3) 如果 $a>0, x \in \mathbf{R}$, 那么: $x^2 \leqslant a^2 \Leftrightarrow |x| \leqslant a \Leftrightarrow -a \leqslant x \leqslant a$; $x^2 \geqslant a^2 \Leftrightarrow |x| \geqslant a \Leftrightarrow x \geqslant a$ 或 $x \leqslant -a$;

(4) $|a|-|b| \leqslant |a \pm b| \leqslant |a|+|b|$ (三角形不等式);

(5) $|ab|=|a| \cdot |b|$;

(6) $\left|\dfrac{a}{b}\right|=\dfrac{|a|}{|b|}(b \neq 0)$.

这里仅以三角形不等式为例给出证明,其他性质证明从略,读者可以自己推导一下:

由性质(2)有 $-|a| \leqslant a \leqslant |a|, -|b| \leqslant b \leqslant |b|$.

两式相加得到
$$-(|a|+|b|) \leqslant a+b \leqslant |a|+|b|$$

再由性质(3)得
$$|a+b| \leqslant |a|+|b| \qquad ①$$

将 b 改为 $-b$ 后上式仍成立,于是
$$|a \pm b| \leqslant |a|+|b| \qquad ②$$

又由①有
$$|a|=|a-b+b| \leqslant |a-b|+|b|$$

所以
$$|a|-|b| \leqslant |a-b|$$

将 b 改为 $-b$ 上式仍成立,于是
$$|a|-|b| \leqslant |a \pm b| \qquad ③$$

②和③合并起来就是性质(4).

例1 已知 $|x|<\dfrac{\varepsilon}{3}, |y|<\dfrac{\varepsilon}{6}, |z|<\dfrac{\varepsilon}{9}$,求证:$|x+2y-3z|<\varepsilon$.

证 $|x+2y-3z| \leqslant |x|+|2y|+|-3z|=|x|+2|y|+3|z|$,

因为 $|x|<\dfrac{\varepsilon}{3}, |y|<\dfrac{\varepsilon}{6}, |z|<\dfrac{\varepsilon}{9}$,

所以 $|x|+2|y|+3|z|<\dfrac{\varepsilon}{3}+\dfrac{2\varepsilon}{6}+\dfrac{3\varepsilon}{9}=\varepsilon$,

所以 $|x+2y-3z|<\varepsilon$.

例2 已知 $|x-a|<\dfrac{\varepsilon}{2M}, 0<|y-b|<\dfrac{\varepsilon}{2|a|}, y \in (0, M)$,求证:$|xy-ab|<\varepsilon$.

证 $|xy-ab|=|xy-ya+ya-ab|$
$$=|y(x-a)+a(y-b)| \leqslant |y||x-a|+|a||y-b|<M \cdot \dfrac{\varepsilon}{2M}+|a| \cdot \dfrac{\varepsilon}{2|a|}$$
$$=\varepsilon.$$

例3 解下列绝对值不等式.

(1) $1<|x-1|<2$;

(2) $|x+1|+|2x-1|>3$;

(3) $|3x+2|>|2x+3|$;

(4) $|x^2-x|<\dfrac{1}{2}x.$

解 (1) 原不等式等价于
$$\begin{cases}|x-1|<2, & ① \\ |x-1|>1. & ②\end{cases}$$

①式化为 $-2<x-1<2$ 即 $-1<x<3$,

②式化为 $x-1>1$ 或 $x-1<-1$ 即 $x>2$ 或 $x<0$,

图 1-2

如图 1-2 原不等式的解为 $-1<x<0$ 或 $2<x<3$.

(2) 当 $x<-1$ 时,原不等式为: $-x-1-2x+1>3$,

所以 $x<-1$;

当 $-1\leqslant x\leqslant\dfrac{1}{2}$ 时,原不等式为: $x+1-2x+1>3$,

所以 $x<1$,此时原不等式无解;

当 $x>\dfrac{1}{2}$ 时,原不等式为: $x+1+2x-1>3$,

所以 $x>1$;

综上所述原不等式的解为 $x<-1$ 或 $x>1$.

(3) 将 $|3x+2|>|2x+3|$ 两边平方得 $9x^2+12x+4>4x^2+12x+9$,即 $x^2>1$.

故原不等式的解为 $x>1$ 或 $x<-1$.

(4) 因为 $|x^2-x|\geqslant 0$,所以只有当 $x>0$ 时原不等式才有解.

原不等式相当于

$$\begin{cases}x^2-x<\dfrac{1}{2}x, \\ x^2-x>-\dfrac{1}{2}x;\end{cases}$$

因为 $x>0$,即

$$\begin{cases}x-1<\dfrac{1}{2}, \\ x-1>-\dfrac{1}{2};\end{cases}$$

$$\begin{cases}x<\dfrac{3}{2}, \\ x>\dfrac{1}{2}.\end{cases}$$

所以原不等式的解为 $\dfrac{1}{2}<x<\dfrac{3}{2}.$

四、邻域

邻域是微积分研究中一个与区间有关的重要概念,在高等数学中经常会用到它. 数学中不少概念,除原始概念外,都需要借助于其他概念来定义,邻域概念便是这种由概念串(例如点、距离、实数、集合等)所定义的概念.

设 a 和 δ 是两个实数,且 $\delta>0$,则称数轴上与点 a 距离小于 δ 的全体实数的集合,即 $\{x\,|\,|x-a|<\delta\}$ 为**点 a 的 δ 邻域**,记作 $U(a,\delta)$,即

$$U(a,\delta)=\{x\,|\,|x-a|<\delta\},$$

其中点 a 称为邻域的**中心**,δ 称为邻域的**半径**,由此可知,邻域 $U(a,\delta)$ 就是以点 a 为中心,长度为 2δ 的开区间 $(a-\delta,a+\delta)$(图 1-3(a)).

有时用到的邻域需要把邻域的中心去掉. 点 a 的 δ 邻域去掉中心点 a 后,称为**点 a 的去心 δ 邻域**,记作 $\mathring{U}(a,\delta)$,即

$$\mathring{U}(a,\delta)=\{x\,|\,0<|x-a|<\delta\},$$

这里 $0<|x-a|$ 表示 $x\ne a$,$\mathring{U}(a,\delta)$ 是不包含中心点 a,而长度为 2δ 的并区间 $(a-\delta,a)\cup(a,a+\delta)$(图 1-3(b)).

图 1-3

例 4 解下列不等式,然后用区间或集合记号表示,并在数轴上画出解的几何表示.

(1) $|x-2|<5$;　　　(2) $0<(x-2)^2\leqslant 4$.

解 (1) 由绝对值性质可得 $-5<x-2<5$,即 $-3<x<7$,

故所求解可用区间表示为 $(-3,7)$,用集合记号为 $\{x\,|-3<x<7\}$,它在数轴上的几何表示如图 1-4.

(2) 因为 $0<(x-2)^2\leqslant 4\Leftrightarrow 0<|x-2|\leqslant 2$.

而 $0<|x-2|$ 表示 $x\ne 2$;

$|x-2|\leqslant 2\Leftrightarrow -2\leqslant x-2\leqslant 2$,即 $0\leqslant x\leqslant 4$.

所以所求不等式的解为 $\begin{cases}x\ne 2,\\ 0\leqslant x\leqslant 4.\end{cases}$

故所求解用区间表示为 $[0,2)\cup(2,4]$,用集合记为表示为 $\{x\,|\,0\leqslant x\leqslant 4,x\ne 2\}$,它在数轴上的几何表示如图 1-5.

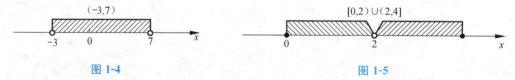

图 1-4　　　　　　　　　图 1-5

例 5 用集合记号表示下列各邻域,并在数轴上画出它们的几何表示.

(1) 点 2 的 $\dfrac{3}{2}$ 邻域;　　(2) 点 2 的去心 $\dfrac{3}{2}$ 邻域.

解 (1) $a=2,\delta=\dfrac{3}{2}$,"点 2 的 $\dfrac{3}{2}$ 邻域"即为

$$U\left(2,\frac{3}{2}\right)=\left\{x\,\Big|\,|x-2|<\frac{3}{2}\right\}=\left\{x\,\Big|\,\frac{1}{2}<x<\frac{7}{2}\right\},$$

它在数轴上的几何表示如图 1-6.

(2) $\mathring{U}\left(2,\frac{3}{2}\right)=\left\{x\,\Big|\,0<|x-2|<\frac{3}{2}\right\}=\left\{x\,\Big|\,\frac{1}{2}<x<\frac{7}{2},x\neq 2\right\},$

它在数轴上的几何表示如图 1-7.

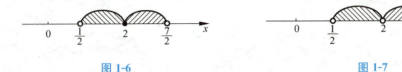

图 1-6　　　　　　　　　图 1-7

习题 1-1

(A)

1. 将下列不等式用区间表示：

    (1) $-2 \leqslant x \leqslant 3$；　　(2) $-2 \leqslant x < 3$；

    (3) $-3 < x < 5$；　　(4) $-3 < x < +\infty$；

    (5) $|x| > a (a > 0)$.

2. 解下列不等式，再用区间或集合记号表示其解，并在数轴上画出解的几何表示：

    (1) $|x+2| < 3$；　　(2) $0 < |x+2| < 3$；

    (3) $\left|\dfrac{1-2x}{3}\right| \leqslant 1$；　　(4) $(x-1)(x+2) < 0$.

3. 用区间表示下列邻域，并在数轴上画出它们的几何表示：

    (1) 以点 -3 为中心，$\dfrac{1}{2}$ 为半径的邻域；

    (2) 以点 -3 为中心，$\dfrac{1}{2}$ 为半径的去心邻域.

4. 用邻域符号和区间符号分别表示不等式 $|2x+1| < \dfrac{\varepsilon}{2}(\varepsilon > 0)$ 所确定的 x 的范围，并描绘在数轴上.

(B)

1. 已知 $|A-a| < \dfrac{\varepsilon}{2}$，$|B-b| < \dfrac{\varepsilon}{2}$，求证：

    (1) $|(A+B)-(a+b)| < \varepsilon$；

    (2) $|(A-B)-(a-b)| < \varepsilon$.

2. 求证：$\left|x+\dfrac{1}{x}\right| \geqslant 2 (x \neq 0)$.

3. 求证：(1) $|a+b| + |a-b| \geqslant 2|a|$；

    (2) $|a+b| - |a-b| \leqslant 2|b|$.

4. 解下列绝对值不等式

(1) $\left|\dfrac{2n}{n+2}-2\right|<\dfrac{1}{100}(n\in N)$；

(2) $|x^2-3x-1|>3$；

(3) $|2x-3|>|3x+1|$；

(4) $|x-2|>|x+1|-3$.

§1-2 函 数

一、函数概念

在一个自然现象或技术过程中,常常有几个量同时变化,它们的变化并非彼此无关,而是互相联系着.这是物质世界的一个普遍规律.下面列举几个有两个变量互相联系着的例子：

例1 真空中自由落体,物体下落的时间 t 与下落的距离 s 互相联系着. 如果物体距地面的高度为 h,

$$\forall t\in\left[0,\sqrt{\dfrac{2h}{g}}\right]$$

都对应一个距离 s,已知 t 与 s 之间的对应关系是

$$s=\dfrac{1}{2}gt^2.$$

其中 g 是重力加速度,是常数.

例2 球半径 r 与该球的体积 V 互相联系着, $\forall x\in[0,+\infty)$ 都对应一个球的体积 V. 已知 r 与 V 之间的对应关系是

$$V=\dfrac{4}{3}\pi r^3.$$

其中 π 是圆周率,是常数.

例3 某地某日时间 t 与气温 T 互相联系着(如图1-8),13h(时)到23h(时)内任意时间 t 都对应着一个气温 T. 已知 t 与 T 的对应关系用图1-8的气温曲线表示. 横坐标表示时间 t,纵坐标表示气温 T. 曲线上任意点 $p(t,T)$ 表示在时间 t 对应着的气温是 T.

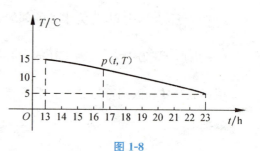

图 1-8

例4 当气压为 101 325Pa 时,温度 T 与水的体积 V 互相联系着. 实测如下表

$T/100\ ℃$	0	2	4	6	8	10	12	14
V/cm^3	100	99.990	99.987	99.990	99.998	100.012	100.032	100.057

对 $\{0,2,4,6,8,10,12,14\}$ 中每一个温度 T 都对应一个体积 V,已知 T 与 V 的对应关系用上表格表示.

例5 $\forall x\in\mathbf{R}$ 都对应一个数 $y=\sin x$,即 x 与 y 之间的对应关系是

$$y=\sin x.$$

例 6 $\forall x \in (-5, \pi]$ 都对应一个数 $y = 4x^2 - 5x + 1$,即 x 与 y 之间对应关系是
$$y = 4x^2 - 5x + 1.$$

上述例子中,前面四个实例,分属于不同的学科,实际意义完全不同.但是,从数学角度看,它们与后两个例子却有共同的特征:都有一个数集和一个对应关系,对于数集中任意数 x,按照对应关系都对应 **R** 中唯一一个数.于是有如下的函数概念.

定义 设 D 是非空实数集,若对 D 中任意数 $x(\forall x \in D)$,按照对应关系 f,总有唯一一个 $y \in \mathbf{R}$ 与之对应,则称 f 是定义在 D 上的一个一元实函数,简称一元函数或函数,记为:
$$f: D \longrightarrow \mathbf{R}.$$

数 x 对应的数 y 称为 x 的函数值,表为 $y = f(x)$. x 称为自变量,y 称为因变量.数集 D 称为函数 f 的定义域,所有相应函数值 y 组成的集合 $f(D) = \{y | y = f(x), x \in D\}$ 称为这个函数 f 的值域.

注:本书仅讨论一元微积分学的内容,同时由于实数是微积分的基础,微积分中所涉及的数都是实数,所以今后我们考虑的函数都是指一元实函数.

根据函数定义,不难看到,上述六例皆为函数实例.

关于函数概念的几点说明:

1. 用符号"$f: D \longrightarrow \mathbf{R}$"表示 f 是定义在数集 D 上的函数,十分清楚、明确.特别是在抽象的科学学科中使用这个函数符号更显得方便.但是,在微积分中,一方面要讨论抽象的函数 f;另一方面又要讨论大量具体的函数.在具体函数中需要将对应关系 f 具体化,使用这个函数符号就有些不便.为此在本书中约定,将"f 是定义在数集 D 上的函数"用符号"$y = f(x), x \in D$"表示,当不需要指明函数 f 的定义域时.又可简写为"$y = f(x)$",有时甚至笼统地说"$f(x)$ 是 x 的函数(值)".严格地讲,这样的符号和叙述混淆了函数与函数值.这仅是为了方便而作的约定.

2. 在函数概念中,对应关系 f 是抽象的,只有在具体函数中,对应关系 f 才是具体的.例如,在上述几个例子中:

例 1 f 是一组运算:t 的平方乘以常数 $\frac{1}{2}g\left(s = \frac{1}{2}gt^2\right)$.

例 2 f 是一组运算:r 的立方乘以常数 $\frac{4}{3}\pi\left(V = \frac{4}{3}\pi r^3\right)$.

例 3 f 是图 1-8 所示的曲线.

例 4 f 是所列的表格.

为了对函数 f 有个直观形象的认识,可将它比喻为一部"数值变换器",将任意 $x \in D$ 输入到数值变换器之中,通过 f 的"作用",输出来的就是 y.不同的函数就是不同的数值变换器.如下图 1-9.

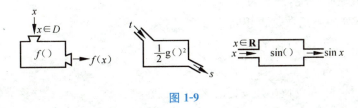

图 1-9

3. 根据函数定义,虽然函数都存在定义域,但常常并不明确指出函数 $y = f(x)$ 的定义域,这时认为函数的定义域是自明的.在数学中,有时不考虑函数的实际意义,仅抽象地研

究用数学式子表达的函数.这时我们约定:定义域是使函数 $y=f(x)$ 有意义的实数 x 的集合,$D=\{x|x\in \mathbf{R} \text{ 且 } f(x)\in \mathbf{R}\}$.例如,函数 $f(x)=\sqrt{1-x^2}$ 没有指出它的定义域,那么它的定义域就是使函数 $f(x)=\sqrt{1-x^2}$ 有意义的实数 x 的集合.即闭区间 $[-1,1]=\{x|x\in \mathbf{R} \text{ 且 } \sqrt{1-x^2}\in \mathbf{R}\}$.

而具有实际意义的函数,它的定义域要受实际意义的约束.例如,上述的例 2,半径为 r 的球的体积 $V=\dfrac{4}{3}\pi r^3$ 这个函数.从抽象的函数来说,r 可取任意实数,但从它的实际意义来说,半径 r 不能取负数.因此,它的定义域是区间 $[0,+\infty)$.

4. 函数定义指出:"$\forall x\in D$,按照对应关系 f,总有唯一一个 $y\in \mathbf{R}$ 与之对应",这样的对应就是所谓单值对应.反之,一个 $y\in f(D)$ 就不一定只有一个 $x\in D$ 使 $y=f(x)$.这是因为在函数定义中只是说一个 $x\in D$ 按照对应关系 f,只对应唯一一个 $y\in \mathbf{R}$,并没有说不同的 x 对应不同的 y,即不同的 x 可能对应相同的 y.例如函数 $y=\sin x$,$\forall x\in \mathbf{R}$ 按照对应关系 $\sin$,总有唯一一个 $y=\sin x\in \mathbf{R}$ 与之对应;反之,对 $y=1$ 却有无限多个 $x=2k\pi+\dfrac{x}{2}\in \mathbf{R}$,$k\in \mathbf{z}$ 按照对应关系 $\sin$,都对应着 1.即:

$$\sin\left(2k\pi+\frac{\pi}{2}\right)=1, \quad k\in z.$$

例 7 求函数 $y=\dfrac{1}{\sqrt{1-x^2}}$ 的定义域.

解 因为根式 $\sqrt{1-x^2}$ 中的 $1-x^2$ 不能为负,
又因为这个根式是分母,不能为零,因此有 $1-x^2>0$,
即 $x^2<1$ 有 $|x|<1$ 故函数的定义域为

$$-1<x<1 \text{ 或 } (-1,1).$$

例 8 求函数 $y=\sqrt{x^2-x-6}+\arcsin\dfrac{2x-1}{7}$ 的定义域.

解 此题是求两个函数之和的定义域,先分别求出每个函数的定义域.
要使 $\sqrt{x^2-x-6}$ 有意义,必有 $x^2-x-6\geqslant 0$,即

$$(x-3)(x+2)\geqslant 0 \text{ 解得 } x\geqslant 3 \text{ 或 } x\leqslant -2.$$

要使 $\arcsin\dfrac{2x-1}{7}$ 有意义,必有 $\left|\dfrac{2x-1}{7}\right|\leqslant 1$,即

$$-7\leqslant 2x-1\leqslant 7 \text{ 解得 } -3\leqslant x\leqslant 4.$$

这两个函数的公共部分是:$-3\leqslant x\leqslant -2$ 与 $3\leqslant x\leqslant 4$,
故所求函数的定义域是 $[-3,-2]\cup[3,4]$.

例 9 判断下列各组函数是否相同:

(1) $f(x)=x+\sqrt{1+x^2}$ 与 $g(t)=t+\sqrt{1+t^2}$;

(2) $f(x)=x$ 与 $g(x)=\sqrt{x^2}$;

(3) $F(x)=2\lg(1-x)$ 与 $G(x)=\lg(1-x)^2$.

解 (1) 因为函数 $f(x)$ 与 $g(x)$ 的定义域都是 $(-\infty,+\infty)$,且对应关系相同:

$$f(\ )=(\ )+\sqrt{1+(\ )^2}=g(\ ),$$

所以它们是相同的函数.

(2) $f(x)=x$ 与 $g(x)=\sqrt{x^2}$ 它们的定义域都是 $(-\infty,+\infty)$,但是,当 $x<0$ 时,$g(x)=-x$,它与 $f(x)=x$ 的对应关系是不相同的,所以它们是两个不相同的函数.

(3) 因为 $F(x)=2\lg(1-x)$ 的定义域是 $(-\infty,1)$,而 $G(x)=\lg(1-x)^2$ 的定义域是 $x\neq 1$,即 $(-\infty,1)\cup(1,+\infty)$,由于两个函数的定义域不相同,所以它们也是不相同的函数.

二、函数的表示法

由于在各种自然现象或生产过程中,变量之间的相互依赖关系是多种多样的,所以用来描述变量之间相互依赖关系的对应关系也是多种多样的.在函数的定义中,关于用什么方法表示函数也并未加以限制,通常用以表达函数的方法有表格法、图示法和公式法(或解析法)三种.

1. 表格法

表格法就是把自变量 x 与因变量 y 的对应值用表格列出.例如常用的平方表、对数表、三角函数表等都是用表格法表示的函数.

表格法的优点是有现成的数据,查用起来较为方便,能直接查得自变量对应的函数值.缺点是不便于对函数作理论分析.它在生产部门和管理部门得到广泛应用,一些科技手册也采用了这种方法.

2. 图示法

把自变量 x 与因变量 y 分别当作直角坐标平面 xOy 内点的横坐标和纵坐标,y 与 x 之间的函数关系就可用该平面内的曲线来表示,这种表示函数的方法称为图示法.例如,$y=f(x)$ 是定义在区间 $[a,b]$ 上的一个函数.在平面上取定直角坐标系后,对于区间 $[a,b]$ 上的每一个 x,由 $y=f(x)$ 都可确定平面上一点 $M(x,y)$,当 x 取遍 $[a,b]$ 中所有值时,点 $M(x,y)$ 描出一条平面曲线,称为函数 $y=f(x)$ 的图像,如图 1-10.

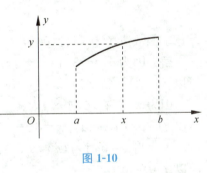

图 1-10

图示法表示函数的优点是直观性强,能借助曲线直观地观察因变量随自变量变化的特性,函数的变化一目了然,并且便于研究函数的几何性质,缺点是不宜运算,因而不便于作精细的理论分析.

3. 公式法(解析法)

把两个变量之间的函数关系直接用公式或数学式子表出,这种表示函数的方法称为公式法.它是表示函数的基本方法.前面举例中所出现的各种函数都是用公式法表示的,今后我们所讨论的函数大多数也是用公式法给出的.

用公式法表示函数的优点是能做具体运算,并便于对函数进行理论上的研究,简明准确.缺点是不够直观,为了克服这个缺点,有时将函数同时用公式法与图示法表示,这样对函数既便于理论上研究,又具有直观性强,一目了然的优点.

然而不是所有的函数都能表示为解析式.在实际应用中,为了把某种研究课题理论化,有时也采用一定的数学方法,把不能表示为解析式的函数近似地表示为解析式.如在自然科学和社会科学中,常采用线性化的方法近似地描述某些变量的变化规律.

在应用中,有时混合使用公式法、图示法、表格法来表示函数.

三、分段函数

先看一个实例.

例10 某运输公司规定每吨货物的运价为:不超过 100 千米者,每千米为 k(元);超过 100 千米者,超过部分每千米为 $\frac{4}{5}k$(元),则每吨货物的运价 y(元)与里程 x(km)之间的函数关系为

$$y = \begin{cases} kx, & 0 < x \leqslant 100, \\ 100k + \frac{4}{5}k(x-100), & x > 100. \end{cases}$$

在本例中,当自变量 x 在定义域$(0,+\infty)$内的两个不同区间$(0,100]$和$(100,+\infty)$时,分别用两个不同的分析式子表示函数 y. 像这样的函数就是分段函数.

一般地,用公式法表示函数时,有时在自变量的不同范围需要用不同的式子来表示一个函数,这种函数称为**分段函数**. 应注意,分段函数不能理解为几个不同的函数,而只是用几个解析式合起来表示一个函数. 求分段函数的函数值时,要注意自变量的范围. 应把自变量的值代入所对应的式子中去计算.

例11 已知函数

$$y = f(x) = \begin{cases} x^2 + 1, & x > 0, \\ 0, & x = 0, \\ x - 1, & x < 0. \end{cases}$$

求函数值 $f(-3)$、$f(0)$、$f(3)$,并作出函数的图像.

解 因为 $x = -3$ 在 $(-\infty, 0)$ 内,
所以 $f(-3) = (x-1)|_{x=-3} = -3 - 1 = -4$.

因为 $x = 3$ 在 $(0, +\infty)$ 内,
所以 $f(3) = (x^2 + 1)|_{x=3} = 3^2 + 1 = 10$.

因为当 $x = 0$ 时,$f(x) = 0$,
所以 $f(0) = 0$.

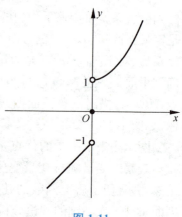

图 1-11

函数的图像如图 1-11 所示.

下面介绍几个常见的分段函数.

例12 函数

$$y = |x| = \begin{cases} x, & x \geqslant 0, \\ -x, & x < 0 \end{cases}$$

的定义域 $D = (-\infty, +\infty)$,值域 $W = f(D) = [0, +\infty)$.

它的图像如图 1-12 所示,这个函数称为**绝对值函数**.

例13 函数

$$y = f(x) = \begin{cases} 1, & x > 0, \\ 0, & x = 0, \\ -1, & x < 0 \end{cases}$$

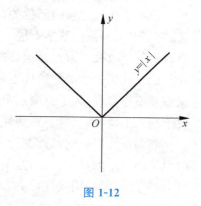

图 1-12

的定义域 $D=(-\infty,+\infty)$，值域 $W=f(D)=\{1,0,-1\}$，这个函数称为**符号函数**，记为 $y=\operatorname{sgn}x$，它的图像如图 1-13 所示.

例 14 函数 $y=[x]$ 称为**取整函数**，其中 x 为任一实数，$[x]$ 表示不超过 x 的最大整数.

例如：$\left[\dfrac{5}{7}\right]=0,[\sqrt{2}]=1,[\pi]=3,[-1]=-1,[-3.5]=-4.$

取整函数的定义域是 $(-\infty,+\infty)$，值域 $W=f(D)=\mathbf{Z}$，它的图像如图 1-14 所示.

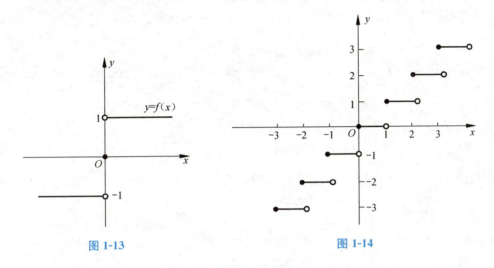

图 1-13   图 1-14

习题 1-2

(A)

1. 求下列函数的定义域：

    (1) $y=\dfrac{2x}{x^2-3x+2}$；

    (2) $y=-\dfrac{5}{x^2+4}$；

    (3) $y=\sqrt{4-x^2}+\dfrac{1}{\sqrt{x^2-1}}$；

    (4) $y=\dfrac{1}{|x|-x}$；

    (5) $y=\dfrac{\sqrt{-x}}{2x^2-3x-2}$；

    (6) $y=\dfrac{\sqrt{4-x^2}}{\sqrt[3]{x+1}}$.

2. 下列各题中，函数 $f(x)$ 和 $g(x)$ 是否相同？为什么？

    (1) $f(x)=\sqrt{1-\cos^2 x},g(x)=\sin x$；

    (2) $f(x)=\dfrac{x^2-1}{x+1},g(x)=x-1$；

    (3) $f(x)=x,g(x)=\mathrm{e}^{\ln x}$；

    (4) $f(x)=\sin^2 x+\cos^2 x,g(x)=1$；

    (5) $f(x)=\sqrt[3]{x},g(x)=\sqrt[6]{x^2}$.

3. 确定函数 $f(x)=\begin{cases}\sqrt{1-x^2},&|x|\leqslant 1,\\ x^2-1,&1<x<2\end{cases}$ 的定义域并作出函数的图像.

4. 已知 $f(x)=\dfrac{1-x}{1+x}$，求 $f(-x), f(x+1), f\left(\dfrac{1}{x}\right)$.

5. 已知 $f(x+1)=x^2+3x+5$，求 $f(x), f(x-1)$.

(B)

1. 求下列函数的定义域：

(1) $y=\sqrt{\lg\dfrac{5x-x^2}{4}}$；　　(2) $y=\ln(2x+1)+\arccos(x+1)$；

(3) $y=\arcsin\dfrac{x-1}{2}$；　　(4) $y=\dfrac{\arccos\dfrac{2x-1}{7}}{\sqrt{x^2-x-6}}$；　　(5) $y=\dfrac{\ln(3-x)}{\sqrt{|x|-1}}$.

2. 设有分段函数 $f(x)=\begin{cases}-x-1, & x\leqslant -1, \\ \sqrt{1-x^2}, & -1<x<1, \\ x-1, & x\geqslant 1.\end{cases}$

求函数值 $f(-2), f\left(\dfrac{1}{2}\right), f(3)$，并作出函数的图像.

3. 若 $f(x)=a^x$，证明：

(1) $f(x)f(y)=f(x+y)$；　　(2) $\dfrac{f(x)}{f(y)}=f(x-y)$.

4. 把函数 $f(x)=(2|x+1|-|3-x|)x$ 表示成分段函数.

5. 设 $f(x)$ 对一切正值 x,y，恒有 $f(x\cdot y)=f(x)+f(y)$，求 $f(x)+f\left(\dfrac{1}{x}\right)$.

§1-3　函数的特性

一、函数的有界性

设函数 $f(x)$ 的定义域为 D，区间 $I\subset D$，如果存在数 P（或 Q），对于一切 $x\in I$，都有 $f(x)\leqslant P$（或 $Q\leqslant f(x)$）成立，则称 $f(x)$ 在区间 I 上**有上界**（或**有下界**），并称 P 是函数 $f(x)$ 在区间 I 上的一个上界（或 Q 是函数 $f(x)$ 在区间 I 上的一个下界）.

例如，函数 $f(x)=\dfrac{1}{x}$ 在 $(0,+\infty)$ 上，恒有 $f(x)=\dfrac{1}{x}>0$，所以函数 $f(x)=\dfrac{1}{x}$ 在 $(0,+\infty)$ 上有下界，0 就是它的一个下界；而对一切 $x\in(-\infty,0)$，都有 $f(x)=\dfrac{1}{x}<0$，因此函数 $f(x)=\dfrac{1}{x}$ 在 $(-\infty,0)$ 上有上界，0 就是它的一个上界.

如果存在正数 M，对于一切 $x\in I$，都有
$$|f(x)|\leqslant M$$
成立，则称函数 $f(x)$ 在区间 I 上**有界**. 否则，称函数 $f(x)$ 在区间 I 上**无界**.

例如，函数 $y=\sin x$ 在区间 $(-\infty,+\infty)$ 内是有界的，这是因为对于一切 $x\in(-\infty,+\infty)$ 都有 $|\sin x|\leqslant 1$，即存在 $M=1$，对于一切 $x\in(-\infty,+\infty)$，都有 $|\sin x|\leqslant M$，而函数 $y=\dfrac{1}{x}$ 在

$(0,1)$ 内是无界的,因为不存在这样正数 M,使对于 $(0,1)$ 内的一切 x 值,都有 $\left|\dfrac{1}{x}\right| \leqslant M$ 成立,即对任意给定的正数 M(设 $M>1$),若取 $x_0=\dfrac{1}{2M} \in (0,1)$,则有 $\left|\dfrac{1}{x_0}\right|=2M>M$. 但 $f(x)=\dfrac{1}{x}$ 在 $(1,2)$ 内是有界的,因为对于一切 $x \in (1,2)$,都有 $\left|\dfrac{1}{x}\right| \leqslant 1$.

因此,函数是否有界不仅与函数有关,而且还与给定的区间有关.

函数 $f(x)$ 在区间 $[a,b]$ 上有界的几何意义是函数 $f(x)$ 在区间 $[a,b]$ 上的图像位于以两直线 $y=M$ 与 $y=-M$ 为边界的带形区域之内(图 1-15).

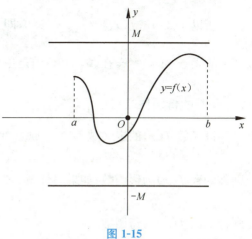

图 1-15

容易证明,函数 $f(x)$ 在区间 I 上有界的充要条件是函数 $f(x)$ 在区间 I 上既有上界又有下界.

二、函数的单调性

设函数 $f(x)$ 的定义域为 D,区间 $I \subset D$,x_1,x_2 是 I 上的任意两点,且 $x_1<x_2$,如果恒有
$$f(x_1)<f(x_2) \quad (\text{或}\ f(x_1)>f(x_2))$$
成立,则称函数 $f(x)$ 在区间 I 上是单调增加(或单调减少)的.

单调增加和单调减少的函数统称为**单调函数**.

单调增加函数的图像是沿横轴正向上升的(图 1-16),单调减少函数的图像是沿横轴正向下降的(图 1-17).

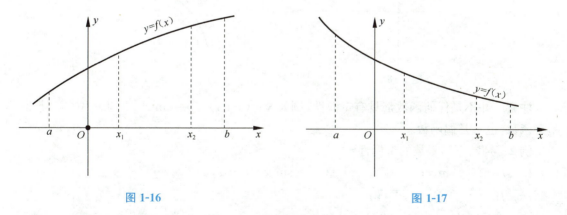

图 1-16　　　　　　　　　　图 1-17

例如函数 $f(x)=x^2$ 在 $(-\infty,0)$ 上是单调减少的,而在 $(0,+\infty)$ 上是单调增加的,在区间 $(-\infty,+\infty)$ 内函数 $f(x)=x^2$ 不是单调的.

例1 证明:函数 $f(x)=\dfrac{1}{x^2}$ 在 $(0,+\infty)$ 内是单调减少的.

证 设 x_1,x_2 是 $(0,+\infty)$ 内的任意两点,且 $0<x_1<x_2$.

因为 $f(x_1)-f(x_2)=\dfrac{1}{x_1^2}-\dfrac{1}{x_2^2}=\dfrac{x_2^2-x_1^2}{x_1^2x_2^2}$，而 $0<x_1<x_2$ 有 $x_1^2<x_2^2$，

所以 $f(x_1)-f(x_2)=\dfrac{x_2^2-x_1^2}{x_1^2x_2^2}>0$，即 $f(x_1)>f(x_2)$．

故函数 $f(x)=\dfrac{1}{x^2}$ 在 $(0,+\infty)$ 内是单调减少的．

三、函数的奇偶性

设函数 $f(x)$ 的定义域 D 关于原点对称，如果对于任意 $x\in D$，都有
$$f(-x)=f(x),$$
则称函数 $f(x)$ 为**偶函数**；如果对任意 $x\in D$，都有
$$f(-x)=-f(x),$$
则称函数 $f(x)$ 为**奇函数**．

例如，$f(x)=x^2$ 是偶函数，因为 $f(-x)=(-x)^2=x^2=f(x)$；而 $f(x)=x^3$ 是奇函数，因为 $f(-x)=(-x)^3=-x^3=-f(x)$．

偶函数的图像关于 y 轴对称，这是因为，若 $f(x)$ 是偶函数，则 $f(-x)=f(x)$，即如果点 $A(x,f(x))$ 是图像上的点，则点 A 关于 y 轴对称的点 $A'(-x,f(x))$ 也在图像上（图 1-18）．

奇函数的图像关于原点对称，这是因为，若 $f(x)$ 是奇函数，则 $f(-x)=-f(x)$，即如果点 $A(x,f(x))$ 是在图像上，则点 A 关于原点对称的点 $A'(-x,-f(x))$ 也在图像上（图 1-19）．

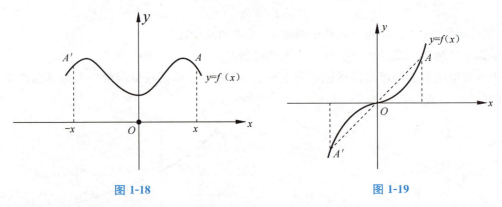

图 1-18　　　　　　　　　　图 1-19

注意　并不是任何函数都具有奇偶性，例如 $y=(x+1)^2$，$y=\sin x+x^2$，$y=\mathrm{e}^x$ 等，都既不是奇函数，也不是偶函数．

例 2　判断下列函数的奇偶性：

(1) $f(x)=x\sin x$；　　　　(2) $f(x)=\sin x-\cos x$；

(3) $f(x)=\ln(x+\sqrt{x^2+1})$．

解　(1) 因为 $f(x)$ 的定义域为 $(-\infty,+\infty)$，

且 $f(-x)=(-x)\sin(-x)=x\sin x=f(x)$，

所以 $f(x)$ 是偶函数．

(2) 因为 $f(-x)=\sin(-x)-\cos(-x)=-\sin x-\cos x$，

所以 $f(x)=\sin x-\cos x$ 既不是奇函数也不是偶函数．

(3) 因为 $f(x)$ 的定义域为 $(-\infty,+\infty)$,

且 $f(-x)=\ln(-x+\sqrt{(-x)^2+1})$

$=\ln\dfrac{(\sqrt{x^2+1}-x)\cdot(\sqrt{x^2+1}+x)}{\sqrt{x^2+1}+x}$

$=\ln\dfrac{1}{x+\sqrt{x^2+1}}=\ln(x+\sqrt{x^2+1})^{-1}=-\ln(x+\sqrt{x^2+1})=-f(x),$

所以 $f(x)=\ln(x+\sqrt{x^2+1})$ 是奇函数.

四、函数的周期性

设函数 $f(x)$ 的定义域为 D,如果存在一个不为零的常数 T,使得对于任意 $x\in D$,且 $(x\pm T)\in D$,恒有

$$f(x\pm T)=f(x)$$

则称函数 $f(x)$ 为**周期函数**,且称 T 为 $f(x)$ 的**周期**.

显然,如果 $f(x)$ 以 T 为周期,则 nT 也是 $f(x)$ 的周期 $(n=\pm 1,\pm 2,\cdots)$,通常所说的周期是指**最小正周期**.

例如,函数 $\sin x$ 和 $\cos x$ 都是以 2π 为周期的周期函数;而 $\tan x$ 和 $\cot x$ 都是以 π 为周期的周期函数.

对于周期函数,只要知道它在长度为 T 的任一区间 $[a,a+T]$ 上的图像,将这个图像按周期重复下去,就得到这函数的图像. 因此,讨论周期函数的性质,只需讨论它在一个周期区间内的性质即可.

例 3 求函数 $f(x)=\sin\pi x$ 的周期.

解 因为 $\sin x$ 的周期为 2π,

所以 $\sin\pi x=\sin(\pi x+2\pi)=\sin[\pi(x+2)]$,

即 $f(x)=f(x+2)$.

故 $f(x)=\sin\pi x$ 的周期为 $T=2$.

例 4 求函数 $f(t)=A\sin(\omega t+\varphi)$ 周期,其中 A,ω,φ 为常数.

解 设所求周期为 T,

由于 $f(t+T)=A\sin[\omega(t+T)+\varphi]=A\sin[(\omega t+\varphi)+\omega T]$,要使 $f(t+T)=f(t)$,即 $A\sin[(\omega t+\varphi)+\omega T]=A\sin(\omega t+\varphi)$ 成立,只须

$$\omega T=2n\pi,(n=0,\pm 1,\pm 2,\cdots).$$

使 $f(t+T)=f(t)$ 成立的最小正数 $T=\dfrac{2\pi}{\omega}(n=1)$,

故 $f(t)=A\sin(\omega t+\varphi)$ 是以 $\dfrac{2\pi}{\omega}$ 为周期的周期函数.

习题 1-3

(A)

1. 判断下列函数中哪些是奇函数,哪些是偶函数,哪些是非奇非偶函数.

(1) $f(x)=x^4-2x^2$; (2) $f(x)=x-x^2$;

(3) $f(x)=x\sin x$; (4) $f(x)=\sin x-\cos x$;

(5) $f(x)=\dfrac{a^x+1}{a^x-1}$; (6) $f(x)=\ln\dfrac{1+x}{1-x}$;

(7) $f(x)=\dfrac{e^x+e^{-x}}{2}$; (8) $f(x)=\ln(x+\sqrt{1+x^2})$.

2. 判断下列函数在指定区间内的单调性.

(1) $y=\lg x, x\in(0,+\infty)$; (2) $y=1+\dfrac{1}{x}, x\in(1,+\infty)$;

(3) $y=\sin x, x\in\left[-\dfrac{\pi}{2},\dfrac{\pi}{2}\right]$; (4) $y=x+\ln x, x\in(0,+\infty)$.

3. 证明，若函数 $f(x)$ 定义在 R 上，则 $F(x)=f(x)+f(-x)$ 是偶函数；$G(x)=f(x)-f(-x)$ 是奇函数.

4. 证明，定义在 $(-e,e)$ 内的任意函数 $f(x)$ 能表示成奇函数与偶函数之和.

5. 设函数 $f(x)$ 在 $[-b,b]$ 上是奇函数：

(1) 求证 $f(0)=0$；

(2) 如果 $f(x)$ 在 $[-b,-a](a>0)$ 上单调减少，求证 $f(x)$ 在 $[a,b]$ 上单调减少；

(3) 如果 $f(x)$ 在 $[-b,-a]$ 上单调减少且恒为正，讨论 $[f(x)]^2$ 在 $[a,b]$ 上的单调性.

(B)

1. 判断下列函数的奇偶性.

(1) $y=\dfrac{1}{2}(e^x+e^{-x})\sin x$; (2) $y=\text{sgn } x$; (3) $y=|x|\sin\dfrac{1}{x}$;

(4) $y=\begin{cases}1, & x \text{ 为有理数}, \\ 0, & x \text{ 为无理数};\end{cases}$ (5) $y=\dfrac{e^x-1}{e^x+1}$.

2. 指出下列函数在定义区间内是否是有界函数,为什么?

(1) $f(x)=\dfrac{x^2}{1+x^2}$; (2) $f(x)=\dfrac{1}{1+x}$;

(3) $f(x)=\sqrt{2-x^2}$; (4) $\varphi(x)=3\sin\dfrac{x}{2}$.

3. 下列各函数中哪些是周期函数? 对周期函数指出其周期.

(1) $y=\cos(\omega x+\theta)$ (ω,θ 为常数); (2) $y=1+\sin\pi x$;

(3) $y=\sin^2 x$; (4) $y=\cos\dfrac{1}{x}$.

4. 证明：如果函数 $f(x)$ 与 $g(x)$ 都是定义在 I 上的周期函数，周期分别是 T_1 与 T_2，且 $\dfrac{T_1}{T_2}=a$，而 a 是有理数，则 $f(x)+g(x)$ 与 $f(x)g(x)$ 都是 I 上的周期函数.

§1-4 反函数

在高中《代数》中已经学习了反函数，鉴于反函数的重要性，本节将复习反函数的概念及其图像.

在圆的面积公式（函数）
$$S = \pi r^2$$
中，半径 r 是自变量，面积 S 是因变量，即对任意半径 $r\in[0,+\infty)$ 对应唯一一个面积 S，这个函数还有一个性质：反之，对任意面积 $S\in[0,+\infty)$，按此对应关系，也对应唯一一个半径 r，即 $r=\sqrt{\dfrac{S}{\pi}}$.

函数 $r=\sqrt{\dfrac{S}{\pi}}$ 就是函数 $S=\pi r^2$ 所谓的反函数.

对给定的函数 $y=f(x)$，$x\in A$，由函数定义，$\forall x\in A$，按照对应关系 f，对应唯一一个 $y\in f(A)$，即单值对应. 反过来，$\forall y\in f(A)$ 是否就只有一个 $x\in A$，使 $y=f(x)$ 呢？即一个函数是否一定存在反函数？这是一种逆向思维.

定义 1 设函数 $y=f(x)$ 在数集 A 上有定义. 若 $\forall x_1,x_2\in A$ 有 $x_1\neq x_2 \Rightarrow f(x_1)\neq f(x_2)$（或 $f(x_1)=f(x_2)\Rightarrow x_1=x_2$）则称函数 $y=f(x)$ 在 A 上**一一对应**.

函数 $y=f(x)$ 在 A 上一一对应，就是 f 把不同的 $x\in A$ 对应为不同的 $y=f(x)\in f(A)$，即 $\forall y\in f(A)$ 只有唯一一个 $x\in A$，使 $f(x)=y$.

定义 2 设函数 $y=f(x)$ 在 A 一一对应，即 $\forall y\in f(A)$. 存在唯一一个 $x\in A$，使 $f(x)=y$，这是一个由 $f(A)$ 到 A 新的对应关系，称为函数 $y=f(x)$ 的**反函数**，记为：
$$x=f^{-1}(y), \quad y\in f(A).$$
而原来的函数 $y=f(x)$ 称为"**直接函数**". 由直接函数想到反函数，这是一种逆向思维过程.

由反函数的定义不难看到，反函数 $x=f^{-1}(y)$ 的定义域和值域恰好是直接函数 $y=f(x)$ 的值域和定义域. 函数 $y=f(x)$ 与 $x=f^{-1}(y)$ 是互为反函数.

例 1 函数 $y=2x+1$ 的定义域是 $\mathbf{R}$，值域也是 $\mathbf{R}$，按照 $y=2x+1$，$\forall y\in\mathbf{R}$（值域），对应 $\mathbf{R}$（定义域）中唯一一个 x，即：$x=\dfrac{1}{2}(y-1)$，则函数 $y=2x+1$ 的反函数是
$$x=\frac{1}{2}(y-1), \quad y\in\mathbf{R}.$$

什么函数存在反函数呢？由函数的单调性不难证明：

定理 若函数 $y=f(x)$ 在数集 A 单调增加（单调减少），则函数 $y=f(x)$ 存在反函数，且反函数 $x=f^{-1}(y)$ 在 $f(A)$ 也单调增加（单调减少）.

也就是说，**单调函数存在反函数，且直接函数与其反函数单调性相同**.

证明从略.

函数的单调性是存在反函数的充分条件，而不是必要条件.

例如：函数
$$y=\begin{cases}-x+1, & -1\leqslant x<0,\\ x, & 0\leqslant x\leqslant 1\end{cases}$$
在区间 $[-1,1]$ 不是单调函数. 如图 1-20，但是它在 $f([-1,1])=[0,2]$ 却存在反函数

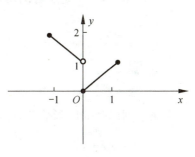

图 1-20

$$x = f^{-1}(y) = \begin{cases} y, & 0 \leqslant y \leqslant 1, \\ 1-y, & 1 < y \leqslant 2. \end{cases}$$

一般说来,函数在定义域上不一定存在反函数.但是,如果某个函数不存在反函数,那么将该函数限定在其定义域的某个子集上,就可能存在反函数.例如,函数 $y=x^2$ 在定义域 **R** 不存在反函数,但是将函数 $y=x^2$ 限定在区间 $(-\infty,0] \subset \mathbf{R}$ 上时,函数 $y=x^2$ 是单调减少的.根据反函数存在定理,它存在单调减少的反函数,反函数是 $x=-\sqrt{y}, y \in [0,+\infty)$.

函数的实质在它的定义域和对应关系,而用什么字母来表示自变量和因变量是无关紧要的.习惯上,我们常用 x 表示自变量,y 表示因变量.$y=f(x)$ 的反函数 $x=f^{-1}(y)$ 仍改记作 $y=f^{-1}(x)$.这样做并不改变反函数的对应关系.

在平面直角坐标系中,函数 $y=f(x)$ 的图像与其反函数 $x=f^{-1}(y)$ 的图像是相同的.这里反函数的自变量是 y.当函数 $y=f(x)$ 的反函数 $x=f^{-1}(y)$ 中的自变量 y 与因变量 x 调换位置时,即 $y=f^{-1}(x)$,那么函数 $y=f(x)$ 的图像与其反函数 $y=f^{-1}(x)$ 的图像就不同了.因为 $y=f(x)$ 与 $y=f^{-1}(x)$ 的关系是 x 与 y 互换,所以若任意点 $M(a,b)$ 在函数 $y=f(x)$ 的图像上,那么点 $M'(b,a)$ 必在其反函数 $y=f^{-1}(x)$ 的图像上,反之亦然.因为已知点 $M(a,b)$ 与点 $M'(b,a)$ 关于直线 $y=x$ 对称.所以函数 $y=f(x)$ 的图像与其反函数 $y=f^{-1}(x)$ 的图像关于直线 $y=x$ 对称,如图 1-21.

例 2 求函数 $y=x^2, x \in (0,+\infty)$ 的反函数,并在同一坐标内作出这两个函数的图像.

解 因为函数 $y=x^2$ 在区间 $[0,+\infty)$ 上单调增加,所以它存在反函数.由 $y=x^2$ 解得 $x=\sqrt{y}, y \geqslant 0$.于是函数 $y=x^2(x \in [0,+100))$ 的反函数为 $y=\sqrt{x}, x \in [0,+\infty)$.在同一坐标内用描点法作出这两个函数的图像.如图 1-22.

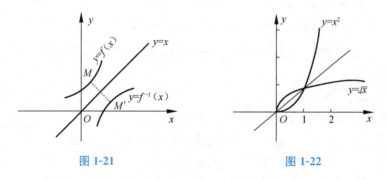

图 1-21   图 1-22

应该指出,并不是所有的函数都有反函数.例如 $y=c$(c 是常数)就没有反函数.

习题 1-4

(A)

求下列函数的反函数及其定义域.

(1) $y=2x+1$;   (2) $y=\dfrac{x+2}{x-2}$;

(3) $y=x^3+2$;   (4) $y=1+\lg(x+2)$.

(B)

求下列函数在指定区间的反函数.

(1) $y=\dfrac{2x+1}{3x-2}, x\neq \dfrac{2}{3}$;

(2) $y=\begin{cases} x, & x\in(-\infty,1), \\ x^2, & x\in[1,4], \\ 2^x, & x\in(4,+\infty); \end{cases}$

(3) $y=\dfrac{1}{2}(e^x+e^{-x}), x\in[0,+\infty)$;

(4) $y=\dfrac{1}{2}(e^x-e^{-x}), x\in \mathbf{R}$.

§1-5 基本初等函数

常数函数、幂函数、指数函数、对数函数、三角函数和反三角函数这六类函数统称为**基本初等函数**. 它是今后研究各种函数的基础. 这些函数在中学阶段已经学过. 为了便于今后熟练地应用, 作为复习, 现将这六类函数的定义、定义域、主要性质及图像概括如下：

1. 常数函数 $y=c$ (c 为常数)

定义域为 $(-\infty,+\infty)$, 值域为 $\{c\}$. 图像为过点 $(0,c)$, 且垂直于 y 轴的直线.

2. 幂函数 $y=x^\alpha$ (α 为实数)

由幂 x^α 所确定的函数 $y=x^\alpha$ (α 为实数)称为**幂函数**, 其中 x 称为幂的底数, 常数 α 称为幂的指数. 它的定义域与 α 值有关, 但不论 α 取什么值, 幂函数 $y=x^\alpha$ 在 $(0,+\infty)$ 内总是有定义的. 例如, 当 $\alpha=3$ 时, $y=x^3$ 的定义域是 $(-\infty,+\infty)$; 当 $\alpha=\dfrac{1}{2}$ 时, $y=x^{\frac{1}{2}}=\sqrt{x}$ 的定义域是 $[0,+\infty)$; 当 $\alpha=-1$ 时, $y=\dfrac{1}{x}$ 的定义域是 $(-\infty,0)$ 与 $(0,+\infty)$; 当 $\alpha=-\dfrac{1}{2}$ 时, $y=\dfrac{1}{\sqrt{x}}$ 的定义域是 $(0,+\infty)$.

$y=x^\alpha$ 图像过点 $(1,1)$, $\alpha=1$、2、3、$\dfrac{1}{2}$、-1 是最常见的幂函数, 它们的图像如图 1-23 所示.

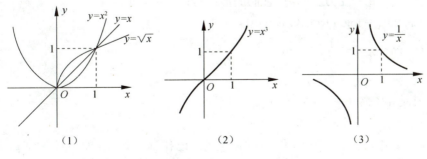

图 1-23

$a>0$ 时,函数单调增加;$a<0$ 时函数单调减少,以 x 轴、y 轴为渐近线.

3. 指数函数 $y=a^x$ ($a>0$,且 $a\neq 1$)

由指数式 a^x 所确定的函数 $y=a^x$ (a 是常数,且 $a>0$,$a\neq 1$) 称为以 a 为底的**指数函数**. 它的定义域是 $(-\infty,+\infty)$,值域是 $(0,+\infty)$. 它的图像过点 $(0,1)$,且在 x 轴的上方.

当底数 $a>1$ 时,$y=a^x$ 是单调增加的;当 $0<a<1$ 时,$y=a^x$ 是单调减少的. $y=a^x$ 以 x 轴为渐近线.

由于 $y=\left(\dfrac{1}{a}\right)^x=a^{-x}$,所以 $y=a^x$ 的图像与 $y=a^{-x}$ 的图像关于 y 轴对称(图 1-24).

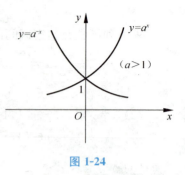

图 1-24

工程中,常用以 $e=2.7182818\cdots$ 为底的指数函数 $y=e^x$.

对于指数有如下的运算性质:

(1) $a^0=1$;

(2) $a^{-n}=\dfrac{1}{a^n}$ ($a\neq 0$, $n\in N$);

(3) $a^{\frac{m}{n}}=\sqrt[n]{a^m}$ ($m,n\in N$, $a\neq 0$);

(4) $a^{-\frac{m}{n}}=\dfrac{1}{a^{\frac{m}{n}}}$ ($m,n\in N$, $a\neq 0$);

(5) $a^\alpha \cdot a^\beta = a^{\alpha+\beta}$;

(6) $\dfrac{a^\alpha}{a^\beta} = a^{\alpha-\beta}$;

(7) $(a^\alpha)^\beta = a^{\alpha\beta}$;

(8) $(ab)^\alpha = a^\alpha b^\alpha$;

(9) $\left(\dfrac{a}{b}\right)^\alpha = \dfrac{a^\alpha}{b^\alpha}$.

4. 对数函数 $y=\log_a x$ ($a>0$,且 $a\neq 1$)

指数函数 $x=a^y$ 的定义域与值域分别是 $(-\infty,+\infty)$ 与 $(0,+\infty)$,且在 $(-\infty,+\infty)$ 内是单调的,因而有反函数,通常把这个反函数称为以 a 为底的对数函数,记为 $y=\log_a x$(常数 $a>0$,且 $a\neq 1$).

其定义域和值域分别是 $(0,+\infty)$ 与 $(-\infty,+\infty)$,a、x、y 分别称为底数、真数、对数.

$x=a^y$ 与 $y=\log_a x$ 互为反函数,它们的形式可以互换,即

(1) $x=a^y$ 与 $y=\log_a x$ ($x\in(0,+\infty)$, $y\in(-\infty,+\infty)$),

例如 $4^{\frac{1}{2}}=2 \Leftrightarrow \log_4 2=\dfrac{1}{2}$;

(2) $x=a^{\log_a x}$ ($x\in(0,+\infty)$);

(3) $y=\log_a a^y$ ($y\in(-\infty,+\infty)$),

由此可得 $\log_a a=1$,$\log_a 1=0$.

在 $y=\log_a x$ 中,当 $a=10$ 时称为常用对数,记作 $y=\lg x$,即 $\lg x=\log_{10} x$,当 $a=e$ ($e\approx 2.71828$) 时称为自然对数,记作 $y=\ln x$,即 $\ln x=\log_e x$.

根据对数的定义及指数的运算法则,得到如下的对数运算性质:

(1) $\log_a(x_1 x_2) = \log_a x_1 + \log_a x_2 \ (x_1 > 0, x_2 > 0)$;

(2) $\log_a \dfrac{x_1}{x_2} = \log_a x_1 - \log_a x_2 \ (x_1 > 0, x_2 > 0)$;

(3) $\log_a x^k = k \log_a x \ (x > 0)$;

(4) $\log_a x = \dfrac{\log_b x}{\log_b a} \ (x > 0, b > 0, b \neq 1)$.

对数函数 $y = \log_a x$ 的性质与图像如下表.

定义域	$(0, +\infty)$
值域	$(-\infty, +\infty)$
单调性	$a > 1$ 时 ↑,$0 < a < 1$ 时 ↓
其他性质	图形都经过点 $(1, 0)$
图像	图 1-25

例1 求函数 $y = \lg[1 - \lg(x^2 - 5x + 16)]$ 的定义域.

解 根据对数函数的真数恒为正,得不等式组
$$\begin{cases} x^2 - 5x + 16 > 0, \\ \lg(x^2 - 5x + 16) < 1. \end{cases}$$

即 $\begin{cases} x^2 - 5x + 16 > 0, \\ x^2 - 5x + 16 < 10. \end{cases}$

$\Rightarrow \begin{cases} \left(x - \dfrac{5}{2}\right)^2 + \dfrac{39}{4} > 0, \\ (x-2)(x-3) < 0. \end{cases} \Rightarrow \begin{cases} -\infty < x < +\infty, \\ 2 < x < 3. \end{cases}$

即所求函数的定义域为 $2 < x < 3$.

例2 设 $\lg(x^2 + 1) + \lg(y^2 + 4) = \lg 8 + \lg x + \lg y$,求 x, y 的值.

解 由对数运算法则得
$$\lg[(x^2 + 1)(y^2 + 4)] = \lg(8xy) \quad (x > 0, y > 0),$$
即 $(x^2 + 1)(y^2 + 4) = 8xy$,

$x^2 y^2 + 4x^2 + y^2 + 4 = 8xy$,

$(x^2 y^2 - 4xy + 4) + (4x^2 - 4xy + y^2) = 0$,

$(xy - 2)^2 + (2x - y)^2 = 0$,

$\begin{cases} xy - 2 = 0, \\ 2x - y = 0. \end{cases}$

解此方程组,得
$$\begin{cases} x=1, \\ y=2; \end{cases} \begin{cases} x=-1, \\ y=-2; \end{cases}$$
而后者不合题意,故所求角为 $x=1,y=2$.

5. 三角函数

(1) 三角函数的定义

如图 1-26 所示,以任意角 α 顶点为原点,始边为 x 轴正方向,建立直角坐标系,在终边上任取一点 $P(x,y)$,它和原点的距离为 $r(r>0)$,那么角 α 的正弦、余弦、正切、余切、正割、余割分别是(参见图 1-27):

$$\sin\alpha=\frac{y}{r}; \cos\alpha=\frac{x}{r}; \tan\alpha=\frac{y}{x};$$
$$\cot\alpha=\frac{x}{y}; \sec\alpha=\frac{r}{x}; \csc\alpha=\frac{r}{y}.$$

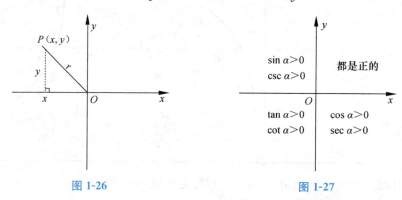

图 1-26　　　　　　　　图 1-27

这些比值对于角 α 的每一个确定的值,都有确定的值和它对应,所以这些比值都是角 α 的函数,这些函数称为角 α 的**三角函数**.

根据上述的概念及任意点 P 的坐标 x、y 随角 α 而变化的情况,可得到如下的结果.

① 特殊角的三角函数值

	0°	30°	45°	60°	90°	180°	270°	360°
$\sin\alpha$	0	$\frac{1}{2}$	$\frac{\sqrt{2}}{2}$	$\frac{\sqrt{3}}{2}$	1	0	-1	0
$\cos\alpha$	1	$\frac{\sqrt{3}}{2}$	$\frac{\sqrt{2}}{2}$	$\frac{1}{2}$	0	-1	0	1
$\tan\alpha$	0	$\frac{\sqrt{3}}{3}$	1	$\sqrt{3}$	不存在	0	不存在	0
$\cot\alpha$	不存在	$\sqrt{3}$	1	$\frac{\sqrt{3}}{3}$	0	不存在	0	不存在

② 三角函数值在各象限中的符号

正弦、余割在第一、第二象限为正,其余象限为负;

正割、余弦在第一、第四象限为正,其余象限为负;

正切、余切在第一、第三象限为正,其余象限为负.

③ 同角三角函数关系

平方关系: $\sin^2\alpha+\cos^2\alpha=1, \tan^2\alpha+1=\sec^2\alpha, \cot^2\alpha+1=\csc^2\alpha$;

第一章 函数

倒数关系：$\sin\alpha \cdot \csc\alpha = 1, \cos\alpha \cdot \sec\alpha = 1, \tan\alpha \cdot \cot\alpha = 1$；

商数关系：$\tan\alpha = \dfrac{\sin\alpha}{\cos\alpha}, \cot\alpha = \dfrac{\cos\alpha}{\sin\alpha}$.

④ 诱导公式 ($k \in \mathbf{Z}$)

$$\sin(\alpha + 2k\pi) = \sin\alpha, \qquad \cos(\alpha + 2k\pi) = \cos\alpha,$$
$$\sin[\alpha + (2k+1)\pi] = -\sin\alpha, \qquad \cos[\alpha + (2k+1)\pi] = -\cos\alpha,$$
$$\tan(\alpha + k\pi) = \tan\alpha, \qquad \cot(\alpha + k\pi) = \cot\alpha,$$
$$\sin(-\alpha) = -\sin\alpha, \qquad \cos(-\alpha) = \cos\alpha,$$
$$\tan(-\alpha) = -\tan\alpha, \qquad \cot(-\alpha) = -\cot\alpha,$$
$$\sin\left(\alpha + \frac{\pi}{2}\right) = \cos\alpha, \qquad \cos\left(\alpha + \frac{\pi}{2}\right) = -\sin\alpha,$$
$$\tan\left(\alpha + \frac{\pi}{2}\right) = -\cot\alpha, \qquad \cot\left(\alpha + \frac{\pi}{2}\right) = -\tan\alpha.$$

(2) 三角函数式的恒等变换

① 倍角公式

$$\sin 2\alpha = 2\sin\alpha\cos\alpha, \qquad \tan 2\alpha = \frac{2\tan\alpha}{1-\tan^2\alpha},$$
$$\cos 2\alpha = \cos^2\alpha - \sin^2\alpha = 2\cos^2\alpha - 1 = 1 - 2\sin^2\alpha.$$

② 半角公式

$$\sin\frac{\alpha}{2} = \pm\sqrt{\frac{1-\cos\alpha}{2}}, \qquad \cos\frac{\alpha}{2} = \pm\sqrt{\frac{1+\cos\alpha}{2}},$$
$$\tan\frac{\alpha}{2} = \pm\sqrt{\frac{1-\cos\alpha}{1+\cos\alpha}} = \frac{1-\cos\alpha}{\sin\alpha} = \frac{\sin\alpha}{1+\cos\alpha}.$$

③ 两角和差公式

$$\sin(\alpha \pm \beta) = \sin\alpha\cos\beta \pm \cos\alpha\sin\beta,$$
$$\cos(\alpha \pm \beta) = \cos\alpha\cos\beta \mp \sin\alpha\sin\beta,$$
$$\tan(\alpha \pm \beta) = \frac{\tan\alpha \pm \tan\beta}{1 \mp \tan\alpha\tan\beta}.$$

④ 和差化积公式

$$\sin\alpha + \sin\beta = 2\sin\frac{\alpha+\beta}{2}\cos\frac{\alpha-\beta}{2},$$
$$\sin\alpha - \sin\beta = 2\cos\frac{\alpha+\beta}{2}\sin\frac{\alpha-\beta}{2},$$
$$\cos\alpha + \cos\beta = 2\cos\frac{\alpha+\beta}{2}\cos\frac{\alpha-\beta}{2},$$
$$\cos\alpha - \cos\beta = -2\sin\frac{\alpha+\beta}{2}\sin\frac{\alpha-\beta}{2}.$$

⑤ 积化和差公式

$$\sin\alpha\cos\beta = \frac{1}{2}[\sin(\alpha+\beta) + \sin(\alpha-\beta)],$$
$$\cos\alpha\sin\beta = \frac{1}{2}[\sin(\alpha+\beta) - \sin(\alpha-\beta)],$$

$$\cos\alpha\cos\beta = \frac{1}{2}[\cos(\alpha+\beta)+\cos(\alpha-\beta)],$$

$$\sin\alpha\sin\beta = -\frac{1}{2}[\cos(\alpha+\beta)-\cos(\alpha-\beta)].$$

(3) 三角函数的图像(图 1-28～图 1-33)

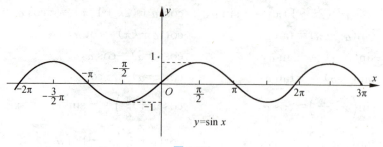

图 1-28

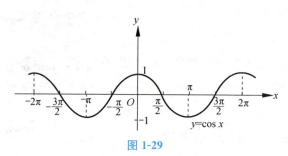

图 1-29

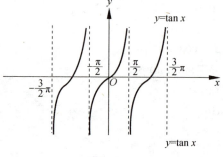

图 1-30

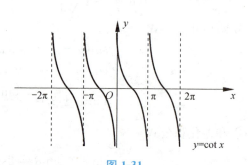

图 1-31

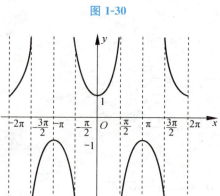

图 1-32

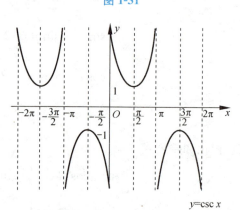

图 1-33

(4) 三角函数的性质：

① $y=\sin x$ 与 $y=\cos x$ 的性质：

函数	$y=\sin x$	$y=\cos x$
定义域	一切实数	一切实数
值域	$-1 \leqslant y \leqslant 1$	$-1 \leqslant y \leqslant 1$
单调性	在区间 $\left[-\frac{\pi}{2}+2k\pi, \frac{\pi}{2}+2k\pi\right]$ 递增 在区间 $\left[\frac{\pi}{2}+2k\pi, \frac{3\pi}{2}+2k\pi\right]$ 上递减 $(k \in \mathbf{Z})$	在区间 $[(2k-1)\pi, 2k\pi](k \in \mathbf{Z})$ 递增 在区间 $[2k\pi, (2k+1)\pi](k \in \mathbf{Z})$ 递减
奇偶性	$\sin(-x)=-\sin x$，关于原点对称是奇函数	$\cos(-x)=\cos x$，关于 y 轴对称是偶函数
周期性	$\sin(x+2\pi)=\sin x, T=2\pi$	$\cos(x+2\pi)=\cos x, T=2\pi$

② $y=\tan x$ 与 $y=\cot x$ 的性质：

函数	$y=\tan x$	$y=\cot x$
定义域	$x \neq k\pi+\frac{\pi}{2}(k \in \mathbf{Z})$	$x \neq k\pi(k \in \mathbf{Z})$
值域	一切实数	一切实数
单调性	在每个开区间 $\left(-\frac{\pi}{2}+k\pi, \frac{\pi}{2}+k\pi\right)(k \in \mathbf{Z})$ 内都递增	在每个开区间 $(k\pi, k\pi+\pi)(k \in \mathbf{Z})$ 内都递减
奇偶性	$\tan(-x)=-\tan x$，关于原点对称是奇函数	$\cot(-x)=-\cot x$，关于原点对称是奇函数
周期性	$\tan(x+\pi)=\tan x, T=\pi$	$\cot(x+\pi)=\cot x, T=\pi$

③ $y=\sec x$ 与 $y=\csc x$ 的性质：

函数	$y=\sec x$	$y=\csc x$
定义域	$x \neq \frac{\pi}{2}+k\pi, k \in \mathbf{Z}$	$x \neq k\pi, k \in \mathbf{Z}$
值域	$\|y\| \geqslant 1$	$\|y\| \geqslant 1$
单调性	在区间 $\left(2k\pi, \frac{\pi}{2}+2k\pi\right) \cup \left(\frac{\pi}{2}+2k\pi, \pi+2k\pi\right)$ $(k \in \mathbf{Z})$ 上递增，在区间 $\left(-\frac{\pi}{2}+2k\pi, 2k\pi\right) \cup \left(\pi+2k\pi, \frac{3\pi}{2}+2k\pi\right)(k \in \mathbf{Z})$ 上递减	在区间 $\left(\frac{\pi}{2}+2k\pi, \pi+2k\pi\right) \cup \left(\pi+2k\pi, \frac{3\pi}{2}+2k\pi\right)$ $(k \in \mathbf{Z})$ 上递增，在区间 $\left(2k\pi, \frac{\pi}{2}+2k\pi\right) \cup \left(\frac{3\pi}{2}+2k\pi, 2\pi+2k\pi\right)(k \in \mathbf{Z})$ 上递减
奇偶性	$\sec(-x)=\sec x$，关于 y 轴对称是偶函数	$\csc(-x)=-\csc x$，关于原点对称是奇函数
周期性	$\sec(x+2\pi)=\sec x, T=2\pi$	$\csc(x+2\pi)=\csc x, T=2\pi$

例 3 已知 $\tan a=-\frac{15}{8}$，求 a 的其他三角函数值.

解 因为 $\tan a<0$，所以 a 可能在第二、四象限.

当 a 在第二象限时，

$$\cot a=\frac{1}{\tan a}=-\frac{8}{15},$$

$$\sec a = -\sqrt{1+\tan^2 a} = -\sqrt{1+\left(-\frac{15}{8}\right)^2} = -\frac{17}{8},$$

$$\cos a = \frac{1}{\sec a} = \frac{1}{-\frac{17}{8}} = -\frac{8}{17},$$

$$\sin a = \cos a \cdot \tan a = \left(-\frac{8}{17}\right) \times \left(-\frac{15}{8}\right) = \frac{15}{17},$$

$$\csc a = \frac{1}{\sin a} = \frac{1}{\frac{15}{17}} = \frac{17}{15};$$

当 a 在第四象限时，

$$\cot a = -\frac{8}{15}; \sec a = \frac{17}{8}; \cos a = \frac{8}{17}; \sin a = -\frac{15}{17}; \csc a = -\frac{17}{15}.$$

例 4 化简下列各式.

(1) $\sin^2 \alpha \tan \alpha + \cos^2 \alpha \cot \alpha + 2\sin \alpha \cos \alpha$；

(2) $\cos^2(90°-2\alpha)\sec^2(180°+2\alpha) + \csc^2\frac{\alpha}{2} - \cot^2\frac{\alpha}{2}$.

解：(1) 原式 $= \sin^2 \alpha \cdot \dfrac{\sin \alpha}{\cos \alpha} + \cos^2 \alpha \cdot \dfrac{\cos \alpha}{\sin \alpha} + 2\sin \alpha \cos \alpha$

$$= \frac{\sin^3 \alpha}{\cos \alpha} + \frac{\cos^3 \alpha}{\sin \alpha} + 2\sin \alpha \cos \alpha$$

$$= \frac{\sin^4 \alpha + \cos^4 \alpha + 2\sin^2 \alpha \cos^2 \alpha}{\cos \alpha \sin \alpha}$$

$$= \frac{(\sin^2 \alpha + \cos^2 \alpha)^2}{\cos \alpha \sin \alpha} = \frac{1}{\sin \alpha \cos \alpha}$$

$$= \sec \alpha \csc \alpha.$$

(2) 原式 $= \sin^2 2\alpha \sec^2 2\alpha + \left(\csc^2 \dfrac{\alpha}{2} - \cot^2 \dfrac{\alpha}{2}\right)$

$$= \frac{\sin^2 2\alpha}{\cos^2 2\alpha} + 1$$

$$= \tan^2 2\alpha + 1$$

$$= \sec^2 2\alpha.$$

例 5 已知 $\tan \varphi = \dfrac{3}{4}(0° < \varphi < 90°)$，求 $\sin 2\varphi, \cos 2\varphi$.

解 因为 $0° < \varphi < 90°$，

所以 $\sec \varphi = \sqrt{\tan^2 \varphi + 1} = \sqrt{\left(\dfrac{3}{4}\right)^2 + 1} = \dfrac{5}{4}$，

所以 $\cos \varphi = \dfrac{1}{\sec \varphi} = \dfrac{4}{5}$，$\sin \varphi = \tan \varphi \cdot \cos \varphi = \dfrac{3}{5}$，

因为 $\sin 2\varphi = 2\sin \varphi \cos \varphi = \dfrac{24}{25}$，$\cos 2\varphi = \cos^2 \varphi - \sin^2 \varphi = \dfrac{7}{25}$.

6. 反三角函数

(1) **定义**：三角函数的反函数叫做**反三角函数**.

① 函数 $y=\sin x$ 在区间 $\left[-\dfrac{\pi}{2},\dfrac{\pi}{2}\right]$ 内的反函数叫做**反正弦函数**，记作 $x=\arcsin y$，习惯上写作 $y=\arcsin x$，其中 $-1\leqslant x\leqslant 1,-\dfrac{\pi}{2}\leqslant y\leqslant\dfrac{\pi}{2}$.

② 函数 $y=\cos x$ 在区间 $[0,\pi]$ 内的反函数叫做**反余弦函数**，记作 $x=\arccos y$，习惯上写作 $y=\arccos x$，其中 $-1\leqslant x\leqslant 1,0\leqslant y\leqslant\pi$.

③ 函数 $y=\tan x$ 在区间 $\left(-\dfrac{\pi}{2},\dfrac{\pi}{2}\right)$ 内的反函数，叫做**反正切函数**，记作 $x=\arctan y$，习惯上写作 $y=\arctan x$，其中 $-\infty<x<+\infty,-\dfrac{\pi}{2}<y<\dfrac{\pi}{2}$.

④ 函数 $y=\cot x$ 在区间 $(0,\pi)$ 内的反函数，叫做**反余切函数**，记作 $x=\text{arccot } y$，习惯上写作 $y=\text{arccot } x$，其中 $-\infty<x<+\infty,0<y<\pi$.

它们的图像如图 1-34～图 1-37：

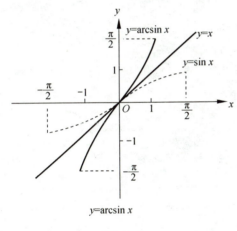

图 1-34

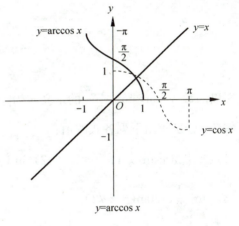

图 1-35

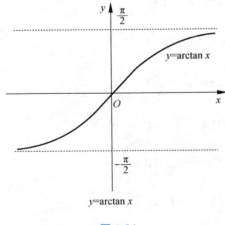

图 1-36

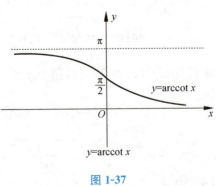

图 1-37

（2）性质：

函数	$y=\arcsin x$	$y=\arccos x$	$y=\arctan x$	$y=\text{arccot } x$
定义域	$-1 \leqslant x \leqslant 1$	$-1 \leqslant x \leqslant 1$	一切实数	一切实数
值域	$-\dfrac{\pi}{2} \leqslant y \leqslant \dfrac{\pi}{2}$	$0 \leqslant y \leqslant \pi$	$-\dfrac{\pi}{2} < y < \dfrac{\pi}{2}$	$0 < y < \pi$
性质	① 增函数 ② $\sin(\arcsin x)=x$ ③ $\arcsin(\sin y)=y$ ④ $\arcsin(-x)=-\arcsin x$ $\left(-1 \leqslant x \leqslant 1, -\dfrac{\pi}{2} \leqslant y \leqslant \dfrac{\pi}{2}\right)$	① 减函数 ② $\cos(\arccos x)=x$ ③ $\arccos(\cos y)=y$ ④ $\arccos(-x)=\pi-\arccos x$ $(-1 \leqslant x \leqslant 1, 0 \leqslant y \leqslant \pi)$	① 增函数 ② $\tan(\arctan x)=x$ ③ $\arctan(\tan y)=y$ ④ $\arctan(-x)=-\arctan x$ $\left(-\dfrac{\pi}{2} < y < \dfrac{\pi}{2}\right)$	① 减函数 ② $\cot(\text{arccot } x)=x$ ③ $\text{arccot}(\cot y)=y$ ④ $\text{arccot}(-x)=\pi-\text{arccot } x$ $(0 < y < \pi)$

例 6 求函数 $y=\arcsin \dfrac{1+x^2}{5}$ 的定义域.

解 要使 $\arcsin \dfrac{1+x^2}{5}$ 有意义, 必有:
$$-1 \leqslant \frac{1+x^2}{5} \leqslant 1, \text{即}$$
$$-5 \leqslant x^2+1 \leqslant 5,$$
$$-6 \leqslant x^2 \leqslant 4,$$
$$-2 \leqslant x \leqslant 2.$$

所以函数 $y=\arcsin \dfrac{1+x^2}{5}$ 的定义域为 $[-2,2]$.

例 7 分别求出下列各式的值:

(1) $\cos\left(2\arcsin \dfrac{1}{2}\right)$;   (2) $\sin\left(\arccos \dfrac{\sqrt{2}}{2}\right)$;

(3) $\sin\left[\dfrac{1}{2}\arctan(-2\sqrt{2})\right]$.

解 (1) 设 $\arcsin \dfrac{1}{2}=x$, 则 $\sin x=\dfrac{1}{2}$, 于是
$$\cos\left(2\arcsin \frac{1}{2}\right) = \cos 2x = 1-2\sin^2 x = 1-2\left(\frac{1}{2}\right)^2 = \frac{1}{2}.$$

(2) 设 $\arccos \dfrac{\sqrt{2}}{2}=x$, 则 $\cos x=\dfrac{\sqrt{2}}{2}$, 由于 $0<x<\dfrac{\pi}{2}$, 于是
$$\sin\left(\arccos \frac{\sqrt{2}}{2}\right) = \sin x = \sqrt{1-\cos^2 x} = \sqrt{1-\frac{1}{2}} = \frac{\sqrt{2}}{2}.$$

(3) 设 $\arctan(-2\sqrt{2})=x$, 则 $\tan x=-2\sqrt{2}$, 由于 $-\dfrac{\pi}{2}<x<0$, 从而
$$\sin\left[\frac{1}{2}\arctan(-2\sqrt{2})\right] = \sin \frac{x}{2} = -\sqrt{\frac{1}{2}(1-\cos x)}$$
$$= -\sqrt{\frac{1}{2}\left(1-\frac{1}{\sec x}\right)} = -\sqrt{\frac{1}{2}\left(1-\frac{1}{3}\right)} = -\frac{\sqrt{3}}{3}.$$

例 8 设 $|x| \leqslant 1$, 求证:

(1) $\arcsin(-x)=-\arcsin x$;

(2) $\arccos(-x)=\pi-\arccos x$;

(3) $\sin(\arccos x) = \sqrt{1-x^2}$.

证 (1) $\alpha = \arcsin x$,

则由 $|x| \leqslant 1$ 知 $\sin \alpha = \sin(\arcsin x) = x$,

即 $\sin(-\alpha) = -x$.

因为 $\alpha = \arcsin x$, 所以 $-\dfrac{\pi}{2} \leqslant \alpha \leqslant \dfrac{\pi}{2}$, 则 $-\dfrac{\pi}{2} \leqslant -\alpha \leqslant \dfrac{\pi}{2}$.

故由 $\sin(-\alpha) = -x$, 可得 $\arcsin(-x) = -\alpha = -\arcsin x$.

(2) 设 $\alpha = \arccos x$, 则有 $\cos \alpha = \cos(\arccos x) = x$,

即 $\cos(\pi - \alpha) = -x$.

又因为 $0 \leqslant \alpha \leqslant \pi$, 即 $0 \leqslant \pi - \alpha \leqslant \pi$,

所以由 $\cos(\pi - \alpha) = -x$ 可得

$$\arccos(-x) = \pi - \alpha = \pi - \arccos x.$$

(3) 设 $\beta = \arccos x$, 则由 $|x| \leqslant 1$ 知 $\cos \beta = x$,

又因为 $0 \leqslant \beta \leqslant \pi$, 所以 $\sin \beta = \sqrt{1 - \cos^2 \beta} = \sqrt{1-x^2}$,

即 $\sin(\arccos x) = \sqrt{1-x^2}$.

习题 1-5

(A)

1. 求下列函数的定义域.
   (1) $y = \ln(\ln x)$;
   (2) $y = 2^{\frac{1}{x-1}}$;
   (3) $y = \arcsin[x(x-2)]$;
   (4) $y = \sqrt{1-x^2} + \arctan \dfrac{1}{x}$.

2. 求下列各式的值.
   (1) $(\log_4 3 + \log_8 3)(\log_3 2 + \log_9 2) - \log_2 \sqrt[4]{32}$;
   (2) $\dfrac{1}{2} \lg 25 + \lg 2 - \lg \sqrt{0.1} - \log_2 9 \cdot \log_3 2$;
   (3) $\log_3 4 \cdot \log_4 5 \cdot \log_5 6 \cdot \log_6 7 \cdot \log_7 8 \cdot \log_8 9$;
   (4) $\sin \dfrac{25\pi}{6} + \cos \dfrac{25\pi}{3} + \tan\left(-\dfrac{25\pi}{4}\right)$.

3. 设 $\cos \alpha = -\dfrac{3}{5}$, 而 $\dfrac{\pi}{2} < \alpha < \pi$, 分别求 $\sin\left(\alpha - \dfrac{\pi}{6}\right)$ 和 $\cos\left(\alpha - \dfrac{\pi}{3}\right)$.

4. 设 $\cos(\alpha + \beta) = -\dfrac{1}{5}$, $\cos(\alpha - \beta) = \dfrac{4}{5}$, 分别求 $\cos \alpha \cos \beta$ 与 $\sin \alpha \sin \beta$ 的值.

5. 求函数 $y = \log_2(x^2 + 4x - 12)$ 的单调区间.

6. 已知 $f(\sin^2 x) = \cos 2x + \tan^2 x$, $0 < x < 1$, 求 $f(x)$.

7. 设函数 $f(x)$ 在 $(-\infty, +\infty)$ 内有定义, $f(0) \neq 0$, $f(x \cdot y) = f(x) \cdot f(y)$, 试求 $f(2\,009)$.

(B)

1. 求下列函数的定义域.

(1) $y=\pi-\sqrt{\arccos(\log_{\frac{1}{2}} x+1)}$;   (2) $y=\sqrt{\arcsin\dfrac{1}{x}}$.

2. 试用 arcsin x 表示函数 $y=\sin x$ 在下列区间上的反函数.
   (1) $\left[\dfrac{\pi}{2},\dfrac{3\pi}{2}\right]$;   (2) $\left[\dfrac{3\pi}{2},\dfrac{5\pi}{2}\right]$.

3. 试用 arccos x 表示函数 $y=\cos x$ 在下列区间上的反函数.
   (1) $[2\pi,3\pi]$;   (2) $[-3\pi,-2\pi]$.

4. 已知 $\sin\alpha+\cos\alpha=\sqrt{2}$,求 $\tan\alpha+\cot\alpha$.

§1-6 复合函数与初等函数

一、复合函数

1. 复合函数的概念

在实际问题中,经常遇到这样一种函数,两个变量之间的函数关系不是直接的,而是通过另外其它一些变量的复合关系联系起来的,例如,在物理学中,质量为 m 的物体,自由下落时的动能为

$$E=f(v)=\dfrac{1}{2}mv^2. \tag{1}$$

而

$$v=\varphi(t)=gt. \tag{2}$$

因此,要考察动能 E 随时间 t 变化的规律,可将(2)式代入(1)式,得到动能 E 关于时间 t 的函数,即

$$E=f(v)=f[\varphi(t)]=\dfrac{1}{2}m(gt)^2.$$

在数学上,像这种由函数套函数而得到的函数就称为复合函数. 一般有

定义 1 若函数 $u=\varphi(x)$ 定义在 D_x 上,其值域为 W_φ,又若函数 $y=f(u)$ 定义在 D_u 上,且 $W_\varphi\cap D_u\neq\phi$,则 y 可通过变量 u 而定义成 D_x 上关于 x 的函数,这样的函数叫做 $u=\varphi(x)$ 与 $y=f(u)$ 的**复合函数**,记为 $y=f[\varphi(x)]$,x 是自变量,u 称为中间变量,$u=\varphi(x)$ 称为内层函数,$y=f(u)$ 称为外层函数.

例如,函数 $y=\cos^2 x$ 是由 $y=u^2$,$u=\cos x$ 复合而成的复合函数,这个复合函数的定义域为 $(-\infty,+\infty)$,它也是 $u=\cos x$ 的定义域. 又例如,函数 $y=\sqrt{1-x^2}$ 是由 $y=\sqrt{u}$,$u=1-x^2$ 复合而成的,这个复合函数的定义域为 $[-1,1]$,它只是 $u=1-x^2$ 的定义域的一部分. 函数 $y=\sqrt{u}$ 的定义域是 $u\geqslant 0$,这应是函数 $u=1-x^2$ 的值域,即应满足 $1-x^2\geqslant 0$,由此得 $-1\leqslant x\leqslant 1$. 显然对一切 $x\in[-1,1]$,函数 $u=1-x^2$ 的值域即为函数 $y=\sqrt{u}$ 的定义域. 但一般来说,内层函数的值域不必等于外层函数的定义域,只要交集非空即可.

必须注意,并不是任何两个函数都可以复合成一个复合函数. 例如,$y=\arcsin u$ 与 $u=2+x^2$ 就不能复合成一个复合函数. 因为对于 $u=2+x^2$ 的定义域 $(-\infty,+\infty)$ 内任何 x 值所对应的 u 值都在 $y=\arcsin u$ 的定义区间 $[-1,1]$ 之外(都大于或等于 2),都不能使 $y=\arcsin u$ 有意义.

另外，复合函数的中间变量，可以不止一个，有的复合函数是由两个或多个中间变量复合而成的.

例如，若函数 $y=\sqrt{u}, u=\cos v, v=\dfrac{x}{2}$，则可得复合函数

$$y=\sqrt{\cos\dfrac{x}{2}}$$

这里有两个中间变量 u 和 v.

例 1 判断下列各题所给函数能否构成复合函数？如能构成，求出复合函数及其定义域.

(1) $y=\sin u, u=\sqrt{x}$；　　　　(2) $y=\sqrt{u}, u=\arcsin x$；

(3) $y=\log_a u, u=-\sqrt{x^2+1}$；　(4) $y=u^2, u=\cos v, v=x+1$.

解 (1) 因为 $u=\sqrt{x}$ 的值域 $[0,+\infty)$ 全部包含在 $y=\sin u$ 的定义域 $(-\infty,+\infty)$ 内，

所以 $y=\sin u, u=\sqrt{x}$ 能构成复合函数 $y=\sin\sqrt{x}$ 且它的定义域是 $[0,+\infty)$.

(2) 因为 $u=\arcsin x$ 的值域 $\left[-\dfrac{\pi}{2},\dfrac{\pi}{2}\right]$ 有部分包含在 $y=\sqrt{u}$ 的定义域 $[0,+\infty)$ 内，

所以 $y=\sqrt{u}, u=\arcsin x$ 能构成复合函数 $y=\sqrt{\arcsin x}$ 且它的定义域是 $[0,1]$.

(3) 因为 $u=-\sqrt{x^2+1}$ 的值域 $(-\infty,-1]$，它全部不包含在 $y=\log_a u$ 的定义域 $(0,+\infty)$ 内，

所以 $y=\log_a u, u=-\sqrt{x^2+1}$ 不能构成复合函数.

(4) 因为 $v=x+1$ 的值域 $(-\infty,+\infty)$ 全部包含在 $u=\cos v$ 的定义域 $(-\infty,+\infty)$ 内，又 $u=\cos v$ 的值域 $[-1,1]$ 也全部包含在 $y=u^2$ 的定义域 $(-\infty,+\infty)$ 内，

所以 $y=u^2, u=\cos v, v=x+1$ 能构成复合函数 $y=\cos^2(x+1)$，其定义域为 $(-\infty,+\infty)$.

例 2 设 $f(x)$ 的定义域是 $(0,1)$，求 $f(\lg x)$ 的定义域.

解 因为 $f(x)$ 的定义域是 $(0,1)$，

所以 $0<\lg x<1$，即 $1<x<10$.

故 $f(\lg x)$ 的定义域是 $(1,10)$.

例 3 设 $f(x)=x^2, g(x)=2^x$，求 $f[g(x)], g[f(x)]$.

解 因为 $f(x)=x^2$，所以 $f[g(x)]=[g(x)]^2=(2^x)^2=4^x$.

同理 $g(x)=2^x$，所以 $g[f(x)]=2^{f(x)}=2^{x^2}$.

例 4 设 $f(x)=\dfrac{1}{1-x}$，求 $f[f(x)], f\{f[f(x)]\}$.

解 因为 $f(x)=\dfrac{1}{1-x}$，

所以 $f[f(x)]=\dfrac{1}{1-f(x)}=\dfrac{1}{1-\dfrac{1}{1-x}}=\dfrac{x-1}{x}$，

$$f\{f[f(x)]\}=\dfrac{1}{1-f[f(x)]}=\dfrac{1}{1-\dfrac{x-1}{x}}=x.$$

例 5 设 $f(x)=\begin{cases} 0, & x\leqslant 0, \\ x, & x>0, \end{cases} g(x)=\begin{cases} x, & x\leqslant 0, \\ -x^2, & x>0, \end{cases}$ 求 $g[f(x)]$.

解 因为 $g(x)=\begin{cases} x, & x\leqslant 0, \\ -x^2, & x>0. \end{cases}$

所以 $g[f(x)]=\begin{cases} f(x), & f(x)\leqslant 0, \\ -f^2(x), & f(x)>0. \end{cases}$

而当 $x>0$ 时, $f(x)=x>0$;当 $x\leqslant 0$ 时, $f(x)=0$;

所以 $g[f(x)]=\begin{cases} 0, & x\leqslant 0, \\ -x^2, & x>0. \end{cases}$

2. 复合函数的分解

从上面的讨论可以看到,在一定的条件下,由几个简单的函数可以复合成复合函数. 反过来,一个比较复杂的函数也可以通过适当地引进中间变量,分解为几个简单的函数,把它看作是由这些简单函数复合而成的. 这里所讲的"**简单函数**",一般是指基本初等函数或由基本初等函数与常数的四则运算等而得到的函数.

把一个复合函数分成不同层次的简单函数,叫做**复合函数的分解**. 合理分解复合函数,在微积分中有着十分重要的意义. 分解的步骤是从外向内,评判分解合理与否的准则是,观察各层函数是否为基本初等函数或多项式等简单函数,比如函数 $y=\sqrt{\lg(x^2+1)}$ 分解的各层函数依次为 $y=\sqrt{u}=u^{\frac{1}{2}}, u=\lg v, v=x^2+1$ 分别为幂函数、对数函数和多项式,这样的分解是合理的.

又如,复合函数 $y=\sin^2 e^x$ 可以分解为以下三个层次的简单函数:
$$y=u^2, \quad u=\sin v, \quad v=e^x$$
的复合,这里的 u 和 v 是中间变量.

再如,复合函数 $y=\lg\dfrac{1+x}{1-x}(0<x<1)$ 分解为两个层次的简单函数:
$$y=\lg u, \quad u=\dfrac{1+x}{1-x}(0<x<1),$$
其中 u 是中间变量.

把复合函数分解成几个简单函数的复合,有利于今后学习复合函数的求导.

二、初等函数

定义 2 由基本初等函数经过有限次的四则运算或有限次的复合运算而得,且用一个解析式表示的函数,称为**初等函数**. 否则就是**非初等函数**.

例如,函数 $y=\log_a \cos x^2, y=\dfrac{1+x+e^x}{\sqrt{1-x^2}}, y=e^{-x^2}+\dfrac{\tan x}{x}$ 等等,都是初等函数. 高等数学所讨论的函数大多数都是初等函数.

在初等函数的定义中,明确指出是用一个式子表示的函数. 如果一个函数必须用几个式子表示(如分段函数)时,例如函数
$$y=\begin{cases} x^2+1, & -1<x\leqslant 2, \\ x^2-3, & 2<x\leqslant 4 \end{cases}$$

就不是初等函数,即为非初等函数,一般地说,分段函数是非初等函数.

习题 1-6

(A)

1. 在下列各题中,求所给函数复合而成的复合函数.
    (1) $y=u^2, u=\sin x$;
    (2) $y=\sqrt{u}, u=1+x^2$;
    (3) $y=e^u, u=x^2+1$;
    (4) $y=u^2, u=e^v, v=\sin x$.

2. 下列函数可以看作由哪些简单函数复合而成.
    (1) $y=\cos(2x+1)$;
    (2) $y=e^{-x^2}$;
    (3) $y=e^{\sin^3 x}$;
    (4) $y=(1+\ln x)^5$;
    (5) $y=\sqrt{\ln\sqrt{x}}$;
    (6) $y=\arcsin[\lg(2x+1)]$;
    (7) $y=\lg^2(\arccos x^3)$.

3. 已知: $f(x)=\begin{cases} x+1, & x>0, \\ \pi, & x=0, \\ 0, & x<0. \end{cases}$ 求 $f\{f[f(-1)]\}$.

4. 已知: $f(x)=x^3-x, \varphi(x)=\sin 2x$, 求 $f[\varphi(x)], \varphi[f(x)]$.

5. 已知 $f(x+1)=x^2-3x+2$, 求 $f(x)$.

6. 若 $f\left(x+\dfrac{1}{x}\right)=x^2+\dfrac{1}{x^2}$, 求 $f(x)$.

7. 设 $f(x)$ 的定义域是 $[0,1]$, 求下列函数的定义域:
    (1) $f(x+a)$;
    (2) $f(x^2)$;
    (3) $f(\sin x)$.

8. 下列函数中哪些是初等函数? 哪些是非初等函数?
    (1) $y=e-x^2+\sin 2x$;
    (2) $y=\sqrt{x}+\ln(2-10x)$;
    (3) $y=\begin{cases} -1, & x\geqslant 0, \\ 3, & x<0; \end{cases}$

(4) $y=\begin{cases} x+1, & -1 \leqslant x \leqslant 0, \\ -2x+1, & 0 < x < 1; \end{cases}$

(5) $y = a_0 + a_1 x + a_2 x^2 + \cdots + a_n x^n + \cdots.$

(B)

1. 设 $f(\sin x) = \cos 2x + 1$,求 $f(\cos x)$.

2. 设 $f(x) = \dfrac{x}{\sqrt{1-x^2}}$,求 $\underbrace{f\{f[\cdots f(x)]\}}_{n\text{次}}$.

3. 若函数 $f(x)$ 与 $g(x)$ 都是奇函数,证明 $f[g(x)]$ 与 $g[f(x)]$ 都是奇函数.

4. 证明,若函数 $f(x), g(x), h(x)$ 皆是单调增加的,且 $f(x) \leqslant g(x) \leqslant h(x)$ 则 $f[f(x)] \leqslant g[g(x)] \leqslant h[h(x)]$.

§1-7 建立函数关系式

在解决工程技术的问题时,往往需要先找出问题中变量之间的函数关系式,然后再用数学方法进行分析研究.由于客观世界中变量之间的函数关系是多种多样的,往往要涉及到几何、物理等各门学科的知识,所以建立函数关系式无一般规律可循,只能具体问题具体分析.但是,一般说来可以这样考虑:首先要把题意分析清楚,有时还可画出草图帮助理解和分析题意;其次应根据题意确定哪些是变量,包括哪个是自变量,哪个是因变量,如果变量多于两个,还需找出除因变量之外的其他几个变量之间的关系式,以建立因变量与自变量之间的函数关系式.下面,举几个较简单的实例来说明建立函数关系的方法.

例1 已知一封闭圆柱形油桶的容积为 V,试建立圆柱形油桶的表面积 S 与底半径 r 之间的函数关系式.

解 这是一个几何问题.按题设,圆柱形油桶的容积 V 是一个常数,表面积 S 随底半径 r 和高 h 确定.按题意,要建立 S 与 r 的函数关系,由于油桶的容积 V 不变,所以由方式 $\pi r^2 h = V$,得 $h = \dfrac{V}{\pi r^2}$.于是,油桶的表面积 S 与半径 r 的关系为:

$$S = 2\pi rh + 2\pi r^2 = 2\pi r \cdot \dfrac{V}{\pi r^2} + 2\pi r^2$$

$$= \dfrac{2V}{r} + 2\pi r^2 \quad (0 < r < +\infty).$$

例2 曲柄连杆机构是各类机械中常用的基本部件之一,当半径为 r 的主动轮作匀速转动时,长度为 l 的连杆就带动滑块 B 作往复直线运动.如图 1-38 所示,设主动轮的转角为 θ 时,滑块 B 至主动轮的中心 O 的距离(也称为位移)为 x,在曲柄连杆工作的过程中,试建立位移 x 和转角 θ 的函数关系.

解 在曲柄连杆工作的过程中,位移 x 和转角 θ 都是变量.为了确定它们之间的函数关系,从点 A 作 $AC \perp OB$,则有 $OC = r\cos\theta, AC = r\sin\theta$.

于是 $CB = \sqrt{l^2 - AC^2} = \sqrt{l^2 - r^2 \sin^2\theta}$,

第一章 函数

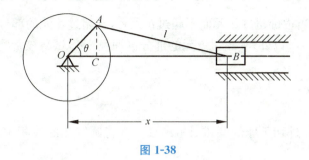

图 1-38

而 $x = OC + CB = r\cos\theta + \sqrt{l^2 - r^2\sin^2\theta}$，这就是位移 x 与转角 θ 之间的函数关系式，其中 r 和 l 都是常数. 这个函数的定义域是 $[0, +\infty)$.

例 3 在电子技术中，有一种三角波的波形如图 1-39 所示，图中横坐标表示时间 t（单位：μs），纵坐标表示电压 u（单位：V）. 试根据图中给出的数据，建立电压 u 与时间 t 的函数关系式.

解：由于图形是同两个不同的线段所组成的，所以电压 u 与时间 t 的函数关系必须分两段来考虑.

当 $0 \leqslant t \leqslant 10$ 时，u 与 t 的关系由线段 OA 的方程 $u = \dfrac{3}{2}t$ 所决定，当 $10 < t \leqslant 20$ 时，u 和 t 的关系由线段 AB 的方程来决定. 由点 $A(10, 15)$ 及点 $B(20, 0)$，利用直线的两点式方程，不难得到线段 AB 的方程为 $u = 30 - \dfrac{3}{2}t$.

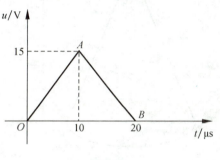

图 1-39

因此，u 和 t 的函数关系可用分段函数表示为

$$u = \begin{cases} \dfrac{3}{2}t, & 0 \leqslant t \leqslant 10, \\ 30 - \dfrac{3}{2}t, & 10 < t \leqslant 20. \end{cases}$$

它的定义域是 $[0, 20]$.

习题 1-7

(A)

1. 一铁路线上 AB 段的距离为 100km，工厂 C 至 A 处的垂直距离为 20km，为了运输需要，要在 AB 线上选定一点 D 向工厂 C 修筑一条公路（图 1-40），已知铁路的货运费为每吨 $3k$ 元/km，公路的运费为 $5k$ 元/km（k 为某正数），设 $AD = x$ km，从 B 点到 C 点每吨货物的总运费为 y 元，试建立 y 与 x 之间的函数关系.

2. 计算某种货物的税款规定如下：当货价不

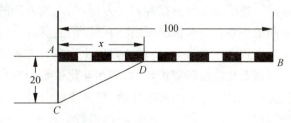

图 1-40

超过 a 元者免税;当货价超过 a 元而不超过 b 元者,其超过 a 元的部分抽税 2%;当货价在 b 元以上者,除抽税 2% 以外,其超过 b 元的部分再抽税 3%,试将该货物的税款 y(元)表示为货价 x(元)的函数.

(B)

1. 对半径为 R 的球作外切于球的圆锥(图 1-41),试将圆锥体的体积 V 表示为圆锥半顶角 θ 的函数.
2. 把一块圆形铁片自中心处剪去一个扇形,将留下的扇形做成一个圆锥形漏斗,设留下的扇形的中心角为 θ,做成的圆锥形漏斗的半顶角为 φ(图 1-42),试建立 φ 与 θ 的函数关系式.

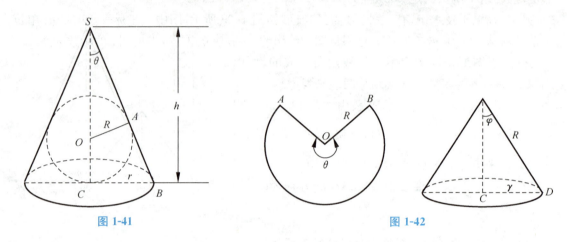

图 1-41　　　　　　　　　　图 1-42

§1-8　参数方程

在给定的直角坐标系中,如果曲线上任意一点的坐标 x, y 都是某个变量 t 的函数

$$\begin{cases} x = f(t), \\ y = g(t). \end{cases} \tag{1}$$

并且对于 t 的每一个允许值,由方程组(1)所确定的点 $M(x, y)$ 都在这条曲线上,那么方程组(1)就叫做这条曲线的**参数方程**,联系 x, y 之间关系的变量 t 叫做**参变数**,简称**参数**. 参数方程中的参数可以是有物理、几何意义的变量,也可以是没有明显意义的变量.

对于参数方程来说,直接给出点的坐标间关系而得到的曲线方程,叫做**普通方程**.

曲线的参数方程和普通方程,是曲线方程的不同形式,它们都是表示曲线上的点的坐标之间的关系. 一般情况下,我们可以消去参数方程中的参数,得出 x, y 之间关系的普通方程. 也可以选择一个参数,将普通方程化为参数方程的形式. 在互化中,必须根据曲线方程的定义,保持互化前后的等价性,如果在互化中某个变量范围扩大了,互化后,必须注明,将扩大的部分去掉;如果减少了,必须注明,将减少部分补上. 另外由于选择的参数不同,同一曲线的参数方程也不一样. 因此一般曲线的参数方程不唯一,同时,不是所有的参数方程都能用初等方法化为普通方程的.

下面介绍几种常见的参数方程.

1. 直线的参数方程

(1) 通过点 $P_0(x_0, y_0)$，倾斜角为 θ 的直线（图 1-43）的参数方程为：

$$\begin{cases} x = x_0 + t\cos\theta, \\ y = y_0 + t\sin\theta \end{cases} (-\infty < t < +\infty, t \text{ 为参数}).$$

方程中 t 有明显的几何意义，它是直线上有向线段 $\overrightarrow{P_0P}$ 的数量，即 $P_0P = t$，其中 $P_0(x_0, y_0)$，$P(x, y)$，当点 P 在 P_0 上方时，$t > 0$；当点 P 与点 P_0 重合时，$t = 0$；当点 P 在点 P_0 下方时，$t < 0$. 已知点 P_1, P_2 都在直线上，对应的参数分别为 t_1 和 t_2 时，则 $|P_1P_2| = |t_1 - t_2|$. P_1P_2 中点对应的 t 值为 $t = \dfrac{1}{2}(t_1 + t_2)$.

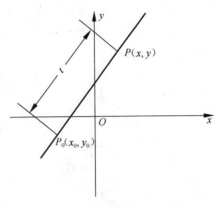

图 1-43

(2) 通过点 $P_0(x_0, y_0)$，斜率为 $k = \dfrac{b}{a}$ 的直线的参数方程为：

$$\begin{cases} x = x_0 + at, \\ y = y_0 + bt \end{cases} (-\infty < t < +\infty, t \text{ 为参数}).$$

特殊的，当斜率不存在时，直线的参数方程也有上述形式. 若参数 t 不再是有向线段的数量，a, b 可视为质点做直线运动的水平、竖直分速度，t 是运动时间，当 $t < 0$ 时，对应着质点到达 $P_0(x_0, y_0)$ 之前的时间. 如果直线上不同两点对应的 t 值分别为 t_1 和 t_2，则其长度 $l = \sqrt{a^2 + b^2}|t_2 - t_1|$. 很明显直线第一个参数方程，是第二个参数方程的特例.

2. 圆锥曲线的参数方程

(1) 圆：$x^2 + y^2 = r^2 \Leftrightarrow \begin{cases} x = r\cos\theta, \\ y = r\sin\theta \end{cases}$（$\theta$ 为参数），

$(x - x_0)^2 + (y - y_0)^2 = r^2 \Leftrightarrow \begin{cases} x = x_0 + r\cos\theta, \\ y = y_0 + r\sin\theta \end{cases}$（$\theta$ 为参数）；

(2) 椭圆：$\dfrac{x^2}{a^2} + \dfrac{y^2}{b^2} = 1 \Leftrightarrow \begin{cases} x = a\cos\theta, \\ y = b\sin\theta \end{cases}$（$\theta$ 为参数），

$\dfrac{(x - x_0)^2}{a^2} + \dfrac{(y - y_0)^2}{b^2} = 1 \Leftrightarrow \begin{cases} x = x_0 + a\cos\theta, \\ y = y_0 + b\sin\theta \end{cases}$（$\theta$ 为参数）；

(3) 双曲线：$\dfrac{x^2}{a^2} - \dfrac{y^2}{b^2} = 1 \Leftrightarrow \begin{cases} x = a\sec\theta, \\ y = b\tan\theta \end{cases}$（$\theta$ 为参数）；

(4) 抛物线：$y^2 = 2px \Leftrightarrow \begin{cases} x = 2pt^2, \\ y = 2pt \end{cases}$（$t$ 为参数）.

3. 基圆半径为 r 的圆的渐开线的参数方程

把一条没有弹性的细绳绕在一定圆上，使绳子与圆周始终相切，绳子端点的轨迹叫做圆的渐开线，这个定圆叫做渐开线的基圆.

$$\begin{cases} x = r(\cos\varphi + \varphi\sin\varphi), \\ y = r(\sin\varphi - \varphi\cos\varphi) \end{cases} (\varphi \text{ 为参数}, 0 \leqslant \varphi < +\infty).$$

如图 1-44 所示.

4. 摆线的参数方程

一个圆沿一条定直线作无滑动的滚动,圆周上一个定点运动的轨迹叫做摆线,又叫旋转线.其参数方程为

$$\begin{cases} x = a(\varphi - \sin \varphi), \\ y = a(1 - \cos \varphi) \end{cases} (\varphi \text{为参数}, -\infty \leqslant \varphi < +\infty).$$

如图 1-45 所示.

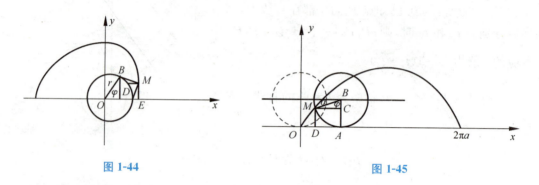

图 1-44　　　　　　　　　　图 1-45

例1 把参数方程 $\begin{cases} x = t^4, \\ y = t^2 \end{cases} (-\infty < t < +\infty)$ 化为普通方程. (2)

解 由已给方程(2)消去参数 t,得

$$y^2 = x; \tag{3}$$

显然,在方程(2)和(3)中,y 的取值范围是不同的. 因而这两个方程不等价.在方程(2)中,由于 $x \geqslant 0, y \geqslant 0$,所以方程(2)所表示的曲线仅是抛物线 $y^2 = x$ 在第一象限内的部分. 而在方程(3)中,由于 $x \geqslant 0, -\infty < y < +\infty$,所以方程(3)表示整条抛物线.但如果对方程(3)附加条件 $y \geqslant 0$,则方程(2)与方程(3)就等价了.因此方程(2)所表示的曲线的普通方程应为

$$y^2 = x, \quad (y \geqslant 0).$$

例2 化 $2x - 5y + 10 = 0$ 为参数方程.

解 原方程可写成 $2x = 5y - 10$ 即

$$\frac{x}{5} = \frac{y-2}{2};$$

设此比值为 t,取 t 为参数,得参数方程

$$\begin{cases} x = 5t, \\ y = 2t + 2 \end{cases} (-\infty < t < +\infty);$$

原方程也可以写成 $\frac{y}{2} = \frac{x+5}{5}$,设此比值为 u,取 u 为参数,得参数方程

$$\begin{cases} x = 5u - 5, \\ y = 2u \end{cases} (-\infty < u < +\infty).$$

从这个例子可以看出:对于同一条曲线,由于所选参数的不同,所建立的参数方程也具有不同的形式.

习题 1-8

(A)

1. 求下列圆的参数方程:
   (1) 半径为 2,圆心在原点;　　(2) 半径为 3,圆心在点(-2,1);
   (3) 经过点 $P(2,-1)$ 倾斜角为 $\frac{\pi}{6}$ 的直线;
   (4) 中心在原点,焦点在 x 轴上,实半轴长是 4,虚半轴长是 5 的双曲线.

2. 化下列参数方程为普通方程(t,θ 为参数):
   (1) $\begin{cases} x=t^2+4t-2, \\ y=t-1; \end{cases}$
   (2) $\begin{cases} x=3+2\cos\theta, \\ y=-2+5\sin\theta; \end{cases}$
   (3) $\begin{cases} x=t^2, \\ y=t^6. \end{cases}$

(B)

1. 化下列参数方程为 x、y 的二元方程,并指出它们各表示什么曲线?
   (1) $\begin{cases} x=-1+2t, \\ y=2-t \end{cases}$ $(-\infty<t<+\infty)$;
   (2) $\begin{cases} x=2\cos t, \\ y=3\sin t \end{cases}$ $(0\leqslant t<2\pi)$.

2. 在参数方程 $\begin{cases} x=x_1+\rho\cos\theta, \\ y=y_1+\rho\sin\theta \end{cases}$ 中
   (1) 如果 ρ 为定值,θ 为参数;
   (2) 如果 θ 为定值,ρ 为参数;
   它所表示的曲线各是什么?

学习指导

一、重难点剖析

(一)函数的概念

1. 在函数定义中,"对数集 D 中的任意数 $x(\forall x\in D)$,按照对应关系 f,总有唯一一个 $y\in\mathbf{R}$ 与之对应",这里给出的函数的定义是指单值函数.如果改为"总有多个确定的 y 值与之

对应",那么就是指多值函数.现在我们一般只讨论单值函数.如遇到多值函数时,可以分成几个单值函数来讨论.例如,由方程 $x^2+y^2=1$ 解出 y 时,得 $y=\pm\sqrt{1-x^2}$,这时可分为两个单值函数:$y=\sqrt{1-x^2}$ 和 $y=-\sqrt{1-x^2}$ 来讨论.

2. 对函数记号 $f(x)$ 中的字母"f",它是表示自变量与因变量之间的对应关系,而函数记号 $f(x)$ 就把这种对应关系作用于 x 上,而不是 f 与 x 相乘!这种对应关系 f 可以通过某种数学运算的式子来表示,也可以通过某种曲线图形或某种数据之间对应的表格来表示.

3. 在函数的定义中,定义域和对应关系是构成函数的两个要素,二者不可缺一.两个函数只有当它们的定义域和对应关系都分别相同才是相同的函数.

（二）函数的特性

对于函数的特性——有界性、单调性、奇偶性和周期性.除要了解它们的数学定义外,还应知道它们的几何特性,并会根据定义验证或判别函数是否具有某种特性,特别是函数的奇偶性.应注意,并不是每个函数都具有某种特性的.

（三）反函数

函数 $y=f(x)$ 与它的反函数 $x=f^{-1}(y)$ 从方程的角度来看,它们是 x 与 y 的同解方程,因而在同一个 xOy 平面上,它们的图像是相同的曲线(如 $y=e^x$ 与 $x=\ln y$).但从函数关系来看,它们的对应法则不同.由于函数主要是由定义域和对应关系所决定,而与自变量和因变量用什么字母无关,所以通常把 $y=f(x)$ 的反函数 $x=f^{-1}(y)$ 改记为 $y=f^{-1}(x)$.把反函数改记为 $y=f^{-1}(x)$ 后,在同一个 xOy 平面上,反函数 $y=f^{-1}(x)$ 与直接函数 $y=f(x)$ 的图像就不再是相同的曲线,而是关于直线 $y=x$ 对称的曲线(如 $y=e^x$ 与 $y=\ln x$).

（四）复合函数

引进复合函数概念的主要目的是把一个较复杂的函数,通过适当地引入中间变量后,分解成若干个简单函数的复合,从而使对复杂函数的研究转化为对简单函数的研究.这里所说的简单函数是指基本初等函数或是由基本初等函数经过加、减、乘、除四则运算所得到的函数.

（五）基本初等函数与初等函数

在自然科学与工程技术中所遇到的函数绝大多数是初等函数,所以初等函数将是今后研究的主要对象.初等函数是由基本初等函数所构成,因此作为构成初等函数基础的基本初等函数尤其显得重要.必须对基本初等函数中的六大类函数的分析表示式、定义域、值域、主要性质及图像等较熟练地掌握.

不是初等函数的函数,统称为非初等函数.一般地说分段函数是非初等函数.

二、解题方法技巧

1. 求函数的定义域

确定函数的定义域,可分两种情形考虑:

(1) 在实际问题中,由问题的实际意义来确定.

(2) 对于用数学式子表达的函数,一般约定:函数定义域是使式子有意义的一切实数集合. 此时往往要用到一些数学的基本知识,例如:分式中的分母不能为零;开偶次方根时,被开方式不能取负值;在对数中,真数必须大于零;反正弦、反余弦符号下的式子的绝对值必须不大于1等等. 最终归结为解不等式或不等式组.

2. 求函数值

如果已知函数的分析表达式,要求定义域内某点处的函数值,只需将该点的值代入函数的表达式中,即可算出函数在该点处的函数值. 但要注意的是,若是分段函数,求函数值时,要根据自变量值所在的区间,找出对应的分析式子来计算该点处的函数值.

3. 讨论函数的某些特性

讨论函数的有界性、奇偶性和周期性,一般都是由定义出发. 判别函数的单调性除了对于某些较简单的函数可直接根据定义判别外,一般可用导数的符号来判别(见第五章).

4. 关于反函数

求函数 $y=f(x)$ 的反函数的方法,是把 $y=f(x)$ 看作一个方程,从此方程中解出 $x=f^{-1}(y)$, 再把 y 改写为 x, 把 x 改写为 y, 即得所求的反函数 $y=f^{-1}(x)$. 但要注意,按照反函数的概念,若函数 $y=f(x)$ 的反函数 $x=f^{-1}(y)$ 存在, 则 x 与 y 必须是一一对应的,否则就说反函数不存在.

三、典型例题分析

例1 求函数 $y=\sqrt{16-x^2}+\lg\sin x$ 的定义域.

[解答分析] 用解析式表示的函数,其定义域为使解析式有意义的自变量的取值范围,在求定义域时应考虑下列方面:

(1) 分式的分母不能为零;
(2) 偶次根式的被开方式不能为负值;
(3) 负数和零没有对数;
(4) 某些三角函数或反三角函数的定义域的限制;
(5) 代数和的情况下定义域取各式定义域的交集.

解 所给函数应满足

$$\begin{cases} 16-x^2 \geqslant 0, \\ \sin x > 0; \end{cases}$$

解上述不等式得

$$\begin{cases} -4 \leqslant x \leqslant 4, \\ 2k\pi < x < 2k\pi+\pi, k \in \mathbf{Z}. \end{cases}$$

故函数的定义域为 $[-4,-\pi] \cup (0,\pi)$.

例2 确定函数 $f(x)=\begin{cases} x, & x>1, \\ 1-x, & |x| \leqslant 1 \end{cases}$ 的定义域.

[解答分析] 函数的定义域是使得函数有意义的一切实数组成的集合. 分段函数的定义

域是各段函数定义区间的并集.

解 $|x| \leqslant 1$ 就是区间 $[-1,1]$，它同区间 $(1,+\infty)$ 的并为 $[-1,+\infty)$，故 $f(x)$ 的定义域是 $[-1,+\infty)$.

例 3 判断下列各对函数是否相同：

(1) $f(x)=\sin^2 x$ 与 $g(x)=\dfrac{1}{2}(1-\cos 2x)$;

(2) $f(x)=\dfrac{x^2-1}{x+1}$ 与 $g(x)=x-1$.

[解答分析] 如果两个函数的定义域相同,对应关系也相同,那么这两个函数就是相同的,否则就是不同的.

解 (1) 因为 $f(x)=\sin^2 x$ 与 $g(x)=\dfrac{1}{2}(1-\cos 2x)$ 的定义域都是 $(-\infty,+\infty)$，即两个函数的定义域相同；

又由于 $f(x)=\sin^2 x=\dfrac{1}{2}(1-\cos 2x)=g(x)$，即对应关系相同.

所以 $f(x)$ 与 $g(x)$ 是相同的函数.

(2) 由于 $f(x)$ 的定义域为 $x\neq -1$，$g(x)$ 的定义域为任意实数,因此 $f(x)$ 与 $g(x)$ 的定义域不同.

所以 $f(x)$ 与 $g(x)$ 是不同的函数.

例 4 判断下列函数的奇偶性.

(1) $g(x)=f(x)\left(\dfrac{1}{e^x+1}-\dfrac{1}{2}\right)$，其中 $f(x)$ 是奇函数;

(2) $h(x)=x\sin^2 x\cos 2x$.

[解答分析] 函数的奇偶性主要用函数奇偶性的定义和函数奇偶性的运算性质进行判断. 很容易证明,两个奇(偶)函数的和仍然是奇(偶)函数；两个奇(偶)函数的积是偶函数；一奇一偶两个函数的积是奇函数,这些运算性质同样可以推广到多个函数的和与积的情形.

解 (1) 由于 $f(x)$ 是奇函数,因此 $f(-x)=-f(x)$.

因为 $g(-x)=f(-x)\cdot\left(\dfrac{1}{e^{-x}+1}-\dfrac{1}{2}\right)$

$=-f(x)\left(\dfrac{e^x}{e^x+1}-\dfrac{1}{2}\right)$

$=-f(x)\left(\dfrac{e^x+1-1}{e^x+1}-\dfrac{1}{2}\right)=-f(x)\left(1-\dfrac{1}{e^x+1}-\dfrac{1}{2}\right)$

$=f(x)\left(\dfrac{1}{e^x+1}-\dfrac{1}{2}\right)=g(x).$

所以 $g(x)$ 是偶函数.

(2) 因为 x 是奇函数，$\sin^2 x$ 与 $\cos 2x$ 都是偶函数,

所以这三个函数的积是奇函数,

即 $h(x)=x\sin^2 x-\cos 2x$ 是奇函数.

例 5 已知 $y=ax+b$ 的反函数还是 $y=ax+b$，求该函数.

[解答分析] 先用 y 来表达 x，然后将 y 换为 x，x 换为 y.

解 由 $y=ax+b$ 得 $x=\dfrac{y-b}{a}=\dfrac{y}{a}-\dfrac{b}{a}$,

所以 $y=ax+b$ 的反函数为 $y=\dfrac{x}{a}-\dfrac{b}{a}$,

由题意,有 $a=\dfrac{1}{a}, b=-\dfrac{b}{a}$,

所以 $a=1, b=0$ 或 $a=-1, b$ 为任意实数.
故该函数为 $y=x$ 或 $y=-x+b$(b 为任意实数).

例 6 求函数 $y=\begin{cases} x+1, & x<1, \\ x^2+1, & x\geqslant 1 \end{cases}$ 的反函数.

[**解答分析**] 先在每段上用 y 来表达 x,然后将 y 换为 x,x 换为 y.

解 (1) 当 $x<1$ 时,$y=x+1$,则 $x=y-1, y<2$,
所以当 $x<1$ 时,$y=x+1$ 的反函数为 $y=x-1, x<2$.

(2) 当 $x\geqslant 1$ 时,$y=x^2+1$,则 $x=\pm\sqrt{y-1}$,
又 $x\geqslant 1$,所以 $x=\sqrt{y-1}, y\geqslant 2$,
所以该段的反函数为 $y=\sqrt{x-1}, x\geqslant 2$,

故函数 $y=\begin{cases} x+1, & x<1, \\ x^2+1, & x\geqslant 1 \end{cases}$ 的反函数为 $y=\begin{cases} x-1, & x<2, \\ \sqrt{x-1}, & x\geqslant 2. \end{cases}$

点评:求函数 $y=f(x)$ 的反函数只要用 y 来表达 x,然后将 y 换为 x,x 换为 y,并求出反函数定义域. 在求分段函数的反函数时,若函数在各个区间段都是单调函数,则分别求出各个区间上的反函数就是函数的反函数,每段的值域就是反函数的定义域. 若某段解出的 x 不唯一,则应根据原函数定义域即所求反函数的值域的要求确定其中一个函数.

例 7 已知 $f(x)=\ln(x+\sqrt{1+x^2}), g(x)=\dfrac{1}{x}(x\neq 0)$,求 $f[g(x)]$ 及 $g[f(x)]$.

[**解答分析**] 求函数表达式的问题,关键在于正确理解和使用函数的记号. 根据函数记号的意义,求 $f[g(x)]$ 只需用 $g(x)$ 替换 $f(x)$ 中的 x 即可.

解 $f[g(x)]=\ln[g(x)+\sqrt{1+[g(x)]^2}]$
$=\ln\left[\dfrac{1}{x}+\sqrt{1+\left(\dfrac{1}{x}\right)^2}\right]$
$=\ln\left(\dfrac{1}{x}+\dfrac{\sqrt{1+x^2}}{|x|}\right).$

类似地,可得

$$g[f(x)]=\dfrac{1}{f(x)}=\dfrac{1}{\ln(x+\sqrt{1+x^2})}.$$

例 8 设 $f(x)=\begin{cases} 1+x, & \text{当 } x<0, \\ 1, & \text{当 } x\geqslant 0, \end{cases}$ 求 $f[f(x)]$.

解 $f[f(x)]=\begin{cases} 1+f(x), & f(x)<0, \\ 1, & f(x)\geqslant 0. \end{cases}$

而当 $x<-1$ 时,$f(x)=1+x<0$;

当 $x \geq -1$ 时,$f(x) \geq 0$.

故 $f[f(x)] = \begin{cases} 2+x, & x < -1, \\ 1, & x \geq -1. \end{cases}$

例 9 已知 $f(\ln x) = x^2(1+\ln x)(x>0)$,求 $f(x)$.

[解答分析] 本例是已知复合函数 $f[g(x)]$ 的表达式,求 $f(x)$ 的表达式. 这是与上面例 7、例 8 的情形相反的问题,一般可令 $g(x)=t$,解出 $x=h(t)$,再代入 $f[g(x)]$ 的表达式,即得 $f(t)$ 的表达式,最后将 t 换成 x 就得到 $f(x)$ 的表达式.

解 令 $\ln x = t$,解得 $x = e^t$,代入原式即得
$$f(t) = e^{2t}(1+t);$$
再把 t 换成 x,即得
$$f(x) = e^{2x}(1+x).$$

例 10 已知 $f(e^x + e^{-x}) = e^{2x} + e^{-2x}$,求 $f(x)$.

[解答分析] 若令 $e^x + e^{-x} = t$,反解出 x 较繁.

因此,在上述的一般方法中,由于要从 $g(x) = t$ 反解出 x,有时很困难. 就考虑使用某些变形技巧,往往可使问题求解变得简单些.

解 将所给的表达式变形为:
$$f(e^x + e^{-x}) = (e^{2x} + 2 + e^{-2x}) - 2$$
$$= (e^x + e^{-x})^2 - 2,$$
令 $e^x + e^{-x} = t$,便得
$$t = e^x + e^{-x} \geq 2\sqrt{e^x \cdot e^{-x}} = 2,$$
$$f(t) = t^2 - 2 \ (t \geq 2),$$
再把 t 换为 x,即得 $f(x) = x^2 - 2 \ (x \geq 2)$.

复习题一

(A)

1. 与函数 $y = x$ 有相同图像的函数是( )

   A. $y = (\sqrt{x})^2$; B. $y = \sqrt{x^2}$; C. $y = \dfrac{x^2}{x}$; D. $y = \sqrt[3]{x^3}$.

2. 下列等式成立的是( )

   A. $(x-\sqrt{3})^0 = 1, x \in \mathbf{R}$; B. $x^{-\frac{1}{3}} = -\sqrt[3]{x}, x \in \mathbf{R}$;

   C. $\sqrt[4]{x^3 + y^3} = (x+y)^{\frac{3}{4}}, x, y \in \mathbf{R}$; D. $\sqrt{a\sqrt{a\sqrt{a}}} = a^{\frac{7}{8}}, a \geq 0$.

3. 化简 $\sqrt{(\pi-4)^2} + \sqrt[3]{(\pi-5)^3}$ 的结果是( )

   A. $2\pi - 9$; B. $9 - 2\pi$; C. -1; D. 1.

4. 函数 $y = \dfrac{\sqrt{2-x}}{2x^2 - 3x - 2}$ 的定义域为( )

   A. $(-\infty, 2]$; B. $(-\infty, 1]$;

C. $\left(-\infty, -\frac{1}{2}\right) \cup \left(-\frac{1}{2}, 2\right]$;   D. $\left(-\infty, -\frac{1}{2}\right) \cup \left(-\frac{1}{2}, 2\right)$.

5. 若函数 $f(x)$ 有反函数,下列命题为真命题的是(　　)

　A. 若 $f(x)$ 在 $[a,b]$ 上是增函数,则 $y=f^{-1}(x)$ 在 $[a,b]$ 上也是增函数;

　B. 若 $f(x)$ 在 $[a,b]$ 上是增函数,则 $y=f^{-1}(x)$ 在 $[a,b]$ 上是减函数;

　C. 若 $f(x)$ 在 $[a,b]$ 上是增函数,则 $y=f^{-1}(x)$ 在 $[f(a),f(b)]$ 上是增函数;

　D. 若 $f(x)$ 在 $[a,b]$ 上是增函数,则 $y=f^{-1}(x)$ 在 $[f(a),f(b)]$ 上是减函数.

6. 已知 $f(x)=\begin{cases} x^2, & x>0 \\ \pi, & x=0 \\ 0, & x<0 \end{cases}$,则 $f\{f[f(-2)]\}$ 的值是(　　)

　A. 0;　　　　B. π;　　　　C. π^2;　　　　D. 4.

7. 设 $f(x)=\dfrac{1}{1-x}$,则 $f\{f[f(x)]\}$ 的解析式为(　　)

　A. $\dfrac{1}{1-x}$;　　B. $\dfrac{1}{(1-x)^3}$;　　C. $-x$;　　D. x.

8. 若函数 $f(x)=\dfrac{1}{1+x}$,那么函数 $f[f(x)]$ 的定义域是(　　)

　A. $x\neq 1$;　　　　　　　　　　B. $x\neq -2$;

　C. $x\neq -1$ 且 $x\neq -2$;　　　　D. $x\neq -1$ 或 $x\neq -2$.

9. 已知 $f(x+1)$ 的定义域为 $[-2,3]$,则 $f(2x-1)$ 的定义域是(　　)

　A. $\left[0, \dfrac{5}{2}\right]$;　　B. $[-1,4]$;　　C. $[-5,5]$;　　D. $[-3,7]$.

10. 若 $f(x)=|x|, (x\in R)$,则下列说法正确的是(　　)

　A. $f(x)$ 是奇函数;　　　　　B. $f(x)$ 的奇偶性无法确定;

　C. $f(x)$ 是非奇非偶;　　　　D. $f(x)$ 是偶函数.

11. 函数 $y=\ln(1-2x)$ 的定义域是_____.

12. 方程 $\log_3(2x-1)=1$ 的解 $x=$ _____.

13. 函数 $y=\dfrac{2^x}{2^x+1}$ 的值域是_____.

14. 函数 $y=\sqrt{x^2-1}\,(x\leqslant -1)$ 的反函数是_____.

15. $\log_2(4^7\times 2^5)+\log_2 6-\log_2 3=$ _____.

16. 已知 $f(x)$ 满足 $2f(x)+f\left(\dfrac{1}{x}\right)=3x$,求 $f(x)$.

17. 求函数 $y=\log_3(x^2-2x)$ 的单调区间.

18. 已知函数 $f(x)=\dfrac{2^x-1}{2^x+1}$,

　(1) 求 $f(x)$ 的定义域 D;

　(2) 判断 $f(x)$ 的奇偶性;

　(3) 证明 $f(x)$ 在 D 上是增函数.

19. 把下列函数分解为几个简单函数的复合:

(1) $y=\sqrt{\arctan(x^2+1)}$；　　(2) $y=\lg\left(\dfrac{1-\sin^2 x}{1+\sin^2 x}\right)^{\frac{1}{3}}$.

20. 建造一个容积为 $8m^3$，深为 $2m$ 的长方体无盖水池，如果池底和池壁的造价分别为 120 元/m^2 和 80 元/m^2，求总造价 y 关于底面一边长 x 的函数关系.

(B)

1. 下列判断正确的是(　　).

    A. 函数 $f(x)=\dfrac{x^2-2x}{x-2}$ 是奇函数；　　B. $f(x)=(1-x)\sqrt{\dfrac{1+x}{1-x}}$ 是偶函数；

    C. 函数 $f(x)=x+\sqrt{x^2-1}$ 是非奇非偶函数；　D. $f(x)=1$ 既是奇函数又是偶函数.

2. 若 $F(x)=f(x)-\dfrac{1}{f(x)}$，且 $x=\ln f(x)$，则 $F(x)$ 是(　　).

    A. 是奇函数且是增函数；　　B. 是奇函数且是减函数；

    C. 是偶函数且是增函数；　　D. 是偶函数且是减函数.

3. 如左图 a,b,c,d 都是不等 1 的正数，$y=a^x, y=b^x, y=c^x, y=d^x$ 在同一坐标系中的图像，则 a,b,c,d 的大小顺序是(　　).

    A. $b<a<d<c$；
    B. $a<b<d<c$；
    C. $a<b<c<d$；
    D. $b<a<c<d$.

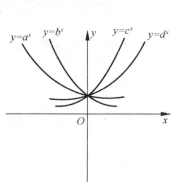

4. 不等式 $\log_{x+3}(x^2-x-6)>\log_{x+3}(2-3x)$ 的解集是_____.

5. 函数 $y=\log_{\frac{1}{2}}(x^2-3x+2)$ 的递增区间是_____.

6. 函数 $f(x)=x|x|$ 的反函数是_____.

7. 函数 $f(x)=ax^2-\sqrt{2}(a>0)$，如果 $f[f(\sqrt{2})]=-\sqrt{2}$，则 $a=$_____.

8. 下面的函数对 $f(x)$ 与 $\varphi(x)$ 是否是同一个函数？请说明理由. 在何区间内它们是相同的？

    (1) $f(x)=\sqrt{x}\sqrt{x-1}, \varphi(x)=\sqrt{x(x-1)}$；

    (2) $f(x)=x, \varphi(x)(x)=\sqrt{x^2}$；

    (3) $f(x)=\lg(x-1)+\lg(x-2), \varphi(x)=\lg[(x-1)(x-2)]$；

    (4) $f(x)=x, \varphi(x)=(\sqrt{x})^2$.

9. 函数 $y=\begin{cases}-2x, & x\in[0,+\infty),\\ x^2-1, & x\in(-\infty,0)\end{cases}$ 是否存在反函数，若存在，请求出来；若不存在，请说明理由.

10. 求下列函数的反函数：

    (1) $y=\dfrac{2^x}{2^x+1}$；(2) $y=\log_a(x+\sqrt{x^2+1})$；

    (3) $y=\begin{cases}x, & -\infty<x<1,\\ x^2, & 1\leqslant x\leqslant 4,\\ 2^x, & 4<x<+\infty.\end{cases}$

11. 作函数 $y=x^2-|2x-1|$ 的图像.

12. 求下列各式的值:

(1) $\dfrac{a^{3x}+a^{-3x}}{a^{x}+a^{-x}}$ (设 $a^{2x}=5$);

(2) $\lg\left(\dfrac{\cos 30°}{\sin 60°-\sin 45°}-\dfrac{\sin 45°}{\cos 30°+\cos 45°}\right)+\lg 2.$

13. 求证: $\dfrac{\sin\theta+\cos\theta}{\sin\theta-\cos\theta}-\dfrac{1+2\cos^2\theta}{\cos^2\theta(\tan^2\theta-1)}=\dfrac{2}{1+\tan\theta}.$

课外阅读

天才在于积累，聪明在于勤奋
——自学成才的华罗庚

华罗庚既是国际著名的数学家，又是一位伟大的爱国主义者.1950 年，他响应祖国的召唤，毅然从美国回到北京，投身于社会主义建设事业并做出了重大贡献.1979 年他光荣加入了中国共产党.1985 年 6 月 12 日在访日作学术报告时，他的心脏病复发了，倒在讲台上，没能再醒过来，一颗科学界的巨星陨落了.党和国家对他的一生作了高度的评价.

华罗庚 1910 年 11 月 12 日出生于江苏省金坛县一个贫苦家庭.1924 年，他初中毕业因家境贫寒没能继续升高中，为学点本事养家糊口，考取了上海中华职业学校学习会计，后又因家庭经济窘困交不起学费，不得不放弃还差一个学期就毕业的机会，离开了学校，在其父经营的小杂货铺里帮工当学徒，渴望学习的他，只能利用业余时间刻苦自学数学.1928 年，他在金坛初中任会计兼事务.这一年金坛发生了流行瘟疫，华罗庚的母亲染病过世了，他本人染病卧床半年，病虽痊愈，但留下了终生残疾——左腿瘸了.1929 年他开始在上海《科学》杂志发表论文.1930 年他 19 岁时写的论文《苏家驹之代数五次方程式解法不能成立的理由》一文，受到清华大学数学系主任熊庆来先生的赞赏，并邀他到清华大学边工作边进修.到清华大学后，他更加勤奋，四年中打下了坚实的数学基础，自学了英文、法文和德文.同期，他仅数论这一分支就写了十几篇高水平的论文，成为轰动世界的青年数学家，同时从管理员升为助教，再晋升为讲师.1936 年他作为访问学者，到英国剑桥大学工作并深造.1937 年抗日战争爆发，华罗庚闻讯回到祖国.因成绩卓著，于 1938 年受聘为昆明西南联合大学教授.在当时，生活条件极为艰苦，他白天教学，晚上柴油灯下孜孜不倦地从事研究工作，著名的《堆垒素数论》就是在这样的条件下写成的.1945 年，他应前苏联科学院邀请赴苏旅行和讲学，受到热烈欢迎.1946 年秋，他应美国普林斯顿高等研究院邀请任研究员，并在普林斯顿大学执教，后被伊利诺大学聘任为终身教授.新中国刚成立，他毫不犹豫地放弃了在美国优越的生活和工作条件，携妇将雏，于 1950 年乘船回国.在横渡太平洋的航船上，他致信留美学生："梁园虽好，非久居之乡，归去来兮！为了抉择真理，我们应当回去；为了国家民族，我们应该回去；为了为人民服务，我们应当回去！".回国后，他担任我国科学界诸多重要职务，领导着中国数学研究、教学与普及工作，为国家的数学事业作出了巨大贡献.他的足迹遍布全国 20 个省市厂矿企业，普及推广"统筹法"和"优选法"，取得了很好的经济效益，产生了深远的影响.

回顾他的一生，只有一张初中文凭，却成为蜚声中外的杰出科学家，靠什么？华罗庚从不迷信天才，他说："天才在于积累，聪明在于勤奋."他就靠刻苦自学、靠勤奋的钻研，给人类留下了近 300 篇学术论文和多种学术专著，还写了 10 多种科普读物，在报刊上发表了不少介绍治学经验和体会文章.他在晚年已有很高的声望和地位，但仍手不释卷，顽强地读和写，他说："树老易空，人老易松，科学之道，戒之以空，戒之以松，我愿一辈子从实而终.""发白才知智叟呆，埋头苦干向未来，勤能补拙是良训，一分辛苦一分才."这是留给我们的多么宝贵的精神财富啊！

华罗庚对中国数学发展所作出的巨大贡献，华夏子孙世代铭记.他爱祖国、爱人民的赤胆忠心，永远鼓舞着华夏儿女.他历进拼搏的科学精神永远激励着后人.

第二章

函数极限

数学知识可以记忆一时,但数学精神、思想、方法却永远发挥作用,可以受益终生.

——米山国藏

极限是研究变量变化趋势的重要工具. 极限的方法是人们从有限中认识无限,从近似中认识精确,从量变中认识质变的一种数学方法. 它是微积分学的理论基础和研究工具. 微积分学中其他的一些重要概念,如连续、导数、定积分等等,都是用极限来描述的,所以掌握极限概念和极限运算是非常重要的. 本章主要用精确的数学语言,首先讨论数列的极限,然后再讨论函数的极限,并在此基础上讨论无穷小、无穷大等概念.

§2-1 预备知识

一、数列的概念

1. 数列

定义 1 按照一定顺序排列的一列数 $a_1, a_2, \cdots, a_n, \cdots$ 叫做**数列**,记作 $\{a_n\}$,其中的每一个数叫做数列的**项**,a_1 称为数列的第一项,a_n 称为数列的第 n 项,也叫做数列的**通项**. 如果一个数列的第 n 项 a_n 和 n 之间的函数关系可以用一个公式来表示,则把这个数学式子叫做数列的**通项公式**. 由数列通项公式的定义可知,数列的通项是以正整数集的子集为其定义域的函数,因此,通项可记作 $a_n = f(n), (n \in \mathbf{N})$.

数列有有穷数列和无穷数列之分. 本节研究的是无穷数列,以后提到"数列"都是指无穷数列. 例如:

$$\left\{\frac{1}{n}\right\}, \left\{\frac{n}{n+1}\right\}, \left\{\frac{(-1)^{n-1}}{n}\right\}, \{(-1)^{n-1}\},$$

就分别表示数列

$$1, \frac{1}{2}, \frac{1}{3}, \cdots, \frac{1}{n}, \cdots \qquad a_n = f(n) = \frac{1}{n},$$

$$\frac{1}{2}, \frac{2}{3}, \frac{3}{4}, \cdots, \frac{n}{n+1}, \cdots \qquad a_n = f(n) = \frac{n}{n+1},$$

$$1, -\frac{1}{2}, \frac{1}{3}, \cdots, \frac{(-1)^{n-1}}{n}, \cdots \qquad a_n = f(n) = \frac{(-1)^{n-1}}{n},$$

$$1, -1, 1, \cdots, (-1)^{n-1}, \cdots \qquad a_n = f(n) = (-1)^{n-1}.$$

注意:不是每一个数列都有通项公式的,数列 $1.4, 1.41, 1.414, 1.4142, \cdots$ 就不能写出它的通项公式.

2. 等差数列

定义 2 一般地,如果一个数列从第二项起,每一项与它的前一项的差都等于同一个常数,这个数列叫做**等差数列**,这个常数叫做等差数列的**公差**,公差通常用字母 d 表示,例如,数列
$$1, 3, 5, 7, \cdots, 2n-1, \cdots,$$
就是等差数列,它的公差是 2.

如果已知第一项和公差,则等差数列 $\{a_n\}$ 的**通项公式**可表示为 $a_n = a_1 + (n-1)d$.

如上例中等差数列的通项公式是
$$a_n = 2n-1.$$

3. 等比数列

定义 3 一般地,如果一个数列从第二项起,每一项与它前一项的比都等于同一个常数,这个数列叫做**等比数列**,这个常数叫做等比数列的**公比**,公比通常用字母 q 表示. 例如,数列
$$1, -\frac{1}{2}, \frac{1}{4}, -\frac{1}{8}, \frac{1}{16}, -\frac{1}{32}, \cdots$$
就是等比数列,它的公比是 $-\frac{1}{2}$.

等比数列 $\{a_n\}$ 的**通项公式**是
$$a_n = a_1 q^{n-1}.$$

如上例中等比数列的通项公式是
$$a_n = \left(-\frac{1}{2}\right)^{n-1}.$$

二、数列的求和问题

1. 等差数列的前 n 项和

已知等差数列
$$a_1, a_2, a_3, a_4, \cdots a_n, \cdots,$$
它的前 n 项和记作 S_n,即
$$S_n = a_1 + a_2 + a_3 + \cdots + a_n.$$

一般地,**等差数列前 n 项和公式**为
$$S_n = a_1 + a_2 + a_3 + \cdots + a_n$$
$$= \frac{n(a_1 + a_n)}{2}. \tag{1}$$

因为 $a_n = a_1 + (n-1)d$,所以上面的公式又可写成
$$S_n = na_1 + \frac{n(n-1)}{2}d. \tag{2}$$

例 1 求等差数列 $\{2n\}$ 前 n 项之和.

解
$$S_n = a_1 + a_2 + a_3 + \cdots a_n$$
$$= 2 + 4 + 6 + \cdots + 2n$$

$$= \frac{n(2+2n)}{2}$$
$$= n(n+1).$$

例2 已知等差数列 $a_1=100, d=-2$，求前 n 项之和.

解 因为 $a_1=100 \quad d=-2$，

故根据公式(2)，得
$$S_n = na_1 + \frac{n(n-1)}{2}d$$
$$= 100n + \frac{n(n-1)}{2} \cdot (-2)$$
$$= -n^2 + 101n.$$

2. 等比数列的前 n 项和

根据等比数列 $\{a_n\}$ 的通项公式，等比数列 $\{a_n\}$ 的前 n 项和 S_n 可以写成
$$S_n = a_1 + a_1q + a_1q^2 + \cdots + a_1q^{n-1}. \tag{3}$$

我们知道，把等比数列的任一项乘以公比，就可得到它后面相邻的一项. 现将(3)式的两边分别乘以公比 q，得到
$$qS_n = a_1q + a_1q^2 + a_1q^3 + \cdots + a_1q^n. \tag{4}$$

比较(3)、(4)两式，我们看到(3)式的右边从第 2 项到最后一项，与(4)式的右边的第一项到倒数第 2 项完全相同. 于是将(3)式的两边分别减去(4)式的两边，可以消去相同的项. 得到
$$(1-q)S_n = a_1 - a_1q^n.$$

当 $q \neq 1$ 时，**等比数列 $\{a_n\}$ 的前 n 项和的公式为**：
$$S_n = \frac{a_1(1-q^n)}{1-q}. \tag{5}$$

上面公式还可以写成
$$S_n = \frac{a_1 - a_nq}{1-q}. \tag{6}$$

很显然，当 $q=1$ 时，$S_n = na_1$.

例3 求等比数列 $\frac{1}{2}, \frac{1}{4}, \frac{1}{8}, \cdots$ 的前 n 项和.

解 因为 $a_1 = \frac{1}{2}, q = \frac{\frac{1}{4}}{\frac{1}{2}} = \frac{1}{2}$，

所以 $S_n = \dfrac{\frac{1}{2}\left(1 - \frac{1}{2^n}\right)}{1 - \frac{1}{2}} = 1 - \frac{1}{2^n}.$

3. 数列的求和方法

(1) 公式法

对于一些常见数列，我们常常直接套用公式得到前 n 项和 S_n，如例1、例2、例3.

(2) 倒序相加(乘)法

例4 求和 $S_{n+1} = C_n^0 + 2C_n^1 + 3C_n^2 + \cdots + (n+1)C_n^n.$

解 因为 $S_{n+1} = C_n^0 + 2C_n^1 + \cdots + (n+1)C_n^n$ ……①

即 $S_{n+1}=(n+1)C_n^n+nC_n^{n-1}+\cdots+C_n^0$ ……②

又 $C_n^0=C_n^n, C_n^1=C_n^{n-1},\cdots$

①+②得 $2S_{n+1}=(n+2)(C_n^0+C_n^1+\cdots C_n^n)$.

所以 $S_{n+1}=\dfrac{n+2}{2}\cdot 2^n=(n+2)\cdot 2^{n-1}$.

(3) 错位相减法

对于一个等差数列 $\{a_n\}$ $(a_n=a_1+(n-1)d)$ 与一个等比数列 $\{b_n\}$ $(b_n=b_1 q^{n-1})$ 的对应项相乘构成的新数列 $\{a_n\cdot b_n\}$ 的求和问题,我们常用错位相减法:"S_n-qS_n"以得到新的等比数列.

例 5 求和:$S_n=1+2x+3x^2+\cdots+nx^{n-1}$ $(x\neq 1)$.

解 因为 $S_n=1+2x+\cdots+n\cdot x^{n-1}$ ……①

所以 $x\cdot S_n=x+2x^2+\cdots+(n-1)\cdot x^{n-1}+n\cdot x^n$ ……②

①-②得:

$$(1-x)S_n=1+x+x^2+\cdots+x^{n-1}-n\cdot x^n$$
$$=\dfrac{1-x^n}{1-x}-nx^n \quad (\text{注}:\text{当} n=0 \text{时仍成立})$$
$$=\dfrac{1-(1+n)x^n+n\cdot x^{n+1}}{1-x}.$$

所以 $S_n=\dfrac{1-(n+1)x^n+n\cdot x^{n+1}}{(1-x)^2}$.

使用错位相减法时,应注意在写出"S_n"与"$q\cdot S_n$"的表达式时将两式"齐次对齐",以便于写出"$S_n-q\cdot S_n$"的准确表达式.

(4) 裂项法

例 6 求和 $S_n=\dfrac{1}{1}+\dfrac{1}{1+2}+\dfrac{1}{1+2+3}+\cdots+\dfrac{1}{1+2+3+\cdots+n}$.

解 令 $a_n=\dfrac{1}{1+2+3+\cdots+n}=\dfrac{2}{n(n+1)}$,然后将 $\dfrac{1}{n(n+1)}$ 分裂成 $2\left(\dfrac{1}{n}-\dfrac{1}{n+1}\right)$(目的是使相邻两项相互抵消),

所以 $S_n=2\left[\left(1-\dfrac{1}{2}\right)+\left(\dfrac{1}{2}-\dfrac{1}{3}\right)+\cdots+\left(\dfrac{1}{n}-\dfrac{1}{n+1}\right)\right]$

$=2\left(1-\dfrac{1}{n+1}\right)=\dfrac{2n}{n+1}$.

常用裂项技巧有:

$$\dfrac{1}{n(n+k)}=\dfrac{1}{k}\left(\dfrac{1}{n}-\dfrac{1}{n+k}\right), \quad \dfrac{1}{\sqrt{n}+\sqrt{n+k}}=\dfrac{1}{k}(\sqrt{n+k}-\sqrt{n}).$$

当然形如 $\left\{\dfrac{1}{a_n\cdot a_{n+1}}\right\}$($\{a_n\}$ 为等差数列)的求和均可使用裂项法,同学可以自行探究.

(5) 分解法

例 7 求和 $\left(x+\dfrac{1}{y}\right)+\left(x^2+\dfrac{1}{y^2}\right)+\cdots+\left(x^n+\dfrac{1}{y^n}\right)$ $(x\neq 1, y\neq 1)$.

解 $\left(x+\dfrac{1}{y}\right)+\left(x^2+\dfrac{1}{y^2}\right)+\cdots\left(x^n+\dfrac{1}{y^n}\right)$

$$= (x+x^2+\cdots+x^n)+\left(\frac{1}{y}+\frac{1}{y^2}+\cdots+\frac{1}{y^n}\right)$$

$$= \frac{x(1-x^n)}{1-x}+\frac{\frac{1}{y}\left(1-\frac{1}{y^n}\right)}{1-\frac{1}{y}} \qquad (因为 x\neq 1, y\neq 1)$$

$$= \frac{x(1-x^n)}{1-x}+\frac{y^n-1}{y^{n+1}-y^n}.$$

(6) 递推法

例 8 求和 $S_n = 1^2+2^2+\cdots+n^2$.

解 因为 $(k+1)^3-k^3=3k^2+3k+1$, 依次令 $k=1,2,\cdots,n$ 得

$$2^3-1^3 = 3\cdot 1^2+3\cdot 1+1,$$
$$3^3-2^3 = 3\cdot 2^2+3\cdot 2+1,$$
$$\cdots$$
$$(n+1)^3-n^3 = 3\cdot n^2+3\cdot n+1,$$

将上述式子全部相加得:

$(n+1)^3-1=3(1^2+2^2+\cdots+n^2)+3(1+2+\cdots+n)+n,$

所以 $(n+1)^3-1 = 3S_n+3\cdot\frac{n(n+1)}{2}+n,$

所以 $S_n = \frac{1}{6}n(n+1)(2n+1).$

同理可得 $1^3+2^3+3^3+\cdots+n^3 = \left[\frac{n(n+1)}{2}\right]^2.$

三、数列的特性

1. 数列的单调性

定义 4 在数列 $\{a_n\}$ 中,如果对于一切 n 都有 $a_{n+1}\geq a_n$,则称 $\{a_n\}$ 为**单调递增数列**.

定义 5 对于一切 n 都有 $a_{n+1}\leq a_n$,则称 $\{a_n\}$ 为**单调递减数列**.

单调递增数列和单调递减数列统称为**单调数列**.

例 9 已知数列

(1) $\frac{1}{2}, \frac{2}{3}, \frac{3}{4}, \cdots, \frac{n}{n+1}, \cdots;$

(2) $1, 0, -1, -2, \cdots, 2-n, \cdots.$

问这两个数列是递增还是递减数列?

解 (1) 因为 $a_n = \frac{n}{n+1}, a_{n+1} = \frac{n+1}{n+2},$

所以 $a_{n+1}-a_n = \frac{n+1}{n+2}-\frac{n}{n+1} = \frac{1}{(n+1)(n+2)}>0,$

即 $a_{n+1}>a_n$,因此,这个数列是单调递增数列.

(2) 因为 $a_n = 2-n, a_{n+1} = 2-(n+1) = 1-n,$

所以 $a_{n+1}-a_n = (1-n)-(2-n) = -1<0,$

即 $a_{n+1} < a_n$，因此，这个数列是递减数列．

2. 数列的有界性

定义 6 在数列 $\{a_n\}$ 中，若存在正数 M，对一切 a_n，均有 $|a_n| \leqslant M$ 成立，则称数列 $\{a_n\}$ **有界**．若这样的正数 M 不存在，就说数列**无界**．例如数列 $\{(-1)^n\}$、$\left\{-\dfrac{1}{5^n}\right\}$ 都是有界数列，而数列 $\{3n-1\}$、$\{2^n\}$ 都是无界数列．

具有单调性和有界性的数列称为**单调有界数列**．

例 10 判断下列数列是有界的，还是无界的．

(1) $\dfrac{2}{1}, \dfrac{3}{2}, \dfrac{4}{3}, \cdots, \dfrac{n+1}{n}, \cdots$；

(2) $\dfrac{1}{2}, \dfrac{2}{3}, \dfrac{3}{4}, \cdots, \dfrac{n}{n+1}, \cdots$；

(3) $1, -4, 9, -16, 25, -36, \cdots, (-1)^{n+1} \cdot n^2, \cdots$．

解 （1）数列

$$\dfrac{2}{1}, \dfrac{3}{2}, \dfrac{4}{3}, \cdots, \dfrac{n+1}{n}, \cdots$$

各项的绝对值都小于等于 2，当然小于 3．

$$\left|\dfrac{n+1}{n}\right| = \dfrac{n+1}{n} = 1 + \dfrac{1}{n} \leqslant 2 < 3,$$

所以是有界数列，3 是这个数列的一个界．

（2）数列

$$\dfrac{1}{2}, \dfrac{2}{3}, \dfrac{3}{4}, \cdots, \dfrac{n}{n+1}, \cdots,$$

各项的绝对值都小于 1，

$$\left|\dfrac{n}{n+1}\right| = \dfrac{n}{n+1} < 1,$$

所以是有界数列，1 是这个数列的一个界．

（3）数列

$$1, -4, 9, -16, 25, -36, \cdots, (-1)^{n+1} \cdot n^2, \cdots$$

的各项的绝对值

$$|(-1)^{n+1} \cdot n^2| = n^2,$$

随 n 增大而无限增大，所以是无界数列．

习题 2-1

(A)

1. 观察下面数列的特点，用适当的数填空，并对每一个数列各写出一个通项公式．

(1) 2, 4, ( ), 8, 10, ( ), 14；

(2) ( ), 4, 9, 16, 25, ( ), 49；

(3) 1, $\sqrt{2}$, ( ), 2, $\sqrt{5}$, ( ), $\sqrt{7}$．

2. 求等差数列 $0, -\frac{7}{2}, \cdots$ 的第 $n+1$ 项.

3. 求正整数列的前 500 个偶数的和.

4. 已知等比数列 $\{a_n\}$ 的 $a_2=2, a_5=54$, 求 q.

5. 已知等比数列 $\{a_n\}$ 的 $a_1=8, q=\frac{1}{2}$, 求 S_n.

6. 求下面数列的前 n 项和.

(1) $a-1, a^2-2, a^3-3, \cdots, a^n-n, \cdots$;

(2) $1, 3x, 5x^2, 7x^3, \cdots, (2n-1)x^{n-1}, \cdots$.

(B)

1. 在等比数列 $\{a_n\}$ 里, 如果 $a_7-a_5=a_6+a_5=48$, 求 a_1, q, S_n.

2. 求下面数列的前 n 项和:

(1) $\sin^2 1°, \sin^2 2°, \sin^2 3°, \cdots, \sin^2 88°, \sin^2 89°$;

(2) $\dfrac{1}{1\times 3}, \dfrac{1}{3\times 5}, \cdots, \dfrac{1}{(2n-1)(2n+1)}, \cdots$;

(3) $\dfrac{1}{1+\sqrt{2}}, \dfrac{1}{\sqrt{2}+\sqrt{3}}, \cdots, \dfrac{1}{\sqrt{n}+\sqrt{n+1}}, \cdots$;

(4) $1, -\dfrac{1}{2}, \dfrac{1}{4}, -\dfrac{1}{8}, \cdots, \dfrac{(-1)^{n-1}}{2^{n-1}}, \cdots$.

§2-2 数列的极限

一、数列极限的概念

1. 数列极限的直观性定义(定性描述)

在理论研究或实践探索中, 常常需要判断数列 $\{a_n\}$ 当 n 趋于无穷大时通项 a_n 的变化趋势.

首先我们考察下面几个无穷数列的变化趋势:

(1) $1, 4, 9, 16, 25, \cdots, n^2, \cdots$;

(2) $1, 0, -1, 0, 1, 0, -1, 0, \cdots$;

(3) $2, \dfrac{3}{2}, \dfrac{4}{3}, \dfrac{5}{4}, \cdots, \dfrac{n+1}{n}, \cdots$.

它们的变化趋势是不一样的, 数列(1)是由自然数的完全平方数依次排列构成的, 随着项数 n 的增大, 项 a_n 的值无限增大. 数列(2)的奇数项由 $1, -1$ 交替出现构成, 偶数项都是 0, 随着项数 n 的增大, 项 a_n 的值在 $1, 0, -1$ 之间摆动. 数列(3)随着项数 n 的增大, 项 a_n 逐渐减小, 而且越来越接近于常数 1, 并且想让它有多接近它就会有多接近, 此时称 1 为该数列的极限.

如数列(3)那样, 我们可得数列极限的直观性定义.

定义 1 如果对于数列 $a_1, a_2, a_3, \cdots, a_n, \cdots$, 当项数 n 无限增大时, 它的项 a_n 无限趋近于

某一个常数 A，则称 A 为这个数列 $\{a_n\}$ 的**极限**，或称数列 $\{a_n\}$ **收敛**于 A，记为

$$\lim_{n\to\infty} a_n = A \text{ 或 } n\to\infty \text{ 时}, a_n \to A.$$

其中 $n\to\infty$ 表示 n 无限增大（lim 是极限 limit 的缩写），这时，数列 $\{a_n\}$ 称为**收敛数列**.

如果 $n\to\infty$ 时，数列 $\{a_n\}$ 不以任何固定常数为极限，则称数列 $\{a_n\}$ 发散. 这时，数列 $\{a_n\}$ 称为**发散数列**.

对于数列（3）是收敛的，可记作 $\lim\limits_{n\to\infty}\dfrac{n+1}{n}=1$，而对数列（1）、（2），则是发散数列.

数列的收敛或发散的性质统称为数列的**敛散性**.

※**2. 数列极限的精确性定义（定量描述）**

定义 1 给出的数列极限概念，是在运动观点的基础上凭借几何图像产生的直觉用自然语言作出的定性描述. 对于变量 a_n 的变化过程（n 无限增大），以及 a_n 的变化趋势（无限趋近于常数 A），都借助于形容词"无限"加以修饰. 从文学的角度来审视，不可不谓尽善尽美，并且能激起人们诗一般的想象. 然而从数学的角度来审视，它明显地带有直观的模糊性. 直观虽然在数学的发展和创造中扮演着充满活力的积极角色，但数学不能停留在直观的认识阶段，并且在数学中一定要力避几何直观可能带来的错误，因而作为微积分逻辑演绎基础的极限概念，必须将凭借直观产生的定性描述转化为用形式化的数学语言表达的超越现实原型的理想化的定量描述.

关于数列极限的定量描述，初学者会感到有一定困难，这是由于对数学语言不习惯造成的. 然而数列极限的定量描述是数学语言的经典代表之一. 学习这一内容，将使读者领悟、欣赏数学语言的简捷性、一义性和科学性，从而增进对数学语言的理解.

为了精确地给出数列极限的定义，下面通过深入分析"无限趋近"的数学含义，逐步由数列极限的定性描述过渡到定量描述.

（1）"数列的项 a_n 无限趋近于 A"的含义就是"数列各项与 A 的差的绝对值（即距离）无限变小".

例如，数列（3）

$$2, \frac{3}{2}, \frac{4}{3}, \frac{5}{4}, \cdots, \frac{n+1}{n}, \cdots$$

无限趋近于 1，它的各项与 1 的距离，即差的绝对值依次构成新数列

$$|2-1|, \left|\frac{3}{2}-1\right|, \left|\frac{4}{3}-1\right|, \left|\frac{5}{4}-1\right|, \cdots, \left|\frac{n+1}{n}-1\right|, \cdots,$$

即 $1, \dfrac{1}{2}, \dfrac{1}{3}, \dfrac{1}{4}, \cdots, \dfrac{1}{n}, \cdots$ 无限变小.

但是，这一步并没有使问题发生本质的变化，因为"距离无限变小"仍是一种直观描述，仍离不开观察.

（2）为了摆脱"距离无限变小"的直观描述，我们运用比较的思想方法来定量刻画"距离无限变小"，即你无论说出一个怎样小的正数，总能在数列中找到某一项，使这一项后面的各项与 A 的"距离"可以变得并保持比你说的数还要小.

仍以数列（3）为例：

如果你说出一个很小的数 $\dfrac{1}{10}$，那么，第 10 项以后的各项与 1 的距离分别为

第 11 项 $\frac{12}{11}$ 与 1 的距离: $\frac{1}{11}$,

第 12 项 $\frac{13}{12}$ 与 1 的距离: $\frac{1}{12}$,

第 13 项 $\frac{14}{13}$ 与 1 的距离: $\frac{1}{13}$,

…

都比 $\frac{1}{10}$ 小.

上面看出的第 10 项之后的项与 1 的距离都比 $\frac{1}{10}$ 小,这里的第 10 项是怎样找到的呢? 如何推而广之?

其实只要解一个不等式就行了.

设第 n 项与 1 的距离比 $\frac{1}{10}$ 小.

而
$$a_n = \frac{n+1}{n},$$

第 n 项与 1 的距离可以写成
$$|a_n - 1| = \left|\frac{n+1}{n} - 1\right|,$$

令它小于 $\frac{1}{10}$,即
$$|a_n - 1| = \left|\frac{n+1}{n} - 1\right| < \frac{1}{10},$$

解之,有
$$\frac{1}{n} < \frac{1}{10},$$
$$n > 10.$$

所以,第 10 项以后的各项(从第 11 项起),与 1 的距离都比 $\frac{1}{10}$ 小.

类似地,如果你说出一个更小的正数 $\frac{1}{100}$,可以找到从第 100 项以后每一项与 1 的距离都比 $\frac{1}{100}$ 小.

如果你说出一个更小的正数 $\frac{1}{1000}$,可以找到从第 1000 项以后每一项与 1 的距离都比 $\frac{1}{1000}$ 小.

…

这一步已经涉及了极限的本质,但是,对于数列(3),我们只说出了三个或更多的很小的正数,还不是任意说出"无论怎样小"的正数,"距离"可以变得并保持比你说的数还要小. 为了讨论任意的情形,我们需要用到代数学的基本思想,用字母代表数.

(3) 把"你无论说出一个怎样小的正数"改进为"你任意说出无论怎样小的正数 ε".

对数列(3),现在任意给出无论怎样小的正数 ε,"距离"能不能变得并保持比 ε 还要小

呢？如果能的话，要找出是从哪一项以后可以达到要求的，即找到这项数．

我们还是通过解不等式来找这个项数．

设第 n 项与 1 的距离比 ε 还要小，即有
$$\left|\frac{n+1}{n}-1\right|<\varepsilon,$$
解之，有
$$\frac{1}{n}<\varepsilon,$$
$$n>\frac{1}{\varepsilon},$$

所以，只要 n 大于 $\frac{1}{\varepsilon}$ 的项都满足要求，即 $\frac{1}{\varepsilon}$ 就是满足条件的项数，通常用 N 表示．由于 ε 的任意性，不等式 $\left|\frac{n+1}{n}-1\right|<\varepsilon$ 就表示 $\frac{n+1}{n}$ 与 1 的距离可以任意小了（要多么小就可以多么小），因此，$\frac{n+1}{n}$ 无限地趋近于 1，就是 $\left|\frac{n+1}{n}-1\right|$ 小于任意给定的正数 ε．经过上面三步的分析，我们可以给出数列极限的精确性定义了．

※**定义 2** 如果对任意给定的正数 ε（不论它多么小），在数列 $\{a_n\}$ 中，总存在一项 a_N，使得这一项以后所有项 $a_n(n>N)$ 与常数 A 之差的绝对值 $|a_n-A|$ 都小于 ε，那么称**常数 A 是数列 $\{a_n\}$ 的极限**．

换句话说，如果对任意给定的正数 ε，存在一个正数 N，使得当 $n>N$ 时，恒有
$$|a_n-A|<\varepsilon,$$
那么称常数 A 是数列 $\{a_n\}$ 的极限，记为 $\lim_{n\to\infty}a_n=A$．

此定义称为极限的"$\varepsilon-N$"语言，用逻辑符号来表示就是：

$\forall \varepsilon>0, \exists N>0$，当 $n>N$ 时，恒有 $|a_n-A|<\varepsilon$，则 $\lim_{n\to\infty}a_n=A$．

根据这个定义，要证明数列 $\{a_n\}$ 以 A 为极限，那就是对任意给定的 $\varepsilon>0$，要找符合定义中所述条件的正整数 N．如果这样的 N 不存在，则 $\lim_{n\to\infty}a_n\neq A$．

*例 1 证明数列 $\left\{\dfrac{n}{n+1}\right\}$ 的极限是 1．

证 记 $a_n=\dfrac{n}{n+1}$，则
$$|a_n-1|=\left|\frac{n}{n+1}-1\right|=\left|\frac{-1}{n+1}\right|=\frac{1}{n+1},$$

对 $\forall \varepsilon>0$，要使 $|a_n-1|<\varepsilon$，就要 $\dfrac{1}{n+1}<\varepsilon$，只要 $n+1>\dfrac{1}{\varepsilon}$，即 $n>\dfrac{1}{\varepsilon}-1$ 就行了．取自然数 $N\geqslant\left[\dfrac{1}{\varepsilon}-1\right]$，则当 $n>N$ 时，恒有 $|a_n-1|=\dfrac{1}{n+1}<\varepsilon$，根据极限的定义得
$$\lim_{n\to\infty}\frac{n}{n+1}=1.$$

即 $\left\{\dfrac{n}{n+1}\right\}$ 的极限是 1．

例 2 证明 $\lim\limits_{n\to\infty}\dfrac{8+16(n-1)}{12+17(n-1)}=\dfrac{16}{17}$.

证 $a_n=\dfrac{8+16(n-1)}{12+17(n-1)}$,则

$$\left|a_n-\dfrac{16}{17}\right|=\left|\dfrac{8+16(n-1)}{12+17(n-1)}-\dfrac{16}{17}\right|=\left|\dfrac{-56}{17(17n-5)}\right|=\dfrac{56}{17(17n-5)}.$$

对 $\forall \varepsilon>0$,解不等式 $\dfrac{56}{17(17n-5)}<\varepsilon$,得

$$\dfrac{1}{17n-5}<\dfrac{17\varepsilon}{56},$$

$$17n-5>\dfrac{56}{17\varepsilon},$$

可得

$$n>\dfrac{56}{289\varepsilon}+\dfrac{5}{17},$$

取自然数 $N\geqslant\left[\dfrac{56}{289\varepsilon}+\dfrac{5}{17}\right]$,则当 $n>N$ 时,恒有

$$\left|a_n-\dfrac{16}{17}\right|<\varepsilon.$$

根据极限的定义得 $\lim\limits_{n\to\infty}\dfrac{8+16(n-1)}{12+17(n-1)}=\dfrac{16}{17}$.

一般地,证明 $\lim\limits_{n\to\infty}a_n=A$ 的步骤是:

(1) 计算 $|a_n-A|$;
(2) 对任意给定 $\varepsilon>0$,从 $|a_n-A|<\varepsilon$ 出发找出保证 $|a_n-A|<\varepsilon$ 成立的不等式 $n>N(\varepsilon)$;
(3) 取自然数 $N\geqslant N(\varepsilon)$,则当 $n>N$ 时,恒有 $|a_n-A|<\varepsilon$;
(4) 由极限定义得

$$\lim\limits_{n\to\infty}a_n=A.$$

例 3 证明:当 $|q|<1$ 时,$\lim\limits_{n\to\infty}q^n=0$.

证 当 $q=0$ 时,显然 $\lim\limits_{n\to\infty}q^n=0$.

当 $q\neq 0$ 时,

因为 $|q^n-0|=|q^n|=|q|^n$,

所以 $\forall \varepsilon>0$,要使 $|q^n-0|=|q|^n<\varepsilon$,只要 $n\lg|q|<\lg\varepsilon$,而 $|q|<1$,$\lg|q|<0$,故只要 $n>\dfrac{\lg\varepsilon}{\lg|q|}$ 就行. 取自然数 $N\geqslant\left[\dfrac{\lg\varepsilon}{\lg|q|}\right]$,则当 $n>N$ 时,恒有 $|q^n-0|<\varepsilon$ 着成立.

根据极限定义, $\lim\limits_{n\to\infty}q^n=0$ $(|q|<1)$.

例 4 证明 $\lim\limits_{n\to\infty}\sqrt[n]{a}=1(a>0)$.

证 分三种情况证明.

(1) 当 $a>1$ 时,则 $\sqrt[n]{a}>1$.

因为 $|\sqrt[n]{a}-1|=a^{\frac{1}{n}}-1$,

对 $\forall \varepsilon>0$,解不等式

$$a^{\frac{1}{n}}-1<\varepsilon,$$

得 $n>\dfrac{\ln a}{\ln(1+\varepsilon)}$，取 $N\geqslant\left[\dfrac{\ln a}{\ln(1+\varepsilon)}\right]$，则当 $n>N$ 时，恒有 $|\sqrt[n]{a}-1|<\varepsilon$，故由极限定义得

$$\lim_{n\to\infty}\sqrt[n]{a}=1\quad(a>1).$$

(2) 当 $0<a<1$ 时，令 $\dfrac{1}{a}=b$，则有

$$\left|\sqrt[n]{a}-1\right|=\left|\dfrac{1}{\sqrt[n]{b}}-1\right|=\left|\dfrac{\sqrt[n]{b}-1}{\sqrt[n]{b}}\right|<|\sqrt[n]{b}-1|.$$

已知 $\sqrt[n]{b}>1$，由 (1) 对 $\forall\varepsilon>0$，总存在自然数 N，当 $n>N$ 时，有 $|\sqrt[n]{b}-1|<\varepsilon$，于是就有 $|\sqrt[n]{a}-1|<\varepsilon$，即

$$\lim_{n\to\infty}\sqrt[n]{a}=1\quad(0<a<1).$$

(3) 当 $a=1$ 时，对任意的 n，$\sqrt[n]{a}=1$，故

$$\lim_{n\to\infty}\sqrt[n]{a}=1\quad(a=1).$$

综上所述得 $\lim\limits_{n\to\infty}\sqrt[n]{a}=1\,(a>0)$.

*例 5 证明 $\lim\limits_{n\to\infty}\dfrac{1}{6}\left(1-\dfrac{1}{n}\right)\left(2-\dfrac{1}{n}\right)=\dfrac{1}{3}$.

证 因为 $\left|\dfrac{1}{6}\left(1-\dfrac{1}{n}\right)\left(2-\dfrac{1}{n}\right)-\dfrac{1}{3}\right|=\left|\dfrac{1}{6n^2}-\dfrac{1}{2n}\right|=\dfrac{1}{2n}\left(1-\dfrac{1}{3n}\right)<\dfrac{1}{2n}<\dfrac{1}{n}$（放大不等式），

所以对 $\forall\varepsilon>0$，令不等式 $\dfrac{1}{n}<\varepsilon$，得 $n>\dfrac{1}{\varepsilon}$，取自然数 $N\geqslant\left[\dfrac{1}{\varepsilon}\right]$，当 $n>N$ 时有 $\dfrac{1}{n}<\varepsilon$，从而有

$$\left|\dfrac{1}{6}\left(1-\dfrac{1}{n}\right)\left(2-\dfrac{1}{n}\right)-\dfrac{1}{3}\right|<\varepsilon,$$

故 $\lim\limits_{n\to\infty}\dfrac{1}{6}\left(1-\dfrac{1}{n}\right)\left(2-\dfrac{1}{n}\right)=\dfrac{1}{3}$.

*例 6 证明 $\lim\limits_{n\to\infty}\dfrac{5n^3+n+1}{2n^3-3}=\dfrac{5}{2}$.

证 因为 $\left|\dfrac{5n^3+n+1}{2n^3-3}-\dfrac{5}{2}\right|=\left|\dfrac{2n+17}{2(2n^3-3)}\right|<\dfrac{2n+n}{2n^3}$（由于 $n\to\infty$，所以可加限制条件，即当 $n\geqslant 17$ 时，放大不等式）

$$=\dfrac{3n}{2n^3}=\dfrac{3}{2n^2},$$

所以对 $\forall\varepsilon>0$，由不等式 $\dfrac{3}{2n^2}<\varepsilon$，得 $n>\sqrt{\dfrac{3}{2\varepsilon}}$，取 $N\geqslant\max\left\{\sqrt{\dfrac{3}{2\varepsilon}},17\right\}$（这个式子表示 N 取 $\sqrt{\dfrac{3}{2\varepsilon}}$ 和 17 两个数中较大的那个数），则当 $n>N$ 时，恒有

$$\left|\dfrac{5n^3+n+1}{2n^3-3}-\dfrac{5}{2}\right|<\varepsilon,$$

所以 $\lim\limits_{n\to\infty}\dfrac{5n^3+n+1}{2n^3-3}=\dfrac{5}{2}$.

3. 数列极限的几何解释

将数 A 及数列 $\{a_n\}$ 中的各数，在数轴上用它们的对应点表示出来. 再以 A 为中心，以 ε 为

半径在数轴上取两点 $A-\varepsilon$ 和 $A+\varepsilon$，因为不等式
$$|a_n - A| < \varepsilon$$
与不等式
$$A-\varepsilon < a_n < A+\varepsilon$$
等价，所以 A 为数列 $\{a_n\}$ 的极限的几何意义是：对于任意给定的正数 ε，总存在一个正整数 N，使得对 $n>N$ 的一切点 a_n：
$$a_{N+1}, a_{N+2}, \cdots a_n, \cdots$$
都落在以 A 为中心，长度为 2ε 的开区间 $(A-\varepsilon, A+\varepsilon)$ 内. 因此，如果 $\{a_n\}$ 收敛于 A，则不论正数 ε 多么小，即不论区间 $(A-\varepsilon, A+\varepsilon)$ 多么小，$(A-\varepsilon, A+\varepsilon)$ 内总包含 $\{a_n\}$ 的无穷多项，而在 $(A-\varepsilon, A+\varepsilon)$ 外只含有数列 $\{a_n\}$ 的有限项（图 2-1）.

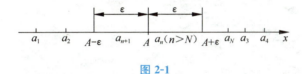

图 2-1

二、收敛数列极限的四则运算法则

通常，求极限的问题比较复杂，仅凭定义来求极限是不能解决问题的. 为此，我们介绍极限的运算法则，在某些场合这些法则为计算极限提供了方便.

一般地，我们有以下结论：

定理 1 如果 $\lim\limits_{n\to\infty} a_n = A$，$\lim\limits_{n\to\infty} b_n = B$，

那么
$$\lim_{n\to\infty}(a_n \pm b_n) = A \pm B;$$
$$\lim_{n\to\infty}(a_n \cdot b_n) = A \cdot B;$$
$$\lim_{n\to\infty}\frac{a_n}{b_n} = \frac{A}{B} \quad (B \neq 0).$$

特别地，如果 C 是常数，那么
$$\lim_{n\to\infty}(C \cdot a_n) = \lim_{n\to\infty} C \cdot \lim_{n\to\infty} a_n = CA.$$

※下面我们来证明第一法则，其他法则证明从略.

因为 $\lim\limits_{n\to\infty} a_n = A$，$\lim\limits_{n\to\infty} b_n = B$，

所以对 $\forall \varepsilon > 0$，存在自然数 N_1 和 N_2，

当 $n > N_1$ 时，恒有 $|a_n - A| < \dfrac{\varepsilon}{2}$，

当 $n > N_2$ 时，恒有 $|b_n - B| < \dfrac{\varepsilon}{2}$，

取 $N = \max\{N_1, N_2\}$，则当 $n > N$ 时，上述两个不等式同时成立，因此有
$$|(a_n + b_n) - (A + B)| = |(a_n - A) + (b_n - B)|$$
$$\leq |(a_n - A)| + |(b_n - B)|$$
$$< \frac{\varepsilon}{2} + \frac{\varepsilon}{2} = \varepsilon.$$

所以 $\lim\limits_{n\to\infty}(a_n+b_n)=A+B.$

同样可以证明 $\lim\limits_{n\to\infty}(a_n-b_n)=A-B.$

注：以上法则可推广至有限个数列的情形，但不能推广到无限个数列的情形.

利用定理1和一些已知的数列极限，可以把复杂的数列极限的计算问题转化为简单的数列极限的计算问题.

例7 求下列数列的极限.

(1) $\lim\limits_{n\to\infty}\left(2+\dfrac{1}{2^n}\right)\cdot\dfrac{1}{n}$；

(2) $\lim\limits_{n\to\infty}\dfrac{2n^2+n+1}{3n^2+2}$；

(3) $\lim\limits_{n\to\infty}\dfrac{\sqrt[3]{n^2+n}}{n-2}$；

(4) $\lim\limits_{n\to\infty}\dfrac{2^n+5^n}{2^{n+1}+5^{n+1}}$；

(5) $\lim\limits_{n\to\infty}\dfrac{1^2+2^2+\cdots+n^2}{n^3}$；

(6) $\lim\limits_{n\to\infty}(\sqrt{n+1}-\sqrt{n})$.

解 (1) $\lim\limits_{n\to\infty}\left(2+\dfrac{1}{2^n}\right)\cdot\dfrac{1}{n}=\lim\limits_{n\to\infty}\left(2+\dfrac{1}{2^n}\right)\cdot\lim\limits_{n\to\infty}\dfrac{1}{n}$，

因为 $\lim\limits_{n\to\infty}q^n=0(|q|<1)$，$\lim\limits_{n\to\infty}\dfrac{1}{n}=0$，$\lim\limits_{n\to\infty}\dfrac{1}{2^n}=\lim\limits_{n\to\infty}\left(\dfrac{1}{2}\right)^n=0$，

所以原式 $=\left(\lim\limits_{n\to\infty}2+\lim\limits_{n\to\infty}\dfrac{1}{2^n}\right)\cdot\lim\limits_{n\to\infty}\dfrac{1}{n}=(2+0)\times 0=0.$

分析 以下(2)、(3)、(4)题的分子、分母的极限都不存在，不能直接运用极限的运算法则，需先变形化简，符合条件后再利用运算法则.

(2) 分子分母同除以 n^2，得

$$\lim\limits_{n\to\infty}\dfrac{2n^2+n+1}{3n^2+2}=\lim\limits_{n\to\infty}\dfrac{2+\dfrac{1}{n}+\dfrac{1}{n^2}}{3+\dfrac{2}{n^2}}=\dfrac{\lim\limits_{n\to\infty}\left(2+\dfrac{1}{n}+\dfrac{1}{n^2}\right)}{\lim\limits_{n\to\infty}\left(3+\dfrac{2}{n^2}\right)}=\dfrac{2}{3}.$$

这种求极限的方法称为"**同除法**"：分子分母同除以它们中 n 的最高次幂，消去无穷因子. 一般地，关于 n 的有理数列的极限有下面的结论：

$$\lim\limits_{n\to\infty}\dfrac{a_0n^k+a_1n^{k-1}+\cdots+a_{k-1}n+a_k}{b_0n^m+b_1n^{m-1}+\cdots+b_{m-1}n+b_m}=\begin{cases}\dfrac{a_0}{b_0}, & k=m, \\ 0, & k<m, \\ 发散, & k>m.\end{cases}$$

(3) $\lim\limits_{n\to\infty}\dfrac{\sqrt[3]{n^2+n}}{n-2}=\lim\limits_{n\to\infty}\dfrac{\sqrt[3]{\dfrac{1}{n}+\dfrac{1}{n^2}}}{1-\dfrac{2}{n}}=\dfrac{0}{1}=0.$

注：这里我们不加证明地引用了极限运算性质：如果 $\lim\limits_{n\to\infty}a_n=A(a_n\geq 0)$，则 $\lim\limits_{n\to\infty}\sqrt[k]{a_n}=\sqrt[k]{A}$（$k$

为常数，$k \in \mathbf{N}$)，对于无理式的极限常要用到它.

（4）分子分母同除以 5^n，并利用 $\lim\limits_{n \to \infty} q^n = 0 (|q| < 1)$ 的结论，得

$$\text{原式} = \lim_{n \to \infty} \frac{\left(\frac{2}{5}\right)^n + 1}{2 \cdot \left(\frac{2}{5}\right)^n + 5} = \frac{\lim\limits_{n \to \infty}\left(\frac{2}{5}\right)^n + 1}{2 \lim\limits_{n \to \infty}\left(\frac{2}{5}\right)^n + 5} = \frac{0 + 1}{2 \times 0 + 5} = \frac{1}{5}.$$

（5）这是一个无穷数列前 n 项的和当 $n \to \infty$ 时的极限（无限和），因此先求前 n 项的和，然后再求极限

$$\lim_{n \to \infty} \frac{1^2 + 2^2 + \cdots + n^2}{n^3} = \lim_{n \to \infty} \frac{n(n+1)(2n+1)}{6n^3} = \frac{1}{6} \lim_{n \to \infty}\left(1 + \frac{1}{n}\right) \cdot \lim_{n \to \infty}\left(2 + \frac{1}{n}\right) = \frac{1}{3}.$$

（6）不能直接用收敛数列的差的极限运算性质，需要将分子有理化.

$$\lim_{n \to \infty}(\sqrt{n+1} - \sqrt{n}) = \lim_{n \to \infty} \frac{(\sqrt{n+1} - \sqrt{n})(\sqrt{n+1} + \sqrt{n})}{(\sqrt{n+1} + \sqrt{n})}$$

$$= \lim_{n \to \infty} \frac{1}{\sqrt{n+1} + \sqrt{n}} = \lim_{n \to \infty} \frac{\frac{1}{\sqrt{n}}}{\frac{\sqrt{n+1} + \sqrt{n}}{\sqrt{n}}} = \lim_{n \to \infty} \frac{\sqrt{\frac{1}{n}}}{\sqrt{1 + \frac{1}{n}} + 1}$$

$$= \frac{\sqrt{0}}{\sqrt{1+0} + 1} = 0.$$

本例求极限的方法称为 **"有理化法"**.

以上各例表明，有些数列往往不能直接应用极限运算法则求它们的极限，但可通过将数列变形，使之符合极限运算法则的条件再求出极限.

三、数列极限的有关定理

下面介绍几个常用的定理，证明从略.

定理 2　（**极限存在准则**）单调有界的数列必定有极限.

定理 3　（**极限的唯一性**）如果数列 $\{a_n\}$ 收敛，那么它的极限唯一.

定理 4　（**夹逼定理**）若 $\lim\limits_{n \to \infty} a_n = \lim\limits_{n \to \infty} b_n = A$，并且存在正整数 N，对于 $n \geqslant N$，有 $a_n \leqslant c_n \leqslant b_n$，则

$$\lim_{n \to \infty} c_n = A$$

定理 5　（**收敛数列的有界性**）如果数列 $\{a_n\}$ 收敛，那么数列 $\{a_n\}$ 一定有界.

例 8　求极限 $\lim\limits_{n \to \infty} \sqrt{1 + \frac{1}{n^\beta}}$　$(\beta > 0)$.

解　当 $\beta > 0$ 时，显然有

$$1 < \sqrt{1 + \frac{1}{n^\beta}} < 1 + \frac{1}{n^\beta},$$

但 $\lim\limits_{n \to \infty}\left(1 + \frac{1}{n^\beta}\right) = 1$，所以根据定理 4 知：

$$\lim_{n \to \infty} \sqrt{1 + \frac{1}{n^\beta}} = 1.$$

习题 2-2

(A)

1. 解下列绝对值不等式.

    (1) $|\sqrt{x}-1|<\dfrac{1}{2}$;

    (2) $|x+1|>2$.

※2. 设数列$\{x_n\}$的一般项 $x_n=\dfrac{1}{n}\cos\dfrac{n\pi}{2}$,问 $\lim\limits_{n\to\infty}x_n=?$ 求出 N,使当 $n>N$ 时,x_n 与其极限之差的绝对值小于正数 ε,当 $\varepsilon=0.001$ 时,求出数 N.

3. 求下列极限.

    (1) $\lim\limits_{n\to\infty}\dfrac{2n-1}{2n+1}$;

    (2) $\lim\limits_{n\to\infty}\left(1-\dfrac{2n}{n+2}\right)$;

    (3) $\lim\limits_{n\to\infty}\dfrac{4n^2+5n+2}{3n^2+2n+1}$;

    (4) $\lim\limits_{n\to\infty}\dfrac{2(n+1)^2}{(n+1)^2-1}$;

    (5) $\lim\limits_{n\to\infty}\dfrac{(-2)^n+3^n}{(-2)^{n+1}+3^{n+1}}$;

    (6) $\lim\limits_{n\to\infty}\dfrac{a^n}{1+a^n}\ (|a|\neq 1)$;

    (7) $\lim\limits_{n\to\infty}\left(\dfrac{1+2+\cdots+n}{n+2}-\dfrac{n}{2}\right)$;

    (8) $\lim\limits_{n\to\infty}(\sqrt{2}\times\sqrt[4]{2}\times\sqrt[8]{2}\cdots\sqrt[2^n]{2})$.

(B)

※1. 试用"$\varepsilon-N$"方法,论证下列各题.

    (1) $\lim\limits_{n\to\infty}\left(1-\dfrac{1}{2^n}\right)=1$;

    (2) $\lim\limits_{n\to\infty}\dfrac{n}{5+3n}=\dfrac{1}{3}$;

    (3) $\lim\limits_{n\to\infty}\dfrac{\sin n}{n}=0$;

    (4) $\lim\limits_{n\to\infty}0.\underbrace{999\cdots 9}_{n\text{个}}=1$;

    (5) $\lim\limits_{n\to\infty}\dfrac{3n+1}{2n+1}=\dfrac{3}{2}$.

2. 证明:若 $\lim\limits_{n\to\infty}a_n=0$,又 $|b_n|\leqslant M,(n=1,2,3,\cdots)$,则 $\lim\limits_{n\to\infty}a_nb_n=0$.

3. 求下列极限.

    (1) $\lim\limits_{n\to\infty}\left(1-\dfrac{1}{2^2}\right)\left(1-\dfrac{1}{3^2}\right)\cdots\left(1-\dfrac{1}{n^2}\right)$;

    (2) $\lim\limits_{n\to\infty}\left(\dfrac{1}{1\cdot 2}+\dfrac{1}{2\cdot 3}+\cdots+\dfrac{1}{(n-1)n}\right)$;

    (3) $\lim\limits_{n\to\infty}\left(\dfrac{1}{n^2}+\dfrac{2}{n^2}+\cdots+\dfrac{n-1}{n^2}\right)$.

4. 求下列极限.

    (1) $\lim\limits_{n\to\infty}[\sqrt{(n+a)(n+b)}-n]$;

    (2) $\lim\limits_{n\to\infty}\sqrt{n}(\sqrt{n+1}-\sqrt{n})$.

5. 求下列极限.

    (1) $\lim\limits_{n\to\infty}\left(\dfrac{1}{\sqrt{n^2+1}}+\dfrac{1}{\sqrt{n^2+2}}+\cdots+\dfrac{1}{\sqrt{n^2+n}}\right)$;

(2) $\lim\limits_{n\to\infty}\left(\dfrac{1}{n^2}+\dfrac{1}{(n+1)^2}+\cdots+\dfrac{1}{(2n)^2}\right)$.

§2-3 函数极限

数列是一种特殊类型的函数,即自变量是离散变量的函数:$a_n=f(n),n\in\mathbf{N}^+$,因此,数列极限讨论的是自变量 n 只取自然数值而无限增大时,对应的函数值 $f(n)$ 的变化趋势,即数列极限是一类特殊的函数极限.本节将介绍一般的函数极限,由于函数自变量的变化过程不同,函数的极限就表现为不同的形式.主要有两种情形:一种是自变量 x 的绝对值无限增大(记为 $x\to\infty$)时 $f(x)$ 的极限;另一种是自变量 x 无限接近于有限值 x_0(记为 $x\to x_0$)时 $f(x)$ 的极限.

一、函数极限的概念

1. 当自变量 $x\to\infty$ 时函数 $f(x)$ 的极限

我们考虑反比例函数 $y=\dfrac{1}{x}$ 当 x 无限增大时函数值的变化趋势(图 2-2),这里 x 无限增大记作 $x\to\infty$,指的是 x 的绝对值 $|x|$ 无限增大,当 x 取正值并无限增大时记为 $x\to+\infty$,当 x 取负值且其绝对值无限增大时记为 $x\to-\infty$. 由函数 $y=\dfrac{1}{x}$ 的图像可以看出:当 $x\to+\infty$ 时,函数 $y=\dfrac{1}{x}$ 的值无限趋于 0;当 $x\to-\infty$ 时,函数 $y=\dfrac{1}{x}$ 的值也是无限趋于 0. 从而当 $x\to\infty$ 时,函数 $y=\dfrac{1}{x}$ 的值无限趋于 0.

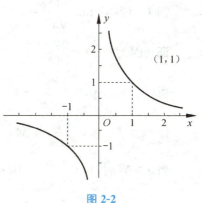

图 2-2

定义 1 当自变量 x 的绝对值无限增大时,如果函数 $f(x)$ 无限趋近于一个常数 A,则 A 称作函数 $f(x)$ 当 $x\to\infty$ 时的**极限**,记作
$$\lim_{x\to\infty}f(x)=A,$$
或
$$f(x)\to A(x\to\infty),$$
由定义 1 就有
$$\lim_{x\to\infty}\dfrac{1}{x}=0.$$

设函数 $f(x)$ 在 $[a,+\infty)$ 上有定义,若当 x 无限增大时,函数 $f(x)$ 趋于某一定数 A,则称函数 $f(x)$ 当 x 趋于正无穷大时以 A 为极限.记作 $\lim\limits_{x\to+\infty}f(x)=A$ 或 $f(x)\to A(x\to+\infty)$.

设函数 $f(x)$ 在 $(-\infty,b]$ 上有定义,若当 x 无限减小,而其绝对值 $|x|$ 无限增大时,函数 $f(x)$ 趋于某一定数 A,则称函数 $f(x)$ 当 x 趋于负无穷大时以 A 为极限,记作 $\lim\limits_{x\to-\infty}f(x)=A$ 或 $f(x)\to A(x\to-\infty)$.

例如,$\lim\limits_{x\to+\infty}\dfrac{1}{x}=0$,$\lim\limits_{x\to-\infty}\dfrac{1}{x}=0$.

类似数列极限,我们也可以用"$\varepsilon-M$"语言,严格地给出当 $x\to\infty$ 时函数极限的定义.

※**定义 2** 对 $\forall\varepsilon>0$,若存在 $M>0$,使当 $|x|>M$ 时,恒有
$$|f(x)-A|<\varepsilon,$$

则称 A 为 $x \to \infty$ 时函数 $f(x)$ 的**极限**. 记为 $\lim\limits_{x \to \infty} f(x) = A$.

当 $x \to +\infty$ 时函数的极限和当 $x \to -\infty$ 时函数的极限,也可类似地用上述定义表述. 即如果 $x > 0$ 且无限增大,只要把上面定义中的 $|x| > M$ 改为 $x > M$,便可以得到 $\lim\limits_{x \to +\infty} f(x) = A$ 的定义. 如果 $x < 0$ 且 $|x|$ 无限增大,只要把 $|x| > M$ 改为 $x < -M$,便可以得到 $\lim\limits_{x \to -\infty} f(x) = A$ 的定义.

※**定义 3** 对 $\forall \varepsilon > 0$,若存在 $M > 0$,当 $x > M$ 时,恒有
$$|f(x) - A| < \varepsilon,$$
则常数 A 称为 $f(x)$ 当 $x \to +\infty$ 时的**极限**,记为
$$\lim_{x \to +\infty} f(x) = A.$$

※**定义 4** 对 $\forall \varepsilon > 0$,若存在 $M > 0$,当 $x < -M$ 时,恒有
$$|f(x) - A| < \varepsilon,$$
则常数 A 称为 $f(x)$ 当 $x \to -\infty$ 时的**极限**,记为
$$\lim_{x \to -\infty} f(x) = A.$$

例 1 证明: $\lim\limits_{x \to +\infty} \dfrac{1}{\sqrt{x}} = 0$.

证 因为 $\left| \dfrac{1}{\sqrt{x}} - 0 \right| = \dfrac{1}{\sqrt{x}}$,

所以对 $\forall \varepsilon > 0$,由 $\left| \dfrac{1}{\sqrt{x}} - 0 \right| = \dfrac{1}{\sqrt{x}} < \varepsilon$,

即 $\sqrt{x} > \dfrac{1}{\varepsilon}$,得 $x > \dfrac{1}{\varepsilon^2}$,取 $M = \dfrac{1}{\varepsilon^2}$,

当 $x > M$ 时,恒有 $\left| \dfrac{1}{\sqrt{x}} - 0 \right| < \varepsilon$,

所以 $\lim\limits_{x \to +\infty} \dfrac{1}{\sqrt{x}} = 0$.

例 2 证明 $\lim\limits_{x \to \infty} \dfrac{\sin x}{x} = 0$.

证 因为 $\left| \dfrac{\sin x}{x} - 0 \right| = \left| \dfrac{\sin x}{x} \right| \leqslant \dfrac{1}{|x|}$(放大不等式),

所以对 $\forall \varepsilon > 0$,由不等式 $\dfrac{1}{|x|} < \varepsilon$ 得,
$$|x| > \dfrac{1}{\varepsilon},$$
取 $M = \dfrac{1}{\varepsilon}$,则当 $|x| > M$ 时,恒有
$$\left| \dfrac{\sin x}{x} - 0 \right| < \varepsilon.$$
故由函数极限定义 2 得 $\lim\limits_{x \to \infty} \dfrac{\sin x}{x} = 0$.

例 3 证明 $\lim\limits_{x \to \infty} \dfrac{2x^2 - 1}{3x^2 + 1} = \dfrac{2}{3}$.

证 因为 $\left|\dfrac{2x^2-1}{3x^2+1}-\dfrac{2}{3}\right|=\dfrac{5}{3(3x^2+1)}<\dfrac{5}{9x^2}<\dfrac{1}{x^2}$(缩小分母使不等式放大),

所以对 $\forall\varepsilon>0$,由 $\dfrac{1}{x^2}<\varepsilon$ 得 $|x|>\dfrac{1}{\sqrt{\varepsilon}}$,取 $M=\dfrac{1}{\sqrt{\varepsilon}}$,则当 $|x|>M$ 时,恒有

$$\left|\dfrac{2x^2-1}{3x^2+1}-\dfrac{2}{3}\right|<\varepsilon,$$

故有
$$\lim_{x\to\infty}\dfrac{2x^2-1}{3x^2+1}=\dfrac{2}{3}.$$

例 4 证明 $\lim\limits_{x\to+\infty}\dfrac{x-1}{x+1}=1, x\in(-1,+\infty)$.

证 因为 $\left|\dfrac{x-1}{x+1}-1\right|=\dfrac{2}{|x+1|}=\dfrac{2}{x+1}$(因为 $x>-1$,所以 $x+1>0$,故 $|x+1|=x+1$),

所以对 $\forall\varepsilon>0$,不妨设 $\varepsilon<1$,则由不等式 $\dfrac{2}{x+1}<\varepsilon$,得 $x>\dfrac{2}{\varepsilon}-1$,取 $M=\dfrac{2}{\varepsilon}-1>0$,于是当 $x>M$ 时,恒有

$$\left|\dfrac{x-1}{x+1}-1\right|<\varepsilon,$$

故
$$\lim_{x\to+\infty}\dfrac{x-1}{x+1}=1.$$

例 5 证明 $\lim\limits_{x\to-\infty}10^x=0$.

证 因为 $|10^x-0|=10^x$,

所以对 $\forall\varepsilon>0$,不妨设 $\varepsilon<1$,则由不等式 $10^x<\varepsilon$,得 $x<\lg\varepsilon$,因为 $\varepsilon<1$,所以 $\lg\varepsilon<0$,取 $M=-\lg\varepsilon>0$,于是,当 $x<-M$ 时,恒有

$$|10^x-0|<\varepsilon.$$

即
$$\lim_{x\to-\infty}10^x=0.$$

定理 1 当且仅当 $\lim\limits_{x\to+\infty}f(x)=A$,$\lim\limits_{x\to-\infty}f(x)=A$ 时,$\lim\limits_{x\to\infty}f(x)=A$ 才能成立(证明从略). 也就是说,$\lim\limits_{x\to\infty}f(x)=A$ 成立的充分必要条件是 $\lim\limits_{x\to+\infty}f(x)=\lim\limits_{x\to-\infty}f(x)=A$.

2. 当自变量 $x\to x_0$ 时函数 $f(x)$ 的极限

定义 5 设 $f(x)$ 在点 x_0 附近有定义(可能除去 x_0 点本身),如果在 $x\to x_0$ 的过程中,对应的 $f(x)$ 无限趋近于确定的数值 A,那么就说 A 是函数 $f(x)$ 当 $x\to x_0$ 时的**极限**. 记为 $\lim\limits_{x\to x_0}f(x)=A$,或记为当 $x\to x_0$ 时,$f(x)\to A$.

例如,根据基本初等函数的图像可知 $\lim\limits_{x\to 0}2^x=1$.

类似数列极限的精确定义,我们假定函数 $f(x)$ 在点 x_0 的某个去心邻域内是有定义的,在 $x\to x_0$ 的过程中,函数值 $f(x)$ 无限趋近于 A,就是 $|f(x)-A|$ 能任意小. 如数列极限概念所述,$|f(x)-A|$ 能任意小,可以用 $|f(x)-A|<\varepsilon$ 来表达,其中 ε 是任意给定的正数. 因此函数值 $f(x)$ 无限趋近于 A 是在 $x\to x_0$ 的过程中实现的,所以对于任意给定的正数 ε,只要求充分接近于 x_0 的 x 所对应的函数值 $f(x)$ 满足不等式 $|f(x)-A|<\varepsilon$;而充分接近于 x_0 的 x 可表达为 $0<|x-x_0|<\delta$,其中 δ 是某个正数. 从几何上看,适合不等式 $0<|x-x_0|<\delta$ 的 x 全体,就是点 x_0 的去心 δ 邻域,而邻域半径 δ 则体现了 x 趋近 x_0 的程度.

通过以上分析,我们给出 $x\to x_0$ 时函数的极限的精确定义如下:

※**定义 6**　设函数 $f(x)$ 在 x_0 的某个去心邻域内有定义,如果存在常数 A,对于任意给定的正数 ε(不论它多么小),总存在正数 δ,使得当 x 满足不等式 $0<|x-x_0|<\delta$ 时,对应的函数值 $f(x)$ 都满足不等式
$$|f(x)-A|<\varepsilon,$$
那么常数 A 就叫做函数 $f(x)$ 当 $x \to x_0$ 时的**极限**,记作
$$\lim_{x \to x_0} f(x) = A \text{ 或 } f(x) \to A(x \to x_0).$$

※**定义 7**　还可以简单地表述为:
$$\lim_{x \to x_0} f(x) = A \iff \forall \varepsilon>0, \exists \delta>0, \text{当} 0<|x-x_0|<\delta \text{时,恒有} |f(x)-A|<\varepsilon.$$

定义中 $0<|x-x_0|$ 表示 $x \ne x_0$,所以 $x \to x_0$ 时 $f(x)$ 有没有极限,与 $f(x)$ 在点 x_0 是否有定义并无关系.

***例 6**　证明 $\lim\limits_{x \to x_0} c = c$,$c$ 为常数.

证　因为 $|f(x)-A|=|c-c|=0$,

所以 $\forall \varepsilon>0$,可任取 $\delta>0$,当 $0<|x-x_0|<\delta$ 时,能使不等式
$$|f(x)-A|=|c-c|=0<\varepsilon$$
成立,所以 $\lim\limits_{x \to x_0} c = c$.

可见,**常数的极限仍是该常数**.

***例 7**　证明 $\lim\limits_{x \to x_0} x = x_0$.

证　由于
$$|f(x)-A|=|x-x_0|,$$
因此 $\forall \varepsilon>0$,总可取 $\delta=\varepsilon$,当
$$0<|x-x_0|<\delta=\varepsilon \text{ 时},$$
能使不等式
$$|f(x)-A|=|x-x_0|<\varepsilon$$
成立,所以 $\lim\limits_{x \to x_0} x = x_0$.

***例 8**　证明 $\lim\limits_{x \to 1}(3x-2)=1$.

证　由于
$$|f(x)-A|=|(3x-2)-1|=3|x-1|,$$
为了使 $|f(x)-A|<\varepsilon$,只要
$$3|x-1|<\varepsilon,$$
$$|x-1|<\frac{\varepsilon}{3},$$
所以,$\forall \varepsilon>0$,可取 $\delta=\dfrac{\varepsilon}{3}$,则当 x 适合不等式
$$0<|x-1|<\delta$$
时,函数 $f(x)$ 就满足不等式
$$|f(x)-1|=|(3x-2)-1|<\varepsilon,$$
从而 $\lim\limits_{x \to 1}(3x-2)=1$.

*例 9 证明 $\lim\limits_{x\to 1}\dfrac{x^2-1}{x-1}=2.$

证 函数在点 $x=1$ 是没有定义的,但是函数当 $x\to 1$ 时的极限存在或不存在与它并无关系,事实上,$\forall \varepsilon>0$,不等式

$$\left|\dfrac{x^2-1}{x-1}-2\right|<\varepsilon$$

约去非零因子 $x-1$ 后,就化为

$$|x+1-2|=|x-1|<\varepsilon,$$

因此,只要取 $\delta=\varepsilon$,那么当 $0<|x-1|<\delta$ 时,就有

$$\left|\dfrac{x^2-1}{x-1}-2\right|<\varepsilon,$$

所以

$$\lim_{x\to 1}\dfrac{x^2-1}{x-1}=2.$$

*例 10 证明 $\lim\limits_{x\to a}\sqrt{x}=\sqrt{a}\quad(a>0).$

证 $\forall\varepsilon>0$,因为

$$|f(x)-A|=|\sqrt{x}-\sqrt{a}|=\left|\dfrac{x-a}{\sqrt{x}+\sqrt{a}}\right|\leqslant\dfrac{1}{\sqrt{a}}|x-a|,$$

要使 $|f(x)-A|<\varepsilon$,只要 $|x-a|<\sqrt{a}\varepsilon$ 且 $x\geqslant 0$,而 $x\geqslant 0$ 可用 $|x-a|\leqslant a$ 保证,因此取 $\delta=\min\{a,\sqrt{a}\varepsilon\}$(这式子表示,$\delta$ 是 a 和 $\sqrt{a}\varepsilon$ 两个数中较小的那个数),则当 x 满足不等式 $0<|x-a|<\delta$ 时,对应的函数值 $\sqrt{x}$ 就满足不等式

$$|\sqrt{x}-\sqrt{a}|<\varepsilon,$$

所以

$$\lim_{x\to a}\sqrt{x}=\sqrt{a}.$$

3. 函数的左极限和右极限

上述 $x\to x_0$ 时函数 $f(x)$ 的极限概念中,x 是既从 x_0 的左侧也从 x_0 的右侧趋于 x_0 的,但有时只能或只需考虑 x 仅从 x_0 的左(右)侧趋于 x_0,即 x 小于(大于)x_0 而趋于 x_0,记为 $x\to x_0^-(x\to x_0^+)$.

定义 8 当函数 $f(x)$ 的自变量 x 从 x_0 的左(右)侧无限趋近 x_0 时,如果 $f(x)$ 的值无限趋近于常数 A,则称 A 为 $x\to x_0^-(x\to x_0^+)$ 时,函数 $f(x)$ 的**左(右)极限**,记为 $\lim\limits_{x\to x_0^-}f(x)=A(\lim\limits_{x\to x_0^+}f(x)=A)$ 或 $f(x_0-0)=A(f(x_0+0)=A).$

※定义 9 设函数 $f(x)$ 在 x_0 点的左(右)邻域有定义,如果对 $\forall\varepsilon>0$,$\exists\delta>0$ 使当 $0<x_0-x<\delta(0<x-x_0<\delta)$ 时,恒有 $|f(x)-A|<\varepsilon$,则称常数 A 为 $f(x)$ 在 x_0 处的**左(右)极限**.

根据极限、左极限和右极限的定义可以证明:

定理 2 $f(x)$ 在点 x_0 有极限并等于 A 的**充要条件**是 $f(x)$ 在点 x_0 的左、右极限都存在且都等于 A,即 $\lim\limits_{x\to x_0}f(x)=A\iff \lim\limits_{x\to x_0^+}f(x)=\lim\limits_{x\to x_0^-}f(x)=A.$

例 11 讨论函数 $f(x)=\begin{cases}x, & x>1,\\ \dfrac{1}{2}, & x=1,\\ 1, & x<1\end{cases}$ 在 $x=1$ 处的极限.

解 因为 $\lim\limits_{x \to 1^+} f(x) = \lim\limits_{x \to 1^+} x = 1$,

$\lim\limits_{x \to 1^-} f(x) = \lim\limits_{x \to 1^-} 1 = 1$,

$\lim\limits_{x \to 1^+} f(x) = \lim\limits_{x \to 1^-} f(x) = 1$,

所以 $\lim\limits_{x \to 1} f(x) = 1$.

例 12 讨论函数 $f(x) = \begin{cases} x-1, & x<0, \\ 0, & x=0, \\ x+1, & x>0, \end{cases}$ 当 $x \to 0$ 时的极限.

解 当 $x \to 0$ 时 $f(x)$ 的左极限

$$\lim\limits_{x \to 0^-} f(x) = \lim\limits_{x \to 0^-}(x-1) = -1,$$

而右极限

$$\lim\limits_{x \to 0^+} f(x) = \lim\limits_{x \to 0^+}(x+1) = 1,$$

因为左极限和右极限存在但不相等,所以 $\lim\limits_{x \to 0} f(x)$ 不存在.

二、函数极限的性质

与收敛数列的性质相比较,可得函数极限的一些相应的性质,它们都可以根据函数极限的定义加以证明,在这证明从略. 由于函数极限的定义按自变量的变化过程不同有各种形式,下面仅以"$\lim\limits_{x \to x_0} f(x)$"这种形式为代表给出关于函数极限性质的一些定理.

定理 3 (函数极限的唯一性) 如果 $\lim\limits_{x \to x_0} f(x) = A$, 那么这极限唯一.

定理 4 (函数极限的局部有界性) 如果 $\lim\limits_{x \to x_0} f(x) = A$, 那么存在常数 $M>0$ 和 $\delta>0$, 使得当 $0<|x-x_0|<\delta$ 时, 有 $|f(x)| \leq M$.

定理 5 (函数极限的局部保号性) 如果 $\lim\limits_{x \to x_0} f(x) = A$, 而且 $A>0$ (或 $A<0$), 那么存在常数 $\delta>0$, 使得当 $0<|x-x_0|<\delta$ 时, 有 $f(x)>0$ (或 $f(x)<0$).

定理 6 若 $\lim\limits_{x \to x_0} f(x) = A$, 且在 x_0 的某去心邻域内 $f(x) \geq 0$ (或 $f(x) \leq 0$), 则 $A \geq 0$ (或 $A \leq 0$).

定理 7 (函数极限的局部保序性) 如果 $\lim\limits_{x \to x_0} f(x) = A$, $\lim\limits_{x \to x_0} g(x) = B$, 且 $A>B$ (或 $A<B$), 则存在常数 $\delta>0$, 当 $0<|x-x_0|<\delta$ 时, 恒有 $f(x)>g(x)$ (或 $f(x)<g(x)$).

习题 2-3

(A)

1. 用严格的数学语言叙述下列极限的定义.

(1) $\lim\limits_{x \to a} f(x) = A$;   (2) $\lim\limits_{x \to a^+} f(x) = A$;   (3) $\lim\limits_{x \to -\infty} f(x) = A$;

(4) $\lim\limits_{x \to \infty} f(x) = A$;   (5) $\lim\limits_{x \to +\infty} f(x) = 0$;   (6) $\lim\limits_{x \to a^-} f(x) = 0$.

2. 若 $f(x)=\begin{cases} \dfrac{1}{x-1}, & x<0, \\ x, & 0\leqslant x<1, \\ 1, & x\geqslant 1, \end{cases}$ 问 $f(x)$ 在 $x=0$ 与 $x=1$ 两点的极限是否存在？为什么？

3. 求下列函数在指定点的左、右极限，并指出函数在该点的极限是否存在.

(1) $f(x)=\dfrac{|x|}{x}$，在点 $x=0$；

(2) $f(x)=e^{\frac{1}{x}}$，在点 $x=0$；

(3) $f(x)=\begin{cases} 2x+1, & x>0 \\ 1-3x, & x<0 \end{cases}$，在点 $x=0$.

4. 当 a 为何值时，能使函数 $f(x)=\begin{cases} ax+1, & x>2 \\ 4x-5, & x<2 \end{cases}$ 在点 $x=2$ 的极限存在.

(B)

※1. 用函数极限的精确定义证明：

(1) $\lim\limits_{x\to\infty}\dfrac{1}{3x+1}=0$；

(2) $\lim\limits_{x\to\infty}\dfrac{2x^2-x+1}{3x^2+2}=\dfrac{2}{3}$；

(3) $\lim\limits_{x\to+\infty}\arctan x=\dfrac{\pi}{2}$；

(4) $\lim\limits_{x\to-\infty}(\sqrt{x^2+1}+x)=0$；

(5) $\lim\limits_{x\to 0}x^n\sin\dfrac{1}{x}=0$（$n$ 为自然数）；

(6) $\lim\limits_{x\to a}\cos x=\cos a$；

(7) $\lim\limits_{x\to 2}\dfrac{x^2-4}{x-2}=4$；

(8) $\lim\limits_{x\to 3}(3x-1)=8$.

2. 描出函数 $f(x)=\begin{cases} 2-x, & \text{当 } x<-1 \text{ 时,} \\ x, & \text{当 } -1\leqslant x<1 \text{ 时,} \\ 4, & \text{当 } x=1 \text{ 时,} \\ 4-x, & \text{当 } x>1 \text{ 时} \end{cases}$ 的图形，利用图形说出下列每个极限的值（如果存在的话）：$\lim\limits_{x\to -1^-}f(x)$，$\lim\limits_{x\to -1^+}f(x)$，$\lim\limits_{x\to -1}f(x)$，$\lim\limits_{x\to 1^-}f(x)$，$\lim\limits_{x\to 1^+}f(x)$，$\lim\limits_{x\to 1}f(x)$.

3. 若 $\lim\limits_{x\to\infty}\left(\dfrac{x^2+1}{x+1}+ax+b\right)=0$，求常数 a、b 的值.

§2-4 无穷小量与无穷大量

一、无穷小量

1. 无穷小量的定义

定义 1 如果函数 $f(x)$ 当 $x\to x_0$（或 $x\to\infty$）时的极限为零，那么函数 $f(x)$ 称为 $x\to x_0$（或 $x\to\infty$）时的**无穷小量**（简称无穷小）.

例 1 因为 $\lim\limits_{x\to 1}(x-1)=0$，所以函数 $x-1$ 为当 $x\to 1$ 时的无穷小.

因为 $\lim\limits_{x\to\infty}\dfrac{1}{x}=0$，所以函数 $\dfrac{1}{x}$ 为当 $x\to\infty$ 时的无穷小.

同理,当 $x \to 0^-$ 时,$e^{\frac{1}{x}}$ 是无穷小量.

2. 无穷小量的性质

性质 1 无穷小量与有界变量之积仍为无穷小量.

性质 2 两个无穷小量之积仍为无穷小量.

性质 3 两个无穷小量的代数和仍为无穷小量.

例 2 求 $\lim\limits_{x \to 0} x \sin \dfrac{1}{x}$.

解 因为 $\left| \sin \dfrac{1}{x} \right| \leqslant 1$,所以 $\sin \dfrac{1}{x}$ 是有界函数,又因 $\lim\limits_{x \to 0} x = 0$,所以 x 是 $x \to 0$ 时的无穷小量.根据无穷小量的性质 1,可知 $\lim\limits_{x \to 0} x \sin \dfrac{1}{x} = 0$.

例 3 求 $\lim\limits_{x \to \infty} \dfrac{\sin x}{x}$.

解 因为 $|\sin x| \leqslant 1$,$\lim\limits_{x \to \infty} \dfrac{1}{x} = 0$,所以根据无穷小量的性质 1,可知 $\lim\limits_{x \to \infty} \dfrac{\sin x}{x} = 0$.

3. 无穷小量与函数极限的关系

无穷小量是极限为零的函数,它与极限值不为零的函数有着密切的关系.下面的定理就阐述了这个关系.

定理 在自变量的某个变化过程中,函数有极限的充分必要条件是函数可写成常数与无穷小量的和,即

$$\lim\limits_{x \to x_0} f(x) = A \Longleftrightarrow f(x) = A + \alpha(x),\text{其中} \lim\limits_{x \to x_0} \alpha(x) = 0,$$

x_0 可以是有限数,也可以是 ∞.

※证 我们仅对 x_0 是有限数的情形进行证明,类似地,可以证明 $x \to \infty$ 时的情形.

若 $\lim\limits_{x \to x_0} f(x) = A$,则对任意给定的正数 ε,存在正数 δ,使当 $0 < |x - x_0| < \delta$ 时,有 $|f(x) - A| < \varepsilon$.

令 $\alpha(x) = f(x) - A$,则 $f(x) = A + \alpha(x)$,且 $\lim\limits_{x \to x_0} \alpha(x) = \lim\limits_{x \to x_0} [f(x) - A] = 0$.

反之,若 $f(x) = A + \alpha(x)$,且 $\lim\limits_{x \to x_0} \alpha(x) = 0$,则 $\lim\limits_{x \to x_0} [f(x) - A] = 0$,即 $\lim\limits_{x \to x_0} f(x) = A$.

同理可证:$\lim\limits_{x \to \infty} f(x) = A \Longleftrightarrow f(x) = A + \alpha$,其中 A 是常数,α 为当 $x \to \infty$ 时的无穷小.

二、无穷大量

1. 无穷大量的定义

定义 2 对于非零函数 $f(x)$,如果 $\dfrac{1}{f(x)}$ 在 $x \to x_0$(或 $x \to \infty$)时的极限为零,那么函数 $f(x)$ 称为 $x \to x_0$(或 $x \to \infty$)时的无穷大量(简称无穷大).记为 $\lim\limits_{x \to x_0} f(x) = \infty$(或 $\lim\limits_{x \to \infty} f(x) = \infty$).

如 $\dfrac{1}{x}(x \to 0)$、$\ln x(x \to 0^+)$、$3^x(x \to \infty)$ 等都是无穷大量.记为:$\lim\limits_{x \to 0} \dfrac{1}{x} = \infty$,$\lim\limits_{x \to 0^+} \ln x = -\infty$,$\lim\limits_{x \to +\infty} 3^x = +\infty$.

2. 无穷大量与无穷小量的关系

由定义很容易看出无穷大量与无穷小量有如下关系:

在自变量的同一变化过程中,无穷大量的倒数是无穷小量,无穷小量(不为零)的倒数是无穷大量.

注意:(1)无穷小量和无穷大量是与某一极限过程相联系的,如 $\dfrac{x}{x^3-1}$ 在 $x\to 0$ 是无穷小量,在 $x\to 1$ 时是无穷大量;在 $x\to -1$ 时既不是无穷小量,也不是无穷大量.

(2)很小很小的数不是无穷小量;无穷大量也不是很大的数.

习题 2-4

(A)

1. 下列各种说法是否正确:
   (1) 无穷小量是比任何数都小的数;
   (2) 无穷小量就是绝对值很小的量;
   (3) 无穷小量就是零;
   (4) $-\infty$ 是无穷小量;
   (5) 无限多个无穷小量之和仍为无穷小量;
   (6) 无穷大量是很大的数.

2. 下列各题中,哪些是无穷小量? 哪些是无穷大量?
   (1) $x^2+0.1x$,当 $x\to 0$ 时;
   (2) $2^{-x}-1$,当 $x\to 0$ 时;
   (3) $\dfrac{x+1}{x^2-9}$,当 $x\to 3$ 时;
   (4) $\lg x$,当 $x\to +\infty$ 时.

3. $y=\dfrac{\sin x}{(x-1)^2}$ 在怎样的变化过程中是无穷大量? 在怎样的变化过程中是无穷小量?

(B)

1. 下列函数,当 $x\to\infty$ 时均有极限,把 y 表示为一常数(极限值)与一无穷小(当 $x\to\infty$ 时)之和的形式.
   (1) $y=\dfrac{x^3}{x^3-1}$;
   (2) $y=\dfrac{x^2}{2x^2+1}$.

2. 证明:当 $x\to\infty$ 时,$y=\dfrac{\arctan x}{x}$ 是无穷小量.

§2-5 函数极限的运算法则

为了求出比较复杂的函数的极限,需要用到极限的运算法则,本节主要是建立极限的运算法则,并利用这些法则求某些函数的极限. 以后我们还将介绍求极限的其他方法.

下面我们仅以"lim"表示函数的极限,既可表示 $x\to x_0$,也可表示 $x\to\infty$,还可以表示左(右)极限.

一、函数极限的四则运算法则

定理 1 如果 $\lim f(x)=A, \lim g(x)=B$，那么

(1) $\lim[f(x)\pm g(x)]=\lim f(x)\pm \lim g(x)=A\pm B$;

(2) $\lim[f(x)\cdot g(x)]=\lim f(x)\cdot \lim g(x)=A\cdot B$;

$\quad \lim cf(x)=c\lim f(x)=c\cdot A$ (c 是常数)

(3) 若又有 $B\neq 0$，则

$$\lim \frac{f(x)}{g(x)}=\frac{\lim f(x)}{\lim g(x)}=\frac{A}{B}.$$

定理中的(1)(2)可推广到有限个函数的情形，值得注意的是以上运算法则成立的前提是 $\lim f(x)$ 和 $\lim g(x)$ 存在.

关于定理 1 中的(2)，有如下推论：

推论 1 如果 $\lim f(x)$ 存在，而 n 是正整数，则 $\lim[f(x)]^n=[\lim f(x)]^n$.

推论 2 $\lim \sqrt[n]{f(x)}=\sqrt[n]{\lim f(x)}=\sqrt[n]{A}$ (n 为正整数，当 n 为偶数时，要假设 $A\geqslant 0$).

例 1 求(1) $\lim\limits_{x\to 2}(6x^2-9x+4)$; (2) $\lim\limits_{x\to -16}\sqrt{1-5x}$.

解 (1) 根据定理 1 得：$\lim\limits_{x\to 2}(6x^2-9x+4)$

$\quad = \lim\limits_{x\to 2}6x^2 - \lim\limits_{x\to 2}9x + \lim\limits_{x\to 2}4$

$\quad = 6\lim\limits_{x\to 2}x^2 - 9\lim\limits_{x\to 2}x + 4$

$\quad = 6\cdot 2^2 - 9\times 2 + 4$

$\quad = 10.$

(2) 根据推论 2 得：$\lim\limits_{x\to -16}\sqrt{(1-5x)}$

$\quad = \sqrt{\lim\limits_{x\to -16}(1-5x)}$

$\quad = \sqrt{1-5\cdot(-16)}$

$\quad = 9.$

例 2 求(1) $\lim\limits_{x\to 2}\dfrac{3x^3-8x^2-9}{6x^2-9x+4}$; (2) $\lim\limits_{x\to 2}\dfrac{x^2-5x+6}{x^2-3x+2}$.

解 (1) 这里分母的极限不为零，故

$$\lim\limits_{x\to 2}\frac{3x^3-8x^2-9}{6x^2-9x+4}$$

$$=\frac{\lim\limits_{x\to 2}(3x^3-8x^2-9)}{\lim\limits_{x\to 2}(6x^2-9x+4)}$$

$$=\frac{3\cdot 2^3-8\cdot 2^2-9}{6\cdot 2^2-9\cdot 2+4}$$

$$=-\frac{17}{10}$$

(2) 当 $x\to 2$ 时，分子及分母的极限都是零，于是分子、分母不能分别取极限. 因分子及分母有公因子 $x-2$，而 $x\to 2$ 时，$x\neq 2, x-2\neq 0$，可约去这个无穷小因子，所以

$$\lim_{x \to 2} \frac{x^2 - 5x + 6}{x^2 - 3x + 2}$$

$$= \lim_{x \to 2} \frac{(x-2)(x-3)}{(x-2)(x-1)}$$

$$= \lim_{x \to 2} \frac{x-3}{x-1}$$

$$= -1.$$

这种求极限的方法称为"**消去无穷小因子法**":通过因式分解直接消除分子分母的公因式再求极限的方法. 在处理某些数列或函数的极限问题时,因式分解法可化繁为简、化难为易.

例3 求(1) $\lim\limits_{x \to \infty} \dfrac{2x^3 - x^2 + 1}{x^3 - x + 1}$; (2) $\lim\limits_{x \to \infty} \dfrac{2x^2 - x + 1}{x^3 - x + 1}$.

分析:可用"同除法"求极限.

解 (1) 当 $x \to \infty$ 时,分子、分母都趋于无穷大,又因为 $\lim\limits_{x \to \infty} \dfrac{a}{x^n} = 0$, $\lim\limits_{x \to \infty} \dfrac{1}{x^n} = 0$, $\left(\lim\limits_{x \to \infty} \dfrac{1}{x}\right)^n = 0$. 所以,先用 x^3 去除分母及分子,然后取极限:

$$\lim_{x \to \infty} \frac{2x^3 - x^2 + 1}{x^3 - x + 1}$$

$$= \lim_{x \to \infty} \frac{2 - \dfrac{1}{x} + \dfrac{1}{x^3}}{1 - \dfrac{1}{x^2} + \dfrac{1}{x^3}}$$

$$= \frac{2 - 0 + 0}{1 - 0 + 0}$$

$$= 2.$$

(2) 当 $x \to \infty$ 时,分子、分母都趋于无穷大,故先用 x^3 除分母和分子,然后取极限,得

$$\lim_{x \to \infty} \frac{2x^2 - x + 1}{x^3 - x + 1}$$

$$= \lim_{x \to \infty} \frac{\dfrac{2}{x} - \dfrac{1}{x^2} + \dfrac{1}{x^3}}{1 - \dfrac{1}{x^2} + \dfrac{1}{x^3}}$$

$$= \frac{0 + 0 + 0}{1 - 0 + 0}$$

$$= 0.$$

求分式的极限时,若分母与分子都是无穷小,通常称其为 $\dfrac{\mathbf{0}}{\mathbf{0}}$ **型未定式**,如例2(2)是求 $\dfrac{0}{0}$ 型的未定式的极限. 若分子、分母都是无穷大,通常称其为 $\dfrac{\boldsymbol{\infty}}{\boldsymbol{\infty}}$ **型未定式**,如例3.

例4 求(1) $\lim\limits_{x \to +\infty} \dfrac{\sqrt{2x}+3}{\sqrt{x+5}}$; (2) $\lim\limits_{x \to +\infty} \dfrac{2^x - 1}{4^x + 1}$.

解 (1) 先用 $\sqrt{x}$ 除分子和分母,化简后再取极限:

$$\lim_{x \to +\infty} \frac{\sqrt{2x}+3}{\sqrt{x+5}}$$

$$= \lim_{x \to +\infty} \frac{\frac{\sqrt{2x}+3}{\sqrt{x}}}{\frac{\sqrt{x+5}}{\sqrt{x}}}$$

$$= \lim_{x \to +\infty} \frac{\sqrt{2}+3 \cdot \sqrt{\frac{1}{x}}}{\sqrt{1+\frac{5}{x}}} = \frac{\sqrt{2}+0}{\sqrt{1+0}} = \sqrt{2}.$$

(2) 先用 4^x 除分子和分母,化简后再取极限:

$$\lim_{x \to +\infty} \frac{2^x-1}{4^x+1}$$

$$= \lim_{x \to +\infty} \frac{\left(\frac{2}{4}\right)^x - \left(\frac{1}{4}\right)^x}{1+\left(\frac{1}{4}\right)^x}$$

$$= 0.$$

例 5 求 (1) $\lim\limits_{x \to -1}\left(\dfrac{1}{x+1}-\dfrac{3}{x^3+1}\right)$; (2) $\lim\limits_{x \to 1}\dfrac{\sqrt[n]{x}-1}{x-1}$; (3) $\lim\limits_{x \to 0}\dfrac{\sqrt{x+4}-2}{x}$.

解 (1) 因为当 $x \to -1$ 时,$\dfrac{1}{x+1}$、$\dfrac{3}{x^3+1}$ 都趋于无穷大,即知所求极限的变量是"∞-∞"型**未定式**,不能直接用极限运算法则. 所以,先用乘法公式 $a^3+b^3=(a+b)(a^2-ab+b^2)$ 进行通分,然后再取极限:

$$\lim_{x \to -1}\left(\frac{1}{x+1}-\frac{3}{x^3+1}\right)$$

$$= \lim_{x \to -1}\frac{x^2-x+1-3}{x^3+1}$$

$$= \lim_{x \to -1}\frac{x^2-x-2}{x^3+1}$$

$$= \lim_{x \to -1}\frac{x-2}{x^2-x+1}$$

$$= -1.$$

注:求分式或无理函数的"∞-∞"型极限时,一般用通分或有理化法化为 $\dfrac{0}{0}$ 型或 $\dfrac{\infty}{\infty}$ 型来求.

(2) 当 $x \to 1$ 时,分子和分母的极限为零,不能对分子、分母取极限,用**换元法**:

令 $u=\sqrt[n]{x}$,则当 $x \to 1$ 时,有 $u \to 1$,且 $x=u^n$,$u^n-1=(u-1)(u^{n-1}+u^{n-2}+\cdots+u+1)$,

所以 $\lim\limits_{x \to 1}\dfrac{\sqrt[n]{x}-1}{x-1}=\lim\limits_{u \to 1}\dfrac{u-1}{u^n-1}=\lim\limits_{u \to 1}\dfrac{1}{u^{n-1}+u^{n-2}+\cdots+u+1}=\dfrac{1}{n}.$

(3) 当 $x \to 0$ 时,分子和分母的极限为零,不能对分子、分母分别取极限,用分子有理化方法,得

$$\lim_{x \to 0}\frac{\sqrt{x+4}-2}{x}=\lim_{x \to 0}\frac{(x+4)-2^2}{x(\sqrt{x+4}+2)}=\lim_{x \to 0}\frac{1}{\sqrt{x+4}+2}=\frac{1}{\sqrt{0+4}+2}=\frac{1}{4}.$$

在例 5(1)(2)(3)中,函数 $f(x)$ 在点 x_0 处虽然没有定义,但是当 $x \to x_0$ 时,函数的极限是

存在的.

二、复合函数的极限运算法则

定理 2 设函数 $y=f[g(x)]$ 是由函数 $y=f(u)$ 与函数 $u=g(x)$ 复合而成，$f[g(x)]$ 在点 x_0 的某去心邻域内有定义，若 $\lim\limits_{x \to x_0} g(x) = u_0$，$\lim\limits_{u \to u_0} f(u) = A$ 且存在 $\delta_0 > 0$，当 $x \in \overset{\circ}{U}(x_0, \delta_0)$ 时，有 $g(x) \neq u_0$，则

$$\lim_{x \to x_0} f[g(x)] = \lim_{u \to u_0} f(u) = A.$$

在定理中，把 $\lim\limits_{x \to x_0} g(x) = u_0$ 换成 $\lim\limits_{x \to \infty} g(x) = \infty$ 或 $\lim\limits_{x \to x_0} g(x) = \infty$，而把 $\lim\limits_{u \to u_0} f(u) = A$ 换成 $\lim\limits_{u \to \infty} f(u) = A$，可得类似的定理（证明从略）.

定理 2 表示，如果函数 $f(u)$ 和 $g(x)$ 满足该定理的条件，那么作代换 $u = g(x)$ 可把求 $\lim\limits_{x \to x_0} f[g(x)]$ 化为求 $\lim\limits_{u \to u_0} f(u)$，这里 $u_0 = \lim\limits_{x \to x_0} g(x)$，如例 5(2)，可令 $u = \sqrt{x+4}$，则当 $x \to 0$ 时，$u \to 2$，且 $x = u^2 - 4$，所以 $\lim\limits_{x \to 0} \dfrac{\sqrt{x+4}-2}{x} = \lim\limits_{u \to 2} \dfrac{u-2}{u^2-4} = \lim\limits_{u \to 2} \dfrac{1}{u+2} = \dfrac{1}{4}$.

这种用换元求极限的方法，我们常常会用到.

例 6 求 $\lim\limits_{x \to 2} \sqrt{\dfrac{x-2}{x^2-4}}$.

解 由复合函数极限定理

$$\lim_{x \to 2} \sqrt{\frac{x-2}{x^2-4}} = \sqrt{\lim_{x \to 2} \frac{x-2}{x^2-4}} = \sqrt{\lim_{x \to 2} \frac{1}{x+2}} = \sqrt{\frac{1}{4}} = \frac{1}{2}.$$

习题 2-5

(A)

1. 求下列极限.

(1) $\lim\limits_{x \to 1} \left(x^5 - 5x + 2 + \dfrac{1}{x} \right)$；

(2) $\lim\limits_{t \to -2} (t+1)^9 (t^2 - 1)$；

(3) $\lim\limits_{x \to 0} \left(1 - \dfrac{2}{x-3} \right)$；

(4) $\lim\limits_{x \to 1} \dfrac{x^2 - 1}{2x^2 - x - 1}$；

(5) $\lim\limits_{h \to 0} \dfrac{(x+h)^3 - x^3}{h}$；

(6) $\lim\limits_{x \to -1} \sqrt{x^3 + 2x + 7}$.

(7) $\lim\limits_{x \to \infty} \dfrac{x^2 - 1}{2x^2 - x - 1}$；

(8) $\lim\limits_{x \to \infty} \left(1 + \dfrac{1}{x} \right) \left(2 - \dfrac{1}{x^2} \right)$

(B)

1. 求下列极限.

(1) $\lim\limits_{x \to +\infty} \dfrac{\arctan x}{x}$；

(2) $\lim\limits_{x \to \infty} \left(\dfrac{x^3}{2x^2 - 1} - \dfrac{x^2}{2x+1} \right)$；

(3) $\lim\limits_{x \to 1} \dfrac{x^n - 1}{x - 1}$ (n 为正整数)；

(4) $\lim\limits_{x \to \infty} \dfrac{x^2 + x}{x^4 - 3x^2 + 1}$.

§2-6 两个重要极限

两个重要极限分别为

$$\lim_{x \to 0} \frac{\sin x}{x} = 1 \text{ 和 } \lim_{x \to \infty} \left(1 + \frac{1}{x}\right)^x = e.$$

它们在计算其他函数的极限时是非常有用的. 我们将利用函数极限的夹逼定理来证明第一个重要极限.

定理（夹逼定理） 如果函数 $f(x)$、$g(x)$、$h(x)$ 在点 x_0 的某个去心邻域内有定义且满足：
(1) $g(x) \leqslant f(x) \leqslant h(x)$；
(2) $\lim\limits_{x \to x_0} g(x) = \lim\limits_{x \to x_0} h(x) = A$ (A 是常数).

则
$$\lim_{x \to x_0} f(x) = A$$

（此定理类似于数列极限的夹逼定理）.

一、第一个重要极限 $\lim\limits_{x \to 0} \dfrac{\sin x}{x} = 1$

下面，我们用夹逼定理来证明重要极限 $\lim\limits_{x \to 0} \dfrac{\sin x}{x} = 1$.

在图 2-3 中的单位圆中令圆心角 $\angle AOC = x \left(0 < x < \dfrac{\pi}{2}\right)$，由于 $|BD| = \sin x$，$\overset{\frown}{BC} = x$，$|CA| = \tan x$，且 $\triangle OBC$ 的面积 $<$ 扇形 OBC 的面积 $<$ $\triangle AOC$ 的面积，得到 $\dfrac{1}{2}\sin x < \dfrac{1}{2}x < \dfrac{1}{2}\tan x$，即
$$\sin x < x < \tan x.$$

上式同除以 $\sin x$ 得

$$1 < \frac{x}{\sin x} < \frac{\tan x}{\sin x}, \text{ 即 } \cos x < \frac{\sin x}{x} < 1. \qquad (1)$$

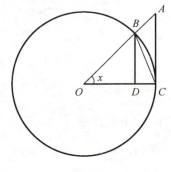

图 2-3

容易看出当 $x < 0$ 时，上述不等式仍成立.

下面证明 $\lim\limits_{x \to 0} \cos x = 1$.

事实上，当 $0 < |x| < \dfrac{\pi}{2}$ 时，

$$0 < |\cos x - 1| = 1 - \cos x = 2\sin^2 \frac{x}{2} < 2 \cdot \left(\frac{x}{2}\right)^2 = \frac{x^2}{2},$$

即
$$0 < 1 - \cos x < \frac{x^2}{2}.$$

当 $x \to 0$ 时，$\dfrac{x^2}{2} \to 0$，由夹逼定理有 $\lim\limits_{x \to 0}(1 - \cos x) = 0$，

所以
$$\lim_{x \to 0} \cos x = 1.$$

由于 $\lim\limits_{x \to 0} \cos x = 1$，$\lim\limits_{x \to 0} 1 = 1$，由不等式 (1) 及夹逼定理即得

$$\lim_{x\to 0}\frac{\sin x}{x}=1.$$

从几何上看,这个极限表明圆周上弦与弧之比,当弧长趋于零时其极限为 1.

例 1 求 $\lim\limits_{x\to 0}\dfrac{\tan x}{x}$.

解 原式 $=\lim\limits_{x\to 0}\dfrac{\sin x}{x}\cdot\dfrac{1}{\cos x}=\lim\limits_{x\to 0}\dfrac{\sin x}{x}\lim\limits_{x\to 0}\dfrac{1}{\cos x}=1.$

例 2 求 $\lim\limits_{x\to 0}\dfrac{\sin ax}{x}(a\neq 0)$.

解 原式 $=\lim\limits_{x\to 0}\dfrac{a\sin ax}{ax}=a\lim\limits_{x\to 0}\left(\dfrac{\sin ax}{ax}\right)=a$(用复合函数的极限运算法则).

例 3 求极限 $\lim\limits_{x\to 0}\dfrac{1-\cos x}{x^2}$.

解 原式 $=\lim\limits_{x\to 0}\dfrac{2\sin^2\dfrac{x}{2}}{x^2}=\dfrac{1}{2}\lim\limits_{x\to 0}\dfrac{\sin^2\dfrac{x}{2}}{\left(\dfrac{x}{2}\right)^2}$

$$=\dfrac{1}{2}\lim_{x\to 0}\left(\dfrac{\sin\dfrac{x}{2}}{\dfrac{x}{2}}\right)^2=\dfrac{1}{2}\cdot 1^2=\dfrac{1}{2}.$$

例 4 求 $\lim\limits_{x\to 0}\dfrac{\arcsin x}{x}$.

解 令 $t=\arcsin x$,则 $x=\sin t$,当 $x\to 0$ 时,有 $t\to 0$,于是由复合函数的极限运算法则得

$$\lim_{x\to 0}\dfrac{\arcsin x}{x}=\lim_{t\to 0}\dfrac{t}{\sin t}=1.$$

推论 1:如果 $x\to a$ 时,也有 $y=\alpha(x)\to 0$,则

$$\lim_{x\to a}\dfrac{\sin\alpha(x)}{\alpha(x)}=\lim_{y\to 0}\dfrac{\sin y}{y}=1.$$

注意:一般含有三角函数的 $\dfrac{0}{0}$ 型的未定式可以考虑利用第一个重要极限来求极限.

二、第二个重要极限 $\lim\limits_{x\to\infty}\left(1+\dfrac{1}{x}\right)^x=e$ (证明从略)

例 5 求 $\lim\limits_{x\to\infty}\left(1+\dfrac{m}{x}\right)^x(m\neq 0)$.

解 令 $y=\dfrac{x}{m}$,则当 $x\to\infty$ 时,也有 $y\to\infty$,

所以 $\lim\limits_{x\to\infty}\left(1+\dfrac{m}{x}\right)^x=\lim\limits_{x\to\infty}\left[\left(1+\dfrac{1}{\dfrac{x}{m}}\right)^{\dfrac{x}{m}}\right]^m$

$$=\lim_{y\to\infty}\left[\left(1+\dfrac{1}{y}\right)^y\right]^m=\left[\lim_{y\to\infty}\left(1+\dfrac{1}{y}\right)^y\right]^m=e^m.$$

特别地,当 $m=-1$ 时,有 $\lim\limits_{x\to\infty}\left(1-\dfrac{1}{x}\right)^x=e^{-1}$.

例 6 求 $\lim\limits_{y\to 0}(1+y)^{\frac{1}{y}}$.

解 令 $y=\dfrac{1}{x}$,则当 $y\to 0$ 时,$x\to\infty$,

所以 $\lim\limits_{y\to 0}(1+y)^{\frac{1}{y}} = \lim\limits_{x\to\infty}\left(1+\dfrac{1}{x}\right)^{x} = \mathrm{e}$,即 $\lim\limits_{y\to 0}(1+y)^{\frac{1}{y}} = \mathrm{e}$.

推论 2 如果 $x\to a$ 时,$\alpha(x)\to\infty$ 时,则

$$\lim_{x\to a}\left[1+\dfrac{1}{\alpha(x)}\right]^{\alpha(x)} = \mathrm{e}.$$

推论 3 如果 $x\to a$ 时,$y=\alpha(x)\to 0$,则

$$\lim_{x\to a}[1+\alpha(x)]^{\frac{1}{\alpha(x)}} = \lim_{y\to 0}(1+y)^{\frac{1}{y}} = \mathrm{e}.$$

例 7 计算极限 $\lim\limits_{x\to\infty}\left(\dfrac{x^2+1}{x^2-1}\right)^{x^2}$.

解 因为 $x\neq 0$,

所以 $\dfrac{x^2+1}{x^2-1} = \dfrac{1+\dfrac{1}{x^2}}{1-\dfrac{1}{x^2}}$,

因此

$$原式 = \lim_{x\to\infty}\dfrac{\left(1+\dfrac{1}{x^2}\right)^{x^2}}{\left(1-\dfrac{1}{x^2}\right)^{x^2}} = \dfrac{\mathrm{e}}{\mathrm{e}^{-1}} = \mathrm{e}^2.$$

例 8 求极限 $\lim\limits_{x\to 0}(1+\sin x)^{\csc x}$.

解 当 $x\to 0$ 时,有 $\sin x\to 0$,

所以 $\lim\limits_{x\to 0}(1+\sin x)^{\csc x} = \lim\limits_{\sin x\to 0}(1+\sin x)^{\frac{1}{\sin x}} = \mathrm{e}$.

注:一般 1^{∞} 型的未定式可以考虑利用第二个重要极限来求极限.

习题 2-6

(A)

1. 求下列极限.

   (1) $\lim\limits_{x\to 0}\dfrac{\sin wx}{x}$;$(w\neq 0)$

   (2) $\lim\limits_{x\to 0}\dfrac{\tan 3x}{x}$;

   (3) $\lim\limits_{x\to\infty}\dfrac{\sin\dfrac{1}{3x}}{\sin\dfrac{1}{5x}}$;

   (4) $\lim\limits_{x\to 0}\dfrac{1-\cos 2x}{x\sin x}$;

   (5) $\lim\limits_{x\to 0}\dfrac{x-\sin x}{x+\sin x}$;

   (6) $\lim\limits_{x\to\infty}\dfrac{x-\sin x}{x+\sin x}$.

2. 求下列极限.

   (1) $\lim\limits_{x\to+\infty}\left(\dfrac{x+1}{x-1}\right)^{x}$;

   (2) $\lim\limits_{x\to\infty}\left(1+\dfrac{1}{x}\right)^{\frac{x}{2}}$;

(3) $\lim\limits_{x\to\infty}\left(\dfrac{x}{1+x}\right)^{2x}$;

(4) $\lim\limits_{x\to\infty}\left(1-\dfrac{1}{x}\right)^{kx}$ (k 为正整数);

(5) $\lim\limits_{x\to 0}(1-2x)^{\frac{1}{x}}$;

(6) $\lim\limits_{x\to\frac{\pi}{2}}(1+\cos x)^{3\sec x}$;

(7) $\lim\limits_{x\to 1}x^{\frac{1}{x-1}}$;

(B)

1. 求下列极限.

(1) $\lim\limits_{x\to 0}\dfrac{\cos x-\cos 3x}{x^2}$;

(2) $\lim\limits_{x\to 0}\dfrac{\sin(\sin x)}{x}$;

(3) $\lim\limits_{x\to 0}\dfrac{\arcsin\dfrac{x}{4}}{x}$;

2. 证明 $\lim\limits_{x\to\infty}\left(1+\dfrac{k}{x}\right)^x=e^k$,$k$ 为整数.

§2-7 无穷小量的比较

一、无穷小量的阶的比较

当 $x\to 0$ 时,不难看出 $x,x^3,x^{\frac{1}{3}},\sin x$ 都是无穷小量,也就是说,当 $x\to 0$ 时,它们都趋于零. 很明显,x 与 x^3 趋于 0 的快慢不一样. 当 $|x|<1$ 时,$|x^3|$ 要比 $|x|$ 小得多,即 x^3 趋于 0 的速度比 x 趋于 0 的速度要快得多. 对任意两个无穷小量如何比较它们趋于 0 的快慢呢?我们可以通过引入无穷小量的"阶"的概念,来区分两个无穷小量趋于 0 的速度快慢.

定义 设当 $x\to x_0$ 时,$u(x)$ 和 $v(x)$ 都是无穷小量,那么当

(1) $\lim\limits_{x\to x_0}\dfrac{u(x)}{v(x)}=0$ 时,称当 $x\to x_0$ 时,$u(x)$ 是比 $v(x)$ **高阶的无穷小量**,或称 $v(x)$ 是比 $u(x)$ 低阶的无穷小量,记作 $u(x)=o(v(x))$;

(2) $\lim\limits_{x\to x_0}\dfrac{u(x)}{v(x)}=\infty$,称当 $x\to x_0$ 时,$u(x)$ 是比 $v(x)$ **低阶的无穷小量**;

(3) $\lim\limits_{x\to x_0}\dfrac{u(x)}{v(x)}=c$($c$ 是常数,$c\neq 0$)时,称当 $x\to x_0$ 时,$u(x)$ 与 $v(x)$ 是**同阶无穷小量**;

(4) $\lim\limits_{x\to x_0}\dfrac{u(x)}{v(x)}=1$,称当 $x\to x_0$ 时,$u(x)$ 与 $v(x)$ **是等价的无穷小量**,记作 $u(x)\sim v(x)$ ($x\to x_0$).

下面举一些例子:

因为 $\lim\limits_{x\to 0}\dfrac{x^3}{x}=0$,所以当 $x\to 0$ 时,x^3 是比 x 高阶的无穷小,即 $x^3=o(x)$ ($x\to 0$).

因为 $\lim\limits_{x\to 0}\dfrac{x}{\sqrt[3]{x}}=0$,所以当 $x\to 0$ 时 x 是比 $\sqrt[3]{x}$ 高阶的无穷小,即 $x=o(\sqrt[3]{x})$ ($x\to 0$).

因为 $\lim\limits_{x\to 0}\dfrac{\sin x}{x}=1$,所以当 $x\to 0$ 时,$\sin x$ 与 x 是等价无穷小,即 $\sin x\sim x$ ($x\to 0$).

关于等价无穷小,有如下定理:

定理(无穷小等价替换定理) 设当 $x \to x_0$ 时,$u \sim u'$,$v \sim v'$,且 $\lim\limits_{x \to x_0} \dfrac{u'}{v'}$ 存在,则
$$\lim_{x \to x_0} \frac{u}{v} = \lim_{x \to x_0} \frac{u'}{v'}.$$

证 因为
$$\begin{aligned}
\lim_{x \to x_0} \frac{u}{v} &= \lim_{x \to x_0} \left(\frac{u}{u'} \cdot \frac{v'}{v} \cdot \frac{u'}{v'} \right) \\
&= \lim_{x \to x_0} \frac{u}{u'} \cdot \lim_{x \to x_0} \frac{u'}{v'} \cdot \lim_{x \to x_0} \frac{v'}{v} \\
&= 1 \cdot \lim_{x \to x_0} \frac{u'}{v'} \cdot 1 \\
&= \lim_{x \to x_0} \frac{u'}{v'}.
\end{aligned}$$

特别地,若当 $x \to x_0$ 时,$u \sim u'$(或 $v \sim v'$),则
$$\lim_{x \to x_0} \frac{u}{v} = \lim_{x \to x_0} \frac{u'}{v} \left(\text{或} \lim_{x \to x_0} \frac{u}{v} = \lim_{x \to x_0} \frac{u}{v'} \right).$$

推论: 设当 $x \to x_0$ 时,$u \sim u'$,$v \sim v'$,且 $\lim\limits_{x \to x_0} uv$ 存在,则 $\lim\limits_{x \to x_0} uv = \lim\limits_{x \to x_0} u'v'$(请读者自行推导).

当 $x \to \infty$ 时,两个无穷小量也可以作上述的比较.

二、利用无穷小量等价替换求极限

利用无穷小等价替换定理,在求两个无穷小量之比或之积的极限时可用其等价无穷小进行替换,使有些极限的计算变得简单,但对分子或分母中用"+"、"−"号连接的各部分不能随便地作替换(如例5).

例 1 求 $\lim\limits_{x \to 0} \dfrac{\sin 4x}{\tan 3x}$.

解 因为当 $x \to 0$ 时,$\sin 4x \sim 4x$,$\tan 3x \sim 3x$,所以
$$\lim_{x \to 0} \frac{\sin 4x}{\tan 3x} = \lim_{x \to 0} \frac{4x}{3x} = \frac{4}{3}.$$

例 2 证明:当 $x \to 0$ 时,$\sqrt[n]{1+x} - 1 \sim \dfrac{1}{n} x$(公式).

证 令 $y = \sqrt[n]{1+x}$,则当 $x \to 0$ 时,$y \to 1$,
$$\begin{aligned}
\lim_{x \to x_0} \frac{\sqrt[n]{1+x} - 1}{\dfrac{x}{n}} &= \lim_{x \to 0} \frac{n(\sqrt[n]{1+x} - 1)}{x} = \lim_{y \to 1} \frac{n(y-1)}{y^n - 1} \\
&= \lim_{y \to 1} \frac{n(y-1)}{(y-1)(y^{n-1} + y^{n-2} + \cdots + y + 1)} \\
&= \lim_{y \to 1} \frac{n}{y^{n-1} + u^{n-2} + \cdots y + 1} = 1,
\end{aligned}$$

故当 $x \to 0$ 时,$\sqrt[n]{1+x} - 1 \sim \dfrac{x}{n}$.

例 3 求 $\lim\limits_{x \to 0} \dfrac{x}{\sqrt[n]{1+x} - 1}$.

解 由例 2 知当 $x \to 0$ 时，$\sqrt[n]{1+x} - 1 \sim \dfrac{1}{n}x$，又根据无穷小等价替换定理，可得

$$\lim_{x \to 0} \dfrac{x}{\sqrt[n]{1+x} - 1} = \lim_{x \to 0} \dfrac{x}{\dfrac{x}{n}} = n;$$

用同样的方法可得：

$$\lim_{x \to 0} \dfrac{1 - \sqrt[m]{1+x}}{1 - \sqrt[n]{1+x}} = \dfrac{n}{m}.$$

例 4 求 $\lim\limits_{x \to 0} \dfrac{\sin x}{\sqrt{1+x} - 1}$.

解 当 $x \to 0$ 时，$\sin x$ 与 x 等价，$\sqrt{1+x} - 1$ 与 $\dfrac{x}{2}$ 等价，利用无穷小等价替换定理知

$$\lim_{x \to 0} \dfrac{\sin x}{\sqrt{1+x} - 1} = \lim_{x \to 0} \dfrac{x}{\dfrac{x}{2}} = 2.$$

例 5 求 $\lim\limits_{x \to 0} \dfrac{\tan x - \sin x}{x^3}$.

解 $\lim\limits_{x \to 0} \dfrac{\tan x - \sin x}{x^3} = \lim\limits_{x \to 0} \dfrac{\sin x(1 - \cos x)}{x^3 \cos x} = \lim\limits_{x \to 0} \dfrac{x}{x^3} \cdot \dfrac{\dfrac{x^2}{2}}{\cos x} = \dfrac{1}{2}.$

但若一开始就使用等价替换，就会产生下面的错误结果：

$$\lim_{x \to 0} \dfrac{\tan x - \sin x}{x^3} = \lim_{x \to 0} \dfrac{x - x}{x^3} = 0.$$

此例说明，无穷小等价替换求极限的方法，只能用于乘积因子运算中，在极限和、差运算中一般不能使用.

附：当 $x \to 0$ 时，常用等价无穷小有：

$$\sin x \sim x, \tan x \sim x, \mathrm{e}^x - 1 \sim x, \ln(1+x) \sim x, 1 - \cos x \sim \dfrac{x^2}{2},$$

$$\sqrt{1+x} - 1 \sim \dfrac{x}{2}, \arcsin x \sim x, \arctan x \sim x.$$

习题 2-7

(A)

1. 当 $x \to 0$ 时，试将下列无穷小量与无穷小量 x 进行比较.

   (1) $x^3 + 1000x$；   (2) $\sqrt[3]{x} + \sin x$；

   (3) $\ln(1 + 2x)$；   (4) $\dfrac{(x+1)x}{4 + \sqrt[3]{x}}$；

   (5) $x^2 - x^3$.

2. 证明：

   (1) 当 $x \to 0$ 时，$\sqrt{1+x} - 1 \sim \dfrac{x}{2}$；

(2) 当 $x \to 0$ 时,$\sqrt{1+x}-\sqrt{1-x} \sim x$.

3. 求下列极限.

(1) $\lim\limits_{x \to 0} \dfrac{\tan 4x}{5x}$;

(2) $\lim\limits_{x \to 1} \dfrac{x}{1-x}$;

(3) $\lim\limits_{x \to 0} x^2 \sin \dfrac{1}{x}$;

(4) $\lim\limits_{x \to \infty} \dfrac{x^2+1}{x^3+x}(3+\cos x)$.

(B)

1. 证明:

(1) 当 $x \to 0^+$ 时,$\sqrt{x+\sqrt{x+\sqrt{x}}} \sim \sqrt[8]{x}$;

(2) 当 $x \to 0$ 时,$\sec x - 1 \sim \dfrac{x^2}{2}$.

2. 求下列极限.

(1) $\lim\limits_{x \to 0} \dfrac{\sin(x^n)}{(\sin x)^m}$ (m,n 为正整数);

(2) $\lim\limits_{x \to 1}(1-x)\tan \dfrac{\pi}{2}x$;

(3) $\lim\limits_{x \to 0} \dfrac{e^{\sin x}-1}{\ln(1-3x)}$.

3. 证明: $f(x) \sim g(x)(x \to a)$ 的充要条件是 $f(x)-g(x)$ 是比 $g(x)$ 较高阶的无穷小.

4. 证明: 若 $f(x) \sim g(x)(x \to x_0)$,且 $\lim\limits_{x \to x_0} f(x)h(x)=A$,则 $\lim\limits_{x \to x_0} g(x)h(x)=A$.

学习指导

一、重难点剖析

※1. 建立极限概念与理解"$\varepsilon-N$"、"$\varepsilon-M$"、"$\varepsilon-\delta$"方法

建立极限概念时,先给出直观性定义,即任何极限,都是指在自变量无限接近于某定数(或无穷大)这一特定的变化过程中,因变量与某一定数无限接近的这一事实,然后用距离、绝对值等过渡到精确性定义. 这样一步步抽象,并用数学化语言表达,就可提炼出 $\varepsilon-N$、$\varepsilon-M$、$\varepsilon-\delta$ 定义. 因此,理解 $\varepsilon-N$、$\varepsilon-M$、$\varepsilon-\delta$ 方法的关键是将极限定义中至关重要的四句话,抽象地用数学化的语言——四个不等式表示出来,并要理解它们的涵义. 如用绝对值(即距离)$|a_n-A|<\varepsilon$($|f(x)-A|<\varepsilon$)来描述 $a_n \to A$ ($f(x) \to A$),并用 $n>N$ ($|x|>M$, $0<|x-x_0|<\delta$)来描述 $n \to \infty$ ($x \to \infty$、$x \to x_0$);用字母 ε 代替任意数来描述"任意小",用 δ 代替"充分小",用 $N(M)$ 代替"充分大". 随着后续内容的学习和多次运用,从中模仿、体会、总结使用 $\varepsilon-N$、$\varepsilon-M$、$\varepsilon-\delta$ 的方法,并学会准确地表述,这样就能逐渐加深对极限概念和 $\varepsilon-N$、$\varepsilon-M$、$\varepsilon-\delta$ 方法的理解.

※2. 理解右极限、左极限和 $x \to \pm\infty$ 时函数的极限

以 $\varepsilon-\delta$ 定义和方法为基础,触类旁通,再去理解 $x \to x_0^{+(-)}$、$x \to \pm\infty$ 等形式,注意总结规律、比较异同,只需将定义中的第三句话 $0<|x-x_0|<\delta$ 分别换成 $0<x-x_0<\delta$ 或 $-\delta<x-x_0<0$,便得到 $x \to x_0^{+(-)}$ 时的 $\varepsilon-\delta$ 定义;再将第二句 $\exists \delta>0$ 换成 $\exists M>0$,并将第三句 $0<|x-x_0|<\delta$ 分别换成 $x>M$ 与 $x<-M$,便得到 $x \to +\infty$ 与 $x \to -\infty$ 时函数极限的定义.

3. 对于分段函数在其分段点处的极限,一般要讨论左、右极限.但如果分段点处左、右两侧所对应的函数表达式相同,可不需讨论左、右极限,而直接讨论函数在该点处的极限.

4. 掌握极限的四则运算公式并会用于计算极限.

5. 无穷小的概念与性质

无穷小是一个变量,"0"是作为无穷小的唯一常数,任何一个很小很小的正数都不能作为无穷小.

证明数列或函数为无穷小即证明其极限为零.

不要把算术中非零有限数的一些运算性质,随意搬到无穷小的运算中来.例如 $\frac{0}{0}$、$\frac{\infty}{\infty}$、$\infty-\infty$、$0\cdot\infty$、1^∞、0^0、∞^0 都是"未定式"的记号,它们不一定等于 1 或 0.

无穷小乘以有界量仍为无穷小,这一性质非常重要,是一种特殊类型的极限计算的唯一方法.

熟记常用的等价无穷小,利用无穷小的等价替换来计算极限是一种非常有效且简便的方法,但在乘、除运算时可使用等价替换,在加减运算时不要使用,否则可能会得到错误的答案.

6. 两个重要极限

两个重要极限分别由两个极限存在准则而得到,应用两个重要极限公式计算的关键是分清公式的特点及适用时机.如公式 $\lim\limits_{x\to 0}\frac{\sin x}{x}=1$ 的特点是"$\frac{0}{0}$"型,适用于求"$\frac{0}{0}$"型三角函数式 $\lim\limits_{\varphi(x)\to 0}\frac{\sin\varphi(x)}{\varphi(x)}$ 的极限.公式 $\lim\limits_{x\to\infty}\left(1+\frac{1}{x}\right)^x=e$ 的特点是 1^∞ 型,适用于求 1^∞ 型 $\lim\limits_{\varphi(x)\to\infty}\left[1+\frac{1}{\varphi(x)}\right]^{\varphi(x)}$、$\lim\limits_{\varphi(x)\to 0}[1+\varphi(x)]^{\frac{1}{\varphi(x)}}$ 的极限.利用两个重要极限来求极限是求极限方法中的一种常用方法.

二、解题方法技巧

※1. $\varepsilon-N$、$\varepsilon-M$、$\varepsilon-\delta$ 论证法

所谓 $\varepsilon-N$、$\varepsilon-M$、$\varepsilon-\delta$ 论证法,就是利用极限的 $\varepsilon-N$、$\varepsilon-M$、$\varepsilon-\delta$ 定义来证明问题的方法.

极限的 $\varepsilon-N$、$\varepsilon-M$、$\varepsilon-\delta$ 定义表示法的内涵,是对于给定的 $\varepsilon>0$,说明总存在相应的 N(或 M、δ),而说明存在的最好方式,即是找出来.因此,证明极限存在的要点,即为对于给定的 ε,如何找相应的 N(或 M、δ),由于定义中只需说明存在,并不需要找到最小的 N(或 M、δ),常用的处理方式是"放大与缩小"、"添加限制条件"等.

用 $\varepsilon-N$ 论证法的一般步骤是:

(1) 对 $\forall \varepsilon>0$,计算 $|a_n-A|$;

(2) 将 $|a_n-A|$ 化简或适当放大成 $|a_n-A|\leqslant\cdots<\varphi(n)$;

(3) 令 $\varphi(n)<\varepsilon$ 解出 $n>N_\varepsilon$;

(4) 取 $N\geqslant[N_\varepsilon]$,用 $\varepsilon-N$ 定义叙述并下结论.

用 $\varepsilon-M$ 论证法的一般步骤是:

(1) $\forall \varepsilon>0$;

(2) 将 $|f(x)-A|$ 化简或适当放大成 $|f(x)-A|\leqslant\cdots<\varphi(|x|)$;

(3) 令 $\varphi(|x|)<\varepsilon$,解出 $|x|>M_\varepsilon$;

(4) 取 $M=M_\varepsilon$,用 $\varepsilon-M$ 定义叙述并下结论.

用 $\varepsilon-\delta$ 论证法的一般步骤是：

(1) $\forall\varepsilon>0$;

(2) 将 $|f(x)-A|$ 化简或适当放大成 $|f(x)-A|\leqslant\cdots<\varphi(|x-x_0|)$,其中经过变形、放大、加限制条件等等过程,就是为了变掉别的含 x 的式子,只"瞄准"式子 $|x-x_0|$;

(3) 令 $\varphi(|x-x_0|)<\varepsilon$,解出 $|x-x_0|<\delta_\varepsilon$;

(4) 取 $\delta=\delta_\varepsilon$ 或 $\delta=\min(\Box,\delta_\varepsilon)$,用 $\varepsilon-\delta$ 定义叙述并下结论.

总之,明确了证题的步骤和方向后,就可以因题而异地去设法实施了.

2. 用极限存在准则和夹逼定理求极限

极限存在准则主要分为两部分,单调且有界,这是证明数列极限存在最常用的准则. 证明数列单调的方法有许多,如证明 $a_{n+1}-a_n\geqslant 0$(或 $\leqslant 0$)、$a_{n+1}-a_n$ 与 a_n-a_{n-1} 同号等,有时需要用数学归纳法来证明数列的单调或有界.

夹逼定理判别数列或函数存在极限,需要对数列或函数进行估计,而夹逼定理往往适合于某些特定的形式.

3. 运用极限的四则运算公式求极限,要注意验明条件

4. 利用两个重要极限来求极限

使用公式 $\lim\frac{\sin\Box}{\Box}=1(\Box\to 0)$ 时,必须注意 $\Box\to 0$,三个 $\Box$ 处是表示具有完全相同形式的函数表达式. 不论 $\lim\left(1+\frac{1}{\Box}\right)^\Box=e(\Box\to\infty)$ 或 $\lim(1+\Box)^{\frac{1}{\Box}}=e(\Box\to 0)$ 都是形式为 $(1+$无穷小量$)^{\frac{1}{\text{无穷小量}}}$ 的 1^∞ 型极限,三个 $\Box$ 处是完全相同的,$\Box$ 必须趋于 ∞(或 $\Box$ 必须趋于零).

5. 求形如 $\lim\frac{f(x)}{g(x)}$ 时,先判断 $\frac{\text{分子}\to ?}{\text{分母}\to ?}$

(1) 当 $\frac{\text{分子}\to\text{常数}}{\text{分母}\to\text{常数}\neq 0}$ 时,直接运用商的运算法则;

(2) 当 $\frac{\text{分子}\to\text{常数}\neq 0}{\text{分母}\to 0}$,先求 $\lim\frac{g(x)}{f(x)}=0$,所以 $\lim\frac{f(x)}{g(x)}=\infty$;

(3) 当 $\frac{\text{分子}\to 0}{\text{分母}\to 0}$,可采用 $\begin{cases}\text{(含三角函数)第一个重要极限,}\\ \text{因式分解消去无穷小因子,}\\ \text{(含无理函数)分子或分母有理化,}\\ \text{等价无穷小替换,}\\ \text{换元法;}\end{cases}$

(4) 当 $\frac{\text{分子}\to\infty}{\text{分母}\to\infty}$ 时,用同除法.

6. 求形如 $\infty-\infty$ 的极限

(1) 根式(无理函数)相减,分子有理化,转化为 $\frac{\infty}{\infty}$ 型未定式;

(2) 分式相减,通分之后转化为 $\frac{0}{0}$ 型未定式.

7. 利用无穷小量的性质求极限

(1) 无穷小与有界函数的乘积还是无穷小量;

(2) 利用无穷小的等价替换必须是无穷小量之比或无穷小量作为求极限的函数表达式中的乘积因子,且替换后的极限存在,才可使用等价无穷小量替换;

(3) 熟记当 $\boxed{x} \to 0$ 时,$\sin \boxed{x} \sim \boxed{x}$,$\tan \boxed{x} \sim \boxed{x}$,$(1-\cos \boxed{x}) \sim \frac{1}{2}\boxed{x}^2$,$e^{\boxed{x}}-1 \sim \boxed{x}$,$\ln(1+\boxed{x}) \sim \boxed{x}$,$\arcsin \boxed{x} \sim \boxed{x}$,$\sqrt[n]{1+\boxed{x}}-1 \sim \frac{1}{n}\boxed{x}$,$\arctan \boxed{x} \sim \boxed{x}$. 其中 $\boxed{x}$ 表示关于 x 的函数表达式,等价号两边的 $\boxed{x}$ 是完全相同的.

8. 求数列和(或积)的极限

一般先求和(或积),然后再求极限.

9. 求分段函数在分断点的极限

一般要讨论分断点的左极限、右极限是否存在.

10. 其他方法

有些较复杂的函数极限,通常需要综合利用各种方法求极限.

总之,在求函数极限时,常常会用到以下初等变形:通分、约分、同乘、同除、有理化分母或分子、求数列之和(或积)、利用恒等式或三角公式变形、换元法等等.

三、典型例题分析

※**1. 数列极限的证明与计算**

例 1 用数列极限的 $\varepsilon - N$ 定义证明:

(1) $\lim\limits_{n \to \infty} \dfrac{(-1)^n}{(n+1)^2} = 0$;

(2) $\lim\limits_{n \to \infty} \dfrac{n^2+n}{2n^2+n+9} = \dfrac{1}{2}$.

(1) [**解答分析**] 根据 $\varepsilon - N$ 论证法,证明的关键是由不等式 $\left| \dfrac{(-1)^n}{(n+1)^2} - 0 \right| \leqslant \cdots < \varphi(n) < \varepsilon$,推出不等式 $n > N_\varepsilon$,其中需要将不等式放大成 $\dfrac{1}{(n+1)^2} < \dfrac{1}{n+1}$,从而由简单不等式 $\dfrac{1}{n+1} < \varepsilon$ 中解出 N_ε 即可.

证 对 $\forall \varepsilon > 0$(设 $0 < \varepsilon < 1$)

$$\left| \frac{(-1)^n}{(n+1)^2} - 0 \right| = \frac{1}{(n+1)^2} < \frac{1}{n+1} \text{(放大不等式)},$$

要使 $\left| \dfrac{(-1)^n}{(n+1)^2} - 0 \right| < \varepsilon$,只要

$$\frac{1}{n+1} < \varepsilon, \quad 即 \ n > \frac{1}{\varepsilon} - 1,$$

因此可取 $N \geqslant \left[\dfrac{1}{\varepsilon} - 1 \right]$,则当 $n > N$ 时恒有

$$\left| \frac{(-1)^n}{(n+1)^2} \right| < \varepsilon,$$

即

$$\lim_{n \to \infty} \frac{(-1)^n}{(n+1)^2} = 0.$$

(2) [解答分析] 先计算 $\left|\dfrac{n^2+n}{2n^2+n+9}-\dfrac{1}{2}\right|$,去掉绝对值号,然后简化该式,其中需要限制 $n\geqslant 9$,即可放大分子 $n-9<n$ 且缩小分母为 $2(2n^2+n+9)>4n^2$,$N\varepsilon$ 从简单不等式 $\dfrac{n}{4n^2}<\dfrac{1}{n}<\varepsilon$ 中解出即可.

证 由于 $\left|\dfrac{n^2+n}{2n^2+n+9}-\dfrac{1}{2}\right|=\left|\dfrac{n-9}{2(2n^2+n+9)}\right|$,

当 $n\geqslant 9$ 时,有 $0\leqslant\dfrac{n-9}{2(2n^2+n+9)}<\dfrac{n}{4n^2}<\dfrac{1}{n}$(加限制条件 $n\geqslant 9$,并放大不等式),

因此,对 $\forall\varepsilon>0$,当 $n\geqslant 9$ 时,要使 $\left|\dfrac{n-9}{2(2n^2+n+9)}-\dfrac{1}{2}\right|<\varepsilon$,只要 $\dfrac{1}{n}<\varepsilon$,即 $n>\dfrac{1}{\varepsilon}$,故取 $N\geqslant\max\left\{9,\left[\dfrac{1}{\varepsilon}\right]\right\}$,则当 $n>N$ 时,恒有 $\left|\dfrac{n^2+n}{(2n^2+n+9)}-\dfrac{1}{2}\right|<\varepsilon$,

所以 $\lim\limits_{n\to\infty}\dfrac{n^2+n}{(2n^2+n+9)}=\dfrac{1}{2}$.

注:在进行适当放大时,$|a_n-A|<\varphi(n)<\varepsilon$,这里 $\varphi(n)$ 应是无穷小量(当 $n\to\infty$),不能随意放大.

例 2 用极限的夹逼定理证明:

(1) $\lim\limits_{n\to\infty}\left(\dfrac{1}{\sqrt{n^2+1}}+\dfrac{1}{\sqrt{n^2+2}}+\cdots+\dfrac{1}{\sqrt{n^2+n}}\right)=1$;

(2) $\lim\limits_{n\to\infty}\sqrt[n]{1+\dfrac{1}{2}+\dfrac{1}{3}+\cdots+\dfrac{1}{n}}=1$.

(1) [解答分析] 当 $n\to\infty$ 时,所求表达式为无穷多项之和,因此不能用极限运算法则求极限.根据夹逼定理,需要将表达式 $\dfrac{1}{\sqrt{n^2+1}}+\dfrac{1}{\sqrt{n^2+2}}+\cdots+\dfrac{1}{\sqrt{n^2+n}}$ 放大,即缩小和式中每一个分式的分母,从而放大分式:

$$\dfrac{1}{\sqrt{n^2+2}}<\dfrac{1}{\sqrt{n^2+1}},\dfrac{1}{\sqrt{n^2+3}}<\dfrac{1}{\sqrt{n^2+1}},\cdots,\dfrac{1}{\sqrt{n^2+n}}<\dfrac{1}{\sqrt{n^2+1}},$$

所以 $\dfrac{1}{\sqrt{n^2+1}}+\dfrac{1}{\sqrt{n^2+2}}+\cdots+\dfrac{1}{\sqrt{n^2+n}}\leqslant\dfrac{\overbrace{1+\cdots+1}^{n\text{项和}}}{\sqrt{n^2+1}}=\dfrac{n}{\sqrt{n^2+1}}$.

同理,可将表达式 $\dfrac{1}{\sqrt{n^2+1}}+\dfrac{1}{\sqrt{n^2+2}}+\cdots+\dfrac{1}{\sqrt{n^2+n}}\geqslant\dfrac{n}{\sqrt{n^2+n}}$.

证明 因为 $\dfrac{1}{\sqrt{n^2+1}}+\dfrac{1}{\sqrt{n^2+2}}+\cdots+\dfrac{1}{\sqrt{n^2+n}}\geqslant\dfrac{n}{\sqrt{n^2+n}}$,

且 $\dfrac{1}{\sqrt{n^2+1}}+\dfrac{1}{\sqrt{n^2+2}}+\cdots+\dfrac{1}{\sqrt{n^2+n}}\leqslant\dfrac{n}{\sqrt{n^2+1}}$,

而 $\lim\limits_{n\to\infty}\dfrac{n}{\sqrt{n^2+n}}=1$,$\lim\limits_{n\to\infty}\dfrac{n}{\sqrt{n^2+1}}=1$,

所以由夹逼定理得 $\lim\limits_{n\to\infty}\left(\dfrac{1}{\sqrt{n^2+1}}+\dfrac{1}{\sqrt{n^2+2}}+\cdots+\dfrac{1}{\sqrt{n^2+n}}\right)=1$.

(2) [解答分析] 虽然 $\sqrt[n]{1+\frac{1}{2}+\frac{1}{3}+\cdots+\frac{1}{n}} \geqslant 1$,另一方面,$1+\frac{1}{2}+\frac{1}{3}+\cdots+\frac{1}{n}<n$,所以 $\sqrt[n]{1+\frac{1}{2}+\frac{1}{3}+\cdots+\frac{1}{n}}<\sqrt[n]{n}$,故可根据夹逼定理证明.

证 由 $1 \leqslant \sqrt[n]{1+\frac{1}{2}+\frac{1}{3}+\cdots+\frac{1}{n}} \leqslant \sqrt[n]{n}$,

而 $\lim\limits_{n\to\infty}\sqrt[n]{n}=1$,

故由夹逼定理得 $\lim\limits_{n\to\infty}\sqrt[n]{1+\frac{1}{2}+\frac{1}{3}+\cdots+\frac{1}{n}}=1$.

例3 设 $a_1=10, a_{n+1}=\sqrt{a_n+6}(n=1,2\cdots)$,证明数列 $\{a_n\}$ 收敛,并求此极限.

[解答分析] 先利用 a_{n+1} 和 a_n 的递推关系证明数列 $\{a_n\}$ 单调有界,然后利用极限存在准则证明数列 $\{a_n\}$ 存在极限.

证 根据数学归纳法证明 $\{a_n\}$ 单调减少.

由 $a_1=10, a_{n+1}=\sqrt{a_n+6}$,得 $a_2=\sqrt{10+6}=4$,即 $a_1>a_2$;

假设 $n=k$ 时,$a_k>a_{k+1}$,

由 $a_{k+1}=\sqrt{a_k+6}>\sqrt{a_{k+1}+6}=a_{k+2}$,即 $n=k+1$ 时不等式仍成立,所以 $a_n>a_{n+1}(n=1,2\cdots)$,

再由 $a_{n+1}=\sqrt{a_k+6}>0$ 知,$\{a_n\}$ 有下界,故 $\lim\limits_{n\to\infty}a_n$ 存在.

设 $\lim\limits_{n\to\infty}a_n=A$,由 $\lim\limits_{n\to\infty}a_{n+1}=\sqrt{\lim\limits_{n\to\infty}a_n+6}$ 得
$$A=\sqrt{A+6},$$
解出 $A=3$,或 $A=-2$(舍去),
故 $\lim\limits_{n\to\infty}a_n=3.$

例4 求下列极限.

(1) $\lim\limits_{n\to\infty}\dfrac{n^4+3n+1}{5n^5-2n^3+4}$;

(2) $\lim\limits_{n\to\infty}\dfrac{2n^3+2n}{n^2+1}$;

(3) $\lim\limits_{n\to\infty}\dfrac{(2n^2+1)(n+2)}{3n^3-5}$;

(4) $\lim\limits_{n\to\infty}\left(\dfrac{1}{2!}+\dfrac{2}{3!}+\cdots+\dfrac{n}{(n+1)!}\right)$;

(5) $\lim\limits_{n\to\infty}(\sqrt{n+2}-\sqrt{n+1})\cdot\sqrt{n+\dfrac{3}{2}}$.

(1) [解答分析] 当 $n\to\infty$ 时,所求极限为 $\dfrac{\infty}{\infty}$ 型未定式,故不能直接运用极限的运算法则,但 $\lim\limits_{n\to\infty}\dfrac{1}{n^\alpha}=0(\alpha$ 为正常数),所以分子、分母可以同除以 n^5,将 $\dfrac{\infty}{\infty}$ 型转化为可利用极限的四则运算法则求解.

解 分子、分母同除以 n^5,再用商的极限法则:
$$原式=\lim\limits_{n\to\infty}\dfrac{\dfrac{1}{n}+\dfrac{3}{n^4}+\dfrac{1}{n^5}}{5-\dfrac{2}{n^2}+\dfrac{4}{n^5}}=\dfrac{0}{5}=0.$$

(2) [解答分析] 观察当 $n \to \infty$ 时, 所求极限为 $\frac{\infty}{\infty}$ 型未定式, 且分子的次数高于分母的次数, 故将原式中数列的倒数的极限用同除法转化为可利用极限的四则运算法则求解.

解 因为取原式中数列的倒数的极限为

$$\lim_{n \to \infty} \frac{n^2 + 1}{2n^3 + 2n} = \lim_{n \to \infty} \frac{\frac{1}{n} + \frac{1}{n^3}}{2 + \frac{2}{n^2}} = \frac{0}{2} = 0,$$

所以根据无穷小与无穷大的关系, 可知

$$\text{原式} = \lim_{n \to \infty} \frac{2n^3 + 2n}{n^2 + 1} = \infty.$$

(3) [解答分析] 当 $n \to \infty$ 时, 所求极限为 $\frac{\infty}{\infty}$ 型未定式, 可用同除法将其转化为可用极限四则运算法则来求解.

解 分子、分母同除以 n^3, 再用极限的四则运算法则得

$$\text{原式} = \lim_{n \to \infty} \frac{\left(2 + \frac{1}{n^2}\right)\left(1 + \frac{2}{n}\right)}{3 - \frac{5}{n^3}} = \frac{2}{3}.$$

(4) [解答分析] 这类题型通常是先求和后取极限. 和式采用"裂项求和"方式.

解 由 $\frac{n}{(n+1)!} = \frac{1}{n!} - \frac{1}{(n+1)!}$ 知

$$\frac{1}{2!} + \frac{2}{3!} + \cdots + \frac{n}{(n+1)!} = \left(\frac{1}{1!} - \frac{1}{2!}\right) + \left(\frac{1}{2!} - \frac{1}{3!}\right) + \cdots + \left(\frac{1}{n!} - \frac{1}{(n+1)!}\right)$$

$$= 1 - \frac{1}{(n+1)!},$$

故原式 $= \lim_{n \to \infty} \left[1 - \frac{1}{(n+1)!}\right] = 1.$

(5) [解答分析] 当 $n \to \infty$ 时, 第一个因式是 $\infty - \infty$ 型未定式, 且含有根式, 故先将其有理化, 将原数列转化为 $\frac{\infty}{\infty}$ 型未定式, 再用同除法解答.

解 先将第一个因式有理化, 然后分子、分母同除以 $\sqrt{n}$, 得

$$\text{原式} = \lim_{n \to \infty} \frac{\sqrt{n + \frac{3}{2}}}{\sqrt{n+2} + \sqrt{n+1}}$$

$$= \lim_{n \to \infty} \frac{\sqrt{1 + \frac{3}{2n}}}{\sqrt{1 + \frac{2}{n}} + \sqrt{1 + \frac{1}{n}}} = \frac{1}{2}.$$

2. 函数极限的证明与计算

※**例 5** 用函数极限的 $\varepsilon - M$、$\varepsilon - \delta$ 定义证明:

(1) $\lim_{x \to 2} \frac{x-2}{x^2 - 4} = \frac{1}{4}$;　　(2) $\lim_{x \to 3} x^2 = 9$;

(3) $\lim\limits_{x\to\infty}\dfrac{\sin x}{x}=0$;   (4) $\lim\limits_{x\to a}\sin x=\sin a$.

[解答分析] 证明函数的极限存在同样也有类似的"加限制条件"、"放大"等方法.

证 (1) $\forall \varepsilon>0$,
$$\left|\dfrac{x-2}{x^2-4}-\dfrac{1}{4}\right|=\dfrac{|x-2|}{4|x+2|},$$
可限制 $|x-2|<1$,得 $x>1$,故 $|x+2|>3$,所以
$$\left|\dfrac{x-2}{x^2-4}-\dfrac{1}{4}\right|=\dfrac{|x-2|}{4|x+2|}<\dfrac{|x-2|}{12}.$$
要使 $\dfrac{1}{12}|x-2|<\varepsilon$,即 $|x-2|<12\varepsilon$,取 $\delta=\min\{1,12\varepsilon\}$,则当 $0<|x-2|<\delta$ 时,恒有
$$\left|\dfrac{x-2}{x^2-4}-\dfrac{1}{4}\right|<\varepsilon.$$
即
$$\lim\limits_{x\to 2}\dfrac{x-2}{x^2-4}=\dfrac{1}{4}.$$

注:由于 $x\to 2$,可限制 $|x-2|<1$,其目的是估计出 $|x+2|>3$,从而便于解出 $|x-1|<12\varepsilon$.

(2) $\forall \varepsilon>0$,找 δ,使 $|x^2-9|\leqslant\varepsilon$,
$$|x^2-9|=|(x-3)(x+3)|=|x-3|\cdot|x+3|,$$
因为 $x\to 3$,

所以限制 $|x-3|<1$,即 $2<x<4$,所以 $|x+3|<7$,

所以 $|x^2-9|<7\cdot|x-3|<\varepsilon$,得 $\delta_1=\dfrac{\varepsilon}{7}$,

所以 $\forall \varepsilon>0$,取 $\delta=\min\left\{1,\dfrac{\varepsilon}{7}\right\}$,当 $0<|x-3|<\delta$ 时,

恒有
$$|x^2-9|<\varepsilon,$$
$$\text{所以}\lim\limits_{x\to 3}x^2=9.$$

(3) $\forall \varepsilon>0$.
$$\left|\dfrac{\sin x}{x}-0\right|=\left|\dfrac{\sin x}{x}\right|=\dfrac{|\sin x|}{|x|}\leqslant\dfrac{1}{|x|}(\text{因为}|\sin x|\leqslant 1),$$
要使 $\dfrac{1}{|x|}<\varepsilon$,即 $|x|>\dfrac{1}{\varepsilon}$,取 $M=\dfrac{1}{\varepsilon}$,则当 $|x|>M$ 时,恒有 $\left|\dfrac{\sin x}{x}-0\right|<\varepsilon$.

即
$$\lim\limits_{x\to\infty}\dfrac{\sin x}{x}=0.$$

(4) 因为 $|\sin x-\sin a|=\left|2\cos\dfrac{x+a}{2}\cdot\sin\dfrac{x-a}{2}\right|$(根据和差化积公式 $\sin\alpha-\sin\beta=2\cos\dfrac{\alpha+\beta}{2}\sin\dfrac{\alpha-\beta}{2}$)
$$\leqslant 2\cdot 1\cdot\left|\sin\dfrac{x-a}{2}\right|$$
$$\leqslant 2\cdot\left|\dfrac{x-a}{2}\right|=|x-a|(\text{因为当}0<|x|<\dfrac{\pi}{2}\text{时},|\sin x|<|x|).$$

所以对 $\forall \varepsilon>0$,由不等式 $|x-a|<\varepsilon$ 可知,取 $\delta=\varepsilon$,则当 $0<|x-a|<\delta$ 时,恒有

$$|\sin x - \sin a| < \varepsilon.$$

故 $\lim\limits_{x\to a}\sin x = \sin a.$

同理 $\lim\limits_{x\to a}\cos x = \cos a.$

例 6 求下列函数的极限.

(1) $\lim\limits_{x\to\infty}\dfrac{2x^3-x+1}{3x^3-x^2-2x}$;

(2) $\lim\limits_{x\to\infty}\dfrac{\sqrt[5]{x^3+3x^2+2}}{x+1}$;

(3) $\lim\limits_{x\to 2}\dfrac{x^2-x-2}{x^3-3x^2+3x-2}$;

(4) $\lim\limits_{x\to 1}\dfrac{\sqrt{x}-1}{\sqrt[3]{x}-1}$;

(5) $\lim\limits_{x\to 1}\dfrac{x^2-1}{\sqrt{3-x}-\sqrt{1+x}}$;

(6) $\lim\limits_{x\to -1}\left(\dfrac{2x-1}{x+1}+\dfrac{x-2}{x^2+x}\right)$;

(7) $\lim\limits_{x\to+\infty}(\sqrt{x^2+x}-\sqrt{x^2-x})$;

(8) $\lim\limits_{x\to 0}\dfrac{x^2}{\sqrt[5]{1+5x}-(1+x)}.$

(1) [**解答分析**] 当 $x\to\infty$ 时,函数极限为 $\dfrac{\infty}{\infty}$ 型未定式,用同除法.

解 $\lim\limits_{x\to\infty}\dfrac{2x^3-x+1}{3x^3-x^2-2x}=\lim\limits_{x\to\infty}\dfrac{2-\dfrac{1}{x^2}+\dfrac{1}{x^3}}{3-\dfrac{1}{x}-\dfrac{2}{x^2}}$

$=\dfrac{\lim\limits_{x\to\infty}\left(2-\dfrac{1}{x^2}-\dfrac{1}{x^3}\right)}{\lim\limits_{x\to\infty}\left(3-\dfrac{1}{x}-\dfrac{2}{x^2}\right)}$

$=\dfrac{2}{3}.$

(2) [**解答分析**] 当 $x\to\infty$ 时,函数极限为 $\dfrac{\infty}{\infty}$ 型,用同除法.

解 $\lim\limits_{x\to\infty}\dfrac{\sqrt[5]{x^3+3x^2+2}}{x+1}=\lim\limits_{x\to\infty}\dfrac{\sqrt[5]{\dfrac{1}{x^2}+\dfrac{3}{x^3}+\dfrac{2}{x^5}}}{1+\dfrac{1}{x}}=0.$

(3) [**解答分析**] 当 $x\to 2$ 时,函数极限为 $\dfrac{0}{0}$ 型未定式,因式分解消去无穷小因子.

解 $\lim\limits_{x\to 2}\dfrac{x^2-x-2}{x^3-3x^2+3x-2}=\lim\limits_{x\to 2}\dfrac{(x-2)(x+1)}{(x-2)(x^2-x+1)}$

$=\lim\limits_{x\to 2}\dfrac{x+1}{x^2-x+1}=\dfrac{3}{3}=1.$

(4) [**解答分析**] 当 $x\to 1$ 时,函数极限是 $\dfrac{0}{0}$ 型未定式,利用乘法公式 $(a-b)(a+b)=a^2-b^2$、$(a-b)(a^2+ab+b^2)=a^3-b^3$,将分子、分母有理化,消去无穷小因子.

解 $\lim\limits_{x\to 1}\dfrac{\sqrt{x}-1}{\sqrt[3]{x}-1}=\lim\limits_{x\to 1}\dfrac{(\sqrt{x}-1)(\sqrt{x}+1)(\sqrt[3]{x^2}+\sqrt[3]{x}+1)}{(\sqrt[3]{x}-1)(\sqrt{x}+1)(\sqrt[3]{x^2}+\sqrt[3]{x}+1)}$

$=\lim\limits_{x\to 1}\dfrac{(x-1)(\sqrt[3]{x^2}+\sqrt[3]{x}+1)}{(\sqrt{x}+1)(x-1)}$

第二章　函数极限

$$= \lim_{x \to 1} \frac{\sqrt[3]{x^2} + 3\sqrt{x} + 1}{\sqrt{x} + 1} = \frac{3}{2}.$$

另解（换元法）令 $x = t^6$，则 $\sqrt{x} = t^3$，$\sqrt[3]{x} = t^2$. 当 $x \to 1$ 时，$t \to 1$.

$$\lim_{x \to 1} \frac{\sqrt{x} - 1}{\sqrt[3]{x} - 1} = \lim_{t \to 1} \frac{t^3 - 1}{t^2 - 1}$$

$$= \lim_{t \to 1} \frac{(t-1)(t^2 + t + 1)}{(t+1)(t-1)}$$

$$= \lim_{t \to 1} \frac{t^2 + t + 1}{t + 1}$$

$$= \frac{3}{2}.$$

(5) [**解答分析**]　当 $x \to 1$ 时，函数极限为 $\frac{0}{0}$ 型未定式，先将分母有理化，然后消去无穷小因子.

解　$\displaystyle\lim_{x \to 1} \frac{x^2 - 1}{\sqrt{3-x} - \sqrt{1+x}} = \lim_{x \to 1} \frac{(x^2 - 1)(\sqrt{3-x} + \sqrt{1+x})}{(\sqrt{3-x} - \sqrt{1+x})(\sqrt{3-x} + \sqrt{1+x})}$

$$= \lim_{x \to 1} \frac{-(1-x)(1+x)(\sqrt{3-x} + \sqrt{1+x})}{2(1-x)}$$

$$= \lim_{x \to 1} \frac{-(1+x)(\sqrt{3-x} + \sqrt{1+x})}{2} = -2\sqrt{2}.$$

(6) [**解答分析**]　当 $x \to -1$ 时，函数极限是 $\infty + \infty$ 型未定式，通常用通分的方法，将其转化为 $\frac{0}{0}$ 型未定式，然后设法消去无穷小因子.

解　$\displaystyle\lim_{x \to -1} \left(\frac{2x-1}{x+1} + \frac{x-2}{x^2 + x} \right) = \lim_{x \to -1} \frac{2x^2 - x + x - 2}{x(x+1)}$

$$= \lim_{x \to -1} \frac{2(x-1)(x+1)}{x(x+1)}$$

$$= \lim_{x \to -1} \frac{2(x-1)}{x}$$

$$= 4.$$

(7) [**解答分析**]　当 $x \to +\infty$ 时，函数极限是 $\infty - \infty$ 型未定式，且含有根式，用分子有理化方法将其转化为 $\frac{\infty}{\infty}$ 型未定式，然后用同除法.

解　$\displaystyle\lim_{x \to +\infty} (\sqrt{x^2 + x} - \sqrt{x^2 - x}) = \lim_{x \to +\infty} \frac{(\sqrt{x^2 + x} - \sqrt{x^2 - x})(\sqrt{x^2 + x} + \sqrt{x^2 - x})}{\sqrt{x^2 + x} + \sqrt{x^2 - x}}$

$$= \lim_{x \to +\infty} \frac{2x}{\sqrt{x^2 + x} + \sqrt{x^2 - x}}$$

$$= \lim_{x \to +\infty} \frac{2}{\sqrt{1 + \frac{1}{x}} + \sqrt{1 - \frac{1}{x}}}$$

$$= 1.$$

(8) **[解答分析]** 此题为 $\dfrac{0}{0}$ 型未定式,不宜用因式分解或有理化方法消去无穷小因子,可以用换元法解决.

解 设 $y=\sqrt[5]{1+5x}$,则 $x=\dfrac{1}{5}(y^5-1)$ 且 $x\to 0$ 时,$y\to 1$. 代入原式,得

$$\lim_{x\to 0}\dfrac{x^2}{\sqrt[5]{1+5x}-(1+x)}=\lim_{y\to 1}\dfrac{\dfrac{1}{25}(y^5-1)^2}{y-\left(1+\dfrac{y^5-1}{5}\right)}$$

$$=\lim_{y\to 1}\dfrac{(y-1)^2(y^4+y^3+y^2+y+1)^2}{5(y-1)^2(-y^3-2y^2-3y-4)}=\dfrac{1}{5}\cdot\dfrac{25}{-10}=-\dfrac{1}{2}.$$

3. 利用两个重要极限求函数的极限

例 7 求下列极限.

(1) $\lim\limits_{x\to 0}\dfrac{\sin x^2}{\tan^2 x}$; (2) $\lim\limits_{x\to\infty}(x-1)\sin\dfrac{1}{x-1}$;

(3) $\lim\limits_{x\to 0}\dfrac{1-\cos x}{\cos x\sin^2 x}$.

(1)**[解答分析]** 第一个重要极限的特点是 $\dfrac{0}{0}$ 型三角函数式 $\lim\limits_{\alpha(x)\to 0}\dfrac{\sin\alpha(x)}{\alpha(x)}$ 的极限. 通常需要利用三角公式变形,将所求极限向 $\lim\limits_{\square\to 0}\dfrac{\sin\square}{\square}$ 的形式转化,再求出极限.

解 (1) $\lim\limits_{x\to 0}\dfrac{\sin x^2}{\tan^2 x}=\lim\limits_{x\to 0}\left(\cos^2 x\cdot\dfrac{\sin x^2}{\sin^2 x}\right)$

$$=\lim_{x\to 0}\left(\cos^2 x\cdot\dfrac{\sin x^2}{x^2}\cdot\dfrac{x^2}{\sin^2 x}\right)$$

$$=(\lim_{x\to 0}\cos x)^2\cdot\lim_{x\to 0}\dfrac{\sin x^2}{x^2}\cdot\lim_{x\to 0}\dfrac{1}{\left(\dfrac{\sin x}{x}\right)^2}$$

$$=1\cdot 1\cdot 1$$
$$=1.$$

(2) $\lim\limits_{x\to\infty}(x-1)\sin\dfrac{1}{x-1}=\lim\limits_{x\to\infty}\dfrac{\sin\dfrac{1}{x-1}}{\dfrac{1}{x-1}}\left(\diamondsuit\dfrac{1}{x-1}=t,\text{当}\ x\to\infty\ \text{时},t\to 0\right)$

$$=\lim_{t\to 0}\dfrac{\sin t}{t}=1.$$

(3) $\lim\limits_{x\to 0}\dfrac{1-\cos x}{\cos x\cdot\sin^2 x}=\lim\limits_{x\to 0}\dfrac{2\sin^2\dfrac{x}{2}}{\cos x\cdot\sin^2 x}$

$$=\lim_{x\to 0}\dfrac{1}{2\cos x}\cdot\left(\dfrac{\sin\dfrac{x}{2}}{\dfrac{x}{2}}\right)^2\cdot\dfrac{1}{\left(\dfrac{\sin x}{x}\right)^2}$$

$$=\dfrac{1}{2}\cdot 1^2\cdot\dfrac{1}{1^2}=\dfrac{1}{2}.$$

例8 求下列函数的极限.

(1) $\lim\limits_{x\to\infty}\left(\dfrac{2-x}{3-x}\right)^x$;

(2) $\lim\limits_{x\to\frac{\pi}{2}}(1+\cos x)^{3\sec x}$.

[**解答分析**] (1)、(2)题都是 1^∞ 型未定式,应利用第二个重要极限求解,通常需要将底数分离出1,并将极限向 $\lim\limits_{\square\to 0}(1+\square)^{\frac{1}{\square}}$ 或 $\lim\limits_{\square\to\infty}\left(1+\dfrac{1}{\square}\right)^{\square}$ 的形式转化,其中常用到指数的运算法则.

解 (1) $\lim\limits_{x\to\infty}\left(\dfrac{2-x}{3-x}\right)^x=\lim\limits_{x\to\infty}\left(\dfrac{x-2}{x-3}\right)^x=\lim\limits_{x\to\infty}\left[\dfrac{1-\dfrac{2}{x}}{1-\dfrac{3}{x}}\right]^x$

$=\lim\limits_{x\to\infty}\dfrac{\left(1-\dfrac{2}{x}\right)^x}{\left(1-\dfrac{3}{x}\right)^x}=\dfrac{\lim\limits_{x\to\infty}\left[\left(1+\dfrac{-2}{x}\right)^{-\frac{x}{2}}\right]^{-2}}{\lim\limits_{x\to\infty}\left[\left(1+\dfrac{-3}{x}\right)^{-\frac{x}{3}}\right]^{-3}}$

$=\dfrac{\mathrm{e}^{-2}}{\mathrm{e}^{-3}}=\mathrm{e}.$

另解 为了将底数分离出1,还可用换元法令 $\dfrac{2-x}{3-x}=1+\dfrac{1}{t}$,解之得 $x=t+3$,当 $x\to\infty$ 时,$t\to\infty$,于是有

$$\lim\limits_{x\to\infty}\left(\dfrac{2-x}{3-x}\right)^x=\lim\limits_{t\to\infty}\left(1+\dfrac{1}{t}\right)^t\cdot\lim\limits_{t\to\infty}\left(1+\dfrac{1}{t}\right)^3$$
$$=\mathrm{e}\cdot 1^3=\mathrm{e}.$$

(2) $\lim\limits_{x\to\frac{\pi}{2}}(1+\cos x)^{3\sec x}=\lim\limits_{x\to\frac{\pi}{2}}\left[(1+\cos x)^{\frac{1}{\cos x}}\right]^3$

因为当 $x\to\dfrac{\pi}{2}$ 时,$\cos x\to 0$,

所以原式 $=\mathrm{e}^3.$

4. 无穷小量的性质和无穷小量的等价替换

例9 求极限 $\lim\limits_{x\to\infty}\dfrac{\sqrt[3]{x^2}\sin 2x}{x+1}$.

[**解答分析**] 当 $x\to\infty$ 时,$\dfrac{\sqrt[3]{x^2}}{x+1}$ 为 $\dfrac{\infty}{\infty}$ 型未定式,而 $\sin 2x$ 在 $x\to\infty$ 时极限不存在,但是有界函数,故考虑利用无穷小量的性质求解.

解 因为 $\lim\limits_{x\to\infty}\dfrac{\sqrt[3]{x^2}}{x+1}=\lim\limits_{x\to\infty}\dfrac{x^{\frac{2}{3}-1}}{1+\dfrac{1}{x}}=\dfrac{0}{1}=0.$

所以当 $x\to\infty$ 时,$\dfrac{\sqrt[3]{x^2}}{x+1}$ 是无穷小量;而 $|\sin 2x|\leqslant 1$,即 $\sin 2x$ 是有界函数. 所以,根据无穷小量乘以有界量仍然是无穷小量的性质得

$$\lim\limits_{x\to\infty}\dfrac{\sqrt[3]{x^2}\sin 2x}{x+1}=0.$$

例10 当 $x\to 0$ 时,下列函数哪些是比 x 高阶的无穷小?哪些是与 x 同阶的无穷小?哪些是与 x 等价的无穷小?

(1) $f(x)=x^3+x^2\sin\dfrac{1}{x^3}$; (2) $h(x)=3(\sqrt[3]{1+x}-1)$.

[解答分析] 这类题型直接根据定义来验证即可,其中需综合运用前述求极限的各种方法和无穷小量的性质等.

解 (1) 因为 $\lim\limits_{x\to 0}\dfrac{f(x)}{x}=\lim\limits_{x\to 0}\dfrac{x^3+x^2\sin\dfrac{1}{x}}{x}=\lim\limits_{x\to 0}\left(x^2+x\cdot\sin\dfrac{1}{x}\right)$

$=\lim\limits_{x\to 0}x^2+\lim\limits_{x\to 0}x\cdot\sin\dfrac{1}{x}=0$,

所以当 $x\to 0$ 时,$f(x)$ 是比 x 高阶的无穷小.

(2) 因为 $\lim\limits_{x\to 0}\dfrac{h(x)}{x}=\lim\limits_{x\to 0}\dfrac{3(\sqrt[3]{1+x}-1)}{x}$ (分子有理化)

$=3\lim\limits_{x\to 0}\dfrac{(\sqrt[3]{1+x}-1)(\sqrt[3]{(1+x)^2}+\sqrt[3]{1+x}+1)}{x(\sqrt[3]{(1+x)^2}+\sqrt[3]{1+x}+1)}$

(乘法公式 $(a-b)(a^2+ab+b^2)=a^3-b^3$)

$=\lim\limits_{x\to 0}\dfrac{3x}{x(\sqrt[3]{(1+x)^2}+\sqrt[3]{1+x}+1)}$

$=3\lim\limits_{x\to 0}\dfrac{1}{\sqrt[3]{(1+x)^2}+\sqrt[3]{1+x}+1}$

$=\dfrac{3}{3}=1$,

所以当 $x\to 0$ 时,$h(x)$ 与 x 是等价的无穷小.

此题可以用换元法,请读者自己计算.

例 11 利用无穷小量等价替换求极限 $\lim\limits_{x\to 0}\dfrac{1-\cos 2x}{\sin^2 3x}$.

解 因为当 $x\to 0$ 时,$1-\cos 2x\sim\dfrac{1}{2}(2x)^2=2x^2$,$\sin 3x\sim 3x$,

所以 $\lim\limits_{x\to 0}\dfrac{1-\cos 2x}{\sin^2 3x}=\lim\limits_{x\to 0}\dfrac{2x^2}{(3x)^2}=\lim\limits_{x\to 0}\dfrac{2x^2}{9x^2}=\dfrac{2}{9}$.

例 12 根据已知条件求 a,b 的值.

(1) $\lim\limits_{x\to\infty}\left(\dfrac{2x^3-x+1}{x^2-1}-ax-b\right)=0$; (2) $\lim\limits_{x\to 1}\dfrac{ax^2-2x+b}{x^2+x-2}=-2$.

[解答分析] 本例是根据已知极限来确定出其中的未知常数,在解答这类题目时,主要是利用无穷小量和无穷大量的阶的比较.如下性质经常被利用:设 $\lim\limits_{x\to x_0}f(x)=0$,且 $\lim\limits_{x\to x_0}\dfrac{g(x)}{f(x)}=A$

(或 $\lim\limits_{x\to x_0}\dfrac{f(x)}{g(x)}=A$,这时要求 $A\neq 0$),则 $\lim\limits_{x\to x_0}g(x)=0$.

解 (1) 因为 $\dfrac{2x^3-x+1}{x^2-1}-ax-b=\dfrac{(2-a)x^3-bx^2+(a-1)x+b+1}{x^2-1}$.

若 $\lim\limits_{x\to\infty}\dfrac{(2-a)x^3-bx^2+(a-1)x+(b+1)}{x^2-1}=0$

即 $\lim\limits_{x\to\infty}\dfrac{(2-a)x-b+\dfrac{a-1}{x}+\dfrac{b+1}{x^2}}{1-\dfrac{1}{x^2}}=0$，则 $2-a=0, b=0$，

所以 $a=2, b=0$.

(2) 因为 $\lim\limits_{x\to 1}\dfrac{ax^2-2x+b}{x^2+x-2}=\lim\limits_{x\to 1}\dfrac{ax^2-2x+b}{(x+2)(x-1)}$

$$=\dfrac{1}{3}\lim\limits_{x\to 1}\dfrac{ax^2-2x+b}{x-1}=-2. \qquad ①$$

所以 $\lim\limits_{x\to 1}(ax^2-2x+b)=0$，由此可得

$$a-2+b=0. \qquad ②$$

所以 $b=2-a$，

这时，$\lim\limits_{x\to 1}\dfrac{ax^2-2x+b}{x-1}=\lim\limits_{x\to 1}\dfrac{ax^2-2x+2-a}{x-1}$

$$=\lim\limits_{x\to 1}\dfrac{(ax^2-a)-(2x-2)}{x-1}$$

$$=\lim\limits_{x\to 1}\dfrac{(x-1)[a(x+1)-2]}{x-1}$$

$$=\lim\limits_{x\to 1}[a(x+1)-2]$$

$$=2a-2.$$

联立①、②：$\dfrac{1}{3}(2a-2)=-2, a-2+b=0$，从而求得：$a=-2, b=4$.

复习题二

(A)

1. 计算下列极限.

(1) $\lim\limits_{n\to\infty}\dfrac{(n+1)(n+2)(n+3)}{5n^3}$；

(2) $\lim\limits_{x\to+\infty}\dfrac{\sqrt{2x}+3}{\sqrt{x+5}}$；

(3) $\lim\limits_{x\to 0}\dfrac{\sqrt{2-x}-\sqrt{2}}{x}$；

(4) $\lim\limits_{x\to 0^+}\dfrac{\sqrt{1+x}-1}{1-\cos\sqrt{x}}$；

(5) $\lim\limits_{x\to 1}\dfrac{\sin(x^2-1)}{x-1}$；

(6) $\lim\limits_{x\to 0}(1-3x)^{\frac{1}{2x}}$.

2. 设 $f(x)=\begin{cases}x^2, & x<1, \\ 3x-1, & x\geqslant 1,\end{cases}$ 讨论当 $x\to 1$ 时，函数 $f(x)$ 的极限.

3. 设 $f(x)=\begin{cases}1+\sin x, & x<0, \\ a+e^x, & x\geqslant 0,\end{cases}$ 若 $\lim\limits_{x\to 0}f(x)$ 存在，求 a 的值.

(B)

※1. 用数列极限的精确定义证明.

(1) $\lim\limits_{n\to\infty}\dfrac{3n}{n+2}=3$;

(2) $\lim\limits_{n\to\infty}\dfrac{\sqrt{n^2+1}}{n}=1$.

※2. 用函数极限的精确定义证明.

(1) $\lim\limits_{x\to 4}(2x+3)=11$;

(2) $\lim\limits_{x\to\infty}\dfrac{2x^2+x}{x^2-2}=2$;

(3) $\lim\limits_{x\to 1}\dfrac{x^3-1}{x-1}=3$.

3. 计算下列极限.

(1) $\lim\limits_{n\to\infty}\dfrac{1+2+2^2+\cdots+2^n}{1+3+3^2+\cdots+3^n}$;

(2) $\lim\limits_{n\to\infty}\sqrt[n]{2^n+3^n}$;

(3) $\lim\limits_{x\to\infty}(\sqrt{x^2+1}-\sqrt{x^2-1})$;

(4) $\lim\limits_{x\to 0}\dfrac{\sin 5x-\sin 3x}{\sin x}$.

4. 求数 a 和 b, 使得 $\lim\limits_{x\to 0}\dfrac{\sqrt{ax+b}-2}{x}=1$.

课外阅读

极限思想

所谓极限的思想,是指用极限概念分析问题和解决问题的一种数学思想.极限思想是微积分的基本思想和理论基础,微积分中的一系列重要概念,如函数的连续性、导数以及定积分等等都是借助于极限来定义的.

1. 极限思想的产生与发展

(1) 极限思想的由来

与一切科学的思想方法一样,极限思想也是社会实践的产物.极限的思想可以追溯到古代,刘徽的割圆术就是建立在直观基础上的一种原始的极限思想的应用;古希腊人的穷竭法也蕴含了极限思想,但由于希腊人"对无限的恐惧",他们避免明显地"取极限",而是借助于间接证法——归谬法来完成了有关的证明.

到了 16 世纪,荷兰数学家斯泰文在考察三角形重心的过程中改进了古希腊人的穷竭法,他借助几何直观,大胆地运用极限思想思考问题,放弃了归谬法的证明.如此,他就在无意中"指出了把极限方法发展成为一个实用概念的方向".

(2) 极限思想的发展

极限思想的进一步发展是与微积分的建立紧密相联的.16 世纪的欧洲处于资本主义萌芽时期,生产力得到极大的发展,生产和技术中大量的问题,只用初等数学的方法已无法解决,要求数学突破只研究常量的传统范围,而提供能够用以描述和研究运动、变化过程的新工具,这是促进极限发展、建立微积分的社会背景.

起初牛顿和莱布尼兹以无穷小概念为基础建立微积分,后来因遇到了逻辑困难,所以在他们的晚期都不同程度地接受了极限思想.牛顿用路程的改变量 ΔS 与时间的改变量 Δt 之比 $\Delta S/\Delta t$ 表示运动物体的平均速度,让 Δt 无限趋近于零,得到物体的瞬时速度,并由此引出导数概念和微分学理论.他意识到极限概念的重要性,试图以极限概念作为微积分的基础,他说:"两个量和量之比,如果在有限时间内不断趋于相等,且在这一时间终止前互相靠近,使得其差小于任意给定的差,则最终就成为相等".但牛顿的极限观念也是建立在几何直观上的,因而他无法得出极限的严格表述.牛顿所运用的极限概念,只是接近于下列直观性的语言描述:"如果当 n 无限增大时,a_n 无限地接近于常数 A,那么就说 a_n 以 A 为极限".

这种描述性语言,人们容易接受,现代一些初等的微积分读物中还经常采用这种定义.但是,这种定义没有定量地给出两个"无限过程"之间的联系,不能作为科学论证的逻辑基础.

正因为当时缺乏严格的极限定义,微积分理论才受到人们的怀疑与攻击,例如,在瞬时速度概念中,究竟 Δt 是否等于零?如果说是零,怎么能用它去作除法呢?如果它不是零,又怎么能把包含着它的那些项去掉呢?这就是数学史上所说的无穷小悖论.英国哲学家、大主教贝克莱对微积分的攻击最为激烈,他说微积分的推导是"分明的诡辩".

贝克莱之所以激烈地攻击微积分,一方面是为宗教服务,另一方面也由于当时的微积分缺乏牢固的理论基础,连牛顿自己也无法摆脱极限概念中的混乱.这个事实表明,弄清极限概念,建立严格的微积分理论基础,不但是数学本身所需要的,而且有着认识论上的重大意义.

(3) 极限思想的完善

极限思想的完善与微积分的严格化密切联系.在很长一段时间里,微积分理论基础的问题,许多人都曾尝试解决,但都未能如愿以偿.这是因为数学的研究对象已从常量扩展到变量,而人们对变量数学特有的规律还不十分清楚;对变量数学和常量数学的区别和联系还缺乏了解;对有限和无限的对立统一关系还不明确.这样,人们使用习惯了的处理常量数学的传统思想方法,就不能适应变量数学的新需要,仅用旧的概念说明不了这种"零"与"非零"相互转化的辩证关系.

到了19世纪,法国数学家柯西在前人工作的基础上,比较完整地阐述了极限概念及其理论,他在《分析教程》中指出:"当一个变量逐次所取的值无限趋于一个定值,最终使变量的值和该定值之差要多小就多小,这个定值就叫做所有其他值的极限值,特别地,当一个变量的数值(绝对值)无限地减小使之收敛到极限0,就说这个变量成为无穷小".

柯西把无穷小视为以0为极限的变量,这就澄清了无穷小"似零非零"的模糊认识,这就是说,在变化过程中,它的值可以是非零,但它变化的趋向是"零",可以无限地接近于零.

柯西试图消除极限概念中的几何直观,作出极限的明确定义,然后去完成牛顿的愿望.但柯西的叙述中还存在描述性的词语,如"无限趋近"、"要多小就多小"等,因此还保留着几何和物理的直观痕迹,没有达到彻底严密化的程度.

为了排除极限概念中的直观痕迹,维尔斯特拉斯提出了极限的静态的定义,给微积分提供了严格的理论基础.所谓$a_n \to A$,就是指:"如果对任何$\varepsilon>0$,总存在自然数N,使得当$n>N$时,不等式$|a_n-A|<\varepsilon$恒成立".

这个定义,借助不等式,通过ε和N之间的关系,定量地、具体地刻画了两个"无限过程"之间的联系.因此,这样的定义是严格的,可以作为科学论证的基础,至今仍在数学分析书籍中使用.在该定义中,涉及的仅仅是数及其大小关系,此外只是给定、存在、任取等词语,已经摆脱了"趋近"一词,不再求助于运动的直观.

众所周知,常量数学是静态地研究数学对象,自从解析几何和微积分问世以后,运动进入了数学,人们有可能对物理过程进行动态研究.之后,维尔斯特拉斯建立的$\varepsilon - N$语言,则用静态的定义刻画变量的变化趋势.这种"静态——动态——静态"的螺旋式的演变,反映了数学发展的辩证规律.

2. 极限思想的思维功能

极限思想在现代数学乃至物理学等学科中有着广泛的应用,这是由它本身固有的思维功能所决定的.极限思想揭示了变量与常量、无限与有限的对立统一关系,是唯物辩证法的对立统一规律在数学领域中的应用.借助极限思想,人们可以从有限认识无限,从"不变"认识"变",从直线形认识曲线形,从量变认识质变,从近似认识精确.

无限与有限有本质的不同,但二者又有联系,无限是有限的发展.无限个数的和不是一般的代数和,把它定义为"部分和"的极限,就是借助于极限的思想方法,从有限来认识无限的.

"变"与"不变"反映了事物运动变化与相对静止两种不同状态,但它们在一定条件下又可相互转化,这种转化是"数学科学的有力杠杆之一".例如,要求变速直线运动的瞬时速度,用初等方法是无法解决的,困难在于速度是变量.为此,人们先在小范围内用匀速代替变速,并求其平均速度，把瞬时速度定义为平均速度的极限，就是借助于极限的思想方法，从"不变"来认识"变"的．

量变和质变既有区别又有联系，两者之间有着辩证的关系．量变能引起质变，质和量的互变规律是辩证法的基本规律之一，在数学研究工作中起着重要作用．对任何一个圆内接正多边形来说，当它边数加倍后，得到的还是内接正多边形，是量变而不是质变；但是，不断地让边数加倍，经过无限过程之后，多边形就"变"成圆，多边形面积便转化为圆面积．这就是借助于极限的思想方法，从量变来认识质变的．

近似与精确是对立统一关系，两者在一定条件下也可相互转化，这种转化是数学应用于实际计算的重要诀窍．前面所讲到的"部分和"、"平均速度"、"圆内接正多边形面积"，分别是相应的"无穷级数和"、"瞬时速度"、"圆面积"的近似值，取极限后就可得到相应的精确值．这都是借助于极限的思想方法，从近似来认识精确的．

第三章

函数的连续性

> 展现在我们眼前的宇宙像一本用数学语言写成的大书,如不掌握数学符号语言,就像在黑暗的迷宫里游荡,什么也认识不清.
>
> ——伽利略

自然界中有许多现象不仅是运动变化的,而且其运动变化的过程往往是连绵不断的,比如气温的变化、河水的流动、植物的生长等,这些连绵不断发展变化的现象在量的相依关系方面的反映就是函数的连续性,具有连续性的函数称为连续函数. 连续函数是刻画变量连续变化的数学模型.

16、17 世纪微积分的酝酿和产生,直接肇始于对物体的连续运动的研究. 比如伽利略研究的落体运动等都是连续变化的量. 这个时期以及 18 世纪的数学家,虽然已把连续变化的量作为研究的重要对象,但仍停留在几何直观上,即把能一笔画成的曲线所对应的函数叫做连续函数. 直至 19 世纪,当柯西以及稍后的维尔斯特拉斯等数学家建立起严格的极限理论之后,才对连续函数作出了纯数学的精确表述.

连续函数不仅是微积分的研究对象,而且微积分中的主要概念、定理、公式、法则等,往往要求函数具有连续性. 在本章中,我们将以极限为基础,作为极限应用的一个例子,介绍连续函数的概念、运算及连续函数的一些性质.

§3-1 函数的连续性与间断点

一、函数连续性的概念

第二章我们已经讨论了当 $x \to x_0$ 时函数 $f(x)$ 的极限问题,它所考察的当自变量 x 无限接近 x_0(但不等于 x_0)时函数 $f(x)$ 的变化趋向,因而与函数在点 x_0 取什么值乃至是否有定义都没有关系. 本节要研究的函数连续性却要将两者结合起来. 从分析上看,要研究当自变量有一个微小变化时,相应的函数值是否也很小. 下面我们先引入增量的概念,然后来描述连续性,并引入连续的定义.

1. 自变量的增量与函数的增量

设函数 $y = f(x)$ 在点 x_0 的某一邻域内有定义,如图 3-1 所示,当自变量从初点 x_1 变到终点 x_2 时,其差称为自变量的**改变量**或**增量**,记作 $\Delta x = x_2 - x_1$,自然有 $x_2 = x_1 + \Delta x$. 对应的函数值从初值 $y_1 = f(x_1)$ 变到终值 $y_2 = f(x_2) = f(x_1 + \Delta x)$,其差称为函数的**改变量**或**增量**,记作 $\Delta y = f(x_2) - f(x_1)$,或 $\Delta y = f(x_1 + \Delta x) - f(x_1)$. 由于终点 x_2 的改变方向以及函数 $f(x)$

的增减性不同,所以 Δx 和 Δy 可能为正,也可能为负. 在 Δx(或 Δy)为正的情形,变量 x(或 y)从 x_1(或 y_1)变到 $x_2=x_1+\Delta x$(或 $y_2=y_1+\Delta y$)时是增大的;当 Δx(或 Δy)为负时,变量 x(或 y)是减小的. 图 3-1 中仅仅是 $\Delta x>0$ 及 $\Delta y>0$ 的情形.

注意 Δx 及 Δy 都是增量的整体记号,而不是 Δ 与 x 及 Δ 与 y 相乘.

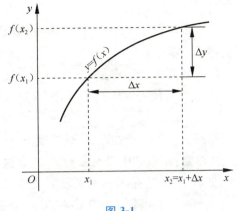

图 3-1

2. 函数的点连续的定义

比较图 3-2 和图 3-3 中两条曲线 $y=f(x)=x+1$ 与 $y=g(x)=\dfrac{x^2-1}{x-1}$ 在点 $x_0=1$ 处的性态,我们不难得到函数在一点处连续的概念.

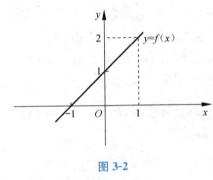

图 3-2　　　　　　　　图 3-3

定义 1 若函数 $y=f(x)$ 在点 x_0 的某个邻域内有定义,当 $x \to x_0$ 时 $f(x)$ 的极限存在,并且等于该点处的函数值 $f(x_0)$,即 $\lim\limits_{x \to x_0} f(x)=f(x_0)$,则称**函数 $y=f(x)$ 在点 x_0 处连续**,x_0 称为函数 $f(x)$ 的**连续点**.

显然,函数 $f(x)$ 在点 x_0 处连续,x_0 必属于函数 $f(x)$ 的定义域.

例如,因为 $\lim\limits_{x \to 3} x^2=9=f(3)$,所以函数 $f(x)=x^2$ 在点 $x=3$ 处连续.

又如,如果 $f(x)$ 是一个多项式,则有 $\lim\limits_{x \to x_0} f(x)=f(x_0)$,故多项式 $f(x)$ 在 R 内任一点 x_0 处连续.

再如,常数函数 $f(x)=C$(C 为常数),因为 $\lim\limits_{x \to x_0} f(x)=C=f(x_0)$,所以常数函数 $f(x)=C$ 在 R 内任一点 x_0 处连续.

函数连续性的定义 1 是基本的,可以由它引申出其他形式的等价定义和有益结果.

引用增量记号,定义 1 中的 $x \to x_0$ 和 $f(x) \to f(x_0)$ 可以改写成 $\Delta x=x-x_0 \to 0$ 和 $\Delta y=f(x_0+\Delta x)-f(x_0) \to 0$. 于是得

定义 2 若函数 $y=f(x)$ 在点 x_0 的某个邻域内有定义,当 $\Delta x=x-x_0 \to 0$ 时,$\Delta y=f(x_0+\Delta x)-f(x) \to 0$,即 $\lim\limits_{\Delta x \to 0} \Delta y=0$,则称**函数 $y=f(x)$ 在点 x_0 处连续**.

该定义应用起来也比较方便,并且易于理解函数在一点处连续的本质特征:**自变量变化很小时,函数值变化也很小**.

比如人的生长、气温变化等都具有这种特征. 但某市人口的变化、股市的变化就不具有这

种特征.

根据函数 $y=f(x)$ 当 $x \to x_0$ 时极限的 $\varepsilon-\delta$ 定义,又可把连续函数定义用"$\varepsilon-\delta$"的语言来叙述.

※定义 3 设函数 $y=f(x)$ 在点 x_0 的某个邻域内有定义,如果对于任意给定的正数 ε,总存在正数 δ,使得对于满足不等式 $|x-x_0|<\delta$ 的一切 x,对应的函数值 $f(x)$ 恒满足不等式
$$|f(x)-f(x_0)|<\varepsilon,$$
则称**函数 $y=f(x)$ 在点 x_0 处连续**.

注意:定义 3 中没有 $|x-x_0|>0$ 这一条件,即 $f(x)$ 在点 x_0 处连续,必须要求 $f(x)$ 在点 x_0 处有定义. 这是不同于极限定义的.

上述关于函数 $y=f(x)$ 在点 x_0 处连续的三种定义,虽然表述形式不相同,但实质上是互相等价的(即三种定义之间可以互相推证). 今后使用较多的是前两种定义.

3. 左连续和右连续

类似于左极限与右极限,有时只需从 x_0 的左侧或右侧来考虑函数 $y=f(x)$ 在点 x_0 处的连续性,这就是函数 $y=f(x)$ 在点 x_0 处的左连续与右连续. 下面给出它们的定义.

定义 4 如果函数 $y=f(x)$ 当 $x \to x_0^-$ 时的左极限存在,且等于函数值 $f(x_0)$,即 $f(x_0-0)=\lim\limits_{x \to x_0^-} f(x)=f(x_0)$,则称函数 $y=f(x)$ 在点 x_0 处**左连续**.

类似地,如果函数 $y=f(x)$ 当 $x \to x_0^+$ 时的右极限存在,且等于函数值 $f(x_0)$,即 $f(x_0+0)=\lim\limits_{x \to x_0^+} f(x)=f(x_0)$,则称函数 $y=f(x)$ 在点 x_0 处**右连续**.

由函数 $f(x)$ 在点 x_0 处连续及左连续和右连续的定义,可得如下的**结论**:

函数 $y=f(x)$ 在点 x_0 处连续的充分必要条件是 $f(x_0-0)=f(x_0+0)=f(x_0)$

4. 函数 $f(x)$ 的区间连续性

如果一个函数在某区间内的每一点都连续,则称这个函数为该区间内的连续函数. 如果区间包括端点,那么函数在右端点连续是指左连续,在左端点连续是指右连续.

定义 5 如果函数 $y=f(x)$ 在开区间 (a,b) 内每一点处都连续,则称**函数 $y=f(x)$ 在开区间 (a,b) 内连续**. 如果函数 $y=f(x)$ 在开区间 (a,b) 内连续,且在左端点 $x=a$ 右连续,在右端点 $x=b$ 左连续,则称**函数 $y=f(x)$ 在闭区间 $[a,b]$ 上连续**.

例如,由前面的讨论可知,常数函数和多项式函数在 $(-\infty,+\infty)$ 内连续.

根据函数在一点处连续的定义,即可讨论函数在指定点处的连续性. 如果指定点是函数有定义的区间内任意的一点,则可讨论函数在其有定义的区间内的连续性. 下面通过实例来讨论一些函数的连续性.

例 1 讨论有理分式函数
$$f(x)=\frac{P(x)}{Q(x)}$$
的连续性,其中 $P(x)$ 和 $Q(x)$ 都是 x 的多项式.

解 设 x_0 是 $f(x)$ 的定义域内的任一点,且 $Q(x_0) \neq 0$,由极限的四则运算法则可得
$$\lim_{x \to x_0} f(x) = \lim_{x \to x_0} \frac{P(x)}{Q(x)} = \frac{P(x_0)}{Q(x_0)} = f(x_0).$$

根据定义 1 知,有理分式函数 $f(x)$ 在点 x_0 处是连续的,又因为点 x_0 是 $f(x)$ 定义域内的

任意一点,所以有理分式函数在其定义域内的每一点处都是连续的.

例 2 证明 $y=\cos x$ 在 $(-\infty,+\infty)$ 内连续.

证 因为 $y=\cos x$ 在全数轴上有定义,现在数轴上任取一点 x_0,设自变量的改变量为 Δx,则对应的函数 y 的改变量为

$$\Delta y = \cos(x_0+\Delta x)-\cos x_0$$
$$=-2\sin\frac{\Delta x}{2}\sin\left(x_0+\frac{\Delta x}{2}\right).$$

因为 $\left|\sin\left(x_0+\frac{\Delta x}{2}\right)\right|\leqslant 1$,$\sin\frac{\Delta x}{2}$ 在 $\Delta x\to 0$ 时是无穷小量,

所以 $\lim\limits_{\Delta x\to 0}\left[-2\sin\frac{\Delta x}{2}\sin\left(x_0+\frac{\Delta x}{2}\right)\right]=0$,即 $\lim\limits_{\Delta x\to 0}\Delta y=0$,

所以 $y=\cos x$ 在点 x_0 处连续.又因为 x_0 是 $(-\infty,+\infty)$ 内任意一点,所以 $y=\cos x$ 在 $(-\infty,+\infty)$ 内连续.

同理可证 $y=\sin x$ 在 $(-\infty,+\infty)$ 内也是连续的.

例 3 函数 $y=|x|=\begin{cases}-x, & x<0,\\ x, & x\geqslant 0,\end{cases}$ 在点 $x=0$ 处是否连续?

解 这是分段函数,由定义可知 $f(0)=0$.

$x=0$ 处左、右极限分别为:

$$f(0-0)=\lim_{x\to 0^-}(-x)=0,$$
$$f(0+0)=\lim_{x\to 0^+}(x)=0.$$

因为 $f(0-0)=f(0+0)=f(0)$,

所以,由函数在一点处连续的充要条件可知,函数 $y=|x|$ 在点 $x=0$ 处是连续的(图3-4).

例 4 讨论函数 $y=f(x)=\begin{cases}x+1, & x\leqslant 0,\\ x^2, & x>0,\end{cases}$ 在定义域内的连续性.

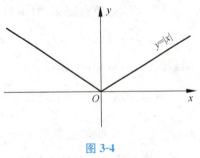

图 3-4

解 这是分段函数,由定义式可知它的定义域是 $(-\infty,+\infty)$.

当 $x\in(-\infty,0]$ 时,$f(x)=x+1$ 是 x 的一次多项式;当 $x\in(0,+\infty)$ 时,$f(x)=x^2$ 是 x 的二次式.由前面所述可知,函数 $f(x)$ 在定义区间 $(-\infty,0)$ 和 $(0,+\infty)$ 内连续.

在分段点 $x=0$ 处,函数的左、右极限分别为:

$$f(0-0)=\lim_{x\to 0^-}(x+1)=1,$$
$$f(0+0)=\lim_{x\to 0^+}x^2=0.$$

由于 $f(0-0)\neq f(0+0)$ 即 $\lim\limits_{x\to 0}f(x)$ 不存在,所以 $f(x)$ 在点 $x=0$ 处不连续(图3-5).

综上所述,函数 $f(x)$ 在其定义域 $(-\infty,+\infty)$ 内除点 $x=0$ 外均连续.

例 5 设函数

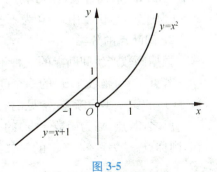

图 3-5

$$f(x) = \begin{cases} \left(1+\dfrac{x}{3}\right)^{\frac{6}{x}}, & x \neq 0, \\ a^2, & x = 0, \end{cases}$$

在点 $x=0$ 处连续,问 a 应取什么值?

解 因为

$$\lim_{x \to 0} f(x) = \lim_{x \to 0} \left(1+\dfrac{x}{3}\right)^{\frac{6}{x}} = \lim_{x \to 0} \left[\left(1+\dfrac{x}{3}\right)^{\frac{3}{x}}\right]^2 = e^2,$$

而 $f(0)=a^2$,要使 $f(x)$ 在 $x=0$ 处连续,应满足条件

$$\lim_{x \to 0} f(x) = f(0), \text{即 } a^2 = e^2.$$

所以应取 $a=\pm e$.

二、函数的间断点及其分类

1. 函数的间断点

从连续函数的定义 1 可以看出,函数 $y=f(x)$ 在点 x_0 处连续必须同时满足下列三个条件:

(1) $f(x)$ 在点 x_0 处有定义;

(2) $\lim\limits_{x \to x_0} f(x)$ 存在;

(3) $\lim\limits_{x \to x_0} f(x) = f(x_0)$.

如果上述三个条件中至少有一个不满足,则称函数 $f(x)$ 在点 x_0 处**不连续**或**间断**,而点 x_0 称为函数 $f(x)$ 的**不连续点**或**间断点**. 显然,如果 x_0 是 $f(x)$ 的间断点,则不外乎符合下列三种情况之一:

(1) $f(x_0)$ 没有定义,即无定义的点,肯定是函数的间断点;

(2) $f(x_0)$ 虽有定义,但 $\lim\limits_{x \to x_0} f(x)$ 不存在,即极限不存在的点,一定是函数的间断点;

(3) $f(x_0)$ 有定义,且 $\lim\limits_{x \to x_0} f(x)$ 存在,但 $\lim\limits_{x \to x_0} f(x) \neq f(x_0)$,即极限虽存在,但不等于该点的函数值的点,也是函数的间断点.

例如,函数 $y = \tan x$ 在点 $x=\dfrac{\pi}{2}$ 处没有定义,所以 $x=\dfrac{\pi}{2}$ 是此函数的间断点. 同理 $x=1$ 是函数 $y=\dfrac{x^2-1}{x-1}$ 的间断点. 函数 $y=\dfrac{1}{x}$ 在 $(0,1)$ 内连续,但在 $[0,1]$ 上不连续,因为 $x=0$ 是间断点.

若将上述三个条件中的第二个条件"$\lim\limits_{x \to x_0} f(x)$ 存在"的等价条件"在点 x_0 处的左、右极限存在且相等"来代替它,则可利用左、右极限来讨论分段函数在分段点处的连续性. 如例 3 中 $x=0$ 为连续点,例 4 中 $x=0$ 为不连续点.

2. 间断点的分类

根据函数产生间断点的三种不同情况,一般可将常见的函数间断点分为两类:

若点 x_0 为函数 $f(x)$ 的一个间断点,且 $f(x)$ 在 x_0 处的左、右极限都存在,则称点 x_0 为函数 $f(x)$ 的**第一类间断点**. 常见的有:跳跃间断点和可去间断点等.

反之,若点 x_0 为函数 $f(x)$ 的一个间断点,且 $f(x)$ 在 x_0 处的左、右极限至少有一个不存在,则称点 x_0 为函数 $f(x)$ 的**第二类间断点**. 常见的有:无穷间断点和振荡间断点等.

(1) 跳跃间断点

例 6 研究取整函数 $y=[x]$ 在点 $x=2$ 处的连续性.

解 因为当 $1 \leqslant x < 2$ 时，$[x]=1$；当 $2 \leqslant x < 3$ 时，$[x]=2$.

由于 $\lim\limits_{x \to 2^+}[x]=2=[2]$，$\lim\limits_{x \to 2^-}[x]=1 \neq [2]$，所以函数 $y=[x]$ 在点 $x=2$ 是右连续，但不是左连续.

所以函数 $y=[x]$ 在点 $x=2$ 处不连续即间断.

事实上，取整函数 $y=[x]$ 在任一整数点都不连续.

例 7 讨论符号函数

$$f(x) = \operatorname{sgn} x = \begin{cases} 1, & x > 0, \\ 0, & x = 0, \\ -1, & x < 0, \end{cases}$$

在点 $x=0$ 处是否连续？

解 因为

$$\lim_{x \to 0^-} f(x) = \lim_{x \to 0^-}(-1) = -1,$$

$$\lim_{x \to 0^+} f(x) = \lim_{x \to 0^+} 1 = 1.$$

所以，当 $x \to 0$ 时，函数的左、右极限虽然存在，但不相等，故函数 $y=\operatorname{sgn} x$ 在 $x=0$ 处极限不存在，于是符号函数在点 $x=0$ 处不连续（图 3-6）.

例 6、例 7 都有一个特点，即 $f(x)$ 在点 x_0 的左、右极限都存在，但不相等，像这一种间断点称为函数 $f(x)$ 的**跳跃间断点**，如例 4 中，$x=0$ 便是函数

$$f(x) = \begin{cases} x+1, & x \leqslant 0, \\ x^2, & x > 0, \end{cases}$$

的跳跃间断点（图 3-5）.

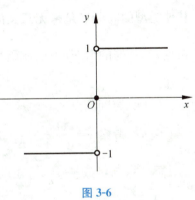

图 3-6

(2) 可去间断点

例 8 研究函数

$$f(x) = \begin{cases} \dfrac{\sin x}{x}, & x \neq 0, \\ 0, & x = 0, \end{cases}$$

在点 $x=0$ 处的连续性.

解 因为 $\lim\limits_{x \to 0} \dfrac{\sin x}{x} = 1 \neq 0 = f(0)$，

所以点 $x=0$ 是函数 $f(x)$ 的间断点.

在此例中，如果改变函数 $f(x)$ 在 $x=0$ 处的定义：令 $f(0) = \lim\limits_{x \to 0} f(x) = 1$，则函数 $f(x)$ 在点 $x=0$ 处便能连续了. 同样的，函数 $g(x) = x \sin \dfrac{1}{x}$ 在 $x=0$ 处也不连续，由于 $\lim\limits_{x \to 0} x \sin \dfrac{1}{x} = 0$，如果将 $g(x)$ 的定义域加以扩充，即补充定义：令 $g(0)=0$，则函数 $g(x)$ 在点 $x=0$ 处也能连续了，像这样的间断点有一个共同的特征，即函数 $f(x)$ 在点 x_0 处极限存在，但不等于 $f(x_0)$，或

$f(x_0)$根本就没有定义,这时称点 x_0 为函数 $f(x)$ 的**可去间断点**.

一般地,如果函数 $f(x)$ 在点 x_0 处存在极限,即

$$\lim_{x \to x_0} f(x) = A,$$

但 $f(x_0)$ 无定义,或 $f(x_0) \neq A$,此时可补充或改变 $f(x)$ 在点 x_0 处的定义:令 $f(x_0) = \lim_{x \to x_0} f(x) = A$,即定义一个新的函数 $F(x)$:

$$F(x) = \begin{cases} f(x), & x \neq x_0, \\ A, & x = x_0. \end{cases}$$

那么 $F(x)$ 在点 $x = x_0$ 处是连续的,函数 $F(x)$ 称为函数 $f(x)$ 在点 $x = x_0$ 处的**连续延拓函数**.

例如,例 8 中函数 $f(x)$ 在点 $x = 0$ 处的连续延拓函数为

$$F(x) = \begin{cases} \dfrac{\sin x}{x}, & x \neq 0, \\ 1, & x = 0. \end{cases}$$

必须指出的是,扩充函数定义域的这种办法,只有对有可去间断点的函数才有意义,对其他类型的间断点是毫无意义的,比如对函数 $y = \sin \dfrac{1}{x}$ 就行不通,因为无论怎么定义函数在点 $x = 0$ 处的值,都不能使函数连续.原因就在于 $f(x) = \sin \dfrac{1}{x}$ 在点 $x = 0$ 处的极限根本不存在.

(3) 无穷间断点

例 9 考察 $y = \dfrac{1}{x-1}$ 在 $x = 1$ 处的连续性.

解 因为函数 $y = \dfrac{1}{x-1}$ 在点 $x = 1$ 处没有定义,所以 $y = \dfrac{1}{x-1}$ 在点 $x = 1$ 处间断,即 $x = 1$ 是 $y = \dfrac{1}{x-1}$ 的间断点(图 3-7).

此例中,当 $x \to 1$ 时函数 $y = \dfrac{1}{x-1}$ 的绝对值无限增大,即 $\lim_{x \to 1} f(x) = \infty$,像这种间断点称为无穷间断点.

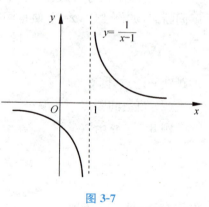

图 3-7

一般地,设 x_0 是函数 $y = f(x)$ 的间断点,如果当 $x \to x_0$ 时,函数 $f(x)$ 的绝对值无限增大,即 $\lim_{x \to x_0} f(x) = \infty$,则称 x_0 为 $f(x)$ 的**无穷间断点**.

(4) 振荡间断点

例 10 考察函数 $y = f(x) = \sin \dfrac{1}{x}$ 在点 $x = 0$ 处的连续性.

解 因为函数 $f(x) = \sin \dfrac{1}{x}$ 在点 $x = 0$ 处没有定义,所以 $x = 0$ 是它的间断点.

在此例中,因为当 $x \to 0$ 时,函数值在 -1 与 $+1$ 之间不断地往复振荡,像这种间断点称为振荡间断点(图 3-8).

一般地,设 x_0 是函数 $y=f(x)$ 的间断点,如果当 $x \to x_0$ 时,函数 $f(x)$ 的值不断地往复振荡而没有确定的极限,则称 x_0 是函数 $f(x)$ 的**振荡间断点**.

例 11 指出函数 $f(x)=e^{\frac{1}{x}}$ 的间断点,并说明其类型.

解 因为 $\lim\limits_{x \to 0^-} f(x) = \lim\limits_{x \to 0^-} e^{\frac{1}{x}} = 0$, $\lim\limits_{x \to 0^+} f(x) = \lim\limits_{x \to 0^+} e^{\frac{1}{x}} = +\infty$,

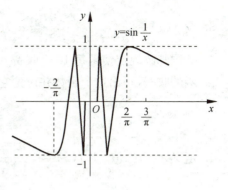

图 3-8

所以点 $x=0$ 是 $f(x)$ 的一个间断点,又因为 $f(x)=e^{\frac{1}{x}}$ 在点 $x=0$ 处的右极限不存在,故 $x=0$ 为函数 $f(x)=e^{\frac{1}{x}}$ 的第二类间断点.

三、连续函数求极限的简便法则

如果函数 $y=f(x)$ 在点 x_0 处连续,因为 $\lim\limits_{x \to x_0} x = x_0$,于是由函数连续性的定义 1 可得

$$\lim_{x \to x_0} f(x) = f(x_0) = f(\lim_{x \to x_0} x).$$

由此可得连续函数求极限的简便法则:**连续函数在连续点处的极限值就是函数在该点处的函数值**. 同时也表明,对连续函数 $f(x)$ 而言,极限符号 lim 与函数符号 f 可以交换次序.

例 12 求 $\lim\limits_{x \to \frac{\pi}{2}} \sin x$.

解 因为函数 $y=\sin x$ 在点 $x=\frac{\pi}{2}$ 处连续,所以

$$\lim_{x \to \frac{\pi}{2}} \sin x = \sin(\lim_{x \to \frac{\pi}{2}} x) = \sin \frac{\pi}{2} = 1.$$

对于较复杂的连续函数 $y=f(x)$,求连续点 x_0 处的极限时,才使用 $\lim\limits_{x \to x_0} f(x) = f(\lim\limits_{x \to x_0} x)$ 的写法,对于一般较简单的函数就写成 $\lim\limits_{x \to x_0} f(x) = f(x_0)$. 也就是说,求连续函数在连续点 x_0 处的极限值时可用代入法:直接将该点代入函数表达式求出函数值即可.

习题 3-1

(A)

1. 求函数 $y=\sqrt{1+x^2}$,当 $x=3$, $\Delta x = -0.2$ 时的增量.
2. 指出下列函数的间断点,并说明其类型,如果是可去间断点,试作出连续延拓函数.

   (1) $f(x) = \dfrac{\sin 5x}{x}$;

   (2) $f(x) = \dfrac{x^2-1}{x^3-3x+2}$;

   (3) $f(x) = \dfrac{1}{1+e^{\frac{1}{x-1}}}$;

   (4) $f(x) = \sin x \sin \dfrac{1}{x}$;

   (5) $f(x) = \begin{cases} x+1, & x<0, \\ 0, & x=0, \\ x-1, & x>0. \end{cases}$

3. 设 $f(x)=\begin{cases}e^x, & x<0,\\ a+x, & x\geq 0,\end{cases}$ 当 a 为何值时,函数 $f(x)$ 在点 $x=0$ 处是连续的.

4. 某国邮政规定信函每 10 克收费 0.12 元,不足 10 克部分以 10 克计算. 设 $f(x)$ 表示 x 克信函的收费,写出这个函数并讨论它的连续性.

(B)

1. 定义 $f(0)$ 的值,使 $f(x)=\dfrac{\sqrt{1+x}-1}{\sqrt[3]{1+x}-1}$ 在点 $x=0$ 处连续.

2. 设 $f(x)$ 在 $(-\infty,+\infty)$ 内有定义,且 $\lim\limits_{x\to\infty}f(x)=a$, $g(x)=\begin{cases}f\left(\dfrac{1}{x}\right), & x\neq 0,\\ 0, & x=0,\end{cases}$ 试讨论 $g(x)$ 在点 $x=0$ 处的连续性.

3. 利用函数连续的定义,证明下列函数在其定义域内处处连续.
   (1) $y=\sin x$;　　(2) $y=x|x|$;　　(3) $f(x)=\sqrt{x}$.

§3-2　连续函数的运算与初等函数的连续性

一、连续函数的四则运算

由于函数的连续性是通过极限来定义的,所以利用极限的四则运算法则,可以得到下列连续函数的四则运算性质.

定理 1　两个连续函数的和、差、积、商(分母不为 0)仍是连续函数.

证　只证"和"的情形,其他证法类似.

设 $y=f(x), z=g(x)$ 是定义在 X 上的连续函数,作辅助函数
$$U(x)=y+z=f(x)+g(x),$$
任取 $x_0\in X$,则有
$$\lim_{x\to x_0}U(x)=\lim_{x\to x_0}[f(x)+g(x)]=\lim_{x\to x_0}f(x)+\lim_{x\to x_0}g(x)$$
$$=f(x_0)+g(x_0)=U(x_0).$$

所以 $U(x)=f(x)+g(x)$ 在点 x_0 处连续. 由于 x_0 的任意性,便知连续函数 y 与 z 的和在 X 上连续.

前已证,$\sin x$ 和 $\cos x$ 在其定义域内连续,由连续函数的四则运算法则可知,正切函数 $y=\tan x$ 和余切函数 $y=\cot x$ 在其定义域内也连续.

二、反函数的连续性

定理 2　单调连续函数的反函数仍是单调连续函数(证明从略).

因为正弦函数 $y=\sin x$ 在 $\left[-\dfrac{\pi}{2},\dfrac{\pi}{2}\right]$ 上是单调增加的连续函数,所以由定理 2 知,它的反函数 $y=\arcsin x$ 在对应区间 $[-1,1]$ 上也是单调增加的连续函数(图 3-9(a)及(b)).

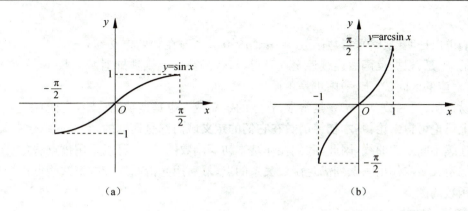

图 3-9

同理可得，$y=\arccos x$ 在 $[-1,1]$ 上单调减少且连续；$y=\arctan x$ 在 $(-\infty,+\infty)$ 内单调增加且连续；$y=\operatorname{arccot} x$ 在 $(-\infty,+\infty)$ 内单调减少且连续.

总之，反三角函数在它们的定义域内是连续的.

三、复合函数的连续性

定理 3 连续函数的复合函数仍是连续函数. 即设函数 $u=\varphi(x)$ 在点 x_0 处连续，$y=f(u)$ 在对应的函数值点 $u_0=\varphi(x_0)$ 处连续，则复合函数 $y=f[\varphi(x)]$ 在点 x_0 处连续.

证 因为 $u=\varphi(x)$ 在点 x_0 处连续，即当 $x\to x_0$ 时，有 $u\to u_0$，所以

$$\lim_{x\to x_0}f[\varphi(x)]=\lim_{u\to u_0}f(u)=f(u_0)=f[\varphi(x_0)],$$

因此，$f[\varphi(x)]$ 在点 x_0 处连续.

上式又可以改写为

$$\lim_{x\to x_0}f[\varphi(x)]=\lim_{u\to u_0}f(u)=f(u_0)=f[\lim_{x\to x_0}\varphi(x)].$$

由此更进一步可得，**复合函数取极限法则**：如果 $u=\varphi(x)$ 在点 x_0 处的极限存在，又 $y=f(u)$ 在相应的极限值点 $u_0(=\lim_{x\to x_0}\varphi(x))$ 处连续，则极限符号可以与函数符号交换.

例 1 讨论函数 $y=\cos\dfrac{1}{x^2}$ 的连续性.

解 函数 $y=\cos\dfrac{1}{x^2}$ 可看作是由下列函数

$$y=\cos u,\quad u=\dfrac{1}{x^2}$$

复合而成的复合函数. 函数 $u=\dfrac{1}{x^2}$ 在区间 $(-\infty,0)$ 和 $(0,+\infty)$ 内是连续的；而函数 $y=\cos u$ 在区间 $(-\infty,+\infty)$ 内是连续的. 根据定理 3 可知，复合函数 $y=\cos\dfrac{1}{x^2}$ 在区间 $(-\infty,0)$ 和 $(0,+\infty)$ 内也是连续的.

四、初等函数连续性

1. 基本初等函数的连续性

前面已经知道，常数函数 $y=C$（C 为常数）和三角函数与反三角函数在它们的定义域内都

是连续的.

我们可以证明(从略),指数函数 $y=a^x(a>0,a\neq 1)$ 在它的定义域 $(-\infty,+\infty)$ 内是单调且连续的. 于是,根据反函数连续性定理可得,指数函数的反函数即对数函数 $y=\log_a x(a>0,a\neq 1)$ 在对应的区间 $(0,+\infty)$ 内也是单调且连续的.

容易证明,幂函数 $y=x^\alpha$(α 是常数)在它的定义域内也是连续的(读者自证).

综上讨论可得**结论:基本初等函数在它们的定义域内都是连续的**,它们的图像在其定义域内都是连续不间断的曲线,因此,我们在作基本初等函数图像时,可以采用描点法:先在坐标系中函数的定义域内作出一系列满足函数关系的点,然后用光滑曲线依次把这些点连接起来,便得这个函数的图像.

2. 初等函数的连续性

在第一章我们已经知道初等函数是指由基本初等函数经过有限次四则运算和有限次复合并可用一个式子表示的函数. 而在有定义的区间内,基本初等函数是连续的,有限个连续函数的和、差、积、商以及复合而成的函数也都是连续函数,于是可得下面非常重要的**结论:一切初等函数在其定义区间内都是连续的**. 所谓定义区间,就是包含在定义域内的区间.

这一结论很重要,因为微积分的研究对象主要是连续函数. 微积分中的许多重要概念都与函数的连续性有关,而一般应用中所碰到的函数基本上是初等函数,其连续性的条件总是满足的. 从而使得"天地间通用的"微积分从诞生之日起就萌发于丰厚的沃土,因而有强大的生命力和广阔的应用前景.

比如,这个定理给我们提供了微积分中经常遇到的计算初等函数极限的很简便的方法,如果函数是初等函数,应用连续函数求极限的简便法则,可知要求初等函数在其定义区间内某点处的极限只需算出函数在该点处的函数值即可. 这样就可以把求极限的复杂问题转化为求函数值问题,从而大大简化了求极限的手续.

例 2 求 $\lim\limits_{x\to\frac{\pi}{2}}\ln(\sin x)$.

解 因为函数 $y=\ln(\sin x)$ 是初等函数,显然它在 $(0,\pi)$ 内有定义,又 $x_0=\frac{\pi}{2}\in(0,\pi)$,因而函数在点 $x_0=\frac{\pi}{2}$ 处连续,所以可应用连续函数求极限的简便法则,即

$$\lim_{x\to\frac{\pi}{2}}\ln(\sin x)=\ln(\lim_{x\to\frac{\pi}{2}}\sin x)=\ln\sin(\lim_{x\to\frac{\pi}{2}}x)$$

$$=\ln\sin\frac{\pi}{2}=\ln 1=0.$$

熟练后可简化求极限的过程.

例 3 求 $\lim\limits_{x\to 1}\dfrac{(x^2+1)\sin\frac{\pi}{2}x}{\sqrt{1+x}}$.

解 因为 $f(x)=\dfrac{(x^2+1)\sin\frac{\pi}{2}x}{\sqrt{1+x}}$ 是初等函数,显然它在点 $x\neq -1$ 处均有定义,所以

$$\lim_{x\to 1}\dfrac{(x^2+1)\sin\frac{\pi}{2}x}{\sqrt{1+x}}=\dfrac{(1^2+1)\sin\frac{\pi}{2}}{\sqrt{1+1}}=\sqrt{2}.$$

例 4 求下列函数的连续区间：

(1) $y=\sqrt{x^2-4x+3}$； (2) $y=f(x)=\begin{cases}\dfrac{1}{x-1}, & x<0,\\ x-4, & x\geqslant 0.\end{cases}$

解 (1) 因为 $y=\sqrt{x^2-4x+3}$ 是初等函数，而初等函数在其定义区间内是连续的，所以求初等函数的连续区间就是求它的定义区间. 从 $x^2-4x+3\geqslant 0$ 即 $(x-1)(x-3)\geqslant 0$，解得定义区间为 $(-\infty,1]$ 及 $[3,+\infty)$. 于是所求函数 $y=\sqrt{x^2-4x+3}$ 的连续区间为 $(-\infty,1]\cup[3,+\infty)$.

(2) 该函数为分段函数，当 $x<0$ 或 $x>0$ 时，函数都是连续的. 现只需考虑分段点 $x=0$ 处是否连续.

当 $x=0$ 时，函数有定义且 $f(0)=(x-4)|_{x=0}=-4$，左、右极限分别为

$$\lim_{x\to 0^-}\frac{1}{x-1}=-1;\quad \lim_{x\to 0^+}(x-4)=-4.$$

因左、右极限不相等，故函数 $f(x)$ 在 $x=0$ 处不连续但右连续，于是所求函数 $f(x)$ 的连续区间为 $(-\infty,0)$ 和 $[0,+\infty)$.

例 5 求 $\lim\limits_{x\to 0}\dfrac{\ln(1+x)}{x}$.

解 设 $y=\ln u, u=(1+x)^{\frac{1}{x}}$ 构成复合函数

$$y=\ln(1+x)^{\frac{1}{x}}=\frac{\ln(1+x)}{x}.$$

因为 $\lim\limits_{x\to 0}u=\lim\limits_{x\to 0}(1+x)^{\frac{1}{x}}=e$，即函数 $u=(1+x)^{\frac{1}{x}}$ 在点 $x=0$ 处的极限存在，而根据初等函数连续性可知 $y=\ln u$ 在相应的极限值点 $u=e$ 处连续，故由复合函数取极限法则可知极限符号可以与函数符号交换，从而有

$$\lim_{x\to 0}\frac{\ln(1+x)}{x}=\lim_{x\to 0}\ln(1+x)^{\frac{1}{x}}=\ln[\lim_{x\to 0}(1+x)^{\frac{1}{x}}]$$
$$=\ln e=1.$$

例 6 求 $\lim\limits_{x\to 0}\dfrac{a^x-1}{x}(a>0,a\neq 1)$.

解 设 $y=a^x-1$，则 $\ln(y+1)=x\ln a, x=\dfrac{\ln(1+y)}{\ln a}$，并且当 $x\to 0$ 时，$y\to 0$. 所以有

$$\lim_{x\to 0}\frac{a^x-1}{x}=\lim_{y\to 0}\frac{y}{\dfrac{\ln(1+y)}{\ln a}}=\lim_{y\to 0}\frac{\ln a}{\dfrac{\ln(1+y)}{y}}=\frac{\ln a}{1}=\ln a.$$

特别，当 $a=e$ 时，$\lim\limits_{x\to 0}\dfrac{e^x-1}{x}=1$.

由例 5、例 6 可知，当 $x\to 0$ 时，$\ln(1+x)\sim x, a^x-1\sim x\ln a(a>0,a\neq 1), e^x-1\sim x$.

注 不能认为 $a=1$ 时，$a^x-1\sim x\ln a(x\to 0)$ 也成立. 一方面 $a=1$ 时，a^x 不再是指数函数，它只能理解成是恒为 1 的常数函数；另一方面，无穷小量阶的比较只针对非零无穷小量.

例 7 求 $\lim\limits_{h\to 0}\dfrac{a^{x+h}+a^{x-h}-2a^x}{h^2}(a>0)$.

解 原式 $= \lim\limits_{h\to 0} a^{x-h} \cdot \dfrac{a^{2h}-2a^h+1}{h^2} = a^x \lim\limits_{h\to 0}\left(\dfrac{a^h-1}{h}\right)^2 = a^x \left(\lim\limits_{h\to 0}\dfrac{a^h-1}{h}\right)^2 = a^x \ln^2 a.$

例 8 求 $\lim\limits_{x\to 0}\dfrac{e^{2x}-1}{x}.$

解 当 $x\to 0$ 时,$e^{2x}-1 \sim 2x$,于是

$$\lim\limits_{x\to 0}\dfrac{e^{2x}-1}{x} = \lim\limits_{x\to 0}\dfrac{2x}{x} = 2.$$

习题 3-2

(A)

1. 求下列极限:

   (1) $\lim\limits_{x\to 0}\dfrac{\ln(1+x^2)}{\cos x};$

   (2) $\lim\limits_{x\to 0}\dfrac{e^x\cos x+5}{1+x^2+\ln(1-x)};$

   (3) $\lim\limits_{x\to 0}\dfrac{e^{ax}-e^{bx}}{x};$

   (4) $\lim\limits_{\alpha\to\beta}\dfrac{e^\alpha-e^\beta}{\alpha-\beta};$

   (5) $\lim\limits_{x\to\infty}\left(\dfrac{x+a}{x-a}\right)^x;$

   (6) $\lim\limits_{x\to 0}(1+\sin x)^{\cot x};$

   (7) $\lim\limits_{x\to\infty}\dfrac{1}{1+e^{\frac{1}{x}}};$

   (8) $\lim\limits_{x\to 0}\dfrac{\ln(a+x)-\ln a}{x}\ (a>0);$

   (9) $\lim\limits_{x\to 0}\ln\dfrac{\sin x}{x};$

   (10) $\lim\limits_{x\to 0}\dfrac{\ln(1+x^2)}{x\sin x}.$

2. 求函数 $f(x)=\dfrac{x+2}{x^3+x^2-2x}$ 的连续区间,并求极限 $\lim\limits_{x\to -2}f(x)$ 及 $\lim\limits_{x\to 2}f(x).$

3. 设 $f(x)=\begin{cases}\dfrac{1}{x}\sin x, & x<0, \\ k, & x=0, \\ x\sin\dfrac{1}{x}+1, & x>0,\end{cases}$ 当 k 取什么值时,函数 $f(x)$ 在其定义域内连续?

4. 求 $f(x)=\begin{cases}\dfrac{x^2-16}{x-4}, & x\neq 4, \\ a, & x=4,\end{cases}$ 当 a 取什么值时函数连续?

5. 求 $f(x)=\begin{cases}\dfrac{\ln(1+x)}{x}, & x>0, \\ 0, & x=0, \\ \dfrac{\sqrt{1+x}-\sqrt{1-x}}{x}, & -1\leqslant x<0,\end{cases}$ 的连续区间?

(B)

1. 设 $a>0, b>0$ 且 $f(x)=\begin{cases}\dfrac{\sin ax}{x}, & x<0, \\ 2, & x=0, \\ (1+bx)^{\frac{1}{x}}, & x>0,\end{cases}$ 在 $(-\infty,+\infty)$ 内处处连续,求 a,b 的值.

2. 设 $f(x)$ 在点 $x=1$ 处连续，且 $x\to 1$ 时，$\dfrac{f(x)-2x}{x-1}-\dfrac{1}{\ln x}$ 是有界量，求 $f(1)$。

3. 讨论下列函数的连续性

(1) $y=\dfrac{3x^2+1}{x^2}$；

(2) $f(x)=\begin{cases} x^2, & -\infty<x\leqslant 1, \\ 2-x, & 1<x<+\infty; \end{cases}$

(3) $f(x)=\begin{cases} \dfrac{x^2-1}{x-1}, & x\neq 1, \\ \dfrac{1}{2}, & x=1; \end{cases}$

(4) $f(x)=\begin{cases} 2x+1, & x<0, \\ 0, & x=0, \\ 2x-1, & x>0. \end{cases}$

§3-3 闭区间上连续函数的性质

在第一节中，我们给出了在闭区间上连续函数的定义．闭区间连续函数有以下几个重要性质，这些性质从几何上看是比较明显的，它们的证明涉及严密的实数理论，已超出本书的范围，故略去．我们只借助几何来理解．这些性质在后面的讨论中会经常用到，故要求读者结合图像熟悉并学会运用这些性质．

一、有界性定理

定理 1 若函数 $f(x)$ 在闭区间 $[a,b]$ 上连续，则 $f(x)$ 在该闭区间上有界，即存在数 $N>0$，使
$$|f(x)|<N, \quad x\in[a,b].$$
这个定理的几何意义是：$f(x)$ 的图像位于与 x 轴平行的两直线 $y=N$ 和 $y=-N$ 之间（图 3-10）．

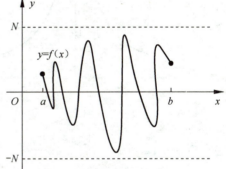

图 3-10

二、最大值和最小值定理

定理 2 若函数 $f(x)$ 在闭区间 $[a,b]$ 上连续，则 $f(x)$ 在该闭区间上一定有最大值和最小值．也就是说，存在 x_1、$x_2\in[a,b]$，使对一切 $x\in[a,b]$，$f(x_1)\leqslant f(x)\leqslant f(x_2)$ 成立．

定理告诉我们，在闭区间上连续的函数，在该闭区间上至少取得它的最大值和最小值各一次．

图 3-11 给出了该定理的直观的几何图像．曲线弧是闭区间 $[a,b]$ 上连续函数 $y=f(x)$ 的图像，它可以笔不离纸地从 A 画到 B．在该曲线上，至少存在一个最高点 $C(x_1,f(x_1))$，也至少存在一个最低点 $D(x_2,f(x_2))$．显然 $f(x_1)\geqslant f(x)(x\in[a,b])$，$f(x_2)\leqslant f(x)(x\in[a,b])$．$f(x_1)$ 和 $f(x_2)$ 分别是函数 $f(x)$ 在闭区间 $[a,b]$ 上的最大值和最小值．

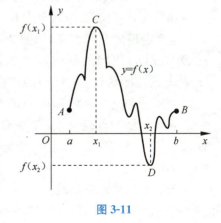

图 3-11

注：定理中提出的"闭区间"和"连续"两个条件很重要，满足时结论一定成立，不满足时结

论可能成立,也可能不成立.

例如函数 $y=\dfrac{1}{|x|}$ 在闭区间$[-1,1]$上不连续,它不存在最大值(图 3-12).

又如函数 $y=\tan x$ 在开区间 $\left(-\dfrac{\pi}{2},\dfrac{\pi}{2}\right)$ 内连续,它既不存在最大值,也不存在最小值.

然而函数
$$y=\begin{cases}x, & 0<x<1,\\ x-1, & 1\leqslant x\leqslant 2.\end{cases}$$

的定义域$(0,2]$不是闭区间,而且它在该区间上也不连续,但它既存在最大值 $f(2)=1$,也存在最小值 $f(1)=0$(图 3-13).可见在应用定理时应注意搞清充分条件与结论之间的逻辑关系.

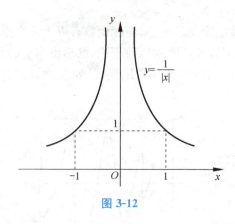

图 3-12

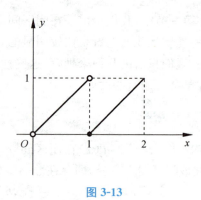

图 3-13

三、介值定理

定理 3 若函数 $f(x)$ 在闭区间$[a,b]$上连续,且在该闭区间的两端点取不同函数值即 $f(a)\neq f(b)$,那么不论 μ 为介于 $f(a)$ 与 $f(b)$ 之间的怎样一个数,即 $f(a)<\mu<f(b)$ 或 $f(a)>\mu>f(b)$,在开区间(a,b)内至少有一个点 ξ,使得 $f(\xi)=\mu$.

这个定理的几何意义,如图 3-14 所示,若 μ 是 $f(a)$ 与 $f(b)$ 之间的任何一个数,那么当闭区间$[a,b]$上的连续函数 $y=f(x)$ 的图像从 A 连续画到 B 时,连续曲线 $y=f(x)$ 和在 $f(a)$ 与 $f(b)$ 之间任何一条平行 x 轴的直线 $y=\mu$ 至少有一个交点. 图中有三个交点 P_1、P_2、P_3,它们的横坐标分别为 ξ_1、ξ_2、$\xi_3\in(a,b)$.

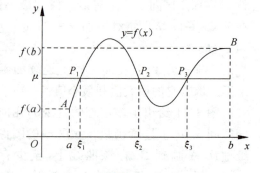

图 3-14

推论 1 (中间值定理)

在闭区间上连续的函数必取得介于最大值 M 和最小值 N 之间的任何一个中间值 $C(N<C<M)$.

设 $M=f(x_1),N=f(x_2)$,而 $M\neq N$. 在闭区间$[x_1,x_2]$(或$[x_2,x_1]$)上应用介值定理,即

得上述推论.

推论 2 （零点定理）

在闭区间两端点处的函数值异号的连续函数，在该区间内至少有一个**零点**①.

这就是说，若函数 $f(x)$ 在闭区间 $[a,b]$ 上连续，且在两端点处的函数值 $f(a)$ 与 $f(b)$ 异号即 $f(a)\cdot f(b)<0$，则在开区间 (a,b) 内至少存在一个点 ξ，使 $f(\xi)=0(a<\xi<b)$.

推论 2 的几何意义如图 3-15 所示，如果点 $A(a,f(a))$ 与点 $B(b,f(b))$ 分别在 x 轴的两侧，那么连接这两点的连

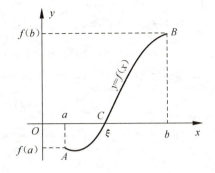

图 3-15

续曲线 $y=f(x)$ 从 x 轴下侧的点 A（纵坐标 $f(a)<0$）笔不离纸地画到 x 轴上侧的点 B（纵坐标 $f(b)>0$）时，与 x 轴至少有一个交点 $C(\xi,0)$. 此推论表明：若方程 $f(x)=0$ 左端的连续函数 $f(x)$ 在闭区间 $[a,b]$ 两个端点处的函数值异号，则该方程 $f(x)=0$ 在开区间 (a,b) 内至少存在一个实根 ξ. 所以推论 2 也叫**根存在定理**. 利用它，可以证明根的存在性.

注：上述所有定理和推论都是对闭区间上连续函数进行讨论的. 像最值定理一样，我们也可以通过例子说明，若把闭区间换成开区间或函数不连续，则结论就不一定成立了（读者可自己举例说明）.

例 1 证明：超越方程 $2^x=4x$ 在 $\left(0,\dfrac{1}{2}\right)$ 内至少存在一个实根.

证 令 $f(x)=2^x-4x$，显然 $f(x)$ 在 $\left[0,\dfrac{1}{2}\right]$ 上连续，且 $f(0)=1>0, f\left(\dfrac{1}{2}\right)=\sqrt{2}-2<0$，根据零点定理，$f(x)$ 在 $\left(0,\dfrac{1}{2}\right)$ 内至少存在一个零点，即超越方程 $2^x=4x$ 在 $\left(0,\dfrac{1}{2}\right)$ 内至少存在一个实根.

例 2 证明：若函数 $f(x)$ 与 $g(x)$ 在 $[a,b]$ 上连续，且 $f(a)\leqslant g(a), f(b)\geqslant g(b)$，则存在 $\xi\in[a,b]$，使 $f(\xi)=g(\xi)$.

证 令 $F(x)=f(x)-g(x)$，显然 $F(x)$ 在 $[a,b]$ 上连续，又 $F(a)=f(a)-g(a)\leqslant 0$，$F(b)=f(b)-g(b)\geqslant 0$.

若 $F(a)=0$，则取 $\xi=a$，此时有 $F(\xi)=0$ 即 $f(\xi)=g(\xi)$.

若 $F(b)=0$，则取 $\xi=b$，此时有 $F(\xi)=0$ 即 $f(\xi)=g(\xi)$.

若 $F(a)\neq 0, F(b)\neq 0$，则 $F(a)\cdot F(b)<0$，由零点定理可得，$F(x)$ 在 (a,b) 内至少存在一个点 ξ，使 $F(\xi)=0$，即 $f(\xi)=g(\xi)$.

综上所述，在 $[a,b]$ 上必存在一点 ξ，使 $f(\xi)=g(\xi)$.

习题 3-3

(A)

1. 证明下列函数存在零点.

---

① 如果点 x_0 使得 $f(x_0)=0$，则称 x_0 为函数 $f(x)$ 的零点，或称 x_0 为方程 $f(x)=0$ 的根.

(1) $f(x)=x^2\cos x-\sin x$ 在 $\left(\pi,\dfrac{3}{2}\pi\right)$ 内至少有一个零点;

(2) $f(x)=x^5-2x^2+x+1$ 在 $(-1,1)$ 内至少有一个零点.

2. 证明若 $f(x)$ 在 $[a,b]$ 上连续,$a<x_1<x_2<\cdots<x_n<b$,则在 $[x_1,x_n]$ 上必存在 ξ,使得
$$f(\xi)=\dfrac{f(x_1)+f(x_2)+\cdots+f(x_n)}{n}.$$

3. 证明方程 $xe^{2x}-1=0$ 至少有一个实根.

(B)

1. 设函数 $f(x)$ 在 $[0,2a]$ 上连续,且 $f(0)=f(2a)$,证明在闭区间 $[0,a]$ 上至少存在某个数 ξ,使得 $f(\xi)=f(\xi+a)$.

2. 证明方程 $x=a\sin x+b(a>0,b>0)$ 至少有一个正根,并且不超过 $a+b$.

3. 设 $f(x)$ 在 $[a,b]$ 上连续且无零点,证明 $f(x)$ 在 $[a,b]$ 上不变号.

学习指导

一、重难点剖析

1. 函数的点连续的等价定义,以下四种表述均可作为函数 $f(x)$ 在点 x_0 处连续的定义:

(1) $\lim\limits_{x\to x_0}f(x)=f(x_0)$;

(2) $=\lim\limits_{\Delta x\to 0}[f(x_0+\Delta x)-f(x_0)]=0$;

(3) $\lim\limits_{x\to x_0}[f(x)-f(x_0)]=0$;

(4) $\forall \varepsilon>0,\exists\delta>0$,当 $|x-x_0|<\delta$ 时,恒有 $|f(x)-f(x_0)|<\varepsilon$.

2. 连续性是函数的基本性质,它是用极限的方法研究函数的性质. **连续的三个要素为**:有定义,有极限,极限值等于函数值. 这三个要素主要部分是有极限.

3. 讨论函数的连续性和利用函数连续性求极限需注意几个问题:

(1) 初等函数在其定义区间内是连续的,它的间断点就是函数没有定义的点;

(2) 对于分段函数要考虑左、右极限,除了无定义的点外,分段点也可能是间断点;

(3) 把函数运算与极限运算结合作用,在连续的条件下,函数与极限记号的次序可以交换.

4. 函数在点 x_0 处连续时,不一定在 x_0 的所有邻域内也是连续的.

5. 函数定义域与连续区间是两个不同概念. 初等函数的连续区间即为其定义区间,分段函数的连续区间为各段上定义开区间与连续或左(右)连续的分段点的并区间.

6. 函数 $f(x)$ 在点 x_0 处有定义、有极限、连续,这三个概念间的关系如图 3-16 所示.

7. 零点定理可用于讨论方程根的存在性,但不能说明根的唯一性问题.

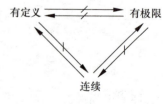

图 3-16

二、解题方法技巧

1. 判断连续函数的方法：

(1) 初等函数及其复合函数在其定义区间内连续.

(2) 利用等价条件和性质证明函数连续性：即用 $f(x_0+0)=f(x_0-0)=f(x_0)$.

(3) 对于分段函数连续性，一般多用左、右极限存在且相等，并等于该点函数值的方法.

(4) 利用定义法：一般需要适当放大表达式 $|f(x)-f(x_0)|$，去满足 $|x-x_0|<\delta$，使 $|f(x)-f(x_0)|$ 的放大表达式中尽量有 $|x-x_0|$ 的因子.

2. 求函数的间断点并判定其类型的解题步骤：

(1) 找出间断点 $x_1, x_2, \cdots, x_k$；

(2) 对每一个间断点 x_i，求极限 $\lim\limits_{x\to x_i^-} f(x)$ 及 $\lim\limits_{x\to x_i^+} f(x)$；

(3) 判定类型：极限为常数时，属第一类间断点，且为可去间断点；左、右极限存在但不相等时，属第一类间断点，且为跳跃间断点；左、右极限至少有一个不存在时，属第二类间断点；极限为 ∞ 时，属于第二类间断点，且为无穷间断点.

3. 幂指函数极限 $\lim\limits_{x\to x_0}[f(x)]^{g(x)}$ 的求法：

一般是将幂指函数 $[f(x)]^{g(x)}$ 变成指数复合函数 $e^{g(x)\ln f(x)}$，再利用指数函数的连续性将所求的极限转化成求极限 $\lim\limits_{x\to x_0} g(x)\ln f(x)$. 在求极限 $\lim\limits_{x\to x_0} g(x)\ln f(x)$ 中可以利用第二章关于求极限的方法，尤其是无穷小等价替换的方法，这样可使计算更简捷.

4. 利用闭区间连续函数的性质讨论方程的实根问题的步骤：

(1) 利用零点定理和介值定理先证明实根存在；

(2) 用函数单调性证明其唯一.

5. 利用闭区间连续函数的性质证明某些命题一般采用两种方法：

(1) 直接法，先利用最值定理，再利用介值定理，有可能需把函数作一些小变形.

(2) 间接法，先作辅助函数 $F(x)$，再利用零点定理. 辅助函数作法是首先把结论中的 ξ(或 x_0)改写成 x，其次移项，使等式右边为零，令左边子为 $F(x)$，则 $F(x)$ 即为所求.

三、典型例题分析

1. 讨论函数的连续性或求函数的连续区间.

例 1 讨论下列函数的连续性：

(1) $f(x)=\dfrac{1}{2}(x+|x|)$；　　　　(2) $g(x)=\begin{cases}\dfrac{e^{\frac{1}{x}}-1}{e^{\frac{1}{x}}+1}, & x\neq 0, \\ 1, & x=0.\end{cases}$

[**解答分析**]　$f(x)$ 和 $g(x)$ 都是分段函数，而且每一段上都是初等函数的形式，它们在各自定义区间内连续，因此要讨论分段函数的连续性，主要讨论分段函数在分段点处的连续性，这可根据函数在一点处连续的充要条件来确定.

解　(1) $f(x)=\dfrac{1}{2}(x+|x|)=\begin{cases}0, & x<0, \\ x, & x\geqslant 0\end{cases}$

在区间$(-\infty,0)$内,$f(x)=0$是处处连续的;在区间$(0,+\infty)$内,$f(x)=x$是处处连续的;在分段点$x=0$处,函数的左、右极限为

$$f(0-0)=0, \quad f(0+0)=\lim_{x\to 0^+}x=0.$$

由于$f(0-0)=f(0+0)=0$,即$\lim_{x\to 0}f(x)=0$;又因$f(0)=0$,亦即

$$\lim_{x\to 0}f(x)=f(0),$$

所以函数$f(x)$在$x=0$处连续.

于是,函数$f(x)$在它的定义域$(-\infty,+\infty)$内处处连续.

(2) 当$x\neq 0$时,$g(x)$是初等函数,故在它的定义区间$(-\infty,0)$及$(0,+\infty)$内都是连续的. 当$x=0$时,函数的左、右极限分别为:

$$g(0-0)=\lim_{x\to 0^-}\frac{e^{\frac{1}{x}}-1}{e^{\frac{1}{x}}+1}=-1(因为\lim_{x\to 0^-}e^{\frac{1}{x}}=0),$$

$$g(0+0)=\lim_{x\to 0^+}\frac{e^{\frac{1}{x}}-1}{e^{\frac{1}{x}}+1}=\lim_{x\to 0^+}\frac{1-e^{-\frac{1}{x}}}{1+e^{-\frac{1}{x}}}=1\left(因为\lim_{x\to 0^+}e^{-\frac{1}{x}}=\lim_{x\to 0^+}\frac{1}{e^{\frac{1}{x}}}=0\right).$$

由于$g(0-0)\neq g(0+0)$,所以$g(x)$在$x=0$处不连续.

例2 问a取何值时,可使函数

$$f(x)=\begin{cases}\dfrac{\sin 2x}{x}, & x\neq 0,\\ a, & x=0\end{cases}$$

在定义域内是连续的?

[解答分析] $\dfrac{\sin 2x}{x}$是初等函数,它在定义区间内连续. 因此要使分段函数$f(x)$在定义域$(-\infty,+\infty)$内连续,只需使得$f(x)$在$x=0$处连续.

解 当$x\neq 0$,时,因$f(x)=\dfrac{\sin 2x}{x}$是初等函数且有定义,故$f(x)$在其定义区间$(-\infty,0)$及$(0,+\infty)$内是连续的;

当$x=0$时,由于$\lim_{x\to 0}f(x)=\lim_{x\to 0}\dfrac{\sin 2x}{x}=2$,所以$a$应取2时,才能使$f(x)$在$x=0$处连续,从而使$f(x)$在定义域$(-\infty,+\infty)$内连续.

例3 求下列函数连续区间:

(1) $f(x)=\dfrac{1}{\lg(1-x)}$;   (2) $g(x)=\begin{cases}x^2+1, & x\leqslant 0,\\ e^x, & x>0.\end{cases}$

[解答分析] $f(x)$是初等函数,求连续区间即求定义区间. $g(x)$是分段函数,当$x<0$或$x>0$时,按初等函数考虑,$g(x)$是连续的,求它的连续区间,只需考虑在分段点$x=0$处是否连续.

解 (1) 因为$\lg(1-x)\neq 0$,即$1-x\neq 1$,$x\neq 0$;又因为$1-x>0$,即$x<1$,所以函数$f(x)$的定义域是:$(-\infty,0)\cup(0,1)$,即为所求的连续区间.

(2) $g(x)$是分段函数,当$x<0$或$x>0$时,$g(x)$是初等函数,故$g(x)$在$(-\infty,0)\cup(0,+\infty)$内是连续的.

在分段点$x=0$处,因为$g(0)=(x^2+1)|_{x=0}=1$,且左、右极限分别为:

$$g(0-0) = \lim_{x \to 0^-}(x^2+1) = 1, \quad g(0+0) = \lim_{x \to 0^+} e^x = 1.$$

由于 $g(0-0) = g(0+0) = g(0)$,

所以 $g(x)$ 在 $x=0$ 处连续. 因此 $g(x)$ 的连续区间为 $(-\infty, +\infty)$.

2. 求函数的间断点并判别间断点的类型.

例 4 求下列函数的间断点,并判别间断点的类型:

(1) $f(x) = \dfrac{x+2}{x^3+x^2-2x}$; 　　(2) $f(x) = 2^{\frac{1}{x-1}}$;

(3) $f(x) = \dfrac{x}{\sin x}$; 　　(4) $f(x) = \begin{cases} \dfrac{|x|}{x}, & x \neq 0, \\ 0, & x = 0. \end{cases}$

[**解答分析**]　前三个函数为初等函数,找出它们没有定义的点即为间断点;(4)为分段函数,除了无定义点外,主要考虑分段点是否为间断点,再根据左右极限判别其类型.

解　(1) $f(x) = \dfrac{x+2}{x(x-1)(x+2)}$ 在点 $x=0,1,-2$ 处无定义,故点 $x_1=0, x_2=1, x_3=-2$ 都是 $f(x)$ 的间断点.

在 $x_1 = 0$ 处,因为

$$\lim_{x \to 0} f(x) = \lim_{x \to 0} \frac{x+2}{x(x-1)(x+2)} = \lim_{x \to 0} \frac{1}{x(x-1)} = \infty,$$

所以,$x_1 = 0$ 是无穷间断点,属于第二类间断点.

在 $x_2 = 1$ 处,因为

$$\lim_{x \to 1} f(x) = \lim_{x \to 1} \frac{x+2}{x(x-1)(x+2)} = \lim_{x \to 1} \frac{1}{x(x-1)} = \infty,$$

所以,$x_2 = 1$ 也是第二类间断点,且为无穷间断点.

在 $x_3 = -2$ 处,因为

$$\lim_{x \to -2} f(x) = \lim_{x \to -2} \frac{x+2}{x(x-1)(x+2)} = \lim_{x \to -2} \frac{1}{x(x-1)} = \frac{1}{6},$$

所以,$x_3 = -2$ 是 $f(x)$ 的第一类间断点,且为可去间断点.

(2) $f(x) = 2^{\frac{1}{x-1}}$ 在 $x=1$ 处没有定义,所以 $x=1$ 是间断点. 又因为左、右极限分别为

$$f(1-0) = \lim_{x \to 1^-} f(x) = \lim_{x \to 1^-} 2^{\frac{1}{x-1}} = 0,$$

$$f(1+0) = \lim_{x \to 1^+} f(x) = \lim_{x \to 1^+} 2^{\frac{1}{x-1}} = +\infty,$$

所以,$x=1$ 是第二类间断点.

(3) 当 $x = k\pi (k=0, \pm 1, \pm 2, \cdots)$ 时,$f(x) = \dfrac{x}{\sin x}$ 没有定义,故 $x = k\pi (k=0, \pm 1, \pm 2, \cdots)$ 是 $f(x)$ 的间断点. 又因为

$$\lim_{x \to 0} f(x) = \lim_{x \to 0} \frac{x}{\sin x} = 1$$

$$\lim_{x \to k\pi} f(x) = \lim_{x \to k\pi} \frac{x}{\sin x} = \infty (k = \pm 1, \pm 2, \cdots),$$

所以 $x=0$ 是第一类间断点,且是可去间断点;而 $x=k\pi(k=\pm 1,\pm 2,\cdots)$ 是第二类间断点,且都是无穷间断点.

(4) $f(x)=\begin{cases}\dfrac{|x|}{x},& x\neq 0,\\ 0,& x=0\end{cases}$ 是分段函数.按绝对值的定义,函数可表示为

$$f(x)=\begin{cases}\dfrac{-x}{x},& x<0,\\ 0,& x=0,\\ \dfrac{x}{x},& x>0,\end{cases}\quad \text{即}\ f(x)=\begin{cases}-1,& x<0,\\ 0,& x=0,\\ 1,& x>0.\end{cases}$$

在 $x=0$ 处,函数的左、右极限分别为

$$f(0-0)=\lim_{x\to 0^-}f(x)=-1,\quad f(0+0)=\lim_{x\to 0^+}f(x)=1.$$

因 $f(0-0)\neq f(0+0)$,故 $x=0$ 是 $f(x)$ 的第一类间断点,且为跳跃间断点.

例5 求该函数的表达式,并求其间断点:

$$f(x)=\lim_{t\to +\infty}\dfrac{e^{tx}-e^{-x}}{e^{tx}+e^{x}}.$$

[解答分析] $f(x)$ 为二元函数的极限函数.求极限函数的定义域、表达式、间断点这类问题,关键是在求极限的过程中要将非极限过程中的变量(如本题中的变量 x)看作是常量.注意到 $t\to +\infty$ 时,$e^{tx}=(e^x)^t$ 的变化趋势取决于 e^x 是大于 1 还是小于 1,从而取决于 x 的符号.

解 $x=0$ 时,$e^x=1$,$f(0)=0$;

$x>0$ 时,$e^x>1$,$\lim\limits_{t\to +\infty}\dfrac{e^{tx}-e^{-x}}{e^{tx}+e^{x}}=\lim\limits_{t\to +\infty}\dfrac{1-\dfrac{e^{-x}}{e^{tx}}}{1+\dfrac{e^{x}}{e^{tx}}}=1$;

$x<0$ 时,$e^x<1$,$\lim\limits_{t\to +\infty}\dfrac{e^{tx}-e^{-x}}{e^{tx}+e^{x}}=\dfrac{-e^{-x}}{e^{x}}=-e^{-2x}.$

因此

$$f(x)=\begin{cases}1,& x>0,\\ 0,& x=0,\\ -e^{-2x},& x<0.\end{cases}$$

由于 $\lim\limits_{x\to 0^-}f(x)=-1$,$\lim\limits_{x\to 0^+}f(x)=1\neq f(0)$,

因此 $x=0$ 为 $f(x)$ 的第一类间断点,而其余点处 $f(x)$ 连续.

3. 利用函数的连续性及复合函数的极限法则求极限

例6 求下列函数的极限:

(1) $\lim\limits_{x\to \frac{1}{2}}\arcsin\sqrt{1-x^2}$; (2) $\lim\limits_{x\to 1}\dfrac{x^2+\ln(2-x)}{4\arctan x}$.

[解答分析] 本题的函数均为初等函数.求初等函数在其定义区间内某点 x_0 处的极限,只需计算函数在点 x_0 处的函数值即可,即 $\lim\limits_{x\to x_0}f(x)=f(x_0)$.

解 (1) 因为 $f(x)=\arcsin\sqrt{1-x^2}$ 是初等函数,它的定义区间是 $[-1,1]$,点 $x_0=\dfrac{1}{2}$ 是

该定义区间内的一点,故 $f(x)$ 在 $x_0=\frac{1}{2}$ 处是连续的. 于是有

$$\lim_{x\to\frac{1}{2}}\arcsin\sqrt{1-x^2}=\arcsin\sqrt{1-\left(\frac{1}{2}\right)^2}=\arcsin\frac{\sqrt{3}}{2}=\frac{\pi}{3}.$$

(2) 因为 $f(x)=\dfrac{x^2+\ln(2-x)}{4\arctan x}$ 是初等函数,$x_0=1$ 是它的定义区间 $(-\infty,0)\cup(0,2)$ 内的一点,所以 $f(x)$ 在点 $x_0=1$ 处连续,即有

$$\lim_{x\to 1}\frac{x^2+\ln(2-x)}{4\arctan x}=\frac{1^2+\ln(2-1)}{4\arctan 1}=\frac{1}{\pi}.$$

例 7 求极限:

$$\lim_{x\to 0}\arctan\left(\frac{\sin x}{x}\right).$$

[**解答分析**] 本题的函数为复合函数.可利用复合函数取极限法则(可以交换函数与极限记号的次序)来求它的极限.

解 因为 $f(x)=\arctan\left(\dfrac{\sin x}{x}\right)$ 可看作是由函数

$$y=\arctan u,\quad u=\frac{\sin x}{x}$$

复合而成的复合函数,在点 $x=0$ 处 $f(x)$ 无定义,但是

$$\lim_{x\to 0}\frac{\sin x}{x}=1=u_0,$$

而 $y=\arctan u$ 在相应点 $u_0=1$ 处连续,故可由复合函数取极限法则,得

$$\lim_{x\to 0}\arctan\left(\frac{\sin x}{x}\right)=\arctan\left(\lim_{x\to 0}\frac{\sin x}{x}\right)=\arctan 1=\frac{\pi}{4}.$$

例 8 求极限:

$$\lim_{x\to 0}(x+e^{2x})^{\frac{1}{x}}.$$

[**解答分析**] 本题函数为幂指函数 $[f(x)]^{g(x)}$ 的形式.求其极限一般先将它变成指数复合函数 $e^{g(x)\ln f(x)}$,再利用指数函数的连续性将所求极限转化成求极限 $\lim\limits_{x\to x_0}g(x)\ln f(x)$,注意到 $x\to 0$ 时,$\ln(x+e^{2x})\sim x+e^{2x}-1$.

解 $\lim\limits_{x\to 0}(x+e^{2x})^{\frac{1}{x}}=\lim\limits_{x\to 0}e^{\frac{1}{x}\ln(x+e^{2x})}.$

而 $\lim\limits_{x\to 0}\left[\frac{1}{x}\ln(x+e^{2x})\right]=\lim\limits_{x\to 0}\left(\frac{x+e^{2x}-1}{x}\right)$

$$=\lim_{x\to 0}\left(1+\frac{e^{2x}-1}{x}\right)$$

$$=\lim_{x\to 0}\left(1+\frac{2x}{x}\right)$$

$$=3.$$

由指数函数的连续性可得

$$\lim_{x\to 0}(x+e^{2x})^{\frac{1}{x}}=e^{3}.$$

4. 利用闭区间连续函数的性质证明命题

例 9 证明方程 $\sin x+x+1=0$ 在区间 $\left(-\dfrac{\pi}{2},\dfrac{\pi}{2}\right)$ 内至少有一个实根.

[解答分析] 利用零点定理证明方程根的存在性关键是把方程改写成 $f(x)=0$ 的形式，然后论证 $f(x)$ 在有限闭区间上满足零点定理的条件.

证 令 $f(x)=\sin x+x+1$. 由于 $f(x)$ 在闭区间 $\left[-\dfrac{\pi}{2},\dfrac{\pi}{2}\right]$ 上是连续的，且

$$f\left(-\dfrac{\pi}{2}\right)=\sin\left(-\dfrac{\pi}{2}\right)-\dfrac{\pi}{2}+1=-\dfrac{\pi}{2}<0,$$

$$f\left(\dfrac{\pi}{2}\right)=\sin\dfrac{\pi}{2}+\dfrac{\pi}{2}+1=\dfrac{\pi}{2}+2>0.$$

因 $f\left(-\dfrac{\pi}{2}\right)$ 与 $f\left(\dfrac{\pi}{2}\right)$ 异号，故由介值定理的推论 2（零点定理）可知，在 $\left(-\dfrac{\pi}{2},\dfrac{\pi}{2}\right)$ 内至少有一点 ξ，使 $f(\xi)=0$，即方程 $\sin x+x+1=0$ 在 $\left(-\dfrac{\pi}{2},\dfrac{\pi}{2}\right)$ 内至少有一个实根 ξ.

例 10 设 $f(x)$ 在 $[0,1]$ 上连续，且 $f(0)=f(1)$，证明：一定存在 $x_0\in\left[0,\dfrac{1}{2}\right]$ 使得 $f(x_0)=f\left(x_0+\dfrac{1}{2}\right)$.

[解答分析] 命题等价于 $f(x)-f\left(x+\dfrac{1}{2}\right)$ 在 $\left[0,\dfrac{1}{2}\right]$ 上有零点.

证 构造辅助函数

$$F(x)=f(x)-f\left(x+\dfrac{1}{2}\right).$$

则 $F(x)$ 在 $\left[0,\dfrac{1}{2}\right]$ 上连续，并且

$$F(0)=f(0)-f\left(\dfrac{1}{2}\right),\quad F\left(\dfrac{1}{2}\right)=f\left(\dfrac{1}{2}\right)-f(1)=-F(0).$$

若 $F(0)=0$，则 $x_0=0\in\left[0,\dfrac{1}{2}\right]$ 是使得 $f(x_0)=f\left(x_0+\dfrac{1}{2}\right)$ 成立的点；

若 $F(0)\ne 0$，则 $F(0)F\left(\dfrac{1}{2}\right)=-[F(0)]^2<0$.

由闭区间上连续函数的零点定理知道，一定存在 $x_0\in\left(0,\dfrac{1}{2}\right)$，使得 $F(x_0)=0$，即 $f(x_0)=\left(x_0+\dfrac{1}{2}\right)$.

综上所述，一定存在 $x_0\in\left[0,\dfrac{1}{2}\right]$，使得 $f(x_0)=f\left(x_0+\dfrac{1}{2}\right)$.

复习题三

(A)

1. 设 $a>0,a\ne 1,b>0,b\ne 1$，判别

$$f(x)=\begin{cases}\dfrac{a^x-b^x}{x},&x\ne 0,\\ 0,&x=0\end{cases}$$

在点 $x=0$ 处是否连续. 如果不连续,指出该间断点的类型.

2. 设 $f(x)$ 在 $x=0$ 与 $x=1$ 两点处连续,且 $f(0)=1, f(1)=0$,问极限 $\lim\limits_{x\to 0} f\left(\dfrac{x}{\arcsin x}\right)$ 是否存在? 若存在,求出其值.

3. 设 $\lim\limits_{x\to\infty}\left(\dfrac{2x-c}{2x+c}\right)^x = 3$,求 c 的值.

4. 设 $f(x)=\begin{cases} e^{\frac{1}{x-1}}+a, & x<1, \\ 2, & x=1, \\ b\arctan x, & x>1, \end{cases}$ 在 $(-\infty,+\infty)$ 内连续,求 a,b 的值.

5. 求下列极限:

(1) $\lim\limits_{x\to\infty}\left(1+\dfrac{1}{2x}-\dfrac{3}{x^2}\right)^x$; (2) $\lim\limits_{x\to 0}\left(1+x\sin\dfrac{1}{x}\right)^{\frac{1}{\sqrt[3]{x}}}$.

(B)

1. 求下列函数极限:

(1) $\lim\limits_{x\to 1} x^{\frac{2}{1-x}}$; (2) $\lim\limits_{x\to 0}(\cos 2x)^{1+\cos^2 x}$.

2. 求 $f(x)=\begin{cases} \dfrac{1}{x}\sin\dfrac{1}{x}, & x<0, \\ \sqrt{1-x}, & 0\leqslant x\leqslant 1, \\ \dfrac{1-x}{\ln x}, & x>1 \end{cases}$ 的间断点,并确定它们的类型.

3. 设 $a>0$,

$$f(x)=\begin{cases} 2\lim\limits_{t\to x}\dfrac{\ln\dfrac{t}{x}}{t-x}, & 0<x<1, \\ \lim\limits_{n\to\infty}\left(1+\dfrac{ax}{n}\right)^n, & x\geqslant 1. \end{cases}$$

(1) 求 $f(x)$ 的定义域及 $f(x)$ 的表达式;

(2) 若 $f(x)$ 在定义域内连续,求 a 的值.

4. 设函数 $f(x)$ 在 $[a,b]$ 上连续,$f(a)<a, f(b)>b$,试证: 在 (a,b) 内至少有一点 ξ,使 $f(\xi)=\xi$.

5. 设 $f(x)$ 连续,且

$$\lim\limits_{x\to 0}\left[\dfrac{f(x)-1}{x}-\dfrac{\sin x}{x^2}\right]=2,$$

求 $f(0)$ (提示: 求 $\lim\limits_{x\to 0} f(x)$).

转化思想

数学内容和思想方法中存在着各种辩证因素,"转化"就是其中一种最重要、最基本的辩证思想.在这种思想指导下的数学解题方法,我们称之为转化的思想方法.说得具体些,转化的思想方法就是人们将需要解决的未知问题,通过某种途径进行转化,在经过一次或若干次转化后,使它转变成已经解决或容易解决的问题,最终获得未知问题解答的解题方法.这种方法贯穿于数学学习和研究的各个环节.下面从两个方面来介绍这种解题方法.

1 转化的类型

转化思想方法的特点是实现问题的规范化、模式化,以便应用已知的理论、方法和技巧达到解决问题的目的,其程序如图 3-17.

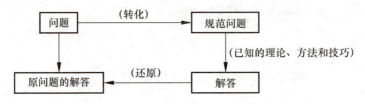

图 3-17 转化法运用程序图

在运用转化解题的过程中,转化有单向递进转化和多向并进转化两种类型.

1.1 单向递进转化

单向递进转化就是将需要解决的未知问题在不分成多个小问题的情况下转化成已解决或易解决的问题,最终得到未知问题解答的转化.

如三元一次方程组通过消元依次变成二元一次方程组,一元一次方程,然后逐渐地解出一个未知元,两个未知元,直到解出三个未知元.其用到的转化方式就是单向递进转化.

1.2 多向并进转化

多向并进转化就是将需要解决的未知问题转化成多个小问题,最终得出未知问题的解答的转化.如将乘积不等式 $f(x)g(x)<0$ 转化成解不等式组

$$(\text{I}) \begin{cases} f(x)>0, \\ g(x)<0 \end{cases} \quad \text{与} \quad (\text{II}) \begin{cases} f(x)<0, \\ g(x)>0, \end{cases}$$

再分别解出不等式组(I)和(II),从而得到 $f(x)g(x)<0$ 的解.

2 转化的策略

无论是单向递进转化,还是多向并进转化,都包含三个基本要素:(1)把什么东西转化,即转化的对象;(2)转化到何处去,即转化的目标;(3)如何进行转化,即转化的方法.然而,采用什么途径施行转化,常使我们伤透脑筋.

一般来说,转化应遵循以下五条原则:(1)熟悉化原则,将陌生的问题转化为熟悉的问题,以利于我们运用熟知的知识、经验和问题来解.(2)简单化原则,将复杂问题转化为简单的问

题,通过对简单问题的解决,达到解决复杂问题的目的,或获得某种解题的启示和依据.(3)和谐化原则,转化问题的条件或结论,使其表现形式更符合数与形内部和谐统一的形式,或者转化命题,使其推演有利于运用某种数学方法或符合人们的思维规律.(4)直观化原则,将比较抽象的问题转化为比较直观的问题来解决.(5)正难侧反原则,当问题正面讨论遇到困难时,应想到考虑问题的反面.设法从问题的反面去探求,使问题获得解决,或证明问题的可能性.下面列举数学中常用的转化方法供大家解题时参考.

2.1 运用数学公式进行转化

每个数学公式都是某类数学问题所遵循的模式,若能将未知问题与解决该类问题的公式挂上钩,就找到了解答该类问题的转化路线.

例1 求 $\lim\limits_{n\to\infty}\dfrac{1+2+\cdots+n}{n^2}$.

只要将该问题与公式 $1+2+3+\cdots+n=\dfrac{n\times(n+1)}{2}$ 取得联系,转化便取得成功,于是有 $\lim\limits_{n\to\infty}=\dfrac{1+2+\cdots+n}{n^2}=\lim\limits_{n\to\infty}\dfrac{\dfrac{n\times(n+1)}{2}}{n^2}=\dfrac{1}{2}\lim\limits_{n\to\infty}\left(1+\dfrac{1}{n}\right)=\dfrac{1}{2}$,这样就使问题得到解决.

2.2 运用公理、定理、法则进行转化

数学公理、定理、法则是人类探索数学的经验总结和智慧结晶,有的经受了实践的证实,有的接受了科学的论证.它们是数学赖以发展的基础,运用它们进行转化,效果很好.其具体做法是:构造符合公理(定理、法则)条件的模型,运用公理(定理、法则)的结论完成转化.

例2 求半径为 R 的半球的体积公式.

通过构造一个满足祖恒原理条件(与该半球夹在两个平行平面之间,用任意平行于这两个平面的平面去截,截得的截面面积总相等的几何体)模型(在以半球大圆面为底,半径为高的圆柱里挖去一个等底等高的圆锥),利用结论(体积相等)将半球的体积转化成了圆柱的体积与圆锥体积差.因此有:

$$V_{半球}=\pi R^2\cdot R-\dfrac{1}{3}\pi R^2\cdot R=\dfrac{2}{3}\pi R^3.$$

2.3 运用降维进行转化

"维数"是线性空间的一个基本概念,除了在几何中本意外,还泛指未知数或变元的个数,方程的次数,行列式的阶数等,因此,降维也在除去普通空间到平面,平面到直线的内容外,还包括解方程组的"消元",高次方程求根时的"降幂",计算高阶行列式的"降阶"等等.

例3 求小虫沿着棱长为 a 的正方体的表面从对角线的一端爬到另一端的最短路线的长.

只要将正方体的侧面沿着一棱剪开后展开铺到平面上,空间问题便转化成了平面问题.容易求得最短路线的长为 $\sqrt{5}a$.

2.4 运用图像进行转化

图像可以使问题变得形象直观,帮助人们理解题意,数学解题中常用线段图,集合文氏图,函数图像,几何图形等进行转化.

例4 甲乙两人相约 7:00 到 8:00 之间在某地会面,并约定先到者等 15 分钟才离开,问两人在约定时间到约定地点相遇的概率是多少?

若采用图 3-18,便将问题转化成了计算相遇区面积与正方形的面积之比. 得相遇概率为：$\dfrac{S_1}{S}=\dfrac{S-S_0}{S}=1-\dfrac{S_0}{1}=1-\dfrac{2\cdot\left(\dfrac{3}{4}\right)^2\cdot\dfrac{1}{2}}{1}=0.4375.$

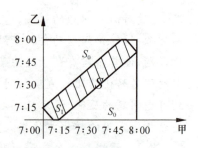

图 3-18　相遇区面积与正方形面积关系图

2.5　运用映射进行转化

映射是在两类数学对象或两个数学集合之间建立的对应关系，运用映射进行解题的过程是：首先通过映射 f 将需要解决的未知问题转化为问题 #，解答问题 #，再通过逆映射 f^{-1}，求得原问题的解.

数学中的坐标法、换元法、参数法、函数法、复数法等都是采用映射进行转化的.

例 5　求曲线 $\dfrac{(x-3)^2}{9}-\dfrac{(y+2)^2}{16}=1$ 的焦点坐标.

解题时通过映射 $f=\begin{cases}x'=x-3,\\y'=y+2,\end{cases}$ 将曲线方程变为 $\dfrac{x'^2}{9}-\dfrac{y'^2}{16}=1.$

求得焦点的映像坐标 $(-5,0),(5,0)$ 再通过 f 的逆映射

$$f^{-1}:\begin{cases}x=x'+3,\\y=y'-2,\end{cases}$$

求得问题的解答. 得出焦点坐标是 $(-2,-2)$ 和 $(8,-2)$.

2.6　运用方程(组)进行转化

方程(组)是数学解题中的一个极为重要的工具，在解决某些数学问题时，可直接运用方程的某些性质，或可先设定一些未知数，根据题设本身各数量之间的制约关系，列出方程，求得未知数. 所设未知数沟通了变量之间的关系，使原问题转化为我们熟悉的问题.

例 6　计算 $\begin{vmatrix}\sin\alpha&\cos\alpha&\sin(a+\delta)\\\sin\beta&\cos\beta&\sin(\beta+\delta)\\\sin\gamma&\cos\gamma&\sin(\gamma+\delta)\end{vmatrix}.$

此题的式子是一个三阶行列式. 如果直接计算则相当复杂. 但若我们通过构造方程组

$$\begin{cases}x\sin\alpha+y\cos\alpha+z\sin(a+\delta)=0,\\x\sin\beta+y\cos\beta+z\sin(\beta+\delta)=0,\\x\sin\gamma+y\cos\gamma+z\sin(a+\delta)=0\end{cases}$$

将此问题转化成齐次线性方程组有非零解的问题来解决就相当巧妙. 由于这个关于 x、y、z 的齐次线性方程组有非零解

$$\begin{cases}x=\cos\delta,\\y=\sin\delta,\\z=-1.\end{cases}$$

因此，根据齐次线性方程组有非零解的充要条件是系数行列式为 0，可得

$$\begin{vmatrix}\sin\alpha&\cos\alpha&\sin(a+\delta)\\\sin\beta&\cos\beta&\sin(\beta+\delta)\\\sin\gamma&\cos\gamma&\sin(\gamma+\delta)\end{vmatrix}=0.$$

上面通过具体实例从转化类型和转化策略两个方面介绍了转化法.这种解题方法非常活跃,它在解题中反复出现,促使问题得到解决.如果我们在数学学习中能够有目的、有意识地真正弄懂或掌握转化思想方法,那么对于培养辩证思维,发展能力,开阔思维都是极其有益的.

第四章

导数与微分

> 我向你推荐一个人,他精通音乐和数学.由他用这些科学来教育女士们,那么女士们将个个成为世界名人.
>
> ——莎士比亚

前面学习的极限理论,是研究微积分学的理论工具.由于这个工具是必需的,所以现代微积分学也把它列入微分学的内容,但极限工具不是微积分学的主要研究对象.本章开始涉及微积分学的实质内容.

历史上,微积分学曾经是两门分开的学科,分别独立为微分学和积分学.很长一段时期内,它们各自独立,没有被人们系统联系起来.17 世纪下半叶,牛顿和莱布尼兹两位数学家发现,微分与积分实际上可以是两个互逆的运算过程,并提出了著名的牛顿——莱布尼兹公式,使微分学与积分学得以统一为微积分学.微积分学是很多数学家的成果集合,但曾在很长一段历史时期里存在着理论上的缺陷,在某些问题上甚至达到无法自圆其说的严重地步.19 世纪初,先是以柯西为首的法国科学院科学家们为微积分理论建立了极限理论基础,后来又经过德国数学家维尔斯特拉斯等人进一步严格化,使极限理论成为了微积分学的坚实基础,微积分学才发展完善为今天成熟的无懈可击的理论体系.由此可见,极限理论是微积分学的基础理论,是研究微积分的必备工具.

微积分学的主要研究内容和目的是什么呢?微分学与积分学的产生都源于同一种实践需求:近似代替.即源于"以直代曲"计算的这种工作,以直代曲就是在很小的自变量范围内以直线段近似代替曲线段.例如以直边形近似代替圆形的例子:人们发现,用正四边形代替圆误差非常大,用正八边形代替圆误差小一些,用正十六边形代替圆误差再小一些,用正三十二边形代替误差更小,而正六十四边形就相当接近圆了……不过,这还只是一种原始的思想,它没有解决关键的问题:近似代替要细分化进行到什么程度才能保证误差无限趋近 0,并且如何简化复杂的计算?微积分产生的初衷就是要解决这类关键问题,现代微积分学发现,要使近似代替的误差无限趋近 0 且能尽量简单计算,切线段的作用无处不在.因此,关于切线的研究是微积分学中一个非常重要的内容.总的说来,微分学主要研究如何通过无穷细分来无限近似地代替某种复杂的数学模型,而积分学则主要研究如何通过无穷细分后再无穷求和来无限近似地计算出复杂数学模型的某种属性(例如位移、弧长、面积、体积).

微积分学的内容就是研究各种函数的近似代替过程,其研究目的是通过无限逼近思想,找到误差无限趋近 0 的各种近似代替过程,并用系统的数学计算形式来准确表达该过程.

人类的生产生活只能接触实际条件,不存在完全理想的条件.因此需要研究各种函数误差无限小的近似代替过程,保证误差无限小地近似代替理想条件.更有意义的是,微积分可在理论上实现"零误差代替",这样的工作和成果对人类生产实践和科学研究具有重要现实意义.

微积分学主要解决三类具有代表性的问题:一、求已知曲线的切线,即求函数的导数;二、求函数的极大极小值从而解决函数的最大最小值问题;三、计算曲线的弧长、曲线围成的平面面积、曲面围成的立体体积等等……其中,前两类问题属于微分学内容,后一类问题属于积分学内容.本章主要研究一元函数微分学理论以解决切线的相关问题,同时简单涉及近似计算.

§4-1 导数的概念

一、导数起源

我们从物体运动及曲线切线的斜率入手,利用极限引入导数概念.

求任意曲线的切线这一问题,是微分学思想的经典起源之一.著名大数学家费马和许多数学家们都给出了各种用微分思想求切线的方法,只有莱布尼兹明确提到了切线斜率,而以斜率为线索求切线正是现代微积分学中求切线的经典方法.通过分析这个问题的求解思路,可以很好地理解微分学如何通过无限逼近来获得最佳近似代替,同时引入微分学理论的核心概念:**导数**.

切线究竟是什么?初等数学教材,只定义了圆的切线,不能涵盖切线的全部意义.切线这个概念来源于古人研究任意曲线运动的瞬时方向这个问题.人们之所以研究曲线的切线,原意是想通过研究它而确定曲线运动过程中的物体瞬间失去外力作用后将保持的运动方向.如果把物体的运动规律表示为函数 $y=f(x)$,x 为时间变量,则在任意时刻撤销所有外力时,物体一直保持的运动方向就是运动物体的瞬时方向,定义为曲线 $y=f(x)$ 在该处的切线方向.这就是切线最初的来源.由此定义可知,任一连续曲线在某点处至多只可能有一条切线.

现代微分学研究连续曲线 $y=f(x)$ 上某点 A 处切线的近似代替思想过程如下(图 4-1):设曲线 $y=f(x)$ 的一条割线为 AB,固定住 A 点不变,在 B 点沿着曲线 $y=f(x)$ 逐次移动到 C 位置、D 位置……不断靠近 A 点的

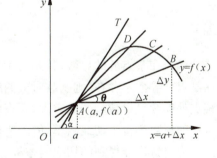

图 4-1

过程中,割线 AB 随之不断改变方向,而当 B 点无限靠近 A 点时,此时割线 AB 无限趋近切线 AT,割线 AB 的斜率就可以无限近似地代替曲线 $y=f(x)$ 在 A 点的切线 AT 的斜率.

无限近似代替终究还是近似而已,如何实现精确无误地得到切线斜率呢?极限理论可以帮助做到.把上述过程抽象一下:切线斜率=无限近似切线的割线斜率+无限小误差.函数在某点处切线的斜率是一个常数值,假设为 K;无限近似切线的割线斜率是一个变量,假设为 $g(x)$;无限小误差也是一个变量,而且是无穷小,记为 $\alpha(x)$.那么,只要利用极限计算一下,即可得到精确的切线斜率,无限小误差被巧妙地过滤掉了:

$$K = \lim_{B \to A}[g(x)+\alpha(x)] = \lim_{B \to A}g(x) + \lim_{B \to A}\alpha(x) = \lim_{B \to A}g(x).$$

微积分学有许多巧妙的思想用于解决问题,这些思想都离不开"无限逼近"这个核心,因此最终都必须借助极限理论来实现.由此可见,极限理论对于微积分学而言有多么重要.无限逼近某个数值的变量,取极限后与该数值丝毫没有误差,这种思想将来在积分学中也要应用.为了便于交流,我们可以给这种思想取个名称,叫做"无限逼近取极限后精确".

二、导数定义及其几何意义

如图 4-1 所示,该近似代替过程的数学表达如下:割线 AB 的斜率为 $K_{AB} = \tan\theta = \dfrac{\Delta y}{\Delta x} = \dfrac{f(x)-f(a)}{x-a}$,其中 a、x 分别对应定点 A、动点 B 的横坐标. B 点沿着曲线无限趋近于 A 点等价于 x 无限趋近于 a,同时等价于 θ 无限趋近于 α. 整个过程可用表达式描述为:$K_{AT} = \tan\alpha = \lim\limits_{\theta \to \alpha}\tan\theta = \lim\limits_{x \to a}K_{AB} = \lim\limits_{x \to a}\dfrac{\Delta y}{\Delta x} = \lim\limits_{x \to a}\dfrac{f(x)-f(a)}{x-a}$,它误差无限小地近似代替曲线 $f(x)$ 在 $x=a$ 处切线的斜率(实际上由于"无限逼近取极限后精确",误差为 0). 这个极限式定义的值被称为函数 $f(x)$ 在 $x=a$ 点处的导数,记为

$$f'(a) = \lim_{\Delta x \to 0}\frac{\Delta y}{\Delta x} = \lim_{x \to a}\frac{f(x)-f(a)}{x-a}. \tag{1}$$

定义 设函数 $y=f(x)$ 在点 a 的某个邻域内有定义,如果极限 $\lim\limits_{\Delta x \to 0}\dfrac{\Delta y}{\Delta x}$ 或者 $\lim\limits_{x \to a}\dfrac{f(x)-f(a)}{x-a}$ 存在,则称 $f(x)$ 在 $x=a$ 处**可导**,称该极限为函数 $f(x)$ 在 $x=a$ 处的**导数**,记为 $f'(a)$,否则称 $f(x)$ 在 $x=a$ 处**不可导**. 其他常用的导数记号还有 $y'\Big|_{x=a}$,$\dfrac{\mathrm{d}f(x)}{\mathrm{d}x}\Big|_{x=a}$,$\dfrac{\mathrm{d}y}{\mathrm{d}x}\Big|_{x=a}$.

函数在某点处的导数,其**几何意义**就是函数在这一点处切线的斜率. 一般情况下,若函数在某点处导数不存在,则函数对应曲线在该点处就没有切线. 但是有一种情况例外:若函数在某点处连续且导数趋于无穷大,则表示曲线在该点处存在一条垂直于 x 轴的切线. 总之,连续函数的导数等价于切线斜率. 但因为切线不一定有斜率,所以无导数就不一定无切线.

为何将这样得到的切线斜率称为导数呢? 导数的英文名为 derivation,是衍伸、延长的意思. 通过割线与曲线两个交点无限趋近而得到近似代替的切线,其斜率相当于被近似代替过程"导出"的一个数值,将这类"导出之数"命名为"导数"是恰当的. 直线斜率描述直线的方向,因此,曲线上某点处的切线斜率描述了做曲线运动的物体在该点处的瞬时方向. 微分学解决了求任意曲线切线斜率的问题,也就相当于从函数模型上解决了曲线运动的瞬时方向这个具体实践问题.

例 1 已知函数 $f(x)=x^2$,求它在 $x=3$ 处的导数 $f'(3)$.

解 $f'(3) = \lim\limits_{x \to 3}\dfrac{f(x)-f(3)}{x-3} = \lim\limits_{x \to 3}\dfrac{x^2-9}{x-3} = 6.$

第四章 导数与微分

导数概念在微分学中具有重要地位,通过对它的深入分析和运用,可以理解和发展更多的微分学理论知识. 如果仅仅停留在导数的上述原始定义形式上,则导数的更多重大数学意义将隐藏着. 分析导数的定义公式 $f'(a)=\lim\limits_{x\to a}\dfrac{f(x)-f(a)}{x-a}$,可以从另一个角度来发现其中蕴含的意义:设 $y=f(x)$ 在 $x=a$ 的某邻域内有定义,自变量 x 是可以变动的,常数 a 是固定点. $x-a$ 代表自变量从 a 变动到 x 的变化量,记为 $\Delta x=x-a$,与此变化量对应,函数值从 $f(a)$ 变化到 $f(x)$,函数值变化量记为 $\Delta y=f(x)-f(a)$. 于是 $\dfrac{\Delta y}{\Delta x}=\dfrac{f(x)-f(a)}{x-a}$ 就可以代表函数 $f(x)$ 在区间 $[a,x]$(或 $[x,a]$)上的函数变化率. $x\to a$ 等价于 $\Delta x=x-a\to 0$. $\Delta x=x-a$ 只是表示自变量变动的一段幅度而已,它其实和自变量取值无关,假若用 h 来表示自变量变动的幅度,则相应的函数值变化量 Δy 是 $f(a+h)-f(a)$. 由于 $h\to 0$ 等价于 $a+h\to a$,因此导数定义公式(1)就可以变形为:

$$f'(a)=\lim_{\Delta x\to 0}\frac{\Delta y}{\Delta x}=\lim_{h\to 0}\frac{f(a+h)-f(a)}{h}. \tag{2}$$

公式(2)在计算推理时具有一定独特优势. 对于一个可导函数 $f(x)$ 而言,并非只能在一个点 $x=a$ 处可导. 当需要表示 $f(x)$ 在所有可导点上的导数 $f'(x)$ 时,公式(1)显得力不从心,而公式(2)表达起来却很轻松:

$$f'(x)=\lim_{\Delta x\to 0}\frac{\Delta y}{\Delta x}=\lim_{h\to 0}\frac{f(x+h)-f(x)}{h}. \tag{3}$$

公式(1)和公式(2)都表示 $f(x)$ 在点 a 的导数,但表达的形式不同. 令 $x=a+h$,公式(1)就可以和公式(2)相互转换. 公式(3)更深刻更抽象,非常鲜明地揭示了:函数在某点的导数不由函数的自变量单独控制,而是由函数值变化量与引起此种变化的自变量变化量的比值来控制. 从几何意义来说,不是由曲线在某点的坐标来决定该点切线方向,而是由曲线在该点附近的弧形来决定切线方向. 公式(3)直接体现出函数在某点处**导数的本质**是:**该点处函数变化率的极限**,即 $f'(a)=\lim\limits_{\Delta x\to 0}\dfrac{\Delta y}{\Delta x}$.

自变量增量在不同场合可采用不同记号来表示. 用一个字母(如 h)表示或用组记号(如 Δx)来表示都可以. 注意 Δx 是一个记号而不是两个,不能把 Δx 分开为 Δ 和 x 来看待,Δx 的值与 x 的值无必然联系. 当采用 Δx 来表示自变量 x 的增量时,取定 x_0 及自变量增量 Δx,使 $f(x)$ 在 $[x_0,x_0+\Delta x]$ 上有定义,函数相应的增量为 $\Delta y=f(x_0+\Delta x)-f(x_0)$,则函数在此区间的平均变化率为 $\dfrac{\Delta y}{\Delta x}=\dfrac{f(x_0+\Delta x)-f(x_0)}{\Delta x}$,即 $\dfrac{\Delta y}{\Delta x}=\dfrac{f(x)-f(x_0)}{x-x_0}$,若 $\lim\limits_{\Delta x\to 0}\dfrac{\Delta y}{\Delta x}=\lim\limits_{\Delta x\to 0}\dfrac{f(x_0+\Delta x)-f(x_0)}{\Delta x}=\lim\limits_{x\to x_0}\dfrac{f(x)-f(x_0)}{x-x_0}$ 存在,则称此极限值为关于自变量 x 在 x_0 的**瞬时变化率**.

例 2 已知函数 $f(x)=x^2$,求它在 $x=3$ 处的导数 $f'(3)$.

解 $f'(3)=\lim\limits_{h\to 0}\dfrac{f(3+h)-f(3)}{h}=\lim\limits_{h\to 0}\dfrac{9+6h+h^2-9}{h}=\lim\limits_{h\to 0}\dfrac{6h+h^2}{h}=6.$

与例 1 比较验证的结果是:分别采用两种形式的导数公式计算得到的值完全一致.

例 3 求实数集 **R** 上可导函数 $f(x)$ 在 $x=a$ 处的切线及法线方程(法线即是与切线垂直

的直线).

解 根据导数的几何意义，$f'(a)$ 就是曲线 $f(x)$ 在点 $(a,f(a))$ 处切线的斜率.

由直线的点斜式公式可知，$f(x)$ 在 $x=a$ 处的切线方程为：$y-f(a)=f'(a)(x-a)$；

因法线与切线垂直，二者斜率互为负倒数，故当 $f'(a) \neq 0$ 时所求法线斜率为 $-\dfrac{1}{f'(a)}$，方程为 $y-f(a)=-\dfrac{1}{f'(a)}(x-a)$；当 $f'(a)=0$ 时，法线方程为 $x=a$.

三、单侧导数

求函数 $y=f(x)$ 在点 a 处的导数时，$x \to a$ 的方式是任意的，即可以从点 a 之左或之右两侧趋于 a. 如果仅从点 a 之左(或右)趋于 a，记作 $x \to a^-$ ($x \to a^+$)，或 $\Delta x \to 0^-$ ($\Delta x \to 0^+$)，此时将遇到单侧导数的情况：

若极限 $\lim\limits_{\Delta x \to 0^-} \dfrac{\Delta y}{\Delta x} = \lim\limits_{x \to a^-} \dfrac{f(x)-f(a)}{x-a}$ 存在，则该极限值称为函数 $f(x)$ 在点 a 处的**左导数**，记为 $f'_-(a)$，即 $f'_-(a) = \lim\limits_{\Delta x \to 0^-} \dfrac{\Delta y}{\Delta x} = \lim\limits_{x \to a^-} \dfrac{f(x)-f(a)}{x-a}$；若极限 $\lim\limits_{\Delta x \to 0^+} \dfrac{\Delta y}{\Delta x} = \lim\limits_{x \to a^+} \dfrac{f(x)-f(a)}{x-a}$ 存在，则该极限值称为函数 $f(x)$ 在点 a 处的**右导数**，记为 $f'_+(a)$，即 $f'_+(a) = \lim\limits_{\Delta x \to 0^+} \dfrac{\Delta y}{\Delta x} = \lim\limits_{x \to a^+} \dfrac{f(x)-f(a)}{x-a}$.

函数极限存在的充分必要条件是它的左、右极限相等，导数作为一种特殊结构的极限当然也有这种性质. 函数在某一点处的左、右导数与函数在该点处可导之间有如下关系：

定理 函数 $f(x)$ 在 a 点处存在导数的**充分必要条件**是它的左导数等于右导数. 即 $f'(a)$ 存在 $\iff f'_-(a) = f'_+(a)$.

本定理常用于判定分段函数在分段点是否可导.

例 4 求函数 $f(x)=\begin{cases} \ln(2-x), & x<1, \\ 1-x, & x \geq 1 \end{cases}$ 的导数 $f'(1)$.

解 $f'_-(1) = \lim\limits_{h \to 0^-} \dfrac{f(1+h)-f(1)}{h} = \lim\limits_{h \to 0^-} \dfrac{\ln[2-(1+h)]-0}{h} = \lim\limits_{h \to 0^-} \dfrac{\ln(1-h)}{h}$
$= \lim\limits_{h \to 0^-} \ln(1-h)^{\frac{1}{h}} = -1.$

$f'_+(1) = \lim\limits_{h \to 0^+} \dfrac{f(1+h)-f(1)}{h} = \lim\limits_{h \to 0^+} \dfrac{[1-(1+h)]-0}{h} = \lim\limits_{h \to 0^+} \dfrac{-h}{h} = -1.$

$f'_-(1) = f'_+(1) = -1$，因此 $f'(1) = -1$.

四、函数可导与连续的关系

我们知道，初等函数在其有定义的区间上都是连续的，那么函数的连续性与可导性有什么关系呢？

我们对导数定义公式(1)进行分析：若 $f'(a)$ 存在，则说明公式(1)表示的极限存在. 由于 $x \to a$，故极限式(1)中的分母 $x-a \to 0$，所以必须有分子 $f(x)-f(a) \to 0$ 成立(否则极限值即导数不存在). 把上述推理结果表达为严格的数学式子就是：$\lim\limits_{x-a\to 0}[f(x)-f(a)]=0$，即 $\lim\limits_{x\to a}f(x)=f(a)$，故函数 $f(x)$ 在 $x=a$ 处连续.

由此得到**结论**：**函数在某点可导，则函数在该点必定连续**. 为了方便交流，在不引起歧义的情况下该命题通常可简说为"**可导必连续**". 同时，根据命题的逻辑等价关系可知，该命题的逆否命题也成立，即"**不连续必不可导**".

值得注意的是该命题的逆命题并不成立，即"**连续未必可导**". 例如函数 $f(x)=|x|$ 在 $x=0$ 处连续，但它在该点处不可导. 因为左、右导数不相等.

从图上也可以看出，$f(x)=|x|$ 的图像在点 $x=0$ 处没有切线(图 4-2).

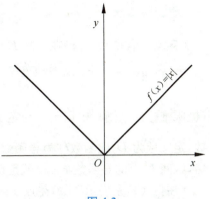

图 4-2

在微积分理论尚不完善的时候，人们普遍认为连续函数除个别点外都是可导的. 1872 年德国数学家维尔斯特拉斯构造出一个处处连续但处处不可导函数的例子，这与人们基于直观的普遍认识大相径庭，从而震惊了数学界和思想界. 这就促使人们在微积分研究中从依赖直观转向理性思维，大大促进了微积分逻辑基础的创建工作.

习题 4-1

(A)

1. 用定义求下列函数在点 $x=1$ 处的导数 $f'(1)$.

   (1) $f(x)=2x^2-3x+1$；　　(2) $f(x)=\dfrac{1}{x}$.

2. 求抛物线 $y=x^2-4$ 在和直线 $y=x+2$ 相交处的切线方程和法线方程.

3. 已知 $f'(2)=2$，求 $\lim\limits_{h\to 0}\dfrac{f(2)-f(2-h)}{2h}$.

4. 证明连续函数 $f(x)=|x|$ 在 $x=0$ 处不可导.

(B)

1. 用定义求函数 $f(x)=\cos x$ 在点 $x=\dfrac{\pi}{6}$ 处的导数 $f'\left(\dfrac{\pi}{6}\right)$.

2. 设 $f'(a)$ 存在，且 $a\neq 0$，求 $\lim\limits_{x\to a}\dfrac{xf(a)-af(x)}{x-a}$.

3. 已知 $f'(1)=1$，根据导数定义来证明 $f(x)$ 在点 $x=1$ 处连续.

§4-2　导函数及其四则运算法则

经过上一节的分析，我们在切线和导数之间建立了联系：曲线在某点处切线的斜率就是该点处的导数. 但数学是研究抽象理论的科学，每一种理论都需要达到高度概括. 只研究某一点处切线情况是不够的，还必须研究所有点处切线斜率的规律，也就是研究所有点处导数的规律. 这样就涉及了函数的导函数问题.

一、导函数概念

定义 若函数 $f(x)$ 在区间 D 上的每一点 x 处都存在导数 $f'(x)$，则对于任意一个自变量 $x \in D$，按照对应关系 $\lim\limits_{h \to 0} \dfrac{f(x+h)-f(x)}{h}$，总存在唯一的一个函数值（即导数）$f'(x)$ 与之对应（极限唯一性准则）. 根据函数的定义，对应关系 $f'(x) = \lim\limits_{h \to 0} \dfrac{f(x+h)-f(x)}{h}$ 就是 x 的一个函数，定义域为 D，此函数称为**导函数**. 在不引起歧义的情况下，通常也把导函数简称为导数. 显然，区间 D 上的导函数 $f'(x)$ 就是函数 $f(x)$ 在区间 D 上函数瞬时变化率的规律.

注：$f'(a)$ 是表示 $f(x)$ 在点 $x=a$ 处的导数，也可被看作是导函数 $f'(x)$ 在点 $x=a$ 处的函数值即 $f'(x)|_{x=a} = f'(a)$. 另外 $f'(a) \neq [f(a)]'$.

例1 已知 $f(x) = \sin x$，求其导数 $f'(x)$.

解
$$f'(x) = \lim_{h \to 0} \frac{f(x+h)-f(x)}{h}$$
$$= \lim_{h \to 0} \frac{\sin(x+h) - \sin x}{h}$$
$$= \lim_{h \to 0} \frac{2\cos\left(x+\dfrac{h}{2}\right)\sin\dfrac{h}{2}}{h}$$
$$= \lim_{h \to 0} \left[\cos\left(x+\dfrac{h}{2}\right) \dfrac{\sin\dfrac{h}{2}}{\dfrac{h}{2}}\right]$$
$$= \cos x \cdot 1$$
$$= \cos x.$$

类似地可得 $(\cos x)' = -\sin x$.

例2 求 $f(x) = a^x$ 的导数 $f'(x)$.

解 $f'(x) = \lim\limits_{h \to 0} \dfrac{a^{x+h} - a^x}{h} = \lim\limits_{h \to 0} \dfrac{a^x(a^h - 1)}{h} = a^x \lim\limits_{h \to 0} \dfrac{a^h - 1}{h} = a^x \ln a.$

例1和例2都是运用导数定义公式来对简单的基本初等函数进行求导的例子. 从中可以看出运用导数定义公式求 $f(x)$ 的导数 $f'(x)$ 的步骤是：

(1) 求函数的改变量 $\Delta y = f(x + \Delta x) - f(x)$；

(2) 计算比值 $\dfrac{\Delta y}{\Delta x} = \dfrac{f(x + \Delta x) - f(x)}{\Delta x}$；

(3) 取极限（如果极限存在的话）得导数 $f'(x) = \lim\limits_{\Delta x \to 0} \dfrac{\Delta y}{\Delta x}$.

在实际的求导问题里，虽然理论上可以利用导数的定义公式来求解所有可导函数的导数，但这样的运算过程并不轻松，并且还可能需要各种各样非常复杂的计算技巧来辅助求解，非常麻烦. 例如对于 $f(x) = \ln \sin \sqrt{x}$ 这样的函数，若仍然根据导数的定义公式来求导，难度极高，很

不现实. 因此, 对于函数的求导问题, 通常不采用例 1、例 2 这样的方式来解决, 而是采取另一套科学而简便的策略:

① 先运用各种方法求出所有基本初等函数的导函数, 并把这些结果作为基本求导公式, 将来求导时可以直接引用.

② 每一个初等函数都是由基本初等函数经过相互之间的四则运算或复合运算得到的. 所以, 只要建立起求导数的四则运算法则和复合运算法则, 就能够利用基本求导公式组合解决所有初等函数的求导问题, 从而避开利用导数定义来求导的麻烦或困难过程.

例如, 用定义来求 $\sin x$ 的导数(见例 1), 过程相当麻烦. 同样, 用定义来求 $\cos x$ 的导数也很麻烦. 当遇到 $\sin x + \cos x$ 的求导问题时, 假若使用导数定义来求解, 就更麻烦了. 如果先运用导数定义公式推导出: $(\sin x)' = \cos x, (\cos x)' = -\sin x$ 作为基本求导公式来利用, 再建立一个加法求导法则: $[f(x)+g(x)]' = f'(x)+g'(x)$, 那么求解初等函数 $\sin x + \cos x$ 的导数时, 其过程就非常简便:
$$(\sin x + \cos x)' = (\sin x)' + (\cos x)' = \cos x - \sin x.$$

因此, 为了能够简便快速地求导初等函数, 我们需要掌握以下三个内容的知识:
(1) 基本初等函数求导公式表;
(2) 导数的四则运算法则;
(3) 导数的链式求导法则(复合运算求导法则).

运用导数定义公式和各种方法技巧可以先求出所有基本初等函数的导函数(部分公式的推导过程从略, 感兴趣的读者可自行推导), 为了便于记忆和使用, 汇总成如下表:

基本初等函数求导公式表

1. $y = C$ (C 为常数), $\quad y' = 0$;
2. $y = x^\alpha$ (α 是任意实数), $\quad y' = \alpha x^{\alpha-1}$;
3. $y = \log_a x$ ($a>0, a \neq 1$), $\quad y' = \dfrac{1}{x \ln a}$,

   $y = \ln x$, $\quad y' = \dfrac{1}{x}$;
4. $y = a^x$ ($a>0, a \neq 1$), $\quad y' = a^x \ln a$,

   $y = e^x$, $\quad y' = e^x$;
5. $y = \sin x$, $\quad y' = \cos x$;
6. $y = \cos x$, $\quad y' = -\sin x$;
7. $y = \tan x$, $\quad y' = \sec^2 x = \dfrac{1}{\cos^2 x}$;
8. $y = \cot x$, $\quad y' = -\csc^2 x = -\dfrac{1}{\sin^2 x}$;
9. $y = \sec x$, $\quad y' = \sec x \tan x$;
10. $y = \csc x$, $\quad y' = -\csc x \cot x$;
11. $y = \arcsin x$, $\quad y' = \dfrac{1}{\sqrt{1-x^2}}$;

12. $y = \arccos x$, $\qquad y' = -\dfrac{1}{\sqrt{1-x^2}}$;

13. $y = \arctan x$, $\qquad y' = \dfrac{1}{1+x^2}$;

14. $y = \operatorname{arccot} x$, $\qquad y' = -\dfrac{1}{1+x^2}$.

二、导数的四则运算法则

导数的加减乘除运算比较简单,其四则运算法则如下:

若 u 及 v 都是 x 的函数,且都是可导的,则 $u \pm v, uv, \dfrac{u}{v}(v \neq 0)$ 也都是可导函数,并且有:

(1) $(u \pm v)' = u' \pm v'$;

(2) $(uv)' = u'v + uv'$,特别地 $(cu)' = cu'$(c 为常数);

(3) $\left(\dfrac{u}{v}\right)' = \dfrac{u'v - uv'}{v^2}$(其中 $v \neq 0$).

说明:表示上述法则时未采用函数的严格表示法"$u(x)$"和"$v(x)$",但用它们的省略写法来表示四则运算法则比较简洁,在这里也不会引起歧义,是可行的.

这些法则也可用文字叙述为:

法则 1 两个可导函数的和(或差)的导数等于这两个函数的导数的和(或差).

法则 2 两个可导函数的积的导数等于第一个函数的导数乘以第二个函数加上第一个函数乘以第二个函数的导数.

法则 3 两个可导函数的商的导数等于分子的导数乘以分母与分子乘以分母的导数的差,再除以分母的平方,其中分母必须不等于零.

注:法则 1 与法则 2 可以推广到任意有限个函数的情形.

法则 1 的证明很简单,大家可以自己推证一下,这里仅以法则 2 为例给出证明(法则 3 的证明略):

证 设 $f(x) = u(x)v(x)$,且令自变量 x 的变化量为 h,则函数变化率为:

$$\dfrac{f(x+h) - f(x)}{h} = \dfrac{u(x+h)v(x+h) - u(x)v(x)}{h}$$

$$= \dfrac{[u(x+h) - u(x)]v(x+h) + u(x)[v(x+h) - v(x)]}{h}$$

$$= \dfrac{u(x+h) - u(x)}{h} v(x+h) + u(x) \dfrac{v(x+h) - v(x)}{h},$$

由 v 可导知 v 连续,因此有 $\lim\limits_{h \to 0} v(x+h) = v(x)$. 再由 u、v 均可导,得

$$f'(x) = \lim_{h \to 0} \dfrac{f(x+h) - f(x)}{h}$$

$$= \lim_{h \to 0} \dfrac{u(x+h) - u(x)}{h} \lim_{h \to 0} v(x+h) + \lim_{h \to 0} u(x) \lim_{h \to 0} \dfrac{v(x+h) - v(x)}{h}$$

$$= u'(x)v(x) + u(x)v'(x).$$

例3 已知 $f(x)=\tan x$,求 $f'(x)$.

解 $f'(x)=\left(\dfrac{\sin x}{\cos x}\right)'=\dfrac{(\sin x)'\cos x-\sin x(\cos x)'}{\cos^2 x}=\dfrac{\cos^2 x+\sin^2 x}{\cos^2 x}=\sec^2 x.$

习题 4-2

(A)

1. 用定义求下列函数的导函数 $f'(x)$.

    (1) $f(x)=2x+1$；   (2) $f(x)=x^3$.

2. 利用基本求导公式和导数四则运算法则计算 $f'(x)$.

    (1) $f(x)=\dfrac{x-1}{x}$；   (2) $f(x)=x\cos x$；

    (3) $f(x)=3^{2x}$；   (4) $f(x)=(2+\ln x)^2$；

    (5) $f(x)=\sin 2x$；   (6) $f(x)=(\tan x+2)^2$；

    (7) $f(x)=(\arcsin x-1)^2$；   (8) $f(x)=\dfrac{2x}{\arctan x}$.

3. 证明可导的偶函数其导数为奇函数.

(B)

1. 用定义求下列函数的导函数 $f'(x)$.

    (1) $f(x)=\dfrac{1}{x}$；   (2) $f(x)=\cos x$.

2. 利用求导公式和四则运算法则计算 $f'(x)$.

    (1) $f(x)=\dfrac{\arctan x}{\operatorname{arccot} x}$；   (2) $f(x)=\dfrac{\arcsin x}{x^2+1}$；

    (3) $f(x)=(\log_2 x+1)^2$；   (4) $f(x)=\dfrac{u(x)+2x}{v(x)}$.

3. 证明可导的奇函数其导数为偶函数.

§ 4-3 复合函数的链式求导法则

链式法则用来解决复合函数的求导问题. 在学习链式法则之前,需要先掌握好导数记号知识. 导数记号极其重要,它们种类较多且容易误解,必须严格、精确、全面地掌握,才能在解决复合函数求导问题时准确应用链式法则.

一、导数记号

1. 函数 $f(x)$ 在 $x=a$ 处导数的两种表示法

分别为 $f'(a)$、$f'(x)|_{x=a}$. 这两种表示法,前者是导数定义所规定的,比较简洁;后者是描述性的记号,直观深刻. $f'(x)|_{x=a}$ 的意思是先通过某些方法求出导函数 $f'(x)$,然后把 $x=a$ 代入 $f'(x)$ 计算得到数值. 例如问题:已知 $f(x)=\sin 3x$,求 $f'(2)$. 可以先通过某些方法求导

得到 $\sin 3x$ 的导函数为 $3\cos 3x$,然后再把 $x=2$ 代入,即得 $f'(2)=3\cos 6$. 两种表示法是等价的,由此可知,$f'(a)$ 可以理解为导函数 $f'(x)$ 在 $x=a$ 处的函数值。

注:$f'(a)$ 与 $[f(a)]'$ 是完全不同的. 前者是 $f(x)$ 在 a 处的导数(或理解为导函数的函数值),而后者是常数 $f(a)$ 的导数,等于 0. 造成这种差别的根本原因在于二者中括号运算符所处的位置不同. 已有的数学运算符体系规定:括号在所有的数学运算符中具有最高的优先级别. 也就是说,在任何数学表达式的运算过程中遇到括号时,要先完成括号内的所有运算,然后才进行括号外的运算. 根据这个规定,$[f(a)]'$ 的意思是先计算括号内的 $f(a)$,它必然是一个常数,然后对这个常数进行求导,结果是 $[f(a)]'=0$. 不论 $f(x)$ 如何取不同表达式以及 a 取值如何不同,这个结果都不会改变,总是等于 0;而 $f'(a)=f'(x)|_{x=a}$,是先求出导函数然后把 a 带入得到导函数值,它的结果随着 $f(x)$ 的不同以及 a 的不同而可能不同。

2. 导函数记号的各种表示法

导函数记号非常丰富,针对复合函数求导问题,我们可以把导函数记号人为分成两类:**默认型导数记号和强制型导数记号**。

(1) **默认型导数记号**:为了交流简便而公认采用的导数记号. 例如:x'、$(\sin x)'$、$f'(x)$、$[f(g(x))]'$、$f'(g(x))$. 这类默认型导数记号的共同特征是省略了函数关于哪一个变量求导的明显信息,采取公认的方式来默认其关于哪个变量求导. 默认型导数记号的优点是形式简洁,便于书写交流. 缺点是容易引发不熟悉者的误解。

这里需要强调一个概念——**函数关于某个变量求导**:例如函数 $f(2x)$,若它关于 x 求导,指的是 $\lim\limits_{h\to 0}\dfrac{f[2(x+h)]-f(2x)}{h}$;若它关于 $2x$ 求导,则指的是 $\lim\limits_{h\to 0}\dfrac{f(2x+h)-f(2x)}{h}$. 也就是说,函数关于哪一个变量求导,它的函数变化率所对应的就是那个变量的增量,所以在导数的定义极限式中就把增量 h 加给那个变量来计算. 由此可见,函数关于不同变量求导,结果是不同的。

上述 5 个默认型求导记号例子中,前 4 个都是关于自变量 x 求导. $f'(g(x))$ 较之则不同,它并非表示函数关于 x 求导,而是关于 $g(x)$ 求导:令 $u=g(x)$,则 $f'(g(x))=f'(u)$,根据导数定义公式有 $f'(u)=\lim\limits_{h\to 0}\dfrac{f(u+h)-f(u)}{h}$,增量 h 是加在 u 即 $g(x)$ 上的,显然 $f'(g(x))$ 表示的是函数关于 $g(x)$ 求导. 同理,凡是出现 $f'(***)$ 形式的默认型导数记号,均表示函数关于最外层括号内的全体表达式 *** 求导。

当括号外仅有求导记号"'"时,这种导数记号形式为$(\ )'$,它表示关于括号内函数的自变量求导. 因为对于一元函数的复合函数来说,即使中间变量可以有很多个,自变量却也只有一个,用某一个字母来给中间变量换元后,结果依然不会改变. 确定这种导数记号意义的原因依然是括号运算符的优先级别原则:必须首先把括号内的表达式彻底计算后再求导. 例如令 $u=g(x)$,$[f(g(x))]'=[f(u)]'$,它仍然不是表示函数关于 u 求导,因为 u 不是自变量而是已知换元关系的中间变量. 括号运算符要求,只要已知换元关系,计算出 $f(u)$ 关于 u 的表达式后仍必须继续计算,把一切换元关系进行解除,直到括号内的变量只剩下自变量为止。

(2) **强制型导数记号**:这类导数记号的特点也是优点:记号中明确显示出函数关于哪一个变量求导,绝对避免产生误解. 强制型导数记号的表示法是在默认型导数记号中一撇符号"'"的正下方以下标形式强制标注函数关于哪一个变量求导(微商形式的导数记号除外). 一旦强制标注了下标变量,函数就被无条件强制规定为关于下标变量求导. 例如 $x'_x=x'$、$(\sin x)'_{\sin x}=1$、

第四章　导数与微分

$[f(g(x))]' = f'_x(g(x)) \neq f'(g(x))$. 微商形式的导数记号形如 $\dfrac{\mathrm{d}f(x)}{\mathrm{d}x}$, 也是一种强制型导数记号, 它表示分子中字母 d 后的函数关于分母中字母 d 后面的全体表达式求导. 例如 $\dfrac{\mathrm{d}f(g(x))}{\mathrm{d}g(x)} = f'_{g(x)}(g(x)) = f'(g(x))$. 微商即微分之商, 其分子是一个微分, 分母也是一个微分(关于微分的知识见本章第三节). 任何函数前加上一个字母 d, 即表示该函数的微分. 微商很灵活, 它不是一个被固定的图形记号, 而是一个真正意义上的商式, 分母和分子都是独立的微分, 可以按照分式的运算法则参与任何分式运算及变形. 正因为如此, 微商形式的导数记号功能特别强大. 它既可以帮助很直观地去理解很多难以直接理解的关系, 也可以对某些问题进行等价转换变形, 极大简化问题的复杂性.

二、链式求导法则

复合函数的求导, 可以利用链式求导法则来分解问题后再分别套用基本初等函数求导公式.

复合函数链式求导法则:

若函数 $y = f(u)$ 与 $u = g(x)$ 可以复合成函数 $y = f(g(x))$, 且 $y = f(u)$ 在点 u 可导和 $u = g(x)$ 在点 x 可导, 则函数 $y = f(g(x))$ 在点 x 也可导, 并且

$$[f(g(x))]' = f'(g(x)) \cdot g'(x), \tag{1}$$

或将式子(1)表示为

$$y'_x = y'_u \cdot u'_x, \tag{2}$$

证明略.

特别地, 用微商形式的导数记号来表示链式求导法则特别好. 既可准确表示链式法则方法, 又能直观地表达出链式法则的原理. 以微商形式表示的链式法则如下:

$$\frac{\mathrm{d}f(g(x))}{\mathrm{d}x} = \frac{\mathrm{d}f(g(x))}{\mathrm{d}g(x)} \cdot \frac{\mathrm{d}g(x)}{\mathrm{d}x}. \tag{3}$$

从导数记号意义上说, 它可以表达链式法则的方法: 函数 $f(g(x))$ 关于 x 求导, 等于 $f(g(x))$ 关于 $g(x)$ 的导数乘以 $g(x)$ 关于 x 的导数; 从微分的商式意义上说, 它可以表达链式法则的原理: 只是一个分式的恒等变形而已, 分子分母同时乘以一个非零分式不会改变原分式的值. 并且, 这种恒等变形可以无限制地进行下去, 因此, 链式法则可以解决含有任意多个中间变量的复合函数求导问题.

例 1　上节提到的复合函数 $f(x) = \ln\sin\sqrt{x}$, 利用链式法则可轻松求出其导函数.

令 $u = \sin\sqrt{x}, v = \sqrt{x}$, 根据链式法则公式(2)得:

$$f'(x) = f'_u(x) \cdot u'_v \cdot v'_x = \frac{1}{\sin\sqrt{x}} \cdot \cos\sqrt{x} \cdot \frac{1}{2\sqrt{x}}.$$

或者根据微商特性来应用链式法则得:

$$f'(x) = \frac{\mathrm{d}\ln\sin\sqrt{x}}{\mathrm{d}x} = \frac{\mathrm{d}\ln\sin\sqrt{x}}{\mathrm{d}\sin\sqrt{x}} \cdot \frac{\mathrm{d}\sin\sqrt{x}}{\mathrm{d}\sqrt{x}} \cdot \frac{\mathrm{d}\sqrt{x}}{\mathrm{d}x}$$

$$= \frac{1}{\sin\sqrt{x}} \cdot \cos\sqrt{x} \cdot \frac{1}{2\sqrt{x}}.$$

例 2 求 $[\sin(2000-x)]'$.

解 用链式法则公式(2)来表示可有如下过程：

$$[\sin(2000-x)]' = [\sin(2000-x)]'_{(2000-x)} \cdot (2000-x)'_x = -\cos(2000-x).$$

用链式法则公式(3)来表示则有如下过程：

$$\frac{\mathrm{d}\sin(2000-x)}{\mathrm{d}x} = \frac{\mathrm{d}\sin(2000-x)}{\mathrm{d}(2000-x)} \cdot \frac{\mathrm{d}(2000-x)}{\mathrm{d}x} = -\cos(2000-x).$$

三、链式法则的具体应用方法

（一）三种形式的链式法则公式，对待具体问题时采用哪一个来使用都可以，没有限制. 主要应结合问题的实际情况，看哪一个链式法则公式更适合于表达该问题的解题过程. 或者完全根据个人喜好来选择，亦未尝不可. 链式法则公式(3)的缺点是书写稍微麻烦，但其优点是容易理解，表达过程一目了然，且非常不容易出错.

（二）注意套用基本求导公式时的"三元统一"逻辑原则.

基本求导公式用默认型导数记号表示，它的求导变量被隐藏起来了. 这使得求导公式显示出来的似乎仅仅是一种函数对应关系求导之后变化成另一种函数对应关系而已. 例如 $\sin x$ 求导后得到 $\cos x$，看上去似乎仅仅是正弦求导后变成了余弦. 这种只关心对应关系如何变化的误解会导致相应错误，会误认为例如 $\sin 2x$ 这样的函数求导后也会得到 $\cos 2x$，理由是正弦的确变成了余弦，但这是错误的. 实际上并非如此简单，求导过程中还存在着严格的变量统一逻辑关系. 因为同一个函数关于不同变量求导结果是不同的，所以套用基本求导公式时存在"三元统一"的逻辑原则要求. 所谓"三元统一"，指的是任何一个基本求导公式中，被求导函数的自变量、求导变量和结果中的自变量这三者（三个元）是相统一的，具有一致性，则在套用基本求导公式时，被求导函数也必须具备以求导变量为自变量的基本初等函数形式. 这样套用求导公式后，求导变量代换相应求导公式结果中的自变量，才能得到正确结果.

"三元统一"中对各元的认定方法：

（1）第一元是被求导的复合函数最外层的中间变量. 例如 $\mathrm{e}^{\sin 2x}$，最外层的中间变量是 $u=\sin 2x$，代换后可使得 $\mathrm{e}^{\sin 2x} = \mathrm{e}^u$ 具备初等函数形式；

（2）第二元是求导问题中所指定的求导变量；

（3）第三元是由第一元或第二元决定的. 它与第一元、第二元是一致的，都是统一的"一个元". 第三元在结果表达式中的位置与所套用的求导公式结果中自变量的位置一致.

只有满足"三元统一"的原则要求时，也就是说当第一元与第二元一致时，套用基本求导公式才正确，否则就是错误的. 例如：$(\ln\ln x)'_{\ln x}$，它的第一元是 $\ln x$，第二元也是 $\ln x$，若把 $u=\ln x$ 看成自变量，那么 $\ln\ln x$ 就具备了以 u 为自变量的基本初等函数形式 $\ln u$，这时候可以套用基本求导公式 $(\ln x)' = \frac{1}{x}$ 了，把公式结果中的 x（第三元）替换成 u（第三元），就得到求导结果 $\frac{1}{u}$ 即 $\frac{1}{\ln x}$. 列表对照如下：

第四章 导数与微分

	等 式	第一元	第二元	第三元	统一的元
基本求导公式	$(\ln x)' = \dfrac{1}{x}$	$\ln x$ 中的 x	求导变量 x	$\dfrac{1}{x}$ 中的 x	x
套用公式求导	$(\ln\ln x)'_{\ln x} = \dfrac{1}{\ln x}$	$\ln\ln x$ 中的 $\ln x$	求导变量 $\ln x$	$\dfrac{1}{\ln x}$ 中的 $\ln x$	$\ln x$

上面的表格直观地显示出套用求导公式时的情况对比，基本求导公式和套用公式求导这两种情况下，相应的第一元、第二元和第三元分别是一致的. 从中也可以发现，套用基本求导公式时，最关键的着眼点在于确定被求导函数关于哪一个变量求导，也就是应首先确定求导变量这个"元". 由于"三元统一"原则的存在，接下来应看第一元与第二元是否相同，相同就可以套用相应的基本求导公式，不同则不可直接套用.

例 3 $(\tan\cos x)'$，根据导数记号含义，它的求导变量是 x. 若 $\tan\cos x$ 想要具备基本初等函数形式就必须把 $u = \cos x$ 看成自变量，这是第一元，求导变量 x 是第二元，第一元和第二元不一致，因此不能直接套用 $(\tan x)' = \sec^2 x$ 这个求导公式；故 $(\tan\cos x)' \neq \sec^2 \cos x$.

例 4 若 $f(\cos x) = \tan\cos x$，求 $f'(\cos x)$. 这个问题与例 3 情况不同，根据导数记号含义，它的求导变量是 $\cos x$. 令 $u = \cos x$，若把 u 看成自变量，则 $\tan\cos x$ 具有 $\tan u$ 这个基本初等函数形式，所以第一元是 $u = \cos x$. 第二元是求导变量，也是 $\cos x$，第一元和第二元一致，所以可套用基本求导公式，得：$(\tan\cos x)'_{\cos x} = \sec^2 \cos x$.

（三）使用链式法则对一个复合函数进行求导的具体步骤

（1）确定求导问题中的求导变量；

（2）将被求导的复合函数从求导变量开始，一层层地由内往外分解出全部中间变量的函数来；

（3）将每一个分解出来的函数都表示成基本初等函数形式并按照"三元统一"原则套用基本求导公式得出求导结果；

（4）根据链式法则要求，将这些结果相乘起来，并且每一个中间变量函数都必须表示为最终自变量的函数形式.

注：求复合函数的导数的关键，是对复合函数进行正确分解. 因为基本求导公式都是对基本初等函数求导，所以第（2）步里每一个中间变量的函数都必须分解出来，一个都不能少. 分解出的每个函数应为基本初等函数或多项式.

例 5 求 $(\ln\sin\sqrt{x})'$.

根据导数记号规则，它是关于 x 求导的，这时确定了求导变量. 接下来分解复合函数，分解为 $\ln u$、$u = \sin v$、$v = \sqrt{x}$，所有的中间变量都出来了，并且都表示成了基本初等函数形式，可以分别套用基本求导公式，然后使用链式法则把结果相乘. 有如下过程：

$$(\ln\sin\sqrt{x})' = (\ln u)'_u \cdot u'_v \cdot v'_x = \frac{1}{u} \cdot \cos v \cdot \frac{1}{2\sqrt{x}} = \frac{\cos\sqrt{x}}{2\sqrt{x}\sin\sqrt{x}} = \frac{\cot\sqrt{x}}{2\sqrt{x}}.$$

也可以省去用各个中间变量字母来代替表示的过程，直接用中间变量的函数来表达：

例 6 $(e^{\sin\ln 2x})' = (e^{\sin\ln 2x})'_{\sin\ln 2x} \cdot (\sin\ln 2x)'_{\ln 2x} \cdot (\ln 2x)'_{2x} \cdot (2x)' = \dfrac{1}{x}(\cos\ln 2x)e^{\sin\ln 2x}$.

非常熟练以后，可以再省去书写导数记号表示的这个过程，而是将复合函数从最外层开始，由外往内，每一层对其下一内层进行求导，一直求导至求导问题中所规定的求导变量为止.

通过这样的"层层求导"后,直接写出各层的求导结果并相乘起来.不过,在心里或在草稿上一定要清晰准确地保留书写导数记号表示的这个过程.

此外,并非所有涉及复合函数求导就必须使用链式求导法则.是否需要使用链式求导法则,关键在于看该求导问题是否满足基本求导公式的"三元统一"原则中前二元统一的条件.不符合"三元统一"原则,则不能直接套用基本求导公式,这时才需要使用链式求导法则;如果原问题已经满足基本求导公式的"三元统一"原则中前二元统一的条件,则不需要使用链式求导法则,直接套用公式即可.例如$(\sin\sqrt{x})'_{\sqrt{x}}$,这是一个复合函数求导问题,但它已经满足基本求导公式$(\sin x)' = \cos x$的"三元统一"原则中前二元统一的条件,就不需要使用链式求导法则,直接套用公式即可:$(\sin\sqrt{x})'_{\sqrt{x}} = \cos\sqrt{x}$.

例7 求 $[\ln(x+\sqrt{x^2+1}) + x\sqrt{x^2+1}]'$.

解 原式 $= \dfrac{1+\dfrac{x}{\sqrt{x^2+1}}}{x+\sqrt{x^2+1}} + \sqrt{x^2+1} + \dfrac{x^2}{\sqrt{x^2+1}}$ ("层层求导",各层求导结果相乘)

$= \dfrac{1}{\sqrt{x^2+1}} + \sqrt{x^2+1} + \dfrac{x^2}{\sqrt{x^2+1}}$

$= \dfrac{2x^2+2}{\sqrt{x^2+1}}$

$= 2\sqrt{x^2+1}.$

例8 $y = \ln|x|$,求 y'.

解 根据定义域,去掉绝对值符号,表示为分段函数 $y = \ln|x| = \begin{cases} \ln x, & x>0, \\ \ln(-x), & x<0. \end{cases}$

当 $x>0$ 时,$y' = (\ln|x|)' = (\ln x)' = \dfrac{1}{x}$,

当 $x<0$ 时,$y' = (\ln|x|)' = [\ln(-x)]' = \dfrac{(-x)'}{-x} = \dfrac{1}{x}$,

综合得 $(\ln|x|)' = \dfrac{1}{x}$.

习题 4-3

(A)

1. 求下列函数的导数 $f'(x)$.

(1) $f(x) = (x+3)^{11}$;

(2) $f(x) = \sin(7x+1)$;

(3) $f(x) = e^{5x}\cos 3x$;

(4) $f(x) = 3^{\tan x}$;

(5) $f(x) = \sin(\cos 2x + x^3)$;

(6) $f(x) = (\sin 3x)\cos\sqrt{x}$;

(7) $f(x) = \ln(x+\sqrt{1+x^2})$;

(8) $f(x) = \ln(e^x + \sqrt{1+e^{2x}})$;

(9) $f(x) = \ln\ln x$;

(10) $f(x) = \arctan\ln u(x)$.

2. 设 $y = f\left(\arcsin\dfrac{1}{x}\right)$,求 $\dfrac{dy}{dx}$.

第四章 导数与微分

(B)

1. 求下列函数的导数 $f'(x)$.

   (1) $f(x) = \ln\sqrt{\dfrac{1+x}{1-x}}$;

   (2) $f(x) = \text{sincos}[u(x)+v(x)]$;

   (3) $f(x) = e^{\arcsin\sqrt{x}}$;

   (4) $f(x) = g\{x+h[v(x)]\}+1$.

2. 已知 $f(x) = \begin{cases} e^{-x}, & x \geqslant 0, \\ \sqrt{1-2x}, & x < 0, \end{cases}$ 求 $f'(x)$.

3. 已知函数 $\begin{cases} x = \sin\theta^2, \\ y = \theta^2, \end{cases}$ 求 y'_x.

§4-4 特殊求导法则

一、反函数求导

若函数 $y = f(x)$ 的反函数为 $x = \varphi(y)$,在点 x 处 $f'(x) \neq 0$,且 $x = \varphi(y)$ 在点 y 处连续,则 $x = \varphi(y)$ 在 y 处有导数,且 $\varphi'(y) = \dfrac{1}{f'(x)}$,即 $x'_y = \dfrac{1}{y'_x}$.

例1 $y = \ln x$,其反函数为 $x = e^y$. 已知公式 $(e^x)' = e^x$,则有 $(e^y)'_y = e^y$.

因此,按照反函数求导法则,$(\ln x)' = \dfrac{1}{(e^y)'_y} = \dfrac{1}{e^y} = \dfrac{1}{e^{\ln x}} = \dfrac{1}{x}$.

注:用反函数求导法则来求导时,最终结果必须以原问题的自变量为自变量. 如例 1 的结果,就不能保留 y 的表示,必须把 y 还原为关于 x 的表示.

二、隐函数求导

隐函数是指函数表达式中等号的任一侧都没有直接给出对应关系的函数. 与之相对的函数表达式称为**显函数**. 例如 $y = x+2$,在等号的右边直接给出了对应关系 $x+2$,所以它是显函数. 而 $y-x = 2$,在等号的左边和右边都不是直接的对应关系,所以它是隐函数. 在典型的隐函数表达式中,人们甚至无法找出直接的对应关系,如隐函数 $y = \sin(x+y)$,就无法找到它直接的对应关系表达式. 虽然找不出,但一个隐函数表达式是可以确定某一函数对应关系的. 隐函数这种特殊的确定对应关系方式,决定了在隐函数表达式中不能固定某个变量为自变量或因变量,每个变量都有可能是自变量或因变量. 如果其中一个变量被暂时看作自变量,则另一个变量自动充当因变量. 因此,隐函数的导数记号必须是强制型导数记号,否则就会产生歧义. 例如隐函数 $y = \sin(x+y)$ 的导数,要么是 y'_x,要么是 x'_y. 没有 y' 或 x' 的表示法,因为对于隐函数没有固定的自变量,无法默认求导变量,因此不可能采用默认型导数记号.

隐函数的导数仍然是隐函数而非显函数. 求解隐函数的导数有确定模式,通常是对隐函数表达式的两边同时关于某个指定变量求导,然后整理出结果. 注意:期间,通常会利用到复合函数求导法则. 特别需要弄清哪些是关于指定求导变量的复合函数.

例2 已知 $y = \sin(x+y)$,求 x'_y.

解 等式两边关于 y 求导,有

$$y'_y = [\sin(x+y)]'_y, \quad 即 \; 1 = [\cos(x+y)](x+y)'_y = (x'_y+1)\cos(x+y).$$

整理,得 $x'_y = \dfrac{1}{\cos(x+y)} - 1$.

注:没有必要同时也很难先把隐函数转化为显函数来求导,隐函数求导的结果也没必要或者无法转化为显函数.

例 3 已知 $ye^x + \ln y - 1 = 0$,求 $y'_x(0)$.

解 等式两边同时关于 x 求导,注意到 $y = y(x)$,得:

$$y'_x e^x + ye^x + \frac{1}{y} \cdot y'_x = 0,$$

所以

$$y'_x = -\frac{ye^x}{e^x + \dfrac{1}{y}}.$$

当 $x=0$ 时,$y=1$,

所以

$$y'_x(0) = -\frac{1}{2}.$$

由于隐函数这种确定函数的对应关系的特殊方式,可以看到 x 和 y 在其中自然形成相互反函数关系. 再根据反函数求导法则,即知 $y'_x = \dfrac{1}{x'_y}$. 由于隐函数不确定自变量与因变量,此时采用反函数求导法则求导得出的结果也不存在还原为自变量表示的问题.

三、取对数技巧求导

底数与指数中同时含有变量的函数,例如 $y = x^{\cos x}$ 这样的函数,它既不是指数函数,也不是幂函数,而是被称之为**幂指函数**的特殊函数. 对它求导不满足所有基本求导公式的"三元统一"原则,无法直接套用基本求导公式. 而且幂指函数无法分解为基本初等函数复合的形式,所以也无法仅仅依靠链式求导法则来解决. 一般是先借助对数技巧来进行处理后,才可以用求隐函数导数的方法来求导.

例 4 已知 $y = x^{\cos x}$,求 y'.

解 等式两边取对数,得 $\ln y = \ln x^{\cos x}$,即 $\ln y = \cos x \ln x$,这是一个隐函数.

上式两边关于 x 求导,注意到 y 是关于 x 的函数,得

$$\frac{y'_x}{y} = -\sin x \ln x + \frac{\cos x}{x}.$$

把 $y = x^{\cos x}$ 代入,并整理,得

$$y'_x = x^{\cos x}\left(-\sin x \ln x + \frac{\cos x}{x}\right) (由于题目里 x 本身已被限定为自变量,因此 y'_x = y').$$

除了对幂指函数的求导外,对于连乘的函数的求导,也可用取对数技巧求导法,且可达到简化计算目的.

例 5 求 $y = \sqrt{\dfrac{(x-1)(x-2)}{(x-3)(x-4)}}$ 的导数.

解 先在两边取对数,得

$$\ln y = \frac{1}{2}[\ln|x-1| + \ln|x-2| - \ln|x-3| - \ln|x-4|].$$

上式两边关于 x 求导,注意到 $y=y(x)$,得

$$\frac{1}{y} \cdot y' = \frac{1}{2}\left(\frac{1}{x-1} + \frac{1}{x-2} - \frac{1}{x-3} - \frac{1}{x-4}\right),$$

于是 $y' = \dfrac{y}{2}\left(\dfrac{1}{x-1} + \dfrac{1}{x-2} - \dfrac{1}{x-3} - \dfrac{1}{x-4}\right)$

$$= \frac{1}{2}\sqrt{\frac{(x-1)(x-2)}{(x-3)(x-4)}}\left(\frac{1}{x-1} + \frac{1}{x-2} - \frac{1}{x-3} - \frac{1}{x-4}\right).$$

※四、高阶导数

函数 $y=f(x)$ 关于某个变量(例如关于 x)求导一次得到的导函数,称为 $y=f(x)$ 的**一阶导数**,记为 $f'(x)$ 或 y';

若 $y=f(x)$ 的一阶导数可导,则对它关于相同变量再次求导所得称为 $y=f(x)$ 的**二阶导数**,记为 $f''(x)$ 或 y'';

若 $y=f(x)$ 的二阶导数可导,则对它关于相同变量再次求导所得称为 $y=f(x)$ 的**三阶导数**,记为 $f'''(x)$ 或 y''';

……

当 $n>3$,$y=f(x)$ 的 n 阶导数记为 $f^{(n)}(x)$ 或 $y^{(n)}$. 若它仍然可导,则对它关于相同变量再求导一次所得到的函数称为 $y=f(x)$ 的 $n+1$ 阶导数,记为 $f^{(n+1)}(x)$ 或 $y^{(n+1)}$.

例6 若 $f(x) = x^3 + 2x + 1$,则 $f^{(4)}(x) = (3x^2+2)''' = (6x)'' = 6' = 0$.

例7 求 $y = \sin x$ 的 n 阶导数.

解 因为 $y' = \cos x$,

所以 $y'' = -\sin x$,

故 $y''' = -\cos x$.

如果继续求导,将出现周而复始的现象. 为了得到一般 n 阶导数公式,可将上述各阶导数改写为

$$y' = \cos x = \sin\left(x + \frac{\pi}{2}\right),$$

$$y'' = -\sin x = \sin(x + \pi) = \sin\left(x + 2\frac{\pi}{2}\right),$$

$$y''' = -\cos x = -\sin\left(x + \frac{\pi}{2}\right) = \sin\left(x + \frac{\pi}{2} + \pi\right) = \sin\left(x + \frac{3\pi}{2}\right).$$

由此可猜想得到

$$(\sin x)^{(n)} = \sin\left(x + n\frac{\pi}{2}\right).$$

上式可用数学归纳法证,在此不作证明,读者可自证.

类似可以求得公式

$$(\cos x)^{(n)} = \cos\left(x + \frac{n\pi}{2}\right).$$

例 8 已知 $f(x)=\ln(1+x)$,求 $f^{(n)}(0)$.

解 因为 $f'(x)=\dfrac{1}{1+x}$,

$$f''(x)=-\frac{1}{(1+x)^2},$$

$$f'''(x)=\frac{2}{(1+x)^3},$$

$$f^{(4)}(x)=-\frac{6}{(1+x)^4},$$

……

所以 $f^{(n)}(x)=(-1)^{n-1}\cdot\dfrac{(n-1)!}{(1+x)^n}$.

故 $f^{(n)}(0)=(-1)^{n-1}\cdot(n-1)!$.

在以上例子中,求函数的 n 阶导数是由递推法得到的,即先逐次求出前几阶导数,从中发现规律,从而得到 n 阶导数. 严格说来,还应该用数学归纳法证明,但通常把这一步省略了.

习题 4-4

(A)

1. 求曲线 $x^2+2xy-2x-y^2=0$ 在点 $(2,4)$ 处的切线方程.
2. 求下列函数的导数 y'.
   (1) $y=x^x$;
   (2) $y=x^{\sin x}$;
   (3) $y=e^{x^x}$;
   (4) $y=(\ln x)^{e^x}$;
   (5) $y=\sqrt[x]{\dfrac{x+1}{x-1}}$;
   (6) $y=x^{3^x}$.
3. 求下列函数的导数 y'_x.
   (1) $y=\ln(xy)$;
   (2) $xy=\cos(x+y)$;
   (3) $e^y=xy$;
   (4) $x^2 y-e^{x^2}=\sin y$.
4. 求下列函数的导数 x'_y 及 y'_x.
   (1) $\sin(xy)=x+y$;
   (2) $(\cos x)^y=(\sin y)^x$.

※5. 若 $y=\sin e^x$,求 y'''.

※6. 已知 $f(x)=e^x\cos x$,求 $f^{(4)}(x)$.

※7. 若 $y=\dfrac{x}{1-x}$,求 $y^{(4)}$.

(B)

1. 求曲线 $x^2+y^2=1$ 在点 (a,b) 处的切线方程(提示:需要讨论 a、b 的取值问题).

2. 求下列函数的导数 y'_x 和 x'_y.

 (1) $(\sin x)^{\cos y} = \ln(xy)$；　　(2) $(\sin x)^y = (\cos y)^x$.

3. 若 $y = x[\cos(\ln x) + \sin(\ln x)]$，求 y''.

※4. 若 $y = e^x \sin x$，求 $y^{(n)}$.

§4-5 微 分

一、微分概念

导数是表示函数变化率的概念，而微分则是表示函数变化量的概念. 在不取极限时，函数变化率不会成为导数. 类似地，在不取极限时，函数变化量也不会成为微分. 在本章第一节中已经论述过，在导数定义公式 $f'(a) = \lim\limits_{\Delta x \to 0} \dfrac{\Delta y}{\Delta x} = \lim\limits_{h \to 0} \dfrac{f(a+h) - f(a)}{h}$ 中，若 $f'(a)$ 存在，则当自变量变化量 $\Delta x = h \to 0$ 时，必有函数值的变化量 $\Delta y = f(a+h) - f(a) \to 0$. 这个趋于 0 的函数值变化量，就是微分要表示的对象. 根据极限存在的充分必要性定理知，这里 $\Delta y = f(a+h) - f(a) = f'(a)h + \alpha h$，其中 αh 是比 h 更高阶的无穷小，相对于 $f'(a)h$ 可以忽略不计，于是就有 $\Delta y = f(a+h) - f(a) \approx f'(a)h$. 也就是说，当 $h \to 0$ 时，$f'(a)h$ 可以无限近似地代替函数值变化量 $\Delta y = f(a+h) - f(a)$，它就是 $f(x)$ 在点 a 处的微分，记为 $df(x)|_{x=a}$，即 $df(x)|_{x=a} = f'(a)h$. 若 $f(x)$ 处处可导，则 $f(x)$ 在任意一点 x 处的微分可记为 $df(x) = f'(x)h$. 特别注意到，当 $f(x) = x$ 时，$df(x) = f'(x)h = x'h = h$，即 $dx = h$. 这是很巧妙的，只要 h 表示 x 的改变量且 $h \to 0$，就一定有 $dx = h$. 由于 dx 较之 h 在微分运用中有许多便利之处，因此在表示微分时，通常都用 dx 来代替 h. 如 $df(x)|_{x=a} = f'(a)dx, df(x) = f'(x)dx$.

于是，就有了下面的微分定义：

定义　若函数 $y = f(x)$ 在点 $x = a$ 处可导，则把 $f'(a)dx$ 称为**函数在该点处的微分**. 相应地，若函数 $f(x)$ 处处可导，则把 $f'(x)dx$ 称为函数 $f(x)$ 的微分，记作 $df(x)$.

因此得到微分定义公式：

$$df(x) = f'(x)dx.$$

二、微分的几何意义

虽然微分近似代替函数变化量，但它不是函数变化量. $f'(a)$ 表示函数 $f(x)$ 在点 a 处切线的斜率，而 dx 表示自变量的变化量 $\Delta x = x - a$，所以 $df(x) = f'(a)dx = \tan\alpha \cdot (x-a) = \tan\alpha \cdot \Delta x$ 等于切线纵坐标对应于 $x-a$ 的变化量，这就是**微分的几何意义**. 如图 4-3 所示：

对应于自变量变化量 $x-a$，当 $x \to a$ 时，函数变化量 $\Delta f(x)$ 是线段 AC，而微分 $df(x) = f'(a)dx$ 是线段 AB.

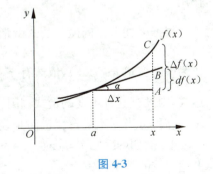

图 4-3

从图上可以看到，微分数值与函数变化量有一定差别，不过随着自变量变化量的减小，这个差别也减小. 当自变量变化量无限趋于零时，微分数值就无限接近于相应的函数变化量了.

微分记号 d 由英文单词 Differential 的第一个字母而来，数学含义是对 d 之后的那部分按照微分定义公式求微分. dx 表示自变量 x 无限小的变化量. 在微分学中,"函数的微分"比"函数在某点处的微分"应用更广泛,因此我们主要研究这种微分的运算.

三、微分运算

一切微分的运算都根据微分定义公式 $df(x)=f'(x)dx$ 来进行. 从这一公式可以知道:函数可导是一元函数可微的充分必要条件,**可导必可微,可微必可导**. 把公式恒等变形一下,就得到式子 $f'(x)=\dfrac{df(x)}{dx}$. 因此,函数的导数也称为**微商**,即微分之商. 由于函数的导数与函数的微分仅仅相差一个 dx 的乘积形式,所以要计算函数微分,只要计算函数的导数,再乘以自变量的微分即可。可见求微分归结于求导数,并不需要新方法. 因而,求导数和求微分的方法统称为**微分法**. 基于此,根据微分定义公式可推得相应的一元函数的微分四则运算法则以及微分公式,它们与导数的四则运算法则及基本求导公式一一对应,仅仅在写法上是否有个 dx 乘积的微小差异而已. 但是要注意:导数和微分是完全不同的两种概念,不能混淆. 导数与微分公式法则对照表见附录二.

例1 $d\sqrt{x^2-1}=(\sqrt{x^2-1})'dx=\dfrac{1}{2\sqrt{x^2-1}}\cdot(x^2-1)'dx=\dfrac{xdx}{\sqrt{x^2-1}}$.

微分定义公式中,从 $df(x)$ 到 $f'(x)dx$ 这个方向是人们熟悉的,由于逆向思维的不习惯性,人们往往容易忽视由 $f'(x)dx$ 到 $df(x)$ 这个方向的运算. 但是,这个方向的微分运算却更为重要,并且在将来学习的积分学理论中的作用巨大,必须熟悉它.

例2 $\dfrac{\ln x}{x}dx=\ln x(\ln x)'dx=\ln xd\ln x$.

例3 $\cos(2x+1)dx=\dfrac{1}{2}\cos(2x+1)d2x=\dfrac{1}{2}\cos(2x+1)d(2x+1)=\dfrac{1}{2}d\sin(2x+1)$.

四、一阶微分形式的不变性

对于函数 $f(u)$,不论 u 是自变量还是中间变量,微分公式 $df(u)=f'(u)du$ 总成立. 由于公式的形式总不变,所以称为**一阶微分形式的不变性**.

这个性质,在一元微分中应用不广,作用不明显. 但在必须计算偏微分的多元微分中,具有非常显著的简化计算作用,这里只作为了解知识提出. 我们可以从微商的意义上去稍微理解其作用:

根据上述形式的微分公式变形,得到微商 $f'(u)=\dfrac{df(u)}{du}$,它也具有形式不变性. 即使当 u 作为中间变量 $u=\varphi(x)$,依然有 $f'(\varphi(x))=\dfrac{df(\varphi(x))}{d\varphi(x)}$,形式没有发生改变. 如果不采用微分表达式,则没有这种不变的形式. 相比之下,对于以默认型导数记号来表示的导数公式 $(\sin u)'=\cos u$ 而言,当 u 不是自变量而是表示某个函数的中间变量时,这类求导公式的形式就必定发生改变. 例如 $(\sin 2x)'\neq\cos 2x$,$(\sin\ln x)'=(\cos\ln x)\cdot(\ln x)'$. 所谓形式的变与不变,就是指上述比较的情况了.

例4 $y=\sin(2x+4)$,求 dy.

解法一 把 $2x+4$ 看成中间变量 u,则 $y=\sin u,u=2x+4$,

第四章 导数与微分

$$dy = d(\sin u) = \cos u\,du = \cos(2x+4)d(2x+4)$$
$$= \cos(2x+4) \cdot 2dx = 2\cos(2x+4)dx.$$

解法二 因为 $y' = \cos(2x-4) \cdot (2x+4)'$
$$= 2\cos(2x+4)$$

所以 $dy = y'dx$
$$= 2\cos(2x+4)dx$$

例 5 设 $y = \dfrac{e^{2x}}{x}$，求 dy.

解法一 $dy = \dfrac{x\,d(e^{2x}) - e^{2x}dx}{x^2} = \dfrac{xe^{2x}d(2x) - e^{2x}dx}{x^2} = \dfrac{e^{2x}(2x-1)}{x^2}dx.$

解法二 因为 $y' = \dfrac{e^{2x}(2x-1)}{x^2}$

所以 $dy = y'dx$
$$= \dfrac{e^{2x}(2x-1)}{x^2}dx$$

例 6 $y = \ln(1+x^2)$，求 dy.

解法一 $dy = d\ln(1+x^2)$
$$= \dfrac{1}{1+x^2}d(1+x^2)$$
$$= \dfrac{1}{1+x^2}dx^2$$
$$= \dfrac{2x}{1+x^2}dx.$$

解法二 因为 $y' = \dfrac{2x}{1+x^2}$

所以 $dy = y'dx = \dfrac{2x}{1+x^2}dx$

※五、微分在近似计算上的应用

微分在近似计算上具有巧妙的作用，可以用它的性质来简化很多繁琐计算得到非常理想的近似值．

利用微分进行近似计算的原理：若已知函数 $f(x)$ 在点 a 可微，则根据前述函数微分的含义，当 $x \to a$ 时，$f'(a)dx$ 是可以无限近似等于函数值变化量 $f(x) - f(a)$ 的．也就是说，当 $x \to a$ 时，$f(x) - f(a) \approx f'(a)dx$．在这里，$dx$ 也就是 $x - a$，所以
$$f(x) - f(a) \approx f'(a)(x-a)，\text{即 } f(x) \approx f(a) + f'(a)(x-a). \qquad (*)$$

$(*)$ 式就是**函数值 $f(x)$ 的近似计算公式**．这个公式计算结果的误差，在一定程度上是可以估计衡量的：根据本节开头"微分概念"中的内容可知，微分与函数值变化量仅仅相差一个比 $x-a$ 更高阶的无穷小而已，这个无穷小等于 $(*)$ 式近似计算产生的理论误差值．不过，由于这类无穷小至今仍然是个很难界定精确范围的变量，所以我们这里只能退而求其次以无穷小的上限 $x-a$ 为最大误差估计值．因此，利用 $(*)$ 式进行近似计算，其结果的误差至少小于 $x-a$ 的值．

例 7 求 $e^{0.001}$ 的近似值，要求误差小于 0.002.

解 注意到 0.001 和 0 相差特别小，所以 0.001 可对应于（*）式中的 x，而 0 则对应于（*）式中的 a。自然地，e^x 就相当于（*）式中的 $f(x)$。

因此，套用（*）式相应计算就有
$$e^{0.001} \approx e^0 + (e^x)'|_{x=0} \times 0.001 = 1 + 0.001 = 1.001,$$
且该结果的误差远远小于 $0.001 - 0 = 0.001 < 0.002$，符合题目要求。

例 7 表明，利用微分运算来进行近似计算可以在保证一定精度的同时大大简化计算过程。

习题 4-5

(A)

1. 求 $df(x)$.
   (1) $f(x) = e^{ax} \cos bx$；
   (2) $f(x) = \arctan(\ln x)$；
   (3) $f(x) = \arcsin \sqrt{1-x^2}$；
   (4) $f(x) = \sqrt{x} + \ln x - \dfrac{1}{\sqrt{x}}$.

2. $f(x) = \sin x$，求 $df(2x)$.

3. 将适当的函数填入空格内，使等式成立。
   (1) $d\underline{} = 2dx$；
   (2) $d\underline{} = 3x dx$；
   (3) $d\underline{} = \cos t dt$；
   (4) $d\underline{} = \dfrac{dx}{\sqrt{x}}$；
   (5) $d\underline{} = e^{-2x} dx$；
   (6) $x dx = \underline{} d(x^2 - 1)$；
   (7) $\dfrac{dx}{x} = \underline{} d(3 - 5\ln x)$；
   (8) $\dfrac{()}{\sqrt{x^2-1}} dx = d\sqrt{x^2-1}$.

※4. 求 $\sin 0.001$ 的近似值。

(B)

1. 已知 $xy - e^x - e^y = 0$，求 dy.

※2. 求下列近似值：
   (1) $\sqrt{0.97}$；
   (2) $\ln 1.03$；
   (3) $e^{0.002}$.

学习指导

一、重点难点剖析

1. 在导数的定义式中 $f'(a)$ 只是 a 的函数，取决于 f 和 a，与自变量增量 h 无关，在求极限的表达式中自变量增量 h 只是无穷小量，与它的具体形式无关，因此
$$\frac{f(a+2h) - f(a)}{2h}, \quad \frac{f(a-3\Delta x) - f(a)}{-3\Delta x}$$
当 $h \to 0 (\Delta x \to 0)$ 的极限都是 $f'(a)$.

但微分 dy 不仅与 $f'(x)$ 有关,而且与自变量增量 Δx 有关.

2. 可导性是一元函数连续性的充分条件,讨论一元函数在某点 x_0 处连续性和可导性时,一旦根据导数定义验证了函数导数存在,则它一定在该点连续,即"**可导必连续**". 若函数在 x_0 处是间断的,则函数必不可导,即"**不连续必不可导**". 但若函数连续,未必可导.

3. 解决求导问题时,最值得**注意**的是:

(1) 分清该问题是求导函数还是求函数在某点处导数,即**分清求什么**.

(2) 确认问题究竟是关于哪一个变量求导,即**确认求导变量**.

(3) 为了简化求导过程,应先将能变形化简的函数简化为最简单形式再求导,即要**先化简再求导**.

(4) 在某些问题的处理上,尽量用各种办法把复杂问题简单化. 如在求导运算中可尽可能把除法转化为较为简单的加、减、乘,特别是对根式除法求导运算如能改为乘法运算就比较容易,取对数求导法是简化求导的一种方法,它能运用于幂指函数、连乘、连除以及根式、乘幂等形式,但在有加、减运算时须慎用. 即**求导方法尽量简单化**.

(5) 求导结果最好化简到最简形式. 即**结果要化简**.

4. 对参数式函数,隐函数的求导,必须注意求导的对象是谁,弄清楚自变量,中间变量和因变量间的关系. 特别要注意哪些是关于求导变量的复合函数,需用到复合函数求导法来求导的.

5. 从记号上来说 $\dfrac{dy}{dx} = f'(x) \Rightarrow dy = f'(x)dx$,即导数可看作是函数的微分与自变量的微分的商,但实际上导数与微分是不同的概念. 导数表示的是变化率,即函数的增量与自变量的增量之比的特殊极限,而微分表示的是对应于自变量的增量 Δx 的函数的增量 Δy 的线性主部. 从几何上讲,导数表示的是曲线 $y = f(x)$ 在点 $(x, f(x))$ 处的切线的斜率,而微分表示的是此切线上对应于 x 和 $x+\Delta x$ 的纵坐标的增量.

二、解题方法技巧

1. 求 $f'(x_0)$ 的方法

(1) 先求出导函数 $f'(x)$ 的一般表达式,然后将 $x=x_0$ 代入表达式求得.

(2) 直接按定义计算 $f'(x_0)$.

2. 复合函数求导方法

(1) 分析清楚函数由内到外的复合层次,即弄清函数是由哪些基本初等函数经过多少次复合步骤合成的.

(2) 从最外一层逐层向里"层层求导",一直求到对自变量求导数为止.

(3) 用导数的四则运算法则求导过程中如遇复合函数则用复合函数求导法则求之.

(4) 如在复合函数中又有四则运算时,看在哪步发生,就在哪步用导数四则运算法则计算.

※3. 求高阶导数的方法

(1) 对于较低阶导数可由通常逐次的求导方法连续求导得到.

(2) 对于较高阶导数,一般先逐次求出前几阶(一般 1~4 阶)导数后,通过分析结果找出其中规律,归纳出几阶导数的表达式.

4. 求微分常用的方法

(1) 利用 $dy=f'(x)dx$ 求微分,对能正确求出 $f'(x)$ 的,最后结果 $f'(x)$ 乘以 dx 即可.

(2) 利用微分运算法则及一阶微分不变性求微分.

5. 求分段函数导数的方法

(1) 先讨论在每一段开区间内部的可导性(大都可直接用公式).

(2) 用定义判断分段点处导数是否存在:

若分段点 $x=x_0$ 处左、右两侧所对应的函数表达式不同,需用左、右导数定义式分别求出 $f'_-(x_0)$、$f'_+(x_0)$. 只有左、右导数都存在且相等时,函数在分段点 x_0 处才可导,否则不可导(函数的导数在该分段点无定义);

若分段点 $x=x_0$ 处左、右两侧所对应的函数表达式相同,一般不需分别求左、右导数,可按导数定义直接求 $f'(x_0)$.

(3) 分段函数在分段点处是左(或右)连续的,可以直接用求导法则来求分段函数在该点处左(或右)导数,不必采用导数的极限定义公式来求.

(4) 最后归纳总结,用适当的式子整理写好求导结果.

三、典型例题分析

例 1 求 $\lim\limits_{h \to 0} \dfrac{f(x)-f(a)}{x-a}$.

[解答分析] 由极限知识可知,趋势变量 h 的变化能影响所有以 h 为自变量的部分,但它不能影响任何与 h 无关的部分. $\dfrac{f(x)-f(a)}{x-a}$ 这个表达式里不含有 h,且没有哪一个变量与 h 有关系,因此无论 h 如何取值如何变化,它都不影响表达式 $\dfrac{f(x)-f(a)}{x-a}$ 的值,也就是说当 $h \to 0$ 时这个表达式的值根本不发生任何改变.

解 $\lim\limits_{h \to 0} \dfrac{f(x)-f(a)}{x-a} = \dfrac{f(x)-f(a)}{x-a}$.

点评 虽然 $\dfrac{f(x)-f(a)}{x-a}$ 的确是函数 $f(x)$ 在点 a 处的某个函数变化率,但函数变化率还不是导数,函数变化率的极限才是导数. 另外尽管 $\lim\limits_{h \to 0} \dfrac{f(x)-f(a)}{x-a}$ 是一个极限,但它也不是函数变化率的极限,因为 h 和 $\dfrac{f(x)-f(a)}{x-a}$ 无关. 当一个极限无法影响函数变化率时,它就不能称之为"函数变化率的极限". 这个结果可以帮助我们强化认识:导数不仅仅是函数变化率,也不仅仅是一个普通极限,它必须是函数变化率的极限.

例 2 已知 $f'(a)=1$,求 $\lim\limits_{h \to 0} \dfrac{f(a-2h)-f(a)}{h}$ 的值.

[解答分析] 注意到本例所求极限的形式与导数的定义式相接近,可以用导数的定义式来解,而在利用导数的定义式时,一定要注意其中自变量增量形式的统一.

解 $\lim\limits_{h \to 0} \dfrac{f(a-2h)-f(a)}{h} = \lim\limits_{h \to 0} \dfrac{f[a+(-2h)]-f(a)}{h}$

第四章 导数与微分

$$= -2 \lim_{-2h \to 0} \frac{f[a+(-2h)]-f(a)}{-2h} = -2f'(a).$$

因此,$\lim\limits_{h \to 0} \dfrac{f(a-2h)-f(a)}{h} = -2.$

点评 本例仍然是关于如何正确理解导数定义公式的问题:在函数变化率的极限的表达式中,函数 $f(x)$ 的自变量增量不一定只能用一个字母来表示,同时也没有限定自变量增量非要由什么样固定形式的变量来表示,只要某个变量的变化能够引起函数值变化并且该变量可以趋于 0 就满足要求了.

注意:自变量和自变量增量是两个概念,在一元函数里自变量只能由一个字母来表示,但自变量增量却可以由任意的变量来表示,可以是非常复杂的表达式. 正如例 2 中这样,$-2h$ 可以用来表示自变量增量. 本例求解过程中的一系列恒等变形,其目的仅仅是要把本来不能表示函数变化率的式子 $\dfrac{f(a-2h)-f(a)}{h}$ 变形成主要部分可以表示函数变化率的式子 $-2 \cdot \dfrac{f[a+(-2h)]-f(a)}{-2h}$,同时照顾到自变量增量 $-2h \to 0$,满足了导数定义公式的要求,因此可以认定,$\lim\limits_{h \to 0} \dfrac{f(a-2h)-f(a)}{h}$ 即 $\lim\limits_{-2h \to 0} \dfrac{f(a-2h)-f(a)}{-2h}$,就是导数 $f'(a)$.

例 3 求函数 $\begin{cases} x = \sin t + 1, \\ y = \cos t - 1 \end{cases}$ 的导数 x'_y.

[**解答分析**] 本例是典型的参数方程形式的函数求导. 一般地,参数方程形式的函数求导问题都利用微商来解决.

解 $x'_y = \dfrac{\mathrm{d}x}{\mathrm{d}y} = \dfrac{\frac{\mathrm{d}x}{\mathrm{d}t}}{\frac{\mathrm{d}y}{\mathrm{d}t}} = \dfrac{x'_t}{y'_t} = \dfrac{(\sin t + 1)'_t}{(\cos t - 1)'_t} = \dfrac{\cos t}{-\sin t}.$

点评 在参数方程里,参数就是自变量,结果也应当是一个以参数为自变量的表达式. 微商是功能很强大的导数记号,由于其微分成分可以独立进行运算,所以微分之商就可以进行灵活多变的运算变形,把很多问题极大简单化,这是其他导数记号所不具备的独特优势.

例 4 求 $f(x) = |x-2|$ 的导数 $f'(x)$.

[**解答分析**] 注意到 $|x|$ 在点 $x = 0$ 处不可导. 因此,要求 $|x-2|$ 的导数,必须去掉绝对值,把含有绝对值的函数的求导问题转变为分段函数的求导问题,而对于分段函数的导数,除了每一段的导数外,还要用导数定义确定分段点处的导数.

解法一 $f(x) = |x-2| = \begin{cases} x-2, & x \geq 2, \\ 2-x, & x < 2. \end{cases}$

$x < 2$ 时,$f'(x) = (2-x)' = -1.$

$x > 2$ 时,$f'(x) = (x-2)' = 1.$

当 $x = 2$ 时,由于

$$f'_-(2) = \lim_{x \to 2^-} \frac{f(x)-f(2)}{x-2} = \lim_{x \to 2^-} \frac{2-x-0}{x-2} = -1,$$

而 $f'_+(2)=\lim\limits_{x\to 2^+}\dfrac{f(x)-f(2)}{x-2}=\lim\limits_{x\to 2^-}\dfrac{x-2-0}{x-2}=1.$

左右导数不相等，$f'(2)$ 不存在.

所以，$f'(x)=\begin{cases}-1, & x<2, \\ \text{不存在}, & x=2, \\ 1, & x>2.\end{cases}$

解法二 $f(x)=|x-2|=\begin{cases}x-2, & x\geq 2, \\ 2-x, & x<2.\end{cases}$

当 $x<2$ 时，$f'(x)=-1$

当 $x>2$ 时，$f'(x)=1$

当 $x=2$ 时

因为 $\lim\limits_{x\to 2^+}f(x)=\lim\limits_{x\to 2^+}(x-2)=0=f(2)$

$\lim\limits_{x\to 2^-}f(x)=\lim\limits_{x\to 2^-}(2-x)=0=f(2)$

所以 $f(x)$ 在 $x=2$ 处既左连续又右连续

则 $f'_-(2)=(2-x)'\big|_{x=2}=-1$

$f'_+(2)=(x-2)'\big|_{x=2}=1$（参见"学习指导"求分段函数导数的方法）

左右导数不相等，$f'(2)$ 不存在

所以 $f'(x)=\begin{cases}-1, & x<2, \\ \text{不存在}, & x=2, \\ 1, & x>2.\end{cases}$

点评 绝对值函数非常特殊，尽管看起来它也能用一个式子表示，但它并不是初等函数，而是分段函数. 仅仅是由于它很特殊，可以用绝对值记号来简单表示，才常常不被麻烦表示为分段函数形式，实质上它仍是分段函数. 所以，对于绝对值函数的求导，不可以在绝对值记号里直接求导，一定要还原成它的分段函数形式来解决问题，否则容易产生错误，例如 $(|x-2|)'\neq |(x-2)'|$. 另外还要特别注意分段点处导数只能通过分析左右导数的相对关系来判断.

通常情况下，分段函数的导数也是分段函数.

例5 已知 $f(x)=\sin x$，求 $f'(x^2)$.

[**解答分析**] $f'(x^2)$ 属于默认型导数记号，其含义是 $f(x^2)$ 关于 x^2 求导.

解 $f'(x^2)=[f(x^2)]'_{x^2}=(\sin x^2)'_{x^2}=\cos x^2.$

另解 也可以把 $f'(x^2)$ 看成 $f'(x)$ 的一个抽象的函数值，先求出 $f'(x)=\cos x$，再把代入 $x=x^2$，结果是相同的.

点评 导数记号是相当重要的知识，假如没掌握好导数记号的准确含义，遇到本例这类问题往往会陷入茫然中.

例6 求曲线 $x^2+(y+1)^2=2$ 在点 $x=1$ 处的切线.

[**解答分析**] 原曲线方程相当于隐函数，较为复杂. 如果一定要先变形出显式函数后再求导，不仅需要相当繁琐的讨论过程，而且求导起来也很麻烦. 但是结合问题分析，发现并不需要变形出显式函数的过程，只是需要确定曲线在某点处导数值而已. 该点坐标值可以很容易求

出,它们就可以确定隐函数导数的具体数值,所以只需要对原曲线方程进行隐函数求导即可. 这样,就避开了很多麻烦,使问题简单化.

解 因为 $x=1$,代入曲线方程,可得 $y=0$.

方程 $x^2+(y+1)^2=2$ 两边关于 x 求导,得

$$2x+2(y+1)y'_x=0, \text{即 } y'_x=\frac{x}{y+1}.$$

把 $x=1$ 和 $y=0$ 代入,得 $y'_x=-1$. 因此,所求切线为 $y-0=-(x-1)$,即 $y=1-x$.

例 7 已知 $y=\sin(x+y)$,求 x'_y 和 y'_x.

[**解答分析**] 这个问题来自于第 4 节的例 2. 求 x'_y 的过程已给出,现在主要分析一下 y'_x 的求法. 可以按照求隐函数导数的具体方法一步步地求解 y'_x,不过还有另一种更为巧妙的办法,直接利用 x'_y 值来求解结果:

第 4 节里说过,隐函数里无所谓哪一个变量是因变量及哪一个变量是自变量. 因此,如果 x 和 y 是隐函数里仅有的两个变量,把它们看成函数的话,则 x 和 y 互为反函数. 根据反函数的求导法则,隐函数的 x'_y 和 y'_x 具有如下关系:$y'_x=\frac{1}{x'_y}$. 这样就可以直接利用第 4 节例 2 中 x'_y 的求解结果得到 y'_x.

解 $y'_x=\dfrac{1}{x'_y}=\dfrac{1}{\dfrac{1}{\cos(x+y)}-1}=\dfrac{\cos(x+y)}{1-\cos(x+y)}.$

例 8 $f(x)=\dfrac{(x+1)^2(x+2)^3(x+3)^4}{(2x+1)^{\frac{3}{5}}}$,求 $f'(1)$.

[**解答分析**] 此题若直接用导数的四则运算法则求导,则非常繁琐. 但若使用对数技巧,即可化繁为简.

解 考虑到 $x=1$,等式两边取对数,得

$$\ln f(x)=2\ln|x+1|+3\ln|x+2|+4\ln|x+3|-\frac{3}{5}\ln|2x+1|,$$

两边关于 x 求导,得

$$\frac{f'(x)}{f(x)}=\frac{2}{x+1}+\frac{3}{x+2}+\frac{4}{x+3}-\frac{3}{5(2x+1)}\cdot(2x+1)',$$

将 $x=1$ 代入,即得

$$f'(1)=\left(3-\frac{1}{5}\right)\cdot\frac{2^2\cdot 3^3\cdot 4^4}{3^{\frac{3}{5}}}=\frac{14}{5}\cdot 3^{\frac{12}{5}}\cdot 4^5.$$

点评 函数乘除运算所得到的函数,用取对数方法求它们的导数较方便,其公式为

$$f'(x)=f(x)[\ln|f(x)|]'.$$

例 9 已知 $\sqrt{x^2+y^2}=\mathrm{e}^{\arctan\frac{y}{x}}$,求 y'_x.

[**解答分析**] 涉及非常麻烦的指数问题的求导,往往会利用取对数技巧来避开麻烦计算.

解 原方程两边取对数,得

$$\frac{1}{2}\ln(x^2+y^2)=\arctan\frac{y}{x},$$

两边关于 x 求导,得

$$\frac{1}{2} \frac{2x+2yy'_x}{x^2+y^2} = \frac{1}{1+\left(\frac{y}{x}\right)^2} \cdot \frac{xy'_x - y}{x^2},$$

化简,得

$$y'_x = \frac{x+y}{x-y}.$$

点评 遇到底数和指数中均含有自变量的幂指函数求导,例如 $[f(x)+a]^{[g(x)+b]}$ 这种形式的幂指函数求导,若不使用取对数变形后再进行求导计算,很难完成任务.

例 10 求 $\lim\limits_{\Delta x \to 0} \frac{\Delta y - \mathrm{d}y}{2\Delta x}$.

[解答分析] 这个极限是无法通过代数变形求出结果的. 它只能通过对微分的定义进行剖析,从中得到 $\Delta y - \mathrm{d}y$ 的意义,然后才可以计算结果.

解 $y' = \lim\limits_{\Delta x \to 0} \frac{\Delta y}{\Delta x}$,则 $\frac{\Delta y}{\Delta x} = y' + \alpha(\Delta x)(\Delta x \to 0)$.

$\alpha(\Delta x)$ 是指当 $\Delta x \to 0$ 时的某个无穷小. 于是 $\Delta y = y' \Delta x + \alpha(\Delta x) \cdot \Delta x$,按微分定义,$\mathrm{d}y$ 即是 $y' \Delta x$(当 $\Delta x \to 0$),因此,$\Delta y - \mathrm{d}y = \alpha(\Delta x) \cdot \Delta x$.

所以

$$\lim\limits_{\Delta x \to 0} \frac{\Delta y - \mathrm{d}y}{2\Delta x} = \lim\limits_{\Delta x \to 0} \frac{\alpha(\Delta x) \cdot \Delta x}{2\Delta x} = \frac{1}{2} \lim\limits_{\Delta x \to 0} \alpha(\Delta x) = 0.$$

例 11 若 $\ln x \mathrm{d}x = \mathrm{d}f(x)$,求 $f(x)$.

[解答分析] 微分变形的唯一依据就是微分的定义:$\mathrm{d}y = y'\mathrm{d}x$. 但该定义逆方向使用时,$y'\mathrm{d}x = \mathrm{d}y$ 容易造成部分人的思维障碍,注意到 $\mathrm{d}(uv) = u\mathrm{d}v + v\mathrm{d}u$,因此 $\ln x \mathrm{d}x + x \mathrm{d}\ln x = \mathrm{d}(x\ln x)$.

解 由于

$$\ln x \mathrm{d}x + x \mathrm{d}\ln x = \mathrm{d}(x\ln x),$$

而且 $x\mathrm{d}(\ln x) = \mathrm{d}x$,因此

$$\ln x \mathrm{d}x = \mathrm{d}(x\ln x) - x\mathrm{d}(\ln x)$$
$$= \mathrm{d}(x\ln x) - \mathrm{d}x$$
$$= \mathrm{d}(x\ln x - x).$$

而 $\ln x \mathrm{d}x = \mathrm{d}f(x)$,

所以由 $\mathrm{d}f(x) = \mathrm{d}(x\ln x - x)$ 得

$$f(x) = x\ln x - x + C (C \text{ 为任意常数}).$$

点评 由微分关系 $f'(x)\mathrm{d}x$ 求 $f(x)$($f(x)$ 习惯上称为微分 $f'(x)\mathrm{d}x$ 的原函数)的过程,习惯上称为"凑微分",这样题型的训练对以后学习积分帮助很大,在"凑微分"时,要熟记导数的基本公式.

复习题四

(A)

1. 计算:

(1) $\left(\sqrt{x\sqrt{x\sqrt{x}}}\right)'$; (2) $[\ln(x+\sqrt{a+x^2})]'$;

(3) $[(\sin x)^{x+2}]'$; (4) $[(1-2x)^{\frac{1}{x}+1}]'$.

2. 求曲线 $x^2+y^2=1$ 在点 $(1,0)$ 处的切线方程和法线方程.

3. 设 $f(x)=x|x|$,求 $f'(x)$.

4. 设 $u(x)$、$v(x)$ 均为可导函数,$y=\sqrt{u^2(x)+v^2(x)}$,求 $\dfrac{dy}{dx}$.

5. 若 $\sqrt{x^2+y^2}=e^y$,求 y'_x 和 x'_y.

6. 已知函数 $\begin{cases} x=e^t\cos t, \\ y=e^t\sin t, \end{cases}$ 求 x'_y.

7. 已知 $f(x)=e^x$,求 $f''\left(\dfrac{x}{2}\right)$.

8. 证明:可导的周期函数仍是周期函数.

※9. 求 arctan 1.05 的近似值(精确到小数点后 3 位).

10. a、b 为何值时,函数 $f(x)=\begin{cases} ax+b, & x>1, \\ x^2, & x\leqslant 1 \end{cases}$ 在 $x=1$ 处连续且可导.

11. 求下列微分关系中的未知函数 $f(x)$ 之其一.

(1) $(x+1)dx=df(x)$; (2) $\dfrac{dx}{2x-1}=df(x)$;

(3) $xe^{x^2}dx=df(x)$; (4) $\dfrac{dx}{\sqrt[3]{1-2x}}=df(x)$;

(5) $3^{2-x}dx=df(x)$; (6) $\dfrac{1}{2\sqrt{x}}dx=df(x)$.

(B)

1. 设函数 $f(x)=\begin{cases} x, & x<0, \\ \sin x, & x\geqslant 0, \end{cases}$ 讨论函数 $f(x)$ 在 $x=0$ 处的连续性和可导性.

2. a 为何值时,曲线 $y=ax^2$ 与曲线 $y=\ln x$ 相切?

3. 求垂直于直线 $2x-6y+1=0$,且与曲线 $y=x^3+3x^2-5$ 相切的直线方程.

4. 证明函数 $f(x)=\begin{cases} x^3\sin\dfrac{1}{x}, & x\neq 0, \\ 0, & x=0 \end{cases}$ 在 $x=0$ 处连续,但导函数 $f'(x)$ 在 $x=0$ 处不可导.

5. 证明双曲线 $xy=a(a\neq 0)$ 上任意一点处的切线和坐标轴所构成的三角形面积等于 $2|a|$.

6. 求曲线 $\begin{cases} x=\dfrac{3at}{1+t^3}, \\ y=\dfrac{3at^2}{1+t^3} \end{cases}$ 在 $t=1$ 处的切线方程和法线方程.

7. 若 $y=f(\ln x)+\ln f(x)$,求 y''.

第二次数学危机

十七、十八世纪关于微积分发生的激烈的争论,被称为第二次数学危机.从历史或逻辑的观点来看,它的发生也带有必然性.

这次危机的萌芽出现在大约公元前450年,芝诺注意到由于对无限性的理解问题而产生的矛盾,提出了关于时空的有限与无限的四个悖论,这几个悖论的意思大致描述如下:

1. "两分法":向着一个目的地运动的物体,首先必须经过路程的中点,然而要经过这点,又必须先经过路程的1/4点……如此类推以至无穷——结论是:无穷是不可穷尽的过程,运动是不可能的.

2. "阿基里斯是《荷马史诗》中的善跑英雄,却追不上乌龟":阿基里斯平均速度10米/秒,乌龟平均速度1米/秒.乌龟先跑1秒,然后阿基里斯追赶乌龟.阿基里斯总是首先必须到达乌龟的出发点,当他花0.1秒跑了1米时,乌龟在这0.1秒里又往前跑了0.01米……因而乌龟必定总是跑在前头,阿基里斯怎样也追不上乌龟.这个论点同两分法悖论一样,所不同的是不必把所需通过的路程一再平分.

3. "飞箭不动":意思是箭在运动过程中的任一瞬时间必在一确定位置上,因而是静止的,所以箭就不能处于运动状态.

4. "操场或游行队伍":A、B两件物体以等速向相反方向运动.从静止的C来看,比如说A、B都在1小时内移动了2千米,可是从A看来,则B在1小时内就移动了4千米.运动是矛盾的,所以运动是不可能的.

这几个问题都是很显然违背常识和事实的,因此,问题必然出在理论上.但是,当时的数学家却一下被难住了,无法解释这些理论上的缺陷.芝诺揭示的矛盾是深刻而复杂的.前两个悖论诘难了关于时间和空间无限可分,因而运动是连续的观点,后两个悖论诘难了时间和空间不能无限可分,因而运动是间断的观点.芝诺悖论的提出可能有更深刻的背景,不一定是专门针对数学的,但是它们在数学王国中却掀起了一场轩然大波.它们说明了希腊人已经看到"无穷小"与"很小很小"的矛盾,但他们无法解决这些矛盾.其后果是,希腊几何证明中从此就排除了无穷小.

经过许多人多年的努力,终于在17世纪晚期,形成了无穷小演算——微积分这门学科.牛顿和莱布尼兹被公认为微积分的奠基者,他们的功绩主要在于:把各种有关问题的解法统一成微分法和积分法;有明确的计算步骤;微分法和积分法互为逆运算.由于运算的完整性和应用的广泛性,微积分成为当时解决问题的重要工具.同时,关于微积分基础的问题也越来越严重.关键问题就是无穷小量究竟是不是零?无穷小及其分析是否合理?由此而引起了数学界甚至哲学界长达一个半世纪的争论,造成了第二次数学危机.

无穷小量究竟是不是零?两种答案都会导致矛盾.牛顿对它曾作过三种不同解释:1669年说它是一种常量;1671年又说它是一个趋于零的变量;1676年它被"两个正在消逝的量的最

终比"所代替. 但是, 他始终无法解决上述矛盾. 莱布尼兹曾试图用和无穷小量成比例的有限量的差分来代替无穷小量, 但是他也没有找到从有限量过渡到无穷小量的桥梁.

英国大主教贝克莱于 1734 年写文章, 攻击流数 (导数)"是消失了的量的鬼魂……能消化得了二阶、三阶流数的人, 是不会因吞食了神学论点就呕吐的."他说, 用忽略高阶无穷小来消除了原有的误差,"是依靠双重的错误得到了虽然不科学却是正确的结果". 贝克莱虽然也抓住了当时微积分、无穷小方法中一些不清楚不合逻辑的问题, 不过他是出自对科学的厌恶和对宗教的维护, 而不是出自对科学的追求和探索.

当时一些数学家和其他学者, 也批判过微积分的一些问题, 指出其缺乏必要的逻辑基础. 例如, 罗尔曾说:"微积分是巧妙的谬论的汇集."在那个勇于创造时代的初期, 科学中逻辑上存在这样那样的问题, 并不是个别现象.

18 世纪的数学思想的确是不严密的、直观的, 强调形式的计算而不管基础的可靠. 特别是没有清楚的无穷小概念, 从而导致导数、微分、积分等概念不清楚; 无穷大概念不清楚; 发散级数求和的任意性等等; 符号的不严格使用; 不考虑连续性就进行微分, 不考虑导数及积分的存在性以及函数可否展成幂级数等等.

直到 19 世纪 20 年代, 一些数学家才比较关注于微积分的严格基础. 从波尔查诺、阿贝尔、柯西、狄里克莱等人的工作开始, 到维尔斯特拉斯、狄德金和康托的工作结束, 中间经历了半个多世纪, 基本上解决了矛盾, 为数学分析奠定了一个严格的基础.

波尔查诺给出了连续性的正确定义; 阿贝尔指出要严格限制滥用级数展开及求和; 柯西在 1821 年的《代数分析教程》中从定义变量出发, 认识到函数不一定要有解析表达式; 他抓住极限的概念, 指出无穷小量和无穷大量都不是固定的量而是变量, 无穷小量是以零为极限的变量; 并且定义了导数和积分; 狄里克莱给出了函数的现代定义. 在这些工作的基础上, 维尔斯特拉斯消除了其中不确切的地方, 给出现在通用的极限的定义, 连续的定义, 并把导数、积分严格地建立在极限的基础上.

19 世纪 70 年代初, 维尔斯特拉斯、狄德金、康托等人独立地建立了实数理论, 而且在实数理论的基础上, 建立起极限论的基本定理, 从而使数学分析建立在实数理论的严格基础之上.

第五章

中值定理与导数应用

> 一种科学,只有在成功地运用数学时,才算达到真正完善的地步.[①]
>
> ——马克思

上一章引入了导数与微分的概念,并介绍了求导法则与微分法.本章将利用导数来研究函数的某些性态.首先介绍微分学中的中值定理,它是用导数研究函数某些性态的理论根据.

§5-1 中值定理

中值定理揭示了函数在某区间的整体性质与函数在该区间内某一点的导数之间的关系,因而称为中值定理.中值定理既是用微分学知识解决应用问题的理论基础,又是解决微分学自身发展的一种理论性模型,因而也称为微分基本定理.

一、罗尔中值定理

定理 1 (罗尔定理)

如果函数 $f(x)$ 满足下列条件:

(1) 在闭区间 $[a,b]$ 上连续;

(2) 在开区间 (a,b) 内可导;

(3) $f(a)=f(b)$.

则在 (a,b) 内至少存在一点 $\xi(a<\xi<b)$,使得 $f'(\xi)=0$.

我们先看定理的几何意义.该定理假设 $f(x)$ 在 $[a,b]$ 上连续,在 (a,b) 内可导,说明 $f(x)$ 在平面上是一条以 A、B 为端点的连续且处处有切线的曲线段.由 $f(a)=f(b)$,故线段 AB 平行 x 轴,定理结论为 $f'(\xi)=0$,说明在曲线段 $f(x)$ 上必有一点 C(相应于横坐标为 ξ 的点),在该点切线的斜率为 0,也即曲线在该点的切线平行于 x 轴.这样,定理告诉我们,在曲线段 ACB 上至少存在一点 C,在该点具有水平切线(见图 5-1).

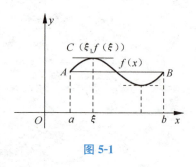

图 5-1

证 因为 $f(x)$ 在闭区间 $[a,b]$ 上连续,根据闭区间上连续函数的最大值和最小值定理,$f(x)$ 在 $[a,b]$ 上必有最大值 M 和最小值 m,现分两种可能来讨论.

[①] 法拉格:《回忆马克思恩格斯》,人民出版社,1975 年,第 73 页.

若 $M=m$，则对任一 $x\in(a,b)$，都有 $f(x)=m(=M)$，这时对任意的 $\xi\in(a,b)$，都有 $f'(\xi)=0$.

若 $M>m$，则由条件(3)知，M 和 m 中至少有一个不等于 $f(a)(=f(b))$，不妨设 $M\neq f(a)$，则在开区间 (a,b) 内至少有一点 ξ，使得 $f(\xi)=M$. 下面来证明 $f'(\xi)=0$.

由条件(2)知，$f'(\xi)$ 存在. 由于 $f(\xi)$ 为最大值，所以不论 Δx 为正或为负，只要 $\xi+\Delta x\in[a,b]$，总有 $f(\xi+\Delta x)-f(\xi)\leqslant 0$.

当 $\Delta x>0$ 时，有

$$\frac{f(\xi+\Delta x)-f(\xi)}{\Delta x}\leqslant 0,$$

据函数极限的保号性知

$$f'_+(\xi)=\lim_{\Delta x\to 0^+}\frac{f(\xi+\Delta x)-f(\xi)}{\Delta x}\leqslant 0.$$

同样，当 $\Delta x<0$ 时，有

$$\frac{f(\xi+\Delta x)-f(\xi)}{\Delta x}\geqslant 0,$$

所以 $f'_-(\xi)=\lim\limits_{\Delta x\to 0^-}\dfrac{f(\xi+\Delta x)-f(\xi)}{\Delta x}\geqslant 0$.

因为 $f'(\xi)=f'_+(\xi)=f'_-(\xi)$，故 $f'(\xi)=0$.

罗尔中值定理告诉我们，如果定理所需的条件满足，那么方程 $f'(x)=0$ 在 (a,b) 内至少有一个实根. 我们把使导数 $f'(x)$ 为零的点即方程 $f'(x)=0$ 的根称为函数 $f(x)$ 的**驻点**或稳定点.

例如，函数 $f(x)=x^2-2x-3$ 在 $[-1,3]$ 上连续，在 $(-1,3)$ 上可导，且 $f(-1)=f(3)=0$，由 $f'(x)=2(x-1)$ 知，若取 $\xi=1\in(-1,3)$，则有 $f'(\xi)=0$.

但在一般情况下，罗尔定理只给出了结论中导函数的零点的存在性，通常这样的零点是不易具体求出的.

为了加深对定理的理解，下面再作一些说明.

首先要指出，罗尔定理的三个条件是十分重要的，如果有一个不满足，定理的结论就不一定成立. 下面分别举三个例，并结合图像进行考察.

(1) $f(x)=\begin{cases}1, & x=0,\\ x, & 0<x\leqslant 1.\end{cases}$

函数 $f(x)$ 在 $[0,1]$ 的左端点 $x=0$ 处间断，不满足闭区间连续的条件，尽管 $f'(x)$ 在开区间 $(0,1)$ 内存在，且 $f(0)=f(1)$，但显然没有水平切线. 如图 5-2.

(2) $f(x)=\begin{cases}-x, & -1\leqslant x<0,\\ x, & 0\leqslant x\leqslant 1.\end{cases}$

$f(x)$ 在 $x=0$ 不可导，不满足在开区间 $(-1,1)$ 可导的条件，$f(x)$ 在 $[-1,1]$ 内是连续的，且有 $f(-1)=f(1)$. 但是没有水平切线，如图 5-3.

(3) $f(x)=x, x\in[0,1]$.

$f(x)$ 显然满足在 $[0,1]$ 上连续在 $(0,1)$ 内可导的条件，但 $f(0)\neq f(1)$，显然也没有水平切线. 如图 5-4.

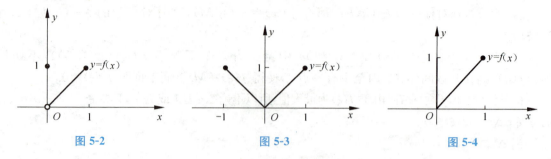

图 5-2　　　　　　　图 5-3　　　　　　　图 5-4

由此可见,当我们应用这个定理时,一定要仔细验证是否满足定理的三个条件,否则容易产生错误.

其次,须注意定理的三个条件仅是充分的,而非必要的.即,若满足定理的三个条件,则定理的结论必定成立,如果定理的三个条件不完全满足的话,则定理的结论可能成立,也可能不成立.

例 1　设
$$\varphi(x)=\begin{cases}\sin x, & x\in[0,\pi),\\ 1, & x=\pi.\end{cases}$$

显然,$\varphi(x)$ 在 $[0,\pi]$ 上不连续,$\varphi(0)\neq\varphi(\pi)$,故不满足罗尔定理的条件,但 $\varphi(x)$ 在 $x=\dfrac{\pi}{2}\in(0,\pi)$,还是有水平切线,见图 5-5.

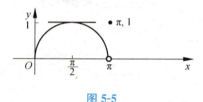

图 5-5

例 2　证明方程 $x^5-5x+1=0$ 有且仅有一个小于 1 的正实根.

证　设 $f(x)=x^5-5x+1$,则 $f(x)$ 在 $[0,1]$ 上连续且 $f(0)\cdot f(1)=-3<0$,由零点定理知,存在点 $x_0\in(0,1)$,使 $f(x_0)=0$,即 x_0 为 $f(x)=0$ 的小于 1 的正实根.

下面证明 x_0 是 $f(x)=0$ 的小于 1 的唯一正实根.用反证法,设另有 $x_1\in(0,1),x_1\neq x_0$,使 $f(x_1)=0$,易见函数 $f(x)$ 在 $[x_0,x_1]$ 连续,在 (x_0,x_1) 可导,$f(x_0)=f(x_1)=0$,由罗尔定理知,存在 $\xi\in(x_0,x_1)$,使 $f'(\xi)=0$,但 $f'(x)=5(x^4-1)<0,x\in(0,1)$ 导致矛盾!所以 x_0 为 $f(x)=0$ 的小于 1 的唯一正实根.题目得证.

二、拉格朗日中值定理

罗尔中值定理中 $f(a)=f(b)$ 这个条件是相当特殊的,它使罗尔定理的应用受到限制.拉格朗日在罗尔定理的基础上作了进一步的研究,取消了罗尔定理中这个条件的限制,得到了在微分学中具有重要地位的拉格朗日中值定理.

定理 2　(拉格朗日中值定理)

如果函数 $y=f(x)$ 满足:

(1) 在闭区间 $[a,b]$ 上连续;

(2) 在开区间 (a,b) 内可导.

则在 (a,b) 内至少存在一点 $\xi(a<\xi<b)$,使得

$$f(b)-f(a)=f'(\xi)(b-a), \tag{1}$$

即

$$f'(\xi)=\frac{f(b)-f(a)}{b-a}. \tag{2}$$

先了解一下定理的几何意义. 从图 5-6 可见, $\dfrac{f(b)-f(a)}{b-a}$ 为弦 AB 的斜率, 而 $f'(\xi)$ 为曲线在点 C 处的切线的斜率, 拉格朗日中值定理表明, 在满足定理条件的情况下, 曲线 $y=f(x)$ 上至少有一点 C, 使曲线在点 C 处的切线平行于弦 AB.

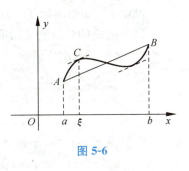

图 5-6

由图 5-6 可看出, 罗尔定理是拉格朗日中值定理当 $f(a)=f(b)$ 时的特殊情形, 这种特殊关系, 还可进一步联想到利用罗尔定理来证明拉格朗日中值定理. 定理证明的基本思路是构造一个辅助函数, 使其符合罗尔定理的条件, 然后可利用罗尔定理给出证明. 事实上, 弦 AB 的方程为
$$y=f(a)+\dfrac{f(b)-f(a)}{b-a}(x-a),$$
而曲线 $y=f(x)$ 与弦 AB 在区间端点 $x=a, x=b$ 相交, 故若用曲线 $y=f(x)$ 与弦 AB 的方程的差做成一个新函数, 则这个新函数在端点 $x=a, x=b$ 的函数值相等.

证 构造辅助函数
$$F(x)=f(x)-\left[f(a)+\dfrac{f(b)-f(a)}{b-a}(x-a)\right],$$
易知 $F(x)$ 在 $[a,b]$ 上满足罗尔定理条件, 从而在 (a,b) 内至少存在一点 ξ, 使得 $F'(\xi)=0$, 即
$$f'(\xi)-\dfrac{f(b)-f(a)}{b-a}=0,$$
即
$$f'(\xi)=\dfrac{f(b)-f(a)}{b-a}.$$

注意 公式(1)和(2)均称为**拉格朗日中值公式**.

公式(2)的右端 $\dfrac{f(b)-f(a)}{b-a}$ 表示函数在闭区间 $[a,b]$ 上整体变化的平均变化率, 左端 $f'(\xi)$ 表示开区间 (a,b) 内某点 ξ 处函数的局部变化率, 于是, 拉格朗日中值公式反映了可导函数在 (a,b) 内某点 ξ 处的函数的局部变化率与在 $[a,b]$ 上整体平均变化率的关系, 若从力学角度看, 公式(2)表示某一内点处的瞬时速度等于整体上的平均速度. 因此, 拉格朗日中值定理是联结局部与整体的纽带.

设 $x, x+\Delta x \in (a,b)$, 在以 $x, x+\Delta x$ 为端点的区间上应用公式(1), 则有
$$f(x+\Delta x)-f(x)=f'(x+\Delta x\theta)\cdot \Delta x, \quad (0<\theta<1),$$
即
$$\Delta y=f'(x+\theta\Delta x)\cdot \Delta x, \quad (0<\theta<1). \tag{3}$$

公式(3)精确地表达了函数在一个区间上的增量与函数在这区间内某点处的导数之间的关系, 这个公式又称为**有限增量公式**.

我们在第四章讨论微分时, 曾经以微分
$$dy=f'(x)\Delta x$$
作为当 $|\Delta x|$ 很小时增量 Δy 的近似值, 这种近似值随 $|\Delta x|$ 的增大使其误差可能变得很大, 拉格朗日中值定理给出的表达式 $\Delta y=f'(x+\theta\Delta x)\cdot \Delta x (0<\theta<1)$ 是有限增量 Δy 的精确表达式, 由此也可看到拉格朗日定理的重要作用. 从拉格朗日中值定理可以导出一些有用的推论.

推论 1 如果函数 $f(x)$ 在区间 I 上的导数恒为零,那么 $f(x)$ 在区间 I 上是一个常数.

这个推论的几何意义很明确,即如果曲线的切线斜率恒为零,则此曲线必定是一条平行于 x 轴的直线. 下面用拉格朗日定理加以证明.

证 在区间 I 上任取两点 $x_1, x_2 (x_1 < x_2)$,

在区间 $[x_1, x_2]$ 上应用拉格朗日中值定理得:
$$f(x_2) - f(x_1) = f'(\xi)(x_2 - x_1), \quad (x_1 < \xi < x_2).$$

由假设 $f'(\xi) = 0$, 于是 $f(x_1) = f(x_2)$,

由 x_1, x_2 的任意性, 知 $f(x)$ 在区间 I 上任意点处的函数数值都相等, 即 $f(x)$ 在区间 I 上是一个常数.

推论 1 表明:**导数为零的函数就是常数函数**. 由推论 1 立即可得.

推论 2 如果函数 $f(x)$ 与 $g(x)$ 在区间 I 上恒有 $f'(x) = g'(x)$, 则在区间 I 上有
$$f(x) = g(x) + C (C \text{ 为常数}).$$

这个推论告诉我们, 如果两个函数在区间 I 上导数处处相等, 则这两个函数在区间 I 上至多相差一个常数.

例 3 对于函数 $f(x) = \ln x$, 在 $[1, e]$ 上验证拉格朗日定理的正确性.

解 显然 $f(x) = \ln x$ 在 $[1, e]$ 上连续, 在 $(1, e)$ 内可导, 又
$$f(1) = \ln 1 = 0, \quad f(e) = \ln e = 1, \quad f'(x) = \frac{1}{x},$$

设 $\dfrac{\ln e - \ln 1}{e - 1} = \dfrac{1}{\xi}$, 从而解得
$$\xi = e - 1 \in (1, e)$$

故可取 $\xi = e - 1$, 使 $f'(\xi) = \dfrac{f(e) - f(1)}{e - 1}$ 成立.

例 4 证明 $\arcsin x + \arccos x = \dfrac{\pi}{2} (-1 \leqslant x \leqslant 1)$.

证 设 $f(x) = \arcsin x + \arccos x, x \in [-1, 1]$,

当 $x = -1$ 或 $x = 1$ 时
$$f(x) = \arcsin x + \arccos x = \frac{\pi}{2},$$

因为 $f'(x) = \dfrac{1}{\sqrt{1-x^2}} + \left(-\dfrac{1}{\sqrt{1-x^2}}\right) = 0,$

所以 $f(x) = C, x \in (-1, 1)$, 又因为
$$f(0) = \arcsin 0 + \arccos 0 = 0 + \frac{\pi}{2} = \frac{\pi}{2},$$

故 $C = \dfrac{\pi}{2}$, 从而当 $-1 \leqslant x \leqslant 1$ 时,
$$\arcsin x + \arccos x = \frac{\pi}{2}.$$

读者可以自行证明另一个重要恒等式:
$$\arctan x + \operatorname{arccot} x = \frac{\pi}{2}.$$

中值定理的应用很广泛,在本章后半部分和以后章节将会进一步看到.

例 5　证明当 $x>0$ 时,$\dfrac{x}{1+x}<\ln(1+x)<x$.

证　设 $f(x)=\ln(1+x)$.

因为 $f(x)$ 为初等函数,所以 $f(x)$ 在 $[0,x]$ 连续又因为 $f'(x)=\dfrac{1}{1+x}$ 在 $(0,x)$ 上处处有意义,所以 $f(x)$ 在 $(0,x)$ 可导,则 $f(x)$ 在 $[0,x]$ 上满足拉格朗日中值定理条件,所以 $f(x)-f(0)=f'(\xi)(x-0),(0<\xi<x)$.

又因为 $f(0)=0, f'(x)=\dfrac{1}{1+x}$,

所以 $\ln(1+x)=\dfrac{1}{1+\xi}\cdot x,(0<\xi<x)$.

因为 $0<\xi<x$,所以 $\dfrac{x}{1+x}<\dfrac{x}{1+\xi}<x$,

即
$$\dfrac{x}{1+x}<\ln(1+x)<x.$$

三、柯西中值定理

定理 3　(柯西中值定理)

如果函数 $f(x)$ 及 $g(x)$ 满足:
(1) 在闭区间 $[a,b]$ 上连续;
(2) 在开区间 (a,b) 内可导;
(3) 在 (a,b) 内每一点处,$g'(x)\neq 0$.
则在 (a,b) 内至少存在一点 $\xi(a<\xi<b)$,使得

$$\dfrac{f(a)-f(b)}{g(a)-g(b)}=\dfrac{f'(\xi)}{g'(\xi)}.\text{(柯西公式)}$$

先来考察柯西中值定理的几何意义,设曲线由参数方程 $\begin{cases}x=g(t)\\y=f(t)\end{cases}(a\leqslant t\leqslant b)$ 表示点 $A(g(a),f(a))$ 与 $B(g(b),f(b))$ 的连线——割线 AB 的斜率为

$$\dfrac{f(b)-f(a)}{g(b)-g(a)},$$

按照参数方程所确定的函数导数公式 $\dfrac{dy}{dx}=\dfrac{f'(t)}{g'(t)}$,因此定理的结论是说在开区间 (a,b) 内至少存在一点 ξ,使曲线上相应于 $t=\xi$ 处的 C 点的切线与割线 AB 平行(图 5-7).

柯西中值定理的几何意义与拉格朗日中值定理

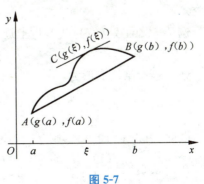

图 5-7

基本上相同,所不同的是曲线表达式采用了比 $y=f(x)$ 形式更为一般的参数方程. 下面来证明这个定理.

证 设 $\phi(x)=f(x)-f(a)-\dfrac{f(b)-f(a)}{g(b)-g(a)}[g(x)-g(a)]$,

因为 $f(x),g(x)$ 在 $[a,b]$ 连续,所以 $\phi(x)$ 也在 $[a,b]$ 连续,

因为 $f(x),g(x)$ 在 (a,b) 可导,即

$$\phi'(x)=f'(x)-\dfrac{f(b)-f(a)}{g(b)-g(a)}g'(x),$$

所以 $\phi(x)$ 在 (a,b) 可导,又 $\phi(a)=\phi(b)=0$,

所以 $\phi(x)$ 在 $[a,b]$ 满足罗尔中值定理条件,

故有 $$f'(\xi)-\dfrac{f(b)-f(a)}{g(b)-g(a)}g'(\xi)=0, \xi\in(a,b),$$

从而 $$\dfrac{f(b)-f(a)}{g(b)-g(a)}=\dfrac{f'(\xi)}{g'(\xi)}.$$

注意 在拉格朗日中值定理和柯西中值定理及例 4、例 5 的证明中,都采用了构造辅助函数的方法. 这是高等数学中证明数学命题的一种常用方法. 它是根据命题的特征与需要,经过推敲与不断修正而构造出来的,并且不是唯一的.

不难看出,拉格朗日中值定理是柯西定理的特殊情况. 显然,当取 $g(x)=x$,则 $g(b)-g(a)=b-a, g'(x)=1$,柯西中值定理就变成拉格朗日中值定理了. 所以柯西中值定理又称为**广义中值定理**.

例 6 对函数 $f(x)=x^3$ 及 $g(x)=x^2+1$ 在区间 $[1,2]$ 上验证柯西中值定理的正确性.

解 显然 $f(x)$ 和 $g(x)$ 在 $[1,2]$ 上连续,在 $(1,2)$ 内可导,及 $x\in(1,2)$ 时,$g'(x)\neq 0$,又
$$f(1)=1,\quad f(2)=8,\quad g(1)=2,\quad g(2)=5,\quad f'(x)=3x^2,\quad g'(x)=2x$$
设
$$\dfrac{f(2)-f(1)}{g(2)-g(1)}=\dfrac{3\xi^2}{2\xi}$$

从而解得 $\xi=\dfrac{14}{9}$,ξ 在 $(1,2)$ 内. 故可取 $\xi=\dfrac{14}{9}$,使

$$\dfrac{f(2)-f(1)}{g(2)-g(1)}=\dfrac{f'(\xi)}{g'(\xi)}$$

成立.

例 7 设函数 $f(x)$ 在 $[0,1]$ 上连续,在 $(0,1)$ 内可导,试证明至少存在一点 $\xi\in(0,1)$,使
$$f'(\xi)=2\xi[f(1)-f(0)].$$

证 题设结论变形为

$$\dfrac{f(1)-f(0)}{1-0}=\dfrac{f'(\xi)}{2(\xi)}=\dfrac{f'(x)}{(x^2)'}\bigg|_{x=\xi},$$

因此,可设 $g(x)=x^2$,则 $f(x),g(x)$ 在 $[0,1]$ 上满足柯西中值定理条件,所以在 $(0,1)$ 内至少存在一点 ξ,使 $\dfrac{f(1)-f(0)}{1-0}=\dfrac{f'(\xi)}{2\xi}$,

即 $$f'(\xi)=2\xi[f(1)-f(0)].$$

习题 5-1

(A)

1. 检验下列函数是否满足罗尔中值定理：
   (1) $f(x)=(x-2)(x-3)$, $x\in[2,3]$;
   (2) $f(x)=|x|-1$, $x\in[-1,1]$;
   (3) $f(x)=1-\sqrt[3]{x^2}$, $x\in[-1,1]$;
   (4) $f(x)=\dfrac{3}{2x^2+1}$, $x\in[-1,1]$;
   (5) $f(x)=x-[x]$, $x\in[0,1]$;
   (6) $f(x)=\begin{cases} x\sin\dfrac{1}{x}, & x\in\left(0,\dfrac{1}{\pi}\right] \\ 0, & x=0 \end{cases}$.

2. 写出下列函数的拉格朗日公式，并求出满足定理的 ξ.
   (1) $f(x)=x^4, x\in[1,2]$;
   (2) $f(x)=\arctan x, x\in[0,1]$.

3. 证明：函数 $f(x)=(x-1)(x-2)(x-3)$ 在区间 $(1,3)$ 内至少存在一点 ξ, 使 $f''(\xi)=0$.

4. 证明：如果函数 $f(x)$ 在区间 $(-\infty,\infty)$ 为满足关系式 $f'(x)=f(x)$, 且 $f(0)=1$, 则 $f(x)=e^x$.

5. 利用拉格朗日中值定理，证明下列不等式：
   (1) $|\sin x_1-\sin x_2|\leqslant|x_1-x_2|$;
   (2) $\dfrac{b-a}{b}<\ln\dfrac{b}{a}<\dfrac{b-a}{a}(b>a>0)$;
   (3) 当 $x>1$ 时, $e^x>ex$;
   (4) 当 $x>0$ 时, $\ln\left(1+\dfrac{1}{x}\right)>\dfrac{1}{1+x}$.

6. 试证：
   (1) 方程 $x^5+x-1=0$ 只有一个正根；
   (2) 对任意常数 C, 在 $[0,1]$ 上, 方程 $x^3-3x+C=0$ 不可能有两个不同的根.

7. 函数 $f(x)=x^3-5, g(x)=x^2+1$ 在区间 $[1,2]$ 上是否满足柯西定理的条件？如果满足就求出定理中的数值 ξ.

(B)

1. 设函数 $f(x)$ 在 $[a,b]$ 上连续, 在 (a,b) 内有二阶导数, 且有 $f(a)=f(b)=0, f(c)>0$ $(a<c<b)$. 试证在 (a,b) 内至少存在一点 ξ, 使 $f''(\xi)<0$.

2. 设 (1) 当 $x\to a$ 时, 函数 $f(x)$ 及 $g(x)$ 都趋于零；
   (2) 在点 a 的某去心邻域内, $f'(x)$ 及 $g'(x)$ 都存在且 $g'(x)\neq 0$;
   (3) $\lim\limits_{x\to a}\dfrac{f'(x)}{g'(x)}$ 存在(或为无穷大).

证明：$\lim\limits_{x\to a}\dfrac{f(x)}{g(x)}=\lim\limits_{x\to a}\dfrac{f'(x)}{g'(x)}$（提示：用柯西中值定理）.

§5-2 洛必达法则

如果当 $x\to a$（或 $x\to\infty$）时，两个函数 $f(x)$ 与 $g(x)$ 都趋于零或都趋于无穷大，则极限 $\lim\limits_{x\to a}\dfrac{f(x)}{g(x)}\left(\text{或}\lim\limits_{x\to\infty}\dfrac{f(x)}{g(x)}\right)$ 可能存在，也可能不存在，通常把这种极限称为**未定式**，并分别记为 $\dfrac{0}{0}$ 或 $\dfrac{\infty}{\infty}$（注：这里看作一种记号，不要看成除法）.

例如 $\lim\limits_{x\to 0}\dfrac{1-\cos x}{x^2}$，$\lim\limits_{x\to +\infty}\dfrac{x^3}{e^x}$ 就是未定式.

在第二章介绍极限时，我们计算过两个无穷小量之比以及两个无穷大量之比的未定式极限. 在那里，计算未定式极限都是具体问题作具体分析，属于特定的方法，而无一般的方法可循. 本节将用导数作为工具，给出计算未定式极限的一般方法，即洛必达（L'Hospital，法，1661—1704）法则. 本节的几个定理给出的求极限的方法统称为**洛必达法则**. 证明均略.

一、$\dfrac{0}{0}$ 型未定式

定理 1 设

(1) 当 $x\to a$ 时，函数 $f(x)$ 及 $g(x)$ 都趋于零；

(2) 在点 a 的某去心邻域内，$f'(x)$ 及 $g'(x)$ 都存在且 $g'(x)\neq 0$；

(3) $\lim\limits_{x\to a}\dfrac{f'(x)}{g'(x)}$ 存在（或为无穷大）.

则 $\lim\limits_{x\to a}\dfrac{f(x)}{g(x)}=\lim\limits_{x\to a}\dfrac{f'(x)}{g'(x)}$.

注意 对于当 $x\to\infty$ 时的 $\dfrac{0}{0}$ 型未定式，只须作简单变换 $Z=\dfrac{1}{x}$ 就可以化为定理 1 的情形.

定理 1 的意义是，当满足定理的条件时，$\dfrac{0}{0}$ 型未定式 $\dfrac{f(x)}{g(x)}$ 的极限可以转化为导数之比 $\dfrac{f'(x)}{g'(x)}$ 的极限，从而为求极限化难为易提供了可能的新途径.

例 1 求极限 $\lim\limits_{x\to 0}\dfrac{\sin kx}{x}(k\neq 0)$.

解 显然，所求极限为 $\dfrac{0}{0}$ 型，使用洛必达法则得

$$\lim_{x\to 0}\dfrac{\sin kx}{x}=\lim_{x\to 0}\dfrac{(\sin kx)'}{x'}=\lim_{x\to 0}\dfrac{k\cos kx}{1}=k.$$

例 2 求极限 $\lim\limits_{x\to 0}\dfrac{\sin x-x\cos x}{\sin^3 x}$.

解 不难验证所求极限为 $\dfrac{0}{0}$ 型，由洛必达法则得

$$\lim_{x\to 0}\frac{\sin x - x\cos x}{\sin^3 x} = \lim_{x\to 0}\frac{(\sin x - x\cos x)'}{(\sin^3 x)'}$$

$$= \lim_{x\to 0}\frac{x\sin x}{3\sin^2 x \cdot \cos x} = \frac{1}{3}\lim_{x\to 0}\frac{x}{\sin x \cos x}$$

$$= \frac{1}{3}\lim_{x\to 0}\frac{x}{\sin x}\cdot\lim_{x\to 0}\frac{1}{\cos x} = \frac{1}{3}.$$

此例表明,分子分母求导后要进行简化(中间约去公因子 $\sin x$),然后取极限. 此外,如果有极限存在的乘积因子也要及时地把它分出来取极限. 这样,可以简化并正确地求出其极限.

注意 在使用法则时,如果 $\lim\limits_{x\to a}\dfrac{f'(x)}{g'(x)}$ 仍是 $\dfrac{0}{0}$ 型的未定式,而 $\lim\limits_{x\to a}\dfrac{f''(x)}{g''(x)}$ 存在(或为无穷大),则继续用洛必达法则,依次类推. 即 $\lim\limits_{x\to a}\dfrac{f(x)}{g(x)} = \lim\limits_{x\to a}\dfrac{f'(x)}{g'(x)} = \lim\limits_{x\to a}\dfrac{f''(x)}{g''(x)}$.

例 3 求极限 $\lim\limits_{x\to 0}\dfrac{e^x - e^{-x} - 2x}{x - \sin x}$.

解 因是 $\dfrac{0}{0}$ 型,应用洛必达法则得

$$\lim_{x\to 0}\frac{e^x - e^{-x} - 2x}{x - \sin x} = \lim_{x\to 0}\frac{e^x + e^{-x} - 2}{1 - \cos x}$$

$$= \lim_{x\to 0}\frac{e^x - e^{-x}}{\sin x} = \lim_{x\to 0}\frac{e^x + e^{-x}}{\cos x} = 2.$$

本例三次应用了洛必达法则,注意每次应用前要切实检查它是否仍为未定式极限,如已经不是,若继续使用法则,则势必出现错误,如下例:

例 4 求极限 $\lim\limits_{x\to 0}\dfrac{e^x - \cos x}{x \sin x}$.

解 若照下面这样做是错误的:

$$\lim_{x\to 0}\frac{e^x - \cos x}{x\sin x} = \lim_{x\to 0}\frac{e^x + \sin x}{\sin x + x\cos x}$$

$$= \lim_{x\to 0}\frac{e^x + \cos x}{\cos x + \cos x - x\sin x} = \frac{2}{2} = 1$$

错在第二个式子已不是 $\dfrac{0}{0}$ 型,故不能继续使用洛必达法则,正确的做法是:

$$\lim_{x\to 0}\frac{e^x - \cos x}{x\cos x} = \lim_{x\to 0}\frac{e^x + \sin x}{\sin x + x\cos x} = \infty$$

例 5 求极限 $\lim\limits_{x\to\infty}\dfrac{\tan\dfrac{2}{x}}{\sin\dfrac{3}{x}}$.

解 该式属于 $\dfrac{0}{0}$ 型,故用洛必达法则得

$$\lim_{x\to\infty}\frac{\tan\dfrac{2}{x}}{\sin\dfrac{3}{x}} = \lim_{x\to\infty}\frac{\sec^2\dfrac{2}{x}\cdot\left(-\dfrac{2}{x^2}\right)}{\cos\dfrac{3}{x}\cdot\left(-\dfrac{3}{x^2}\right)}$$

$$= \frac{2}{3} \lim_{x \to \infty} \frac{1}{\cos^2 \frac{2}{x} \cdot \cos \frac{3}{x}} = \frac{2}{3}.$$

二、$\frac{\infty}{\infty}$ 型未定式

定理 2 设

(1) 当 $x \to a$ 时,函数 $f(x)$ 及 $g(x)$ 趋于 ∞;

(2) 在点 a 的某去心邻域内,$f'(x)$ 及 $g'(x)$ 都存在且 $g'(x) \neq 0$;

(3) $\lim\limits_{x \to a} \frac{f'(x)}{g'(x)}$ 存在(或为无穷大).

则 $\lim\limits_{x \to a} \frac{f(x)}{g(x)} = \lim\limits_{x \to a} \frac{f'(x)}{g'(x)}$.

注意 对于 $x \to \infty$ 时的 $\frac{\infty}{\infty}$ 型未定式,只须作简单变换 $z = \frac{1}{x}$,就可以化为定理 2 的情形,同样可以用定理 2 的方法.

例 6 求极限 $\lim\limits_{x \to 0^+} \frac{\ln \tan x}{\ln x}$.

解 由于上式为 $\frac{\infty}{\infty}$ 型未定式,因而由洛必达法则有

$$\lim_{x \to 0^+} \frac{\ln \tan x}{\ln x} = \lim_{x \to 0^+} \frac{\frac{1}{\tan x} \cdot \sec^2 x}{\frac{1}{x}} = \lim_{x \to 0^+} \frac{x}{\sin x \cos x} = 1.$$

例 7 求极限 $\lim\limits_{x \to +\infty} \frac{x^n}{e^x}$.

解 反复应用洛必达法则 n 次,得

$$\lim_{x \to +\infty} \frac{x^n}{e^x} = \lim_{x \to +\infty} \frac{n x^{n-1}}{e^x} = \lim_{x \to +\infty} \frac{n(n-1) x^{n-2}}{e^x}$$

$$= \cdots = \lim_{x \to +\infty} \frac{n!}{e^x} = 0.$$

洛必达法则虽然是求未定式的一种有效方法,但若能与其他求极限的方法结合使用,效果则更好. 能化简时先化简,可结合使用等价无穷小替换或重要极限,使运算尽可能简捷.

例 8 求极限 $\lim\limits_{x \to 0} \frac{3x - \sin 3x}{(1 - \cos x) \ln(1 + 2x)}$.

解 当 $x \to 0$ 时,$1 - \cos x = 2 \sin^2 \frac{x}{2} \sim \frac{1}{2} x^2$,$\ln(1 + 2x) \sim 2x$.

$$\lim_{x \to 0} \frac{3x - \sin 3x}{(1 - \cos x) \ln(1 + 2x)} = \lim_{x \to 0} \frac{3x - \sin 3x}{\frac{1}{2} x^2 \cdot 2x}$$

$$= \lim_{x \to 0} \frac{3 - 3 \cos 3x}{3 x^2} = \lim_{x \to 0} \frac{9 \sin 3x}{6x} = \frac{9}{2}.$$

需要注意的是洛必达法则有时会失效,其实这并不奇怪,因法则说,当 $\lim\limits_{x \to a} \frac{f'(x)}{g'(x)}$ 存在,则

$\lim\limits_{x\to a}\dfrac{f(x)}{g(x)}$ 才有极限,但反之,则不一定. 如下例:

例 9 求极限 $\lim\limits_{x\to 0}\dfrac{x^2\sin\dfrac{1}{x}}{\sin x}$.

解 此极限为 $\dfrac{0}{0}$ 型未定式,但分子分母求导后化为 $\lim\limits_{x\to 0}\dfrac{2x\sin\dfrac{1}{x}-\cos\dfrac{1}{x}}{\cos x}$,此极限不存在(振荡),因而不能使用洛必达法则,但不能由此得出结论,说原未定式极限一定不存在,事实上,原极限是存在的,可用下面方法求:

$$\lim_{x\to 0}\dfrac{x^2\sin\dfrac{1}{x}}{\sin x}=\lim_{x\to 0}\dfrac{x^2\sin\dfrac{1}{x}}{x}\text{(因为 }x\to 0\text{ 时},\sin x\sim x\text{)}$$
$$=\lim_{x\to 0}x\sin\dfrac{1}{x}=0.$$

例 10 求极限 $\lim\limits_{x\to\frac{\pi}{2}}\dfrac{\sec x}{\tan x}$.

解 上式虽属于 $\dfrac{\infty}{\infty}$,但若采用洛必达法则得

$$\lim_{x\to\frac{\pi}{2}}\dfrac{\sec x}{\tan x}=\lim_{x\to\frac{\pi}{2}}\dfrac{\sec x\cdot\tan x}{\sec^2 x}=\lim_{x\to\frac{\pi}{2}}\dfrac{\tan x}{\sec x}$$
$$=\lim_{x\to\frac{\pi}{2}}\dfrac{\sec^2 x}{\sec x\cdot\tan x}=\lim_{x\to\frac{\pi}{2}}\dfrac{\sec x}{\tan x}$$
$$=\cdots,$$

因此,用洛必达法则不能求出极限,然而,若加以化简计算即可得

$$\lim_{x\to\frac{\pi}{2}}\dfrac{\sec x}{\tan x}=\lim_{x\to\frac{\pi}{2}}\dfrac{\cos x}{\cos x\cdot\sin x}=\lim_{x\to\frac{\pi}{2}}\dfrac{1}{\sin x}$$
$$=1$$

三、其他类型的未定式

前述 $\dfrac{0}{0}$ 型和 $\dfrac{\infty}{\infty}$ 型是两种最基本的未定式,除此之外,还有 $0\cdot\infty,\infty-\infty,1^\infty,\infty^0$ 和 0^0 等类型的未定式,这些未定式都可以通过适当的变形化为 $\dfrac{0}{0}$ 型或 $\dfrac{\infty}{\infty}$ 型,然后再应用洛必达法则.

1. 对于 $0\cdot\infty$ 型,可将乘积化为除的形式,转化为 $\dfrac{0}{0}$ 或 $\dfrac{\infty}{\infty}$ 型.

例 11 求极限 $\lim\limits_{x\to 0^+}x\ln x$.

解 $\lim\limits_{x\to 0^+}x\ln x=\lim\limits_{x\to 0^+}\dfrac{\ln x}{\dfrac{1}{x}}=\lim\limits_{x\to 0^+}\dfrac{\dfrac{1}{x}}{-\dfrac{1}{x^2}}=\lim\limits_{x\to 0^+}(-x)=0.$

注意:在本例中我们是将 $0\cdot\infty$ 型化为 $\dfrac{\infty}{\infty}$ 型后再用洛必达法则计算的,但注意,若化为 $\dfrac{0}{0}$ 型,

将得不出结果：

$$\lim_{x \to 0^+} x \ln x = \lim_{x \to 0^+} \frac{x}{\frac{1}{\ln x}} = \lim_{x \to 0^+} \frac{1}{-\frac{1}{\ln^2 x} \cdot \frac{1}{x}}$$

$$= \lim_{x \to 0^+} \frac{x}{-\frac{1}{\ln^2 x}} = \cdots$$

可见不管用多少次洛必达法则，其结果仍为 $\frac{0}{0}$ 型，所以究竟把 $0 \cdot \infty$ 型化为 $\frac{0}{0}$ 型还是 $\frac{\infty}{\infty}$ 型要视具体问题而定.

2. 对于 $\infty - \infty$ 型，可通分化为 $\frac{0}{0}$ 型.

例 12 求极限 $\lim\limits_{x \to 1} \left(\dfrac{1}{\ln x} - \dfrac{1}{x-1} \right)$.

解 $\lim\limits_{x \to 1} \left(\dfrac{1}{\ln x} - \dfrac{1}{x-1} \right) = \lim\limits_{x \to 1} \dfrac{x-1-\ln x}{(x-1)\ln x} = \lim\limits_{x \to 1} \dfrac{1-\dfrac{1}{x}}{\ln x + \dfrac{x-1}{x}}$

$= \lim\limits_{x \to 1} \dfrac{x-1}{x\ln x + x - 1} = \lim\limits_{x \to 1} \dfrac{1}{\ln x + 1 + 1} = \dfrac{1}{2}.$

3. 对于 $0^0, 1^\infty, \infty^0$ 型，可用恒等式 $x = e^{\ln x}$（一般式 $f(x)^{g(x)} = e^{\ln f(x)^{g(x)}} = e^{g(x) \ln f(x)}$）化为以 e 为底的指数函数型式，利用指数函数的连续性，化为直接求指数的极限，指数的极限为 $0 \cdot \infty$ 型，再化为 $\frac{0}{0}$ 或 $\frac{\infty}{\infty}$ 型.

例 13 求极限 $\lim\limits_{x \to 0^+} x^x$.

解 上式为 0^0 型.

因为
$$x = e^{\ln x},$$
所以
$$x^x = e^{\ln x^x} = e^{x \ln x},$$

而
$$\lim_{x \to 0^+} x \ln x = \lim_{x \to 0^+} \frac{\ln x}{\frac{1}{x}} = \lim_{x \to 0^+} \frac{\frac{1}{x}}{-\frac{1}{x^2}} = 0,$$

所以
$$\lim_{x \to 0^+} x^x = \lim_{x \to 0^+} e^{x \ln x} = e^0 = 1.$$

例 14 求极限 $\lim\limits_{x \to 0^+} (\cos x)^{\frac{1}{x^2}}$.

解 上式为 1^∞ 型.

因为 $(\cos x)^{\frac{1}{x^2}} = e^{\frac{1}{x^2} \ln \cos x}$,

而
$$\lim_{x \to 0} \frac{1}{x^2} \ln \cos x = \lim_{x \to 0} \frac{\frac{1}{\cos x} \cdot (-\sin x)}{2x} = -\frac{1}{2},$$

所以

$$\lim_{x\to 0}(\cos x)^{\frac{1}{x^2}} = \lim_{x\to 0} e^{\frac{1}{x^2}\ln\cos x} = e^{-\frac{1}{2}}.$$

例 15 求极限 $\lim\limits_{x\to 0^+}(\cot x)^{\frac{1}{\ln x}}$.

解 上式为 ∞^0 型. 因为

$$(\cot x)^{\frac{1}{\ln x}} = e^{\frac{1}{\ln x} \cdot \ln\cot x},$$

而

$$\lim_{x\to 0^+}\frac{1}{\ln x}\ln\cot x = \lim_{x\to 0^+}\frac{-\tan x\csc^2 x}{\frac{1}{x}} = \lim_{x\to 0^+}\left(-\frac{1}{\cos x}\cdot\frac{x}{\sin x}\right) = -1,$$

所以

$$\lim_{x\to 0^+}(\cot x)^{\frac{1}{\ln x}} = \lim_{x\to 0^+} e^{\frac{1}{\ln x}\cdot\ln\cot x} = e^{-1}.$$

习题 5-2

(A)

1. 用洛必达法则求下列极限：

(1) $\lim\limits_{x\to 1}\dfrac{\ln x}{x-1}$;

(2) $\lim\limits_{x\to 0}\dfrac{1-\cos x}{x^2}$;

(3) $\lim\limits_{x\to 0}\dfrac{e^{ax}-1}{x}$;

(4) $\lim\limits_{x\to 0}\dfrac{e^x-e^{-x}}{\sin x}$;

(5) $\lim\limits_{x\to 0}\dfrac{\tan x-x}{x+\sin x}$;

(6) $\lim\limits_{x\to +\infty}\dfrac{\dfrac{\pi}{2}-\arctan x}{\dfrac{1}{x}}$;

(7) $\lim\limits_{x\to\frac{\pi}{2}}\dfrac{\ln\sin x}{(\pi-2x)^2}$;

(8) $\lim\limits_{x\to 0}\dfrac{x-\arcsin x}{\sin^3 x}$;

(9) $\lim\limits_{x\to 0}\dfrac{e^x+\sin x-1}{\ln(1+\sin x)}$;

(10) $\lim\limits_{x\to\frac{\pi}{2}}\dfrac{\tan x}{\tan 3x}$;

(11) $\lim\limits_{x\to 1}(1-x)\tan\dfrac{\pi x}{2}$;

(12) $\lim\limits_{x\to\infty}xe^{-x^2}$;

(13) $\lim\limits_{x\to 0^+}\dfrac{\ln\sin 3x}{\ln\sin x}$;

(14) $\lim\limits_{x\to 0}\left(\dfrac{1}{\sin x}-\dfrac{1}{x}\right)$;

(15) $\lim\limits_{x\to 1}\left(\dfrac{x}{x-1}-\dfrac{1}{\ln x}\right)$;

(16) $\lim\limits_{x\to +\infty}x^{\frac{1}{x}}$;

(17) $\lim\limits_{x\to 0^+}\left(\dfrac{1}{x}\right)^{\tan x}$;

(18) $\lim\limits_{x\to 0}(1-\sin x)^{\frac{1}{x}}$;

(19) $\lim\limits_{x\to\infty}\left(\cos\dfrac{m}{x}\right)^x$;

(20) $\lim\limits_{x\to +\infty}(x+\sqrt{1+x^2})^{\frac{1}{x}}$.

2. 验证极限 $\lim\limits_{x\to\infty}\dfrac{x+\sin x}{x}$ 存在,但不能用洛必达法则求出.

(B)

1. 当 a 与 b 为何值时, $\lim\limits_{x\to 0}\left(\dfrac{\sin 3x}{x^3}+\dfrac{a}{x^2}+b\right)=0$.

2. 若 $f(x)$ 有二阶导数, 证明 $f''(x)=\lim\limits_{h\to 0}\dfrac{f(x+h)-2f(x)+f(x-h)}{h^2}$.

§5-3 导数在研究函数上的应用

我们已经会用初等数学的方法研究一些函数的单调性和某些简单函数的极值以及函数的最大值和最小值. 但这些方法使用范围狭小, 并且有些需借助某种特殊技巧, 因而不具有一般性. 本节将以导数为工具, 介绍解决上述几个问题既简单又具有一般性的方法.

一、函数的单调性

如何利用导数研究函数的单调性呢?

我们先考察图 5-8, 函数 $y=f(x)$ 的图像在区间 (a,b) 内沿 x 轴的正向上升, 除点 $(\xi, f(\xi))$ 的切线平行 x 轴外, 曲线上其余点处的切线与 x 轴的夹角均为锐角, 即曲线 $y=f(x)$ 在区间 (a,b) 内除个别点外切线的斜率为正; 反之亦然.

再考察图 5-9, 函数 $y=f(x)$ 的图像在区间 (a,b) 内沿 x 轴的正向下降, 除个别点外, 曲线上其余点处的切线与 x 轴的夹角均为钝角, 即曲线 $y=f(x)$ 在区间 (a,b) 内除个别点外切线的斜率为负, 反之亦然.

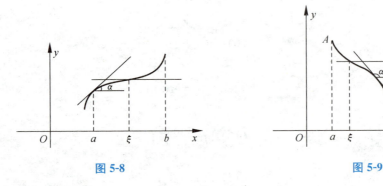

图 5-8   图 5-9

一般地, 根据拉格朗日中值定理, 有

定理 1 设函数 $y=f(x)$ 在 $[a,b]$ 上连续, 在 (a,b) 内可导,

(1) 若在 (a,b) 内 $f'(x)>0$, 则函数 $y=f(x)$ 在 $[a,b]$ 上单调增加;

(2) 若在 (a,b) 内 $f'(x)<0$, 则函数 $y=f(x)$ 在 $[a,b]$ 上单调减少.

证 任取两点 $x_1, x_2 \in (a,b)$, 设 $x_1<x_2$, 由拉格朗日中值定理知, 存在 $\xi \in (x_1, x_2)$, 使得
$$f(x_2)-f(x_1)=f'(\xi)(x_2-x_1),$$

(1) 若在 (a,b) 内 $f'(x)>0$, 则 $f'(\xi)>0$, 所以 $f(x_2)>f(x_1)$, 即 $y=f(x)$ 在 $[a,b]$ 上单调增加;

(2) 若在 (a,b) 内 $f'(x)<0$, 则 $f'(\xi)<0$, 所以 $f(x_2)<f(x_1)$, 即 $y=f(x)$ 在 $[a,b]$ 上单调

减少.

注意 将此定理中的闭区间换成其他各种区间(包括无穷区间)结论仍成立.

函数的单调性是一个区间上的性质,要用导数在这一区间上的符号来判定,而不能用导数在一点处的符号来判别函数在一个区间的单调性,区间内个别点导数为零并不影响函数在该区间的单调性.

例如,函数 $y=x^3$ 在其定义域 $(-\infty,+\infty)$ 上是单调增加的,但其导函数 $y'=3x^2$ 在 $x=0$ 处为零.

如果函数在其定义域的某个区间内是单调的,则该区域称为函数的**单调区间**.

例 1 讨论函数 $f(x)=x^3-6x^2+9x-2$ 的单调性.

解 $f(x)$ 的定义域为 $(-\infty,+\infty)$,
$$f'(x)=3x^2-12x+9=3(x-1)(x-3),$$
因为 $x<1$ 时 $f'(x)>0$,$x>3$ 时 $f'(x)>0$,$1<x<3$ 时,$f'(x)<0$.

所以,$f(x)$ 在 $(-\infty,1]$ 与 $[3,+\infty)$ 内单调增加,$f(x)$ 在 $[1,3]$ 内单调减少.

本例可用初等方法研究,但不如用导数符号研究简便.

由导数的几何意义,结合定理 1 可得

导数符号的几何意义 对于某区间上的函数 $y=f(x)$,**导数为正,曲线上升;导数为零,曲线不升不降;导数为负,曲线下降**.

例 2 确定函数 $y=\sqrt[3]{x^2}$ 的单调区间.

解 函数 y 的定义域为 $(-\infty,+\infty)$,
$$y'=\frac{2}{3\sqrt[3]{x}} \quad (x\neq 0),$$
当 $x=0$ 时,函数的导数不存在.

因为当 $x<0$ 时,$y'<0$,所以函数 y 在 $(-\infty,0]$ 内单调减少.

因为当 $x>0$ 时,$y'>0$,所以函数 y 在 $[0,+\infty)$ 内单调增加,如图 5-10.

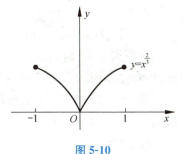

图 5-10

例 3 判定函数 $y=\dfrac{x^3}{3-x^2}$ 的单调区间.

解 $y=\dfrac{x^3}{3-x^2}$ 的定义域为 $(-\infty,-\sqrt{3})$,$(-\sqrt{3},\sqrt{3})$ 和 $(\sqrt{3},+\infty)$,这里 $\pm\sqrt{3}$ 是函数的间断点.
$$y'=\frac{x^2(3+x)(3-x)}{(3-x^2)^2}$$
故 $x_1=3,x_2=0,x_3=-3$,使 $y'=0$,用这三点把定义域分成区间,其讨论结果如下:

x	$(-\infty,-3)$	$(-3,-\sqrt{3})$	$(-\sqrt{3},0)$	$(0,\sqrt{3})$	$(\sqrt{3},3)$	$(3,+\infty)$
y'	$-$	$+$	$+$	$+$	$+$	$-$
y	↘	↗	↗	↗	↗	↘

所以函数在 $(-\infty,-3)$,$(3,+\infty)$ 内单调减少;函数在 $(-3,-\sqrt{3})$ $(-\sqrt{3},\sqrt{3})$,$(\sqrt{3},3)$ 内单调增加

由这些例子可以看到，函数 $f(x)$ 单调区间可能的分界点是使 $f'(x)=0$ 的点、$f(x)$ 的间断点和 $f'(x)$ 不存在的点．

综上所述，求函数 $y=f(x)$ 单调区间的步骤为：(1)确定 $f(x)$ 的定义域；(2)求出 $f(x)$ 单调区间所有可能的分界点(包括 $f(x)$ 的间断点，**导数等于零的点**或**导数不存在的点**)，并用分界点将函数的定义域分为若干个子区间；(3)逐个判断函数的导数 $f'(x)$ 在各子区间的符号，从而确定出函数 $y=f(x)$ 在各子区间上的单调性，每个使得 $f'(x)$ 的符号保持不变的子区间都是函数 $y=f(x)$ 的单调区间，可用列表的方法进行讨论．

例 4 讨论函数 $f(x)=(x-1)^2(x-2)^3$ 的单调性．

解 该函数的定义域是 $(-\infty,+\infty)$，
$$f'(x)=(x-1)(x-2)^2(5x-7).$$
令 $f'(x)=0$，其根为 $1,\dfrac{7}{5},2$，

它将定义域分成四个区间 $(-\infty,1),\left(1,\dfrac{7}{5}\right),\left(\dfrac{7}{5},2\right),(2,+\infty)$．

列表如下：

x	$(-\infty,1)$	$\left(1,\dfrac{7}{5}\right)$	$\left(\dfrac{7}{5},2\right)$	$(2,+\infty)$
$f'(x)$	+	−	+	+
$f(x)$	↗	↘	↗	↗

即 $f(x)$ 在 $(-\infty,1]$ 与 $\left[\dfrac{7}{5},+\infty\right)$ 单调增加，在 $\left[1,\dfrac{7}{5}\right]$ 单调减少．

注意 由例 4 可以看到，在点 $x=2,f'(2)=0$，但 $f(x)$ 在点 $x=2$ 的两侧皆单调增加，这说明在区间内函数单调增加(或减小)，在此区间的个别点，导数也可能为零．

利用函数的单调性还可以证明一些不等式．

例 5 证明：当 $x\neq 0$ 时，有 $e^x>1+x$．

证 设 $f(x)=e^x-(x+1)$，则 $f(0)=0,f'(x)=e^x-1$．

因为当 $x>0$ 时，$f'(x)>0$，所以 $f(x)$ 在 $[0,+\infty)$ 上单调增加；
所以当 $x>0$ 时，$f(x)>f(0)=0$，即 $e^x>1+x$．

当 $x<0$ 时，$f'(x)<0$，所以 $f(x)$ 在 $(-\infty,0]$ 单调减少；
所以当 $x<0$ 时，$f(x)>f(0)=0$，即 $e^x>1+x$．

综上，当 $x\neq 0$ 时，$e^x>1+x$．

二、函数的极值

我们利用定理 1 研究了函数的增减性，现在我们研究函数的极大值和极小值．

定义 1 设函数 $f(x)$ 在点 x_0 的某邻域内有定义，如果对于该邻域内的任意异于 x_0 的 x 值 $(x\neq x_0)$，都有

(1) $f(x)>f(x_0)$，则称点 x_0 为函数 $f(x)$ 的**极小值点**，称 $f(x_0)$ 为 $f(x)$ 的**极小值**；
(2) $f(x)<f(x_0)$，则称点 x_0 为函数 $f(x)$ 的**极大值点**，称 $f(x_0)$ 为 $f(x)$ 的**极大值**．

极大值点和极小值点统称为**函数的极值点**，极大值与极小值统称为**极值**．由定义可知，极值

只是函数 $f(x)$ 在点 x_0 的某一邻域内相比较而言的,它只是函数的一种局部性质.函数的极小值(极大值)在函数的定义域内与其他点的函数值相比较,就不一定是最小值(最大值),如图 5-11 所示.

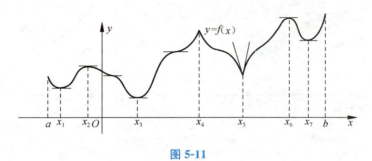

图 5-11

一个定义在 $[a,b]$ 上的函数,它在 $[a,b]$ 上可以有许多极大值和极小值,但其中的极大值并不一定都是大于每一个极小值的.如由图 5-11 可知,函数 $f(x)$ 在点 x_2, x_4, x_6 处都取得极大值,分别为 $f(x_2), f(x_4), f(x_6)$,在点 x_1, x_3, x_5, x_7 处取得极小值,分别为 $f(x_1), f(x_3), f(x_5), f(x_7)$,极大值 $f(x_2)$ 比极小值 $f(x_7)$ 要小.另从观察得知,在极值点处,函数 $f(x)$ 的导数可能为零(切线平行于 ox 轴),也可能不存在.在几何上,极大值对应于函数曲线的峰顶,极小值对应于函数曲线的谷底.

例如函数 $y = \cos x$,在点 $x = 0$ 处取得极大值 $y = \cos 0 = 1$,在点 $x = \pi$ 处取得极小值 $y = \cos \pi = -1$.不难发现,可导函数 $y = \cos x$ 的曲线在极值点 $x = 0$ 和 $x = \pi$ 处切线平行于 x 轴.

这样,我们可得下面定理:

定理 2(极值存在的必要条件) 如果函数 $f(x)$ 在点 x_0 处取得极值,且 $f'(x_0)$ 存在,则必有 $f'(x_0) = 0$.

这个定理叫做**费马定理**.

由费马定理可知导数 $f'(x_0) = 0$ 是可导函数 $y = f(x)$ 在点 x_0 取得极值的必要条件,即**可导函数的极值点必定**是导数 $f'(x) = 0$ 的点(**驻点**).反过来,导数为零的点(**驻点**)**不一定是极值点**.例如函数 $y = x^3$,令 $y' = 3x^2 = 0$,解得驻点 $x = 0$,但是 $x = 0$ 并不是这个函数的极值点.事实上,因为这个函数是严格单调增加的,所以 $x = 0$ 就不可能是它的极值点.此外定理只讨论了可导函数如何寻找极值点,对于不可导函数就不能用此定理.然而,有的函数在导数不存在的点处却也可能取得极值,例如 $y = |x|$,$x = 0$ 为它的极小值点,但不是驻点,该函数在点 $x = 0$ 不可导.

由上述分析可知,**函数的极值可能在驻点处取得,也可能在导数不存在的点取得**.驻点与不可导的点是函数的可能极值点.因此,找函数的极值点,应从导数等于零的点和导数不存在的点中去寻找.只要把这些点找出来,然后逐个加以判定.然而,如何判定这些点是否是极大值点还是极小值点呢?从图 5-11 中可看出,极大值点左边是递增区间,导数为正;右边是递减区间,导数为负.在极小值点左边是递减区间,导数为负;右边是递增区间,导数为正.

由此,可得到**极值的第一判别法**.

定理 3(极值存在的一阶充分条件) 设函数 $f(x)$ 有点 x_0 的去心邻域内可导,且 $f'(x_0) = 0$ 或 $f'(x_0)$ 不存在,若存在一个正数 ξ,有

$$f'(x) \begin{cases} > 0(\text{或} < 0), & \text{当} x \in (x_0 - \xi, x_0), \\ < 0(\text{或} > 0), & \text{当} x \in (x_0, x_0 + \xi). \end{cases}$$

则函数 $f(x)$ 在点 x_0 取极大值(极小值).(图 5-12)

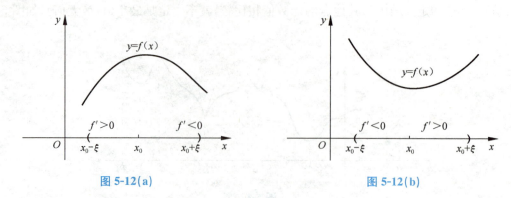

图 5-12(a)　　　　　　　　　图 5-12(b)

综上所述,求函数 $f(x)$ 极值的方法如下:
(1) 确定函数 $f(x)$ 的定义域;
(2) 求 $f'(x)$,令 $f'(x)=0$,求函数 $f(x)$ 在定义域内的驻点及导数不存在的点;
(3) 判别 $f'(x)$ 在每个驻点及导数不存在点两侧的符号;
(4) 求出极值点所对应的函数的极大值或极小值.

注:若在 x_0 左右两侧 $f'(x_0)$ 同号,则 $f(x_0)$ 不是极值.

例 6　求函数 $y=\dfrac{1}{3}x^3-4x+4$ 的极值.

解　因为 $y'=x^2-4=(x+2)(x-2)$,
令 $(x+2)(x-2)=0$ 得 $x_1=-2, x_2=2$.

列表讨论如下:

x	$(-\infty,-2)$	-2	$(-2,2)$	2	$(2,+\infty)$
y'	$+$	0	$-$	0	$+$
y	↗	$9\dfrac{1}{3}$	↘	$-1\dfrac{1}{3}$	↗

从上表可见,$x=-2$ 为极大值点,其极大值为 $9\dfrac{1}{3}$;$x=2$ 为极小值点,其极小值为 $-1\dfrac{1}{3}$.

例 7　求函数 $y=x^{\frac{2}{3}}(x-5)$ 的极值.

解　因为 $y'=\dfrac{5(x-2)}{3\sqrt[3]{x}}$,

所以当 $x=2$ 时,$y'=0$;当 $x=0$ 时,y' 不存在.

列表讨论如下:

x	$(-\infty,0)$	0	$(0,2)$	2	$(2,+\infty)$
y'	$+$	不存在	$-$	0	$+$
y	↗	0	↘	$-3\sqrt[3]{4}$	↗

显然,函数在 $x=0$ 处取极大值 $f(0)=0$;在点 $x=2$ 处取极小值 $f(2)=-3\sqrt[3]{4}$.

运用第一判别法时只需求函数的一阶导数,但需判断驻点或不可导点两侧导数的符号,有时比较麻烦. 一般情况下用下面**极值的第二判别法**较简单.

定理 4(极值存在的二阶充分条件) 若函数 $f(x)$ 在点 x_0 处具有二阶导数，且 $f'(x_0)=0, f''(x_0)\neq 0$，则

(1) 当 $f''(x_0)<0$ 时，$f(x)$ 在点 x_0 处取得极大值；

(2) 当 $f''(x_0)>0$ 时，$f(x)$ 在点 x_0 处取得极小值.

这个定理告诉我们，若在驻点 x_0 处，二阶导数 $f''(x_0)\neq 0$，则 x_0 一定是极值点，且可用二阶导数 $f''(x_0)$ 的符号来判定它是极大值点还是极小值点. 必须指出，若在驻点处，二阶导数 $f''(x_0)=0$，则不能判定在 x_0 处函数是否取得极值，这时应改用第一判别法. 比如函数 $f(x)=x^3$，满足 $f'(0)=f''(0)=0$，显然 $f(0)=0$ 不是极值；而函数 $g(x)=x^4+1$ 也满足 $g'(0)=g''(0)=0$，用第一判别法可知 $g(0)=0$ 是极小值.

例 8 求函数 $f(x)=\sin x+\cos x$ 在 $(0, 2\pi)$ 上的极值.

解 $f'(x)=\cos x-\sin x, f''(x)=-\sin x-\cos x$.

令 $f'(x)=0$，得驻点：$x_1=\dfrac{\pi}{4}, x_2=\dfrac{5\pi}{4}$.

因为 $f''\left(\dfrac{\pi}{4}\right)=-\sin\dfrac{\pi}{4}-\cos\dfrac{\pi}{4}<0$,

$f''\left(\dfrac{5\pi}{4}\right)=-\sin\dfrac{5}{4}\pi-\cos\dfrac{5}{4}\pi>0$,

所以在 $x_1=\dfrac{\pi}{4}$ 处函数取得极大值 $f\left(\dfrac{\pi}{4}\right)=\sqrt{2}$，

在 $x_2=\dfrac{5}{4}\pi$ 处函数取得极小值 $f\left(\dfrac{5}{4}\pi\right)=-\sqrt{2}$.

三、函数的最值

上面介绍了极值，但是在实际问题中，要求我们计算的不是极值，而是最大值、最小值. 我们知道函数的最大值、最小值是在整个定义域内考虑的，是一个全局性概念；而函数的极值只是在点的左、右邻近考虑，是一个局部性概念. 这两个概念是不同的，因此函数的极大值或极小值不一定是它的最大值或最小值. 连续函数在闭区间上的最大值、最小值可能是区间的极大值、极小值，也可能是在端点的函数值，因此，在求函数的最大值、最小值时，我们只要计算出在那些可能达到极值的点处的函数值及端点处的函数值，然后进行比较就行了. 具体地说，求连续函数 $f(x)$ 在闭区间 $[a,b]$ 上的最大、最小值的步骤如下：

(1) 求出 $f'(x)=0$ 在 $[a,b]$ 上所有的根以及使 $f'(x)$ 不存在的点：$x_1, x_2, \cdots, x_n$；

(2) 计算 $f(x_1), f(x_2), \cdots, f(x_n), f(a), f(b)$，并比较它们的大小，其中最大者为最大值，最小者为最小值.

例 9 求函数 $f(x)=(x-1)^2(x-2)^3$ 在 $[0,3]$ 上的最大值和最小值.

解 求导函数

$$f'(x)=(x-1)(5x-7)(x-2)^2,$$

令 $f'(x)=0$，得

$$x_1=1, \quad x^2=\dfrac{7}{5}, \quad x_3=2.$$

由于
$$f(1)=0, \quad f\left(\frac{5}{7}\right)\approx -0.035, \quad f(2)=0, \quad f(0)=-8, \quad f(3)=4,$$
所以 $f(x)$ 在 $[0,3]$ 上的最大值是 4，最小值是 -8.

例 10 求 $f(x)=x^5-5x^4+5x^3+1$ 在 $[-1,2]$ 上的最大值和最小值.

解 $f'(x)=5x^2(x-1)(x-3)$.

令 $f'(x)=0$，得 $x_1=0, x_2=1, x_3=3$（舍去）.

因为 $f(-1)=-10, f(0)=1, f(1)=2, f(2)=-7$.

所以 $f(1)=2$ 是最大值，$f(-1)=-10$ 是最小值.

我们知道，二次函数 $y=ax^2+bx+c$ 只有一个极值点，所以在包含极值点的任何闭区间上，$y=ax^2+bx+c$ 的极大值就是最大值，极小值就是最小值（图 5-13）.

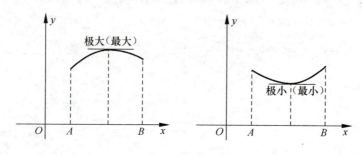

图 5-13

一般在实际问题中，如果我们从问题的实际情况可以判定可导函数 $f(x)$ 在定义域开区间内一定存在最大值（或最小值），而且 $f(x)$ 在定义域开区间内只有唯一的驻点，那么立即可以判定这个驻点的函数值就是最大值（或最小值）. 这一点在解决某些实际问题时很有用.

例 11 设从工厂 A 到铁路的垂直距离 $AB=40$ 千米，铁路上距 B 点 200 千米的地方有一原料供应站 C，现在从铁路 BC 上某一点 D 处向工厂 A 修一条公路，使得从原料供应站 C 运货到工厂 A 所需总运费最省. 问 D 应选在何处？（已知每吨千米铁路与公路运费之比为 $3:5$）.

解 如图 5-14. 设 $BD=x$（千米），则 $CD=200-x$（千米），$AD=\sqrt{x^2+40^2}$（千米）. 如果每吨千米公路运费为 a 元，则每吨千米铁路运费为 $\frac{3}{5}a$ 元，于是从 C 经 D 到 A 每运一吨货物的总运费是 $y=a\sqrt{x^2+40^2}+\frac{3}{5}a(200-x)$ $(0\leqslant x\leqslant 200)$. 问题是要求 x 为多少时，y 取最小值.

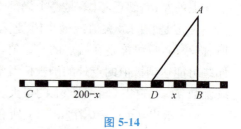

图 5-14

由于 $y'=\dfrac{ax}{\sqrt{x^2+40^2}}-\dfrac{3}{5}a=\dfrac{a(5x-3\sqrt{x^2+40^2})}{5\sqrt{x^2+40^2}}$，

令 $y'=0$，解得驻点 $x=\pm 30$，在 $[0,200]$ 内只有唯一驻点 $x=30$，又从实际问题知，总运费函数 y 在 $(0,200)$ 内一定有最小值，故 $x=30$ 时，y 取最小值.

答：D 点取在距 B 点 30 千米处时，总运费最省.

※四、曲线的凹向与拐点

设在平面上 A,B 之间有两条单调上升的曲线通过(图 5-15),两条曲线有明显的不同,仔细观察可见上面的曲线都在它的切线之下,因而是朝下凹的;下面的曲线却都在它的切线之上,因而是朝上凹的,进一步的观察还可以看到上凹的曲线,它的切线的斜率不断增加,也就是说 $f'(x)$ 是 x 的增函数;下凹的曲线,其切线的斜率不断减少,也就是说 $f'(x)$ 是 x 的减函数,因此,我们有下面的定义:

定义 2 设曲线 $y=f(x), x\in(a,b)$,若 $f'(x)$ 是递增的,则称曲线在 (a,b) 内是向上凹的(如弧 ADB),也称为**下凸**;若 $f'(x)$ 是递减的,则称曲线在 (a,b) 内是向下凹的(如弧 ACB),也称为**上凸**.

定义 3 连续曲线上,向下凹和向上凹的分界点,称为曲线的**拐点**.

若曲线由连续函数 $y=f(x)$ 表示,图 5-16 中所示的拐点 M 具有坐标 $(x_0, f(x_0))$,它是连续曲线上的点,不是 x 轴上的点.

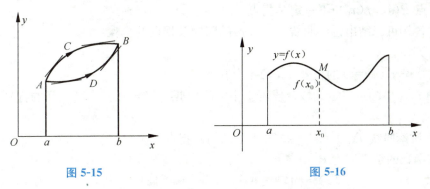

图 5-15　　　　图 5-16

现在我们来考虑,已知函数 $y=f(x)$,如何来决定对应曲线在各部分的凹向,如果曲线上还有拐点,又如何找出这些拐点.

定理 5(凹向的二阶判别准则) 设函数 $f(x)$ 在 (a,b) 内有二阶导数,则

$f''(x)>0, x\in(a,b)$ 时,曲线在 (a,b) 是向上凹的;

$f''(x)<0, x\in(a,b)$ 时,曲线在 (a,b) 是向下凹的.

证 因为导数的正负,决定函数的增减,而 $f''(x)$ 正是 $f'(x)$ 的导函数,故当 $f''(x)>0$ 时,$f'(x)$ 便是递增的,因而曲线便是向上凹的;相反的情形,自然就是向下凹的.

拐点既是曲线上不同凹向的分界点,那么 $f''(x)$ 在 x_0 的左、右邻域一定异号,因此,$f''(x)$ 经过 x_0 时,必须变号,通常可由下面的定理确定拐点.

定理 6(拐点判别定理) 设 $y=f(x)$ 连续,在 $x=x_0$ 时,$f''(x_0)=0$ 或 $f''(x_0)$ 不存在,当 $f''(x)$ 在 x_0 左、右异号时,点 $(x_0, f(x_0))$ 是曲线 $y=f(x)$ 的一个拐点(证明略).

例 12 判定曲线 $f(x)=e^x$ 的凹向.

解 因为 $f'(x)=e^x, f''(x)=e^x>0$.

所以曲线 $f(x)=e^x$ 在 $(-\infty,+\infty)$ 内是向上凹的.

例 13 判定曲线 $f(x)=x^3+x$ 的凹向.

解 因为 $f'(x)=3x^2+1, f''(x)=6x$.

由于在 $(-\infty,0)$ 内,$f''(x)<0$,在 $(0,+\infty)$ 内,$f''(x)>0$.

所以曲线 $f(x)=x^3+x$ 在 $(-\infty,0)$ 内向下凹，在 $(0,+\infty)$ 内向上凹.

例 14 讨论曲线 $y=2+(x-4)^{-\frac{1}{3}}$ 的凹向及拐点.

解 因为 $y'=\frac{1}{3}(x-4)^{-\frac{2}{3}}, y''=-\frac{2}{9}(x-4)^{-\frac{5}{3}}$.

当 $x=4$ 时，y'' 不存在.

由于在 $(-\infty,4)$ 内，$y''>0$，在 $(4,+\infty)$ 内，$y''<0$.

所以曲线 $y=2+(x-4)^{\frac{1}{3}}$ 在 $(-\infty,4)$ 内向上凹，在 $(4,+\infty)$ 内向下凹，点 $(4,2)$ 是曲线唯一的拐点.

例 15 讨论曲线 $y=x^4-1$ 的凹向及拐点.

解 因为 $y'=4x^3, y''=12x^2$.

当 $x\neq 0$ 时，$f''(x)>0$.

所以曲线 $y=x^4-1$ 在 $(-\infty,+\infty)$ 内向上凹，曲线没有拐点.

由此可见，若点 $M(c,f(c))$ 是曲线 $y=f(x)$ 的拐点，且 $f''(c)$ 存在，则 $f''(c)=0$. 但只有 $f''(x_0)=0$，点 $P(x_0,f(x_0))$ 不一定是拐点.

由上述各例可总结出讨论曲线 $y=f(x)$ 的凹向及拐点的步骤：

(1) 求 $f''(x)$；

(2) 求方程 $f''(x)=0$ 的根及 $f''(x)$ 不存在的点；

(3) 第(2)步中的点将定义域分成若干小区间，判断 $f''(x)$ 在各个子区间的符号，即得凹向区间和拐点.

例 16 讨论曲线 $f(x)=x^4-2x^3+1$ 的凹向及拐点.

解 该函数的定义域为 $\mathbf{R}$

$$f'(x)=4x^3-6x^2, \quad f''(x)=12x^2-12x.$$

由 $12x^2-12x=0$ 得 $x=0$ 与 $x=1$，它们将 $\mathbf{R}$ 分成三个区间 $(-\infty,0), (0,1), (1,+\infty)$. 列表如下：

x	$(-\infty,0)$	0	$(0,1)$	1	$(1,+\infty)$
$f''(x)$	+	0	−	0	+
$f(x)$	向上凹	拐	向下凹	拐	向上凹

所以 $f(x)$ 在 $(-\infty,0)$ 与 $(1,+\infty)$ 内是向上凹，在 $(0,1)$ 内是向下凹，曲线上 $(0,1)$ 与 $(1,0)$ 都是拐点.

※五、函数图像的描绘

前面我们已经给出了应用导数求函数的极值及函数图形的升降区间、凹凸区间和拐点的方法. 如果更进一步知道了曲线无限延伸时的情况，我们就能比较准确地描绘出函数的图像.

1. 曲线的渐近线

我们知道，对于双曲线 $y=\frac{1}{x}$，由于 $\lim\limits_{x\to\infty}\frac{1}{x}=0$，所以它有水平渐近线 $y=0$；因为 $\lim\limits_{x\to 0}\frac{1}{x}=\infty$，所以它还有垂直渐近线 $x=0$. 求出了曲线的渐近线，就能知道曲线无限伸展时的走向和趋势.

一般地,已知曲线 C,若存在直线 l,当曲线上的动点 M 沿着曲线无限远离原点时,M 点与直线 l 的距离趋近于零,则称直线 l 为曲线 C 的**渐近线**.

渐近线有水平渐线、垂直渐线和斜渐近线.

设有曲线 $y=f(x)$,如果 $\lim\limits_{x\to\infty}f(x)=b$ 或 $\lim\limits_{x\to+\infty}f(x)=b$ 或 $\lim\limits_{x\to-\infty}=b$,则称直线 $y=b$ 为曲线 $y=f(x)$ 的**水平渐近线**. 如果 $\lim\limits_{x\to a}f(x)=\infty$ 或 $\lim\limits_{x\to a^+}f(x)=\infty$ 或 $\lim\limits_{x\to a^-}f(x)=\infty$,则称直线 $x=a$ 为曲线 $y=f(x)$ 的**垂直渐近线**. 若 $\lim\limits_{x\to\infty}\dfrac{f(x)}{x}=a$,$\lim\limits_{x\to\infty}(f(x)-ax)=b$,则称直线 $y=ax+b$ 为曲线 $y=f(x)$ 的**斜渐近线**.

例如,因为 $\lim\limits_{x\to+\infty}\arctan x=\dfrac{\pi}{2}$,$\lim\limits_{x\to-\infty}\arctan x=-\dfrac{\pi}{2}$,故曲线 $y=\arctan x$ 有水平渐近线 $y=\dfrac{\pi}{2}$,$y=-\dfrac{\pi}{2}$,如图 5-17.

曲线 $y=\ln x$,由于 $\lim\limits_{x\to 0^+}\ln x=\infty$,所以 $x=0$ 是曲线 $y=\ln x$ 的垂直渐近线,如图 5-18.

曲线 $y=x+\arctan x$,由于 $\lim\limits_{x\to\infty}\dfrac{f(x)}{x}=\lim\limits_{x\to\infty}\left(1+\dfrac{1}{x}\arctan x\right)=1+0=1$,而 $f(x)-ax=x+\arctan x-x=\arctan x$,所以 $\lim\limits_{x\to+\infty}\arctan x=\dfrac{\pi}{2}$,即 $b=\dfrac{\pi}{2}$,$\lim\limits_{x\to-\infty}\arctan x=-\dfrac{\pi}{2}$,即 $b=-\dfrac{\pi}{2}$. 因此曲线 $y=x+\arctan x$ 有两条斜渐近线,它们分别是:当 $x\to+\infty$ 时斜渐近线为 $y=x+\dfrac{\pi}{2}$;当 $x\to-\infty$ 时,斜渐线为 $y=x-\dfrac{\pi}{2}$(图 5-19).

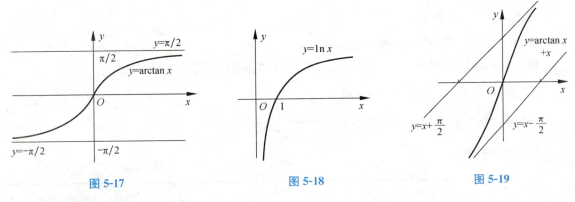

图 5-17　　　　　图 5-18　　　　　图 5-19

2. 函数图像的描绘

对于给定的函数 $y=f(x)$,一般可以按照下列步骤描绘它的图像:

(1) 确定函数的定义域,讨论它的奇偶性,周期性,看能否利用函数图形的对称性或周期性来简化作图;

(2) 确定函数的单调增减区间,并求出函数的极值;

(3) 确定函数图形的凹向区间及曲线的拐点;

(4) 列表讨论函数的单调性与极值及函数图形的凹向与拐点等;

(5) 考察曲线有无水平的或垂直的渐近线;

(6) 算出曲线上某些特殊点,如与两坐标轴的交点;

根据上述讨论结果,列出表格,最后画出函数的图像.

例 17 描绘函数 $y=\dfrac{x}{x^2+1}$ 的图像.

解 (1) 函数的定义域为 $(-\infty,+\infty)$,且为奇函数,因此,只研究其在 $(0,+\infty)$ 的图像;

(2) $y'=\dfrac{1-x^2}{(1+x^2)^2}$,令 $y'=0$,得驻点 $x=1, x=-1$;

(3) $y''=\dfrac{2x(x^2-3)}{(x^2+1)^3}$,令 $y''=0$,得 $x=-\sqrt{3}, 0, \sqrt{3}$;

(4) 列表讨论

x	0	(0,1)	1	$(1,\sqrt{3})$	$\sqrt{3}$	$(\sqrt{3},+\infty)$
y'	1	+	0	−	$-\dfrac{1}{8}$	−
y''	0	−	−	−	0	+
y	0	↑	极值	↓	拐点	↘

其中符号"↑"表示单调上升且向下凹,"↓"表示单调下降且向下凹,"↘"表示单调下降且向上凹;

(5) 因 $\lim\limits_{x\to+\infty}f(x)=0$,故有水平渐近线 $x=0$;

(6) 计算特殊点的坐标,极大值点 $\left(1,\dfrac{1}{2}\right)$,拐点 $\left(\sqrt{3},\dfrac{\sqrt{3}}{4}\right)$,曲线过原点 $(0,0)$.

作图,如图 5-20 所示.

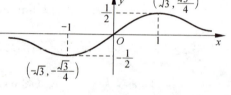

图 5-20

例 18 描绘函数 $y=\mathrm{e}^{-x^2}$ 的图像.

解 (1) 定义域为 $(-\infty,+\infty)$,函数是偶函数.故函数图像关于 y 轴对称;

(2) $y'=-2x\mathrm{e}^{-x^2}$,令 $y'=0$ 得驻点 $x=0$;

(3) $y''=2\mathrm{e}^{-x^2}(2x^2-1)$,令 $y''=0$ 得 $x_1=-\dfrac{1}{\sqrt{2}}, x_2=\dfrac{1}{\sqrt{2}}$.

(4) 列表讨论

x	0	$\left(0,\dfrac{1}{\sqrt{2}}\right)$	$\dfrac{1}{\sqrt{2}}$	$\left(\dfrac{1}{\sqrt{2}},+\infty\right)$
y'	0	−	−	−
y''	−	−	0	+
y	极大值	↓	拐点	↘

(5) 因 $\lim\limits_{x\to\infty}\mathrm{e}^{-x^2}=0$,故有水平渐近线 $y=0$;

(6) 算出特殊点的坐标,如极大值点 $(0,1)$,拐点 $\left(\dfrac{1}{\sqrt{2}},\dfrac{1}{\sqrt{\mathrm{e}}}\right)$.

作图,如图 5-21 所示.

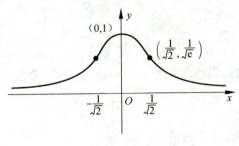

图 5-21

习题 5-3

(A)

1. 确定下列函数的单调区间:

   (1) $y=x^3-3x+7$;　　(2) $y=\dfrac{1}{x^2}$;　　(3) $y=xe^x$;

   (4) $y=\dfrac{\sqrt{x}}{x+100}$;　　(5) $y=x^2-\ln x^2$;　　(6) $y=x+\sin x$.

2. 已知函数 $y=a(x^3-x)(a\neq 0)$,

   (1) 如果 $x>\dfrac{\sqrt{3}}{3}$ 时,y 是减函数,确定 a 的值的范围;

   (2) 如果 $x<-\dfrac{\sqrt{3}}{3}$ 时,y 是减函数,确定 a 的值的范围;

   (3) 如果 $-\dfrac{\sqrt{3}}{3}<x<\dfrac{\sqrt{3}}{3}$ 时,y 是减函数,确定 a 的值的范围.

3. 证明下列不等式:

   (1) 当 $x>0$ 时,$\sin x<x$;

   (2) 当 $x>0$ 时,$x-\dfrac{x^2}{2}<\ln(1+x)<x$;

   (3) 当 $x>0$ 时,$\dfrac{5}{3}x^3-2x^2+x>0$.

4. 求下列函数的极值:

   (1) $y=x^2+2x-2$;　　(2) $y=x^3-4x$;

   (3) $y=\dfrac{x^2}{x^2+3}$;　　(4) $y=\sin x\cos x(0<x<\pi)$;

   (5) $y=1-\sqrt{x^2-2x+10}$;　　(6) $y=1-\sqrt{6-x-x^2}$;

   (7) $y=\dfrac{\ln^2 x}{x}$;　　(8) $y=xe^{-x}$.

5. 求下列函数在给定区间的最大值与最小值:

   (1) $y=x+2\sqrt{x}$, $[0,4]$;

   (2) $y=x\ln x$, $\left[\dfrac{1}{e^2},e\right]$;

(3) $y=2\tan x-\tan^2 x$, $\left[0,\dfrac{\pi}{3}\right]$.

6. 证明：在给定周长的一切矩形中，正方形的面积最大．
7. 若直角三角形的一直角边与斜边之和为 a，求有最大面积的直角三角形和它的最大面积．

(B)

1. 确定下列函数的增减区间，并求极值：

   (1) $f(x)=2x+\dfrac{1}{x^2}$;   (2) $g(x)=\dfrac{x+1}{\sqrt{x^2+1}}$; (3) $h(x)=\dfrac{\ln x}{x^2}$.

2. 讨论下列曲线的凹向与拐点：

   (1) $f(x)=-x^2+2x-1$;   (2) $f(x)=x+x^{\frac{5}{3}}$;   (3) $f(x)=\sqrt{1+x^2}$;

   (4) $f(x)=e^{-x^2}$;   (5) $f(x)=\ln(1+x^2)$.

3. 考察下列函数的单调性和极值，并画出图像：

   (1) $f(x)=3x-x^3$;   (2) $f(x)=x+\dfrac{1}{x}$;   (3) $f(x)=x-\ln(1+x)$.

4. a,b 为何值时，点 $(1,3)$ 是曲线 $y=ax^3+bx^2+1$ 的拐点．

学习指导

一、重难点剖析

1. 罗尔定理、拉格朗日中值定理一般称为微分中值定理，它是微分学的理论基础；中值定理主要用于证明题，常用于证明恒等式、不等式，讨论方程的根等．

2. 求未定式的极限．

常见七种未定式：$\dfrac{0}{0}$、$\dfrac{\infty}{\infty}$、$0\cdot\infty$、$\infty-\infty$、1^∞、0^0、∞^0．

(1) **洛必达法则仅适用于** $\dfrac{0}{0}$ **及** $\dfrac{\infty}{\infty}$ **型未定式**，其他五种未定式应化为 $\dfrac{0}{0}$ 及 $\dfrac{\infty}{\infty}$ 型后才可使用洛必达法则，转化顺序为 1^∞、0^0、$\infty^0\Rightarrow 0\cdot\infty\Rightarrow\dfrac{0}{0}\left(\dfrac{\infty}{\infty}\right)$．

(2) 使用洛必达法则求极限时要**注意**：①每步求极限之前都要检查所求极限是否为 $\dfrac{0}{0}$ 及 $\dfrac{\infty}{\infty}$ 型未定式，防止误用；②求未定式极限过程中应注意与重要极限、等价无穷小代换、极限运算法则及代数、三角运算结合使用，以简化运算过程；③洛必达法则有时会失效，其原因是 $\lim\dfrac{f'(x)}{g'(x)}$ 不存在（$\neq\infty$）或求不出．

3. 讨论函数的单调增减性，求单调区间．如果函数的一阶导数在某区间内符号不发生变化，则函数在该区间内是单调的．函数在个别孤立点导数为零不影响其单调性．

4. **驻点和极值点的关系**．驻点是导数为零的点，而极值点是表明该点的值大于（或小于）其小邻域上任何其它的值．极值点不一定是驻点，但可导函数的极值点一定是驻点，驻点不一定是函数的极值点.

5. **驻点与拐点定义的差异**. 驻点是一阶导数为零的点,以 $x=x_0$ 表示,而拐点通常是二阶导数为零,且它的两侧二阶导数符号不同的曲线上的点. 拐点是曲线凹向的分界点,是研究曲线图形的重要特征的依据之一,而驻点主要用来考查该点是否是极值点.

二、解题方法技巧

1. 证明方程只有一个根的问题的方法.

(1) 方程根的存在性往往利用连续函数介值定理或罗尔定理.

(2) 方程根的唯一性常用反证法或借助函数的单调性.

2. 用洛必达法则求极限的几种方法.

(1) 求解 $\frac{0}{0}$ 型极限的方法:

① 利用因式分解或根式有理化消去零因子,再用连续函数的性质求极限;

② 利用等价无穷小的替换性质求极限,注意加减时不能用这种方法;

③ 直接使用洛必达法则;

④ 利用变量代换 $\left(\text{据极限的不同特点,先用合适的变量代换,如令 } x=\frac{1}{t} \text{ 或 } x=\frac{1}{t^2}\right)$.

(2) 求解 $\frac{\infty}{\infty}$ 型极限的方法:

① 直接使用洛必达法则;

② 变量代换化为 $\frac{0}{0}$ 型.

(3) 求解 $\infty-\infty$ 型极限的方法:

通过对式子的通分、根式有理化、变量代换等方法转化为 $\frac{0}{0}$ 型或 $\frac{\infty}{\infty}$ 型.

(4) 求解 1^∞ 型极限的方法:

① 用对数恒等变型公式 $x=e^{\ln x}$;

② 用两个重要极限.

(5) 求 $0 \cdot \infty, 0^0, \infty^0$ 型极限的方法:

通过式子变型或用对数恒等式变型转化为 $\frac{0}{0}$ 型或 $\frac{\infty}{\infty}$ 型.

3. 求函数极值的方法.

(1) 确定函数的驻点和导数不存在点(称为极值可疑点);

(2) 对每个极值可疑点,如果函数存在二阶导数且不等于 0,则使用第二判别法,否则使用第一判别法.

4. 求函数的最大值与最小值的方法.

(1) 闭区间上连续函数的最大值与最小值. 求区间内驻点或导数不存在的点及端点处函数值,比较之,最大者为最大值,最小者为最小值.

如果连续函数 $f(x)$ 在 $[a,b]$ 上单调(在 (a,b) 内 $f'(x)>0$ 或 $f'(x)<0$),则最大值与最小值在端点处取得.

(2) 如果 $f(x)$ 在某区间上(有限或无限)连续且仅有一个极值,若是极大(小)值,则为最大(小)值.

(3) 解应用题时,如果函数 $f(x)$ 在所讨论的区间上可导且仅有一个驻点,从实际问题可知必有最值,则该驻点必是最值点.

5. 证明不等式的几种方法.

不等式的证明方法很多,这里介绍几种常用的与微分有关的方法:

(1) 利用微分中值定理证明不等式;

(2) 利用函数的单调性证明不等式;

(3) 利用函数的极值与最值证明不等式;

(4) 利用函数图形的凹向证明不等式.

以上方法,读者可以自己举例说明.

三、典型例题分析

例 1 证明:曲线 $y=e^x$ 与 $y=ax^2+bx+c$ 的交点不超过三个.

[解答分析] 问题等价于 $f(x)=e^x-ax^2-bx-c$ 的零点不超过三个. 根据罗尔定理,可导函数的任何两个零点之间至少存在一个导函数的零点. 因此,本题需要用反证法.

证 令
$$f(x)=e^x-ax^2-bx-c$$

反设 $f(x)$ 至少有四个零点,$x_1<x_2<x_3<x_4$,由于 $f(x)$ 在 $[x_1,x_4]$ 上可导,由罗尔定理知,$f'(x)$ 在 $(x_1,x_2),(x_2,x_3),(x_3,x_4)$ 内至少各有一个零点 ξ_1,ξ_2,ξ_3. 又由于 $f'(x)$ 在 $[\xi_1,\xi_3]$ 上可导,由罗尔定理知,$f''(x)$ 在 $(\xi_1,\xi_2),(\xi_2,\xi_3)$ 内至少各有一个零点 η_1,η_2. 同样,由于 $f''(x)$ 在 $[\eta_1,\eta_2]$ 上可导,由罗尔定理知,$f'''(x)$ 在 (η_1,η_2) 内至少有一个零点 ζ. 因此,至少存在 $\zeta\in(-\infty,+\infty)$,使得 $f'''(\zeta)=0$,而 $f'''(x)=e^x>0,x\in(-\infty,+\infty)$,矛盾,因此 $f(x)$ 的零点不超过三个.

例 2 设 $f(x)$ 在 $[0,1]$ 上连续,在 $(0,1)$ 内可导,试证:存在 $\xi\in(0,1)$,使
$$f(\xi)+f'(\xi)=e^{-\xi}[f(1)e-f(0)].$$

[解答分析] 将含 ξ 和不含 ξ 的式子分别写在等式两端,并注意 $e^0=1$,则
$$\frac{f(1)e^1-f(0)e^0}{1-0}=f'(\xi)e^{\xi}+f(\xi)e^{\xi}.$$

左端是函数 $F(x)=f(x)e^x$ 在区间 $[0,1]$ 上的拉格朗日中值定理的形式,而右端恰好是 $F'(\xi)$.

证 取 $F(x)=f(x)e^x$,则 $F(x)$ 在 $[0,1]$ 上连续. 又 $F'(x)=f'(x)e^x+f(x)e^x$,由拉格朗日中值定理,存在 $\xi\in(0,1)$,使 $F'(\xi)=\dfrac{F(1)-F(0)}{1-0}$,即
$$f'(\xi)+f(\xi)=e^{-\xi}[f(1)e-f(0)].$$

例 3 设 $f(x)$ 在 $[a,b]$ 上连续,在 (a,b) 内可导,$f(a)=f(b)$,且 $f(x)$ 在 $[a,b]$ 上不恒为常数. 证明:存在 $\xi\in(a,b)$,使 $f'(\xi)<0$.

[解答分析] 由于 $f(x)$ 不恒为常数,存在 $c\in(a,b),f(c)\neq f(a)$. 在 (a,c) 或 (c,b) 上用拉格朗日中值定理.

证 由于 $f(x)$ 在 $[a,b]$ 上不恒为常数,必存在 $c\in(a,b)$,使 $f(c)\neq f(a)=f(b)$,不妨设 $f(c)<f(a)$. $f(x)$ 在 $[a,c]$ 上应用拉格朗日中值定理,存在 $\xi\in(a,c)\subset(a,b)$,使得

$$f'(\xi) = \frac{f(c) - f(a)}{c - a} < 0.$$

注：若 $f(c) > f(b)$，将存在 $\xi \in (c, b) \subset (a, b), f'(\xi) < 0$.

例 4 求下列极限：

(1) $\lim\limits_{x \to 0} \dfrac{\sin^2 x - x^2 \cos^2 x}{x^2 \sin^2 x}$； (2) $\lim\limits_{x \to \infty} [x^2(e^{\frac{1}{x}} - 1) - x]$.

(1) [**解答分析**] 这是 $\dfrac{0}{0}$ 型未定式，先变形并用等价无穷小代换，再用洛必达法则.

解 原式 $= \lim\limits_{x \to 0} \dfrac{\sin x + x\cos x}{x} \cdot \dfrac{\sin x - x\cos x}{x^3}$

$= \lim\limits_{x \to 0} \left(\dfrac{\sin x}{x} + \cos x \right) \cdot \lim\limits_{x \to 0} \dfrac{\sin x - x\cos x}{x^3}$

$= 2 \lim\limits_{x \to 0} \dfrac{\cos x - \cos x + x\sin x}{3x^2}$

$= \dfrac{2}{3}.$

(2) [**解答分析**] 这是 $\infty - \infty$ 型未定式，先通过变量代换转化为 $\dfrac{0}{0}$ 型后再用洛必达法则.

解 设 $x = \dfrac{1}{t}$，则

$$\text{原式} = \lim\limits_{t \to 0} \dfrac{e^t - 1 - t}{t^2} = \lim\limits_{t \to 0} \dfrac{e^t - 1}{2t} = \dfrac{1}{2}.$$

例 5 已知函数 $f(x)$ 在 $(-\infty, +\infty)$ 内可导，对任意 $x_1, x_2 \in (-\infty, +\infty)$，当 $x_1 < x_2$ 时，有 $f(x_1) < f(x_2)$，则（   ）.

A. 对任意 $x \in \mathbf{R}, f'(x) > 0$；   B. 对任意 $x \in \mathbf{R}, f'(x) \leqslant 0$；
C. $f(-x)$ 单调增加；   D. $f(-x)$ 单调减少.

[**解答分析**] 由题设知 $f(x)$ 在 $(-\infty, +\infty)$ 上单调增加，这时 $f'(x) \geqslant 0$，故 A 和 B 都不对.

函数 $y = f(-x)$ 与 $y = f(x)$ 的图形关于 y 轴对称. 由 $y = f(x)$ 单调增加知 $y = f(-x)$ 单调减少，故应选 D.

例 6 设函数 $f(x)$ 满足关系式 $f''(x) - 2f'(x) + 4f(x) = 0$，且 $f(x_0) > 0, f'(x_0) = 0$，则 $f(x)$（   ）.

A. 在点 x_0 处有极大值；   B. 在点 x_0 处有极小值；
C. 在 x_0 某邻域内单调增加；   D. 在 x_0 某邻域内单调减少.

[**解答分析**] 由条件 $f'(x_0) = 0, x = x_0$ 为驻点，又 $f''(x_0) = -4f(x_0) < 0$，故 $f(x)$ 在 x_0 处有极大值. 应选 A.

例 7 设函数 $f(x)$ 对一切实数 x 满足关系式 $xf''(x) + 3x[f'(x)]^2 = 1 - e^{-x}$，且 $f''(x)$ 在 $x = 0$ 处连续.

(1) 若 $f(x)$ 在 $a \neq 0$ 处有一个极值，证明这个极值是极小值；

(2) 若 $f(x)$ 在 $x = 0$ 处有一个极值，问这个极值是极小值还是极大值.

[**解答分析**] (1) 因 $f(x)$ 在 $a \neq 0$ 处取得极值，所以 $f'(a) = 0 \Rightarrow f''(a) > 0$.

(2) 由 $f'(0)=0$ 且 $f''(x)$ 在 $x=0$ 处连续,应能判断 $f''(0)$ 的符号.

解 (1) 因 $f(x)$ 在 $a\neq 0$ 处取得极值,所以 $f'(a)=0$. 在已知关系式中,令 $x=a$,得 $f''(a)=\frac{1}{a}(1-e^{-a})$,当 $a>0$ 时,$e^{-a}<1$;当 $a<0$ 时,$e^{-a}>1$,所以 $1-e^{-a}$ 与 a 同号,从而 $f''(a)>0$,故 $f(a)$ 是极小值.

(2) 由 $f'(0)=0$ 且 $f''(x)$ 在 $x=0$ 处连续,所以由已知关系式,有

$$f''(0)=\lim_{x\to 0}f''(x)=\lim_{x\to 0}\frac{1}{x}[1-e^{-x}-3x(f'(x))^2]=\lim_{x\to 0}\frac{1-e^{-x}}{x}=\lim_{x\to 0}\frac{e^{-x}}{1}=1>0,$$

所以 $f(0)$ 仍是极小值.

例 8 设 $f(x)$ 具有二阶导数,则曲线 $y^2=f(x)$ 的拐点的横坐标 ξ 适合的关系式是( ).

A. $[f'(\xi)]^2=-2f(\xi)f''(\xi)$;   B. $[f'(\xi)]^2=2f(\xi)f''(\xi)$;

C. $[f'(\xi)]^2=-\frac{1}{2}f(\xi)f''(\xi)$;   D. $[f'(\xi)]^2=\frac{1}{2}f(\xi)f''(\xi)$.

[**解答分析**] 由 $y^2=f(x)$,知 $y=[f(x)]^{\frac{1}{2}}$ 和 $y=-[f(x)]^{\frac{1}{2}}$.

当 $y=[f(x)]^{\frac{1}{2}}$ 时,$y'=\frac{1}{2}[f(x)]^{-\frac{1}{2}}f'(x)$.

由 $y''=-\frac{1}{4}[f(x)]^{-\frac{3}{2}}[f'(x)]^2+\frac{1}{2}[f(x)]^{-\frac{1}{2}}f''(x)=0$,得 $[f'(x)]^2=2f(x)f''(x)$.

将 x 换成 ξ,得 $[f'(\xi)]^2=2f(\xi)f''(\xi)$.

当 $y=-[f(x)]^{\frac{1}{2}}$ 时,可类似得出同样结论,故选 B.

例 9 设 $f(x)$ 在 $[a,+\infty)$ 内可导,且当 $x>a$ 时,$f'(x)>k>0$(其中 k 为常数),证明:如果 $f(a)<0$,则方程 $f(x)=0$ 在 $\left(a, a-\frac{f(a)}{k}\right)$ 内有且仅有一个实根.

[**解答分析**] 记 $b=a-\frac{f(a)}{k}$,只要推出 $f(b)>0$ 即可.

由于 $b-a=-\frac{f(a)}{k}>0,f'(x)>0(x>a)$,故利用拉格朗日中值定理可确定 $f(b)$ 的符号.

证 记 $b=a-\frac{f(a)}{k}$,由拉格朗日中值定理,存在 $\xi\in(a,b)$,使

$$f(b)-f(a)=f'(\xi)(b-a)=-\frac{f(a)}{k}f'(\xi)>-\frac{f(a)}{k}k=-f(a),$$

故 $f(b)>0$. 由连续函数零点定理,方程 $f(x)=0$ 在 (a,b) 内至少存在一个实根,又 $f'(x)>k>0$,所以 $f(x)$ 在 (a,b) 内且单调增加,从而方程 $f(x)=0$ 在 $\left(a,a-\frac{f(a)}{k}\right)$ 内有且仅有一个实根.

复习题五

(A)

一、问答题

1. 罗尔中值定理和拉格朗日中值定理中的条件是定理成立的充分条件还是必要条件?

2. 设函数 $y=f(x)$ 在开区间 (a,b) 内可导,$x_1,x_2 \in (a,b)$,在 x_1 与 x_2 之间是否至少存在一点 ξ,使得 $f(x_1)-f(x_2)=f'(\xi)(x_1-x_2)$?

3. 若函数 $f(x),g(x)$ 可导,且 $g'(x) \neq 0$,又 $\lim\limits_{x \to a} f(x)=0$,$\lim\limits_{x \to a} g(x)=0$,$\lim\limits_{x \to a} \dfrac{f(x)}{g(x)}$ 存在,是否必有 $\lim\limits_{x \to a} \dfrac{f(x)}{g(x)} = \lim\limits_{x \to a} \dfrac{f'(x)}{g'(x)}$?

4. 函数的极大值是否一定大于极小值?

5. 什么是函数的驻点?函数的驻点是否一定是函数的极值点?

二、填空题

6. 如果 $f(x)$ 在 $[a,b]$ 上可导,则必存在 $\xi \in (a,b)$,使得 $f'(\xi) = $ _____.

7. 设 $f(x)=ax^2+bx+c$,则在 (x_1,x_2) 内存在 ξ,使 $f(x_2)-f(x_1)=f'(\xi)(x_2-x_1)$ 成立,此时 ξ 必定等于 _____.

8. 设 $a<x<b$,$f'(x)=g'(x)$,则 $f(x)$ 与 $g(x)$ 的关系是 $f(x)=$ _____.

三、解答题

9. 求极限.

(1) $\lim\limits_{x \to 0} \dfrac{e^x-1}{xe^x+e^x-1}$;

(2) $\lim\limits_{x \to 0} \dfrac{(1-\cos x)^2}{x \tan^3 x}$;

(3) $\lim\limits_{x \to \infty} \dfrac{\ln\left(1+\dfrac{1}{x}\right)}{\operatorname{arccot} x}$;

(4) $\lim\limits_{x \to 0}(1+xe^x)^{\frac{1}{x}}$.

10. 应用拉格朗日中值定理证明曲线弧 $y=x^2+2x-3(-1 \leqslant x \leqslant 2)$ 上至少有一点处的切线平行于该连续曲线弧两端点的弦,并求出曲线弧上该点的坐标.

(B)

一、问答题

1. 已知 $f(x)$ 在点 x_0 处二阶可导,且 $f''(x_0)=0$,问点 $(x_0,f(x_0))$ 是否一定是曲线 $y=f(x)$ 的拐点?

2. 若函数 $y=f(x)$ 在点 x_0 处二阶可导,且 $f'(x_0)>0$,$f''(x_0)<0$,又 $\Delta x>0$,问 $\Delta y = f(x_0+\Delta x)-f(x_0)$ 与 $dy=f'(x_0)\Delta x$ 哪个大?

二、填空题

3. 设 $f(x)$、$g(x)$ 在 $x=0$ 处可导,$f(0)=g(0)=0$,当 $x \neq 0$ 时,$g(x) \neq 0$ 且 $g'(x) \neq 0$,则 $\lim\limits_{x \to 0} \dfrac{f(x)}{g(x)} = $ _____.

4. 若 $\lim\limits_{x \to a} g(x)=0$ 且 $\lim\limits_{x \to a} \dfrac{f(x)}{g(x)} = 5$,则 $\lim\limits_{x \to a} f(x) = $ _____.

5. 若在 (a,b) 内的曲线弧 $y=f(x)$ 是上凹的,则曲线弧必位于其每一点处的切线的 _____ 方.

三、解答题

6. 求函数 $f(x)=x^n e^{-x}(x \geqslant 0$,$n$ 为正整数$)$ 的单调增域区间.

7. 证明下面不等式:

当 $x>0$ 时,$\dfrac{1}{x}>\arctan x-\dfrac{\pi}{2}$.

8. 在位于第一象限中的椭圆弧 $\dfrac{x^2}{8}+\dfrac{y^2}{18}=1(x\geqslant 0,y\geqslant 0)$ 上找一点,使该点的切线与椭圆弧及两坐标轴所围成的图形的面积最小.

课外阅读

一、贫困的数学家——罗尔

罗尔(M. Rolle,1652—1719)法国数学家. 1652 年 4 月 21 日生于昂贝尔特,1719 年 11 月 8 日卒于巴黎.

罗尔出生于小店家庭,只受过初等教育,且结婚过早,年轻时贫困潦倒,靠充当公证人与律师抄录员的微薄收入养家糊口,他利用业余时间刻苦自学代数与丢番图的著作,并很有心得. 1682 年,他解决了数学家奥扎南提出一个数论难题,受到了学术界的好评,从而声名鹊起,也使他的生活有了转机,此后担任初等数学教师和陆军部行征官员. 1685 年进入法国科学院,担任低级职务,到 1690 年才获得科学院发给的固定薪水. 此后他一直在科学院供职,1719 年因中风去世.

罗尔在数学上的成就主要是在代数方面,专长于丢番图方程的研究. 罗尔所处的时代正当牛顿、莱布尼兹的微积分诞生不久,由于这一新生事物不存在逻辑上的缺陷,从而遭受多方面的非议,其中也包括罗尔,并且他是反对派中最直言不讳的一员. 1700 年,在法国科学院发生了一场有关无穷小方法是否真实的论战. 在这场论战中,罗尔认为无穷小方法由于缺乏理论基础将导致谬误,并说:"微积分是巧妙的谬论的汇集". 瓦里格农、索弗尔等人之间,展开了异常激烈的争论. 约翰·贝努利还讽刺罗尔不懂微积分. 由于罗尔对此问题表现得异常激动,致使科学院不得不屡次出面干预. 直到 1706 年秋天,罗尔才向瓦里格农、索弗尔等人承认他已经放弃了自己的观点,并且充分认识到无穷小分析新方法价值.

罗尔于 1691 年在题为《任意次方程的一个解法的证明》的论文中指出了:在多项式方程的两个相邻的实根之间,方程至少有一个根. 一百多年后,即 1846 年,尤斯托·伯拉维提斯将这一定理推广到可微函数,并把此定理命名为罗尔定理.

二、欧洲最大的数学家——拉格朗日

拉格朗日(J·L·Lagrange,1735—1813)法国数学家、物理学家. 1736 年 1 月 25 日生于意大利都灵,1813 年 4 月 10 日卒于巴黎. 他在数学、力学和天文学三个学科领域中都有历史性的贡献,其中尤以数学方面的成就最为突出.

拉格朗日 1736 年 1 月 25 日生于意大利西北部的都灵. 父亲是法国陆军骑兵里的一名军官,后由于经商破产,家道中落. 据拉格朗日本人回忆,如果幼年是家境富裕,他也就不会作数学研究了,因为父亲一心想把他培养成为一名律师. 拉格朗日个人却对法律毫无兴趣.

到了青年时代,在数学家雷维里的教导下,拉格朗日喜爱上了几何学. 17 岁时,他读了英国天文学家哈雷的介绍牛顿微积分成就的短文《论分析方法的优点》后,感觉到"分析才是自己最热爱的学科",从此他迷上了数学分析,开始专攻当时迅速发展的数学分析.

18 岁时,拉格朗日用意大利语写了第一篇论文,是用牛顿二项式定理处理两函数乘积的高阶微商,他又将论文用拉丁语写出寄给了当时在柏林科学院任职的数学家欧拉. 不久后,他

获知这一成果早在半个世纪前就被莱布尼兹取得了. 这个并不幸运的开端并未使拉格朗日灰心,相反,更坚定了他投身数学分析领域的信心.

1755 年拉格朗日 19 岁时,在探讨数学难题"等周问题"的过程中,他以欧拉的思路和结果为依据,用纯分析的方法求变分极值. 第一篇论文"极大和极小的方法研究",发展了欧拉所开创的变分法,为变分法奠定了理论基础. 变分法的创立,使拉格朗日在都灵声名大震,并使他在 19 岁时就当上了都灵皇家炮兵学校的教授,成为当时欧洲公认的第一流数学家. 1756 年,受欧拉的举荐,拉格朗日被任命为普鲁士科学院通讯院士.

1764 年,法国科学院悬赏征文,要求用万有引力解释月球天平动问题,他的研究获奖. 接着又成功地运用微分方程理论和近似解法研究了科学院提出的一个复杂的六体问题(木星的四个卫星的运动问题),为此又一次于 1766 年获奖.

1766 年德国的腓特烈大帝向拉格朗日发出邀请时说,在"欧洲最大的王"的宫廷中应有"欧洲最大的数学家". 于是他应邀前往柏林,任普鲁士科学院数学部主任,居住达 20 年之久,开始了他一生科学研究的鼎盛时期. 在此期间,他完成了《分析力学》一书,这是牛顿之后的一部重要的经典力学著作. 书中运用变分原理和分析的方法,建立起完整和谐的力学体系,使力学分析化了. 他在序言中宣称:力学已经成为分析的一个分支.

1783 年,拉格朗日的故乡建立了"都灵科学院",他被任命为名誉院长. 1786 年腓特烈大帝去世以后,他接受了法王路易十六的邀请,离开柏林,定居巴黎,直至去世. 这期间他参加了巴黎科学院成立的研究法国度量衡统一问题的委员会,并出任法国米制委员会主任. 1799 年,法国完成统一度量衡工作,制定了被世界公认的长度、面积、体积、质量的单位,拉格朗日为此做出了巨大的努力.

1791 年,拉格朗日被选为英国皇家学会会员,又先后在巴黎高等师范学院和巴黎综合工科学校任数学教授. 1795 年建立了法国最高学术机构——法兰西研究院后,拉格朗日被选为科学院数理委员会主席. 此后,他才重新进行研究工作,编写了一批重要著作:《论任意阶数值方程的解法》、《解析函数论》和《函数计算讲义》,总结了那一时期的特别是他自己的一系列研究工作.

1813 年 4 月 3 日,拿破仑授予他帝国大十字勋章,但此时的拉格朗日已卧床不起,4 月 11 日早晨,拉格朗日逝世.

近百余年来,数学领域的许多新成就都可以直接或间接地溯源于拉格朗日的工作. 所以他在数学史上被认为是对分析数学的发展产生全面影响的数学家之一.

三、柯西

柯西(C·A·Louis,1789—1857),出生于巴黎,他的父亲路易·弗朗索瓦·柯西是法国波旁王朝的官员,在法国动荡的政治漩涡中一直担任公职. 由于家庭的原因,柯西本人属于拥护波旁王朝的正统派,是一位虔诚的天主教徒.

他在纯数学和应用数学的功力是相当深厚的,很多数学的定理和公式也都以他的名字来称呼,如柯西不等式、柯西积分公式……在数学写作上,他是被认为在数量上仅次于欧拉的人,他一生一共著作了 789 篇论文和几本书,其中有些还是经典之作,不过并不是他所有的创作质都很高,因此他还曾被人批评高产而轻率,这点倒是与数学王子相反,据说法国科学院"会刊"创刊的时候,由于柯西的作品实在太多,以至于科学院要负担很大的印刷费用,超出科学院的预算,因此,科学院后来规定论文最长的只能有四页,所以,柯西较长的论文只得投稿到其他地方.

柯西在幼年时,他的父亲常带领他到法国参议院内的办公室,并且在那里指导他进行学习,因此他有机会遇到参议员拉普拉斯和拉格朗日两位大数学家.他们对他的才能十分赏识;拉格朗日认为他将来必定会成为大数学家,但建议他的父亲在他学好文科前不要学数学.

柯西于1802年入中学.在中学时,他的拉丁文和希腊文取得优异成绩,多次参加竞赛获奖;数学成绩也深受老师赞扬.他于1805年考入综合工科学校,在那里主要学习数学和力学;1807年考入桥梁公路学校,1810年以优异成绩毕业,前往瑟堡参加海港建设工程.

柯西去瑟堡时携带了拉格朗日的解析函数论和拉普拉斯的天体力学,后来还陆续收到从巴黎寄出或从当地借得的一些数学书.他在业余时间悉心攻读有关数学各分支方面的书籍,从数论直到天文学方面.

他的大量论文分别在法国科学院论文集和他自己编写的期刊"数学习题"上发表.

1830年法国爆发了推翻波旁王朝的革命,法王查理第十仓皇逃走,奥尔良公爵路易·菲利浦继任法王.当时规定在法国担任公职必须宣誓对新法王效忠,由于柯西属于拥护波旁王朝的正统派,他拒绝宣誓效忠,并自行离开法国.他先到瑞士,后于1832—1833年任意大利都灵大学数学物理教授,并参加当地科学院的学术活动.那时他研究了复变函数的级数展开和微分方程(强级数法),并为此作出重要贡献.

1833—1838年柯西先在布拉格、后在戈尔兹担任波旁王朝"王储"波尔多公爵的教师,最后被授予"男爵"封号.在此期间,他的研究工作进行得较少.

1838年柯西回到巴黎.由于他没有宣誓对法王效忠,只能参加科学院的学术活动,不能担任教学工作.他在创办不久的法国科学院报告"和他自己编写的期刊分析及数学物理习题"上发表了关于复变函数、天体力学、弹性力学等方面的大批重要论文.

1848年法国又爆发了革命,路易·菲利浦倒台,重新建立了共和国,废除了公职人员对法王效忠的宣誓.柯西于1848年担任了巴黎大学数理天文学教授,重新进行他在法国高等学校中断了18年的教学工作.

1852年拿破仑第三发动政变,法国从共和国变成了帝国,恢复了公职人员对新政权的效忠宣誓,柯西立即向巴黎大学辞职.后来拿破仑第三特准免除他和物理学家阿拉果的忠诚宣誓.于是柯西得以继续进行所担任的教学工作,直到1857年他在巴黎近郊逝世时为止.柯西直到逝世前仍不断参加学术活动,不断发表科学论文.

1857年5月23日,他突然去世,享年68岁,他因为热病去世,临终前,他还与巴黎大主教在说话,他说的最后一句话是:

"人总是要死的,但是,他们的功绩永存"

柯西是一位多产的数学家,他的全集从1882年开始出版到1974年才出齐最后一卷,总计28卷.

四、洛必达

洛必达(L·Hospital,1661—1704)法国数学家.1661年出生于法国的贵族家庭,1704年2月2日卒于巴黎.他曾受袭侯爵衔,并在军队中担任骑兵军官,后来因为视力不佳而退出军队,转向学术方面加以研究.他早年就显露出数学才能,在他 15 岁时就解出帕斯卡的摆线难题,以后又解出约翰伯努利向欧洲挑战"最速降曲线"问题.稍后他放弃了炮兵的职务,投入更多的时间在数学上,在瑞士数学家伯努利的门下学习微积分,并成为法国新解析的主要成员.洛必达的《无限小分析》(1696)一书是微积分学方面最早的教科书,在十八世纪时为一模范著作,书中创造一种算法(洛必达法则),用以寻找满足一定条件的两函数之商的极限,洛必达于前言中向莱布尼兹和伯努利致谢,特别是 Johann-Bernoulli.洛必达逝世之后,伯努利发表声明该法则及许多的其他发现该归功于他.洛必达的著作尚盛行于 18 世纪的圆锥曲线的研究.他最重要的著作是《阐明曲线的无穷小于分析》(1696),这本书是世界上第一本系统的微积分学教科书,他由一组定义和公理出发,全面地阐述变量、无穷小量、切线、微分等概念,这对传播新创建的微积分理论起了很大的作用.在书中第九章记载着约翰·伯努利在 1694 年 7 月 22 日告诉他的一个著名定理:洛必达法则,求一个分式当分子和分母都趋于零时的极限的法则.后人误以为是他的发明,故洛必达法则之名沿用至今.洛必达还写作过几何,代数及力学方面的文章.他亦计划写作一本关于积分学的教科书,但由于他过早去世,因此这本积分学教科书未能完成.而遗留的手稿于 1720 年巴黎出版,名为《圆锥曲线分析论》.

洛必达, G. -F. -A. de

第六章

不定积分

> 微积分,或者数学分析,是人类思维的伟大成果之一. 它处于自然科学与人文科学之间的地位,使它成为高等教育的一种特别的有效工具. 遗憾的是,微积分的教学方法有时流于机械,不能体现出这门学科乃是一种撼人心灵的智力奋斗的结晶.
>
> ——R·柯朗

前面我们已经讨论了一元函数的微分学,这一章和下一章我们将讨论一元函数积分学. 不定积分属于积分学内容,它是现代微积分学中求解定积分的关键基础. 但在历史上,是先有了定积分的概念和理论后,才发展了不定积分的概念及理论的. 定积分的理论很早就已经成熟,在严格的逻辑推理上以及与数学体系的融合上都没有问题. 问题在于实际计算定积分时,最初都是通过无穷级数求和的古典计算方式来获得定积分结果的,那是很复杂也很艰难的计算工作. 为此,牛顿曾经为几个今天看来比较简单的定积分花了几年时间来计算也毫无结果. 后来牛顿与莱布尼兹通过变化黎曼积分的定积分形式,对变上限形式的黎曼积分求导得到著名的牛顿——莱布尼兹公式,从而揭示了微分与积分之间的互逆运算关系,彻底简化了定积分计算. 这以后才逐步发展了给微分理论与定积分理论搭桥的不定积分理论. 本章将介绍不定积分的概念及各种计算方法,下一章介绍定积分.

§6-1 不定积分

一、原函数与不定积分的概念

在微分学中,可以通过对一个函数求导得到它的导函数,例如$(\tan x)' = \dfrac{1}{\cos^2 x}$.

现在逆过来思考:已知一个函数例如 $\tan x$,对什么函数求导才能得到它呢? 是否一定存在那样的函数呢? 这就是不定积分理论要解决的问题.

由导数(或微分)求原来函数的运算也是一种逆向思维过程.

定义 1 若在某区间 D 上每一点 x 处都有 $F'(x) = f(x)$ 成立,则称 $F(x)$ 是 $f(x)$ 在 D 上的一个**原函数**.

在不需要严格强调条件的情况下,可以采取简便说法:若 $F'(x) = f(x)$,则 $F(x)$ 是 $f(x)$ 的一个**原函数**.

例 1 因为$(\sin x)' = \cos x$,所以 $\sin x$ 是 $\cos x$ 的一个原函数;因为$(x^2 + 1)' = 2x$,所以 $x^2 + 1$ 是 $2x$ 的一个原函数.

以上例子使我们猜想到,求一个函数的原函数,只要熟记求导公式就可以了. 这对简单的函数来说不无道理,但对较复杂的函数就难以奏效了,并且对原函数的概念还应该作深入的探讨.因此研究原函数必须解决两个重要问题:

(1) 什么条件下,一个函数存在原函数?

(2) 如果一个函数存在原函数,那么有几个?下面就来回答这两个问题.

为什么强调"一个"原函数呢?任何一个函数,假如它存在原函数,那么它的原函数就会有无穷多个.因为假如 $F'(x)=f(x)$,则必有 $[F(x)+C]'=f(x)$,其中 C 为任意常数.所以,只要函数存在一个原函数,它就有无穷多个原函数.

另一方面,可以证明同一个函数的不同原函数之间至多相差一个常数:

证 假设 $F(x)$、$G(x)$ 分别是 $f(x)$ 的两个原函数,则有
$$[F(x)-G(x)]'=F'(x)-G'(x)=f(x)-f(x)=0.$$

由拉格朗日中值定理推论可知,$F(x)-G(x)=C,C$ 为任意常数.

综上所述,如果 $f(x)$ 有一个原函数 $F(x)$,则 $F(x)+C$(C 为任意常数)就是 $f(x)$ 的所有原函数.

上述分析表明,如果函数有一个原函数存在,则必有无穷多个原函数,且任意两个原函数之间相差一个常数.于是,上述结论也揭示了全体原函数的结构,即只需求出任意一个原函数,再加上任意常数,便可得全部原函数.

根据原函数的这种性质,进一步引进下面的不定积分概念:

定义 2 函数 $f(x)$ 的所有原函数,称为 $f(x)$ 的**不定积分**,记为 $\int f(x)\mathrm{d}x$.

其中,"$\int$"称为积分号,$f(x)$ 称为**被积函数**,$f(x)\mathrm{d}x$ 称为**被积表达式**,x 称为**积分变量**.

若 $F(x)$ 是 $f(x)$ 的一个原函数,则根据不定积分定义有
$$\int f(x)\mathrm{d}x=F(x)+C, \quad C \text{ 为任意常数}.$$

因此,要求 $f(x)$ 的不定积分,只需要求出它的一个原函数,再加上任意常数 C 就可以了.C 表示的不是一个数值,而是一类数.有限个常数与 C 之间的任意形式的有限次运算结果仍是 C.

可以证明,**连续函数在其定义区间上都存在原函数**.(这个结论将在§7-3中得到证明)但要**注意**:并非不连续函数就一定不存在原函数.这方面更深入的理论我们暂时不作深究.

$f(x)$ 的不定积分在几何上表示积分曲线族 $F(x)+C$.所谓的积分曲线是指原函数 $F(x)$ 所代表的曲线.

在原函数的许多具体问题中往往先求出全体原函数,然后从中确定一个满足**初始**条件 $F(x_0)=y_0$ 的原函数,它就是积分曲线族中通过 (x_0,y_0) 的那一条积分曲线.

例 2 求通过点 $(1,2)$,其任一点处切线斜率为 $2x$ 的曲线.

解 设所求的曲线为 $y=F(x)$,由题意知,$y'=F'(x)=2x$.

因为 $(x^2)'=2x$,所以积分曲线族为 $y=\int 2x\mathrm{d}x=x^2+C$.

又因为曲线通过点 $(1,2)$,所以有 $2=1^2+C$,解得 $C=1$.

故所求曲线为 $y=x^2+1$.

二、不定积分的性质与基本积分公式

(一) 不定积分的性质

与导数或微分的运算法则不同,不定积分没有四则运算法则. 只有如下性质:

1、两个函数的代数和的积分,等于这两个函数积分的代数和,即
$$\int [f(x) \pm g(x)] dx = \int f(x) dx \pm \int g(x) dx.$$

2、非零常数因子可以提到积分号外面来,即
$$\int af(x) dx = a \int f(x) dx, \text{其中常数} a \neq 0.$$

3、$\left(\int f(x) dx \right)' = f(x).$

理解这个性质并不困难,从不定积分的本质出发很容易明白. 不定积分的本质就是原函数族, $f(x)$ 的原函数在定义上就已明确规定了:它们的导数是 $f(x)$. 或者这样用定义的数学表达式来严格推理表达:假设 $F(x)$ 是 $f(x)$ 的一个原函数,则 $F'(x) = f(x)$,因此 $\left(\int f(x) dx \right)' = [F(x) + C]' = F'(x) = f(x)$,即**不定积分的导数等于被积函数**.

同理,容易推出 $\int F'(x) dx = F(x) + C$,即函数 $F(x)$ 的导函数的不定积分等于函数族 $F(x) + C$.

因此,在相差常数的前提下,**不定积分与求导互为逆运算**.

(二) 基本积分公式表

怎样求一个已知函数 $f(x)$ 的不定积分(即原函数族)呢? 自然想到利用不定积分的定义,首先应求一个原函数 $F(x)$,使 $F'(x) = f(x)$,而后根据定义就可写出 $f(x)$ 的不定积分. 但我们发现,求一个函数的原函数远比求一个已知函数的导数困难得多,其原因在于原函数的定义不像导数那样具有构造性,即它只告诉我们其导数刚好等于已知函数 $f(x)$,而没有指出由 $f(x)$ 求原函数的具体操作方法. 因此,我们只能先按照微分法的已知结果去逆推,正如德·摩根(De Morgan,英,1806—1871)所说,积分变成了"回忆"微分.

利用导数的基本公式和不定积分的定义,可以得到下面的基本积分公式:

(1) $\int 0 dx = C$; $\quad \int dx = x + C$; $\quad \int a dx = ax + C (a \text{ 为常数})$;

(2) $\int x^a dx = \dfrac{1}{a+1} x^{a+1} + C (a \neq -1)$;

(3) $\int \dfrac{1}{x} dx = \ln |x| + C$;

(4) $\int a^x dx = \dfrac{a^x}{\ln a} + C (a > 0, \text{且} a \neq 1)$;

(5) $\int e^x dx = e^x + C$;

(6) $\int \sin x dx = -\cos x + C$;

(7) $\int \cos x \mathrm{d}x = \sin x + C$;

(8) $\int \dfrac{1}{\sin^2 x} \mathrm{d}x = \int \csc^2 x \mathrm{d}x = -\cot x + C$;

(9) $\int \dfrac{1}{\cos^2 x} \mathrm{d}x = \int \sec^2 x \mathrm{d}x = \tan x + C$;

(10) $\int \tan x \mathrm{d}x = -\ln|\cos x| + C$;

(11) $\int \cot x \mathrm{d}x = \ln|\sin x| + C$;

(12) $\int \dfrac{1}{\sqrt{1-x^2}} \mathrm{d}x = \arcsin x + C$;

(13) $\int \dfrac{1}{1+x^2} \mathrm{d}x = \arctan x + C$.

注意：(1)基本公式表中给出的基本积分公式，是求不定积分的基础，许多不定积分最终将归结为这些基本积分公式，必须熟记，在熟记了基本初等函数的导数公式的基础上去记忆这些公式也并不困难．(2)基本积分公式同样存在类似于基本求导公式的"三元统一"原则．学习过基本求导公式的"三元统一"原则后，再理解基本积分公式的"三元统一"原则就很简单了．它们之间存在的三元对应差别在于第二元．基本求导公式的"第二元"对应的是求导变量，而基本积分公式的"第二元"对应的则是积分变量．

用"回忆微分"的方法解决不定积分问题，只适用于被积函数是基本初等函数的导数的几种简单情形，对较复杂的不定积分，直接"回忆微分"就难以奏效了．但如果我们综合利用不定积分的性质和基本积分公式，可以求得一些简单的不定积分．

例 3 $\int (3x^2 - \sin x + \mathrm{e}^x) \mathrm{d}x = \int 3x^2 \mathrm{d}x - \int \sin x \mathrm{d}x + \int \mathrm{e}^x \mathrm{d}x = x^3 + \cos x + \mathrm{e}^x + C$.

例 4 $\int \sqrt{x}(x^2 - 5) \mathrm{d}x = \int (x^{\frac{5}{2}} - 5x^{\frac{1}{2}}) \mathrm{d}x = \int x^{\frac{5}{2}} \mathrm{d}x - 5\int x^{\frac{1}{2}} \mathrm{d}x = \dfrac{2}{7}x^{\frac{7}{2}} - \dfrac{10}{3}x^{\frac{3}{2}} + C$.

例 5 $\int \dfrac{x^2}{1+x^2} \mathrm{d}x = \int \dfrac{1+x^2-1}{1+x^2} \mathrm{d}x = \int \left(1 - \dfrac{1}{1+x^2}\right) \mathrm{d}x$
$= \int \mathrm{d}x - \int \dfrac{1}{1+x^2} \mathrm{d}x = x - \arctan x + C$.

例 6 $\int \tan^2 x \mathrm{d}x = \int \dfrac{\sin^2 x}{\cos^2 x} \mathrm{d}x = \int \dfrac{1-\cos^2 x}{\cos^2 x} \mathrm{d}x = \int \dfrac{\mathrm{d}x}{\cos^2 x} - x = \tan x - x + C$.

例 6 解答过程中，第三个等号后已经求出一个积分，按照积分公式，似乎应该出现一个常数 C 的．为什么却没出现呢？这里是关于任意常数 C 的一些知识：因为 C 代表任意常数这样的一类数而不是一个数值，所以不能按照数值计算法则来理解 C 这种非数值常数的运算关系．假若 C_1、C_2 分别表示两个可能不相同的任意常数，则 $C_1 + C_2 = C$．同样道理，对于某个固定常数 a，$aC = C$．也就是说，无论常数之间怎样进行有限次运算，其结果仍然是常数类，没有脱离这一类数，C 依然可以代表它们．因此，只要式子中仍然含有一个不定积分，它里面就会隐含着任意常数 C，此时即使有一部分的不定积分已经求解出来，也不必额外添加 C．在最后结果的式子中不再含有不定积分，C 才必须出现．

由上述各例可知，对一些简单的求积分问题，我们总是设法将被积函数化简为基本积分公式表中有关函数的形式,使之能利用基本积分公式求得不定积分. 这种求积分方法称为**直接积分法**. 但直接积分法可解决的问题是十分有限的,对稍为复杂的问题,就必须寻求其他的求积分方法.

与函数求导方法的思想一样,在多数情况下求不定积分也难以直接使用不定积分的定义公式和基本积分公式来进行. 例如 $\int \sin 7x \, dx$,若通过三角函数恒等变形的方法来把被积函数 $\sin 7x$ 化成基本积分公式里含有的各种被积函数的表达式非常困难,单单使用不定积分的性质和积分公式求积分是远远不够的. 因此,需要研究功能更强大使用更方便的求积分方法.

$\int f(x) \, dx$ 中的被积表达式 $f(x) \, dx$ 是一个微分,它能够进行任意的微分运算变形,从而将原不定积分的形式大大改变. 例如:假若 $f(x)$ 的一个原函数是 $F(x)$,则 $\int f(x) \, dx = \int F'(x) \, dx = \int dF(x)$. 在计算不定积分时,可以暂时撇开积分号 $\int$ 不予考虑,先单独考虑积分号后面的积分表达式部分,完全把这部分当成微分表达式来任意进行各种微分运算. 运算变化出需要的形式后,再根据不定积分的定义或基本公式来求解. 正因为如此,求不定积分的方法才可以得到发展和完善.

今后所有求复杂不定积分的方法,只要没有特殊要求说明,也都类似于求导数的方法思路那样,不再使用不定积分定义公式来求解,而是采取某些法则或技巧把原问题分解为数个不定积分子问题,每个子问题都按照"三元统一"原则直接套用基本积分公式. 在这些法则和技巧里,下一节将要介绍的第一换元积分法占有绝对多的使用面和使用率.

习题 6-1

(A)

1. 已知某曲线上任意一点切线斜率等于 x,且曲线通过点 $(0,1)$,求该曲线方程.
2. 求下列不定积分:

   (1) $\int 2^x e^x \, dx$;

   (2) $\int \frac{1}{x^4} \, dx$;

   (3) $\int \sin^2 \frac{x}{2} \, dx$;

   (4) $\int \frac{dx}{\sin^2 x \cos^2 x}$;

   (5) $\int (2^x + e^x) \, dx$;

   (6) $\int \left(\frac{a}{\sqrt{1-x^2}} - \frac{b}{1+x^2} \right) dx \quad (ab \neq 0)$;

   (7) $\int \frac{x^4}{1+x^2} \, dx$;

   (8) $\int \frac{1+\cos^2 x}{1+\cos 2x} \, dx$.

(B)

1. 若 $f'(x) = F(x)$,求 $\int 2F(x) \, d2x$.

2. 若 C 表示任意常数,计算 $\int (\ln C + \sin C)' \, dx$.

3. 求下列不定积分：

(1) $\int \left(\dfrac{1-x}{x}\right)^2 dx$；

(2) $\int (2^x + 3^x)^2 dx$；

(3) $\int \cot^2 x \, dx$；

(4) $\int \dfrac{dx}{\sin^2 \dfrac{x}{2} \cos^2 \dfrac{x}{2}}$.

§6-2 换元积分法

我们称利用变量代换使积分化为可利用基本积分公式求出积分的方法为换元积分法. 由复合函数的求导法可以导出换元积分法. 换元积分法的实质是一种矛盾转化法, 分为第一换元积分法与第二换元积分法. 第一换元积分法是绝大部分求解复杂不定积分过程的基础.

一、第一换元积分法

第一换元积分法这个名称有些隐晦, 因为其关键运算过程是普通的微分运算, 换元只是一个极其次要的过程, 可有可无. 基于此, 后来的数学工作者开始称第一换元法为凑微分法, 这个名称比较准确形象.

例1 求 $\int \sin 7x \, dx$.

解 $\int \sin 7x \, dx = \dfrac{1}{7}\int \sin 7x \, d7x = -\dfrac{1}{7}\cos 7x + C$.

应注意理解基本积分公式的"三元统一"原则. 即任何一个基本积分公式中, 被积函数的对应自变量与积分变量这两个"元"一致时, 才能得到公式结果里该"元"的对应表达式, 这样的三个"元"互相呼应, 视为"三元统一".

积分公式 $\int \sin x \, dx = -\cos x + C$ 里, 被积函数的变量是 x, 积分变量也是 x, 获得这样的"二元统一"后, 结果中才能使用该"元" x 的相应表达式, 完成"三元统一"模式. 在这个指导思想下, 基本积分公式是可以有不同形式的. 例如 $\int \sin u \, du = -\cos u + C$, 因为三个对应位置的变量元都是 u, 符合"三元统一"的原则. 所以, 它和原本形式的基本积分公式 $\int \sin x \, dx = -\cos x + C$ 是等价的, 可以被直接使用. 再如, 假设 $u、v、w$ 中至少有一个是 x 的非常值函数, 则 $\int \sin(uvw) \, d(uvw) = -\cos(uvw) + C$ 同样满足"三元统一"的原则, 也等价于原公式. 凡是这样与原基本积分公式等价的式子, 都可以直接应用而不需另外加以说明. 因此, $\int \sin 7x \, d7x = -\cos 7x + C$ 可以直接成立. 若没有满足"三元统一"原则要求, 则公式不成立, 例如 $\int \sin u \, dx \neq -\cos u + C$. 套用基本积分公式时一定要注意将问题的相应变量与积分公式中的各自变量一一对应.

例1这样的求积分方法, 就属于第一换元积分的方法. 其运算特征为: 通过微分运算, 将被积函数中显然或隐含的某因式或因子转入积分变量中, 改变积分变量从而实现被积函数变量与积分变量的"二元统一"要求. 然后, 因为如此统一的"二元"与基本积分公式中用一个字母表示的变量在直观上不一致, 所以通过换元来理解其一致: 使用一次换元, 令"一个字母"=统一的"元", 获得直观上与公式的一致, 完成"单字母变量三元统一". 然后, 再应用基本求导公式. 这里的换元过程, 就是第一换元积分法之"换元"名称的来源.

第一换元积分法的公式描述:

$$\int f(x)\mathrm{d}x = \int g[\varphi(x)]\varphi'(x)\mathrm{d}x = \int g[\varphi(x)]\mathrm{d}\varphi(x) \xrightarrow{\varphi(x)=u} \int g(u)\mathrm{d}u$$

$$= F(u)+C \xrightarrow{u=\varphi(x)} F(\varphi(x))+C,$$

它的意思是指: 如果被积函数的形式为 $g[\varphi(x)]\varphi'(x)$ (或可以化为这种形式), 且 $u=\varphi(x)$ 在某区间上可导, $g(u)$ 具有原函数 $F(u)$, 则可以在 $\int g[\varphi(x)]\varphi'(x)\mathrm{d}x$ 的被积函数中, 将 $\varphi'(x)$ 这一部分与 $\mathrm{d}x$ 凑成新的微分 $\mathrm{d}\varphi(x)$. 再作变量代换 $u=\varphi(x)$, 然后对新的变量 u 计算不定积分.

其具体做法可按以下步骤进行:

(1) 变换积分形式(或称凑微分), 即 $\int f(x)\mathrm{d}x = \int g[\varphi(x)]\varphi'(x)\mathrm{d}x$;

(2) 利用变量代换 $u=\varphi(x)$ 有 $\int f(x)\mathrm{d}x = \int g(u)\mathrm{d}u$;

(3) 利用常用基本积分公式求出 $g(u)$ 的原函数 $F(u)$ 即得 $\int g(u)\mathrm{d}u = F(u)+C$ 从而 $\int f(x)\mathrm{d}x = F(u)+C$;

(4) 回到原来变量, 将 $u=\varphi(x)$ 代入即得 $\int f(x)\mathrm{d}x = F[\varphi(x)]+C$.

例 2 求 $\int \dfrac{\mathrm{d}x}{a^2+x^2}$.

解 $\int \dfrac{\mathrm{d}x}{a^2+x^2} = \dfrac{1}{a^2}\int \dfrac{\mathrm{d}x}{1+\left(\dfrac{x}{a}\right)^2} = \dfrac{1}{a}\int \dfrac{\mathrm{d}\left(\dfrac{x}{a}\right)}{1+\left(\dfrac{x}{a}\right)^2} \xrightarrow{\frac{x}{a}=u} \dfrac{1}{a}\int \dfrac{\mathrm{d}u}{1+u^2}$

$$= \dfrac{1}{a}\arctan u + C \xrightarrow{u=\frac{x}{a}} \dfrac{1}{a}\arctan \dfrac{x}{a}+C.$$

例 3 求 $\int \tan x\mathrm{d}x$.

解 $\int \tan x\mathrm{d}x = \int \dfrac{\sin x}{\cos x}\mathrm{d}x = -\int \dfrac{\mathrm{d}\cos x}{\cos x} \xrightarrow{\cos x = u} -\int \dfrac{\mathrm{d}u}{u}$

$$= -\ln|u|+C \xrightarrow{u=\cos x} -\ln|\cos x|+C.$$

待方法熟练后, 可以省略"设"的步骤, 将所设的因式当作一个"元", 可使书写简化. 如例 2、例 3 可直接写为:

$$\int \dfrac{\mathrm{d}x}{a^2+x^2} = \dfrac{1}{a^2}\int \dfrac{\mathrm{d}x}{1+\left(\dfrac{x}{a}\right)^2} = \dfrac{1}{a}\int \dfrac{\mathrm{d}\left(\dfrac{x}{a}\right)}{1+\left(\dfrac{x}{a}\right)^2} = \dfrac{1}{a}\arctan \dfrac{x}{a}+C.$$

$$\int \tan x \mathrm{d}x = \int \frac{\sin x}{\cos x} \mathrm{d}x = -\int \frac{\mathrm{d}\cos x}{\cos x} = -\ln|\cos x| + C.$$

例 4 求 $\int \sin^2 x \mathrm{d}x$.

解 $\int \sin^2 x \mathrm{d}x = \int \frac{1-\cos 2x}{2} \mathrm{d}x$

$$= \frac{1}{2}\int \mathrm{d}x - \frac{1}{4}\int \cos 2x \mathrm{d}(2x)$$

$$= \frac{1}{2}x - \frac{1}{4}\sin 2x + C.$$

例 5 求 $\int \cos 3x \cos 2x \mathrm{d}x$.

解 $\int \cos 3x \cos 2x \mathrm{d}x = \frac{1}{2}\int [\cos(3-2)x + \cos(3+2)x]\mathrm{d}x$

$$= \frac{1}{2}\int (\cos x + \cos 5x)\mathrm{d}x$$

$$= \frac{1}{2}\int \cos x \mathrm{d}x + \frac{1}{10}\int \cos 5x \mathrm{d}(5x)$$

$$= \frac{1}{2}\sin x + \frac{1}{10}\sin 5x + C.$$

例 6 求 $\int \frac{\mathrm{d}x}{x^2-a^2}$.

解 因为 $\frac{1}{x^2-a^2} = \frac{1}{2a}\left(\frac{1}{x-a} - \frac{1}{x+a}\right)$,

所以 $\int \frac{\mathrm{d}x}{x^2-a^2} = \frac{1}{2a}\int \left(\frac{1}{x-a} - \frac{1}{x+a}\right)\mathrm{d}x$

$$= \frac{1}{2a}\left[\int \frac{\mathrm{d}(x-a)}{x-a} - \int \frac{\mathrm{d}(x+a)}{x+a}\right]$$

$$= \frac{1}{2a}(\ln|x-a| - \ln|x+a|) + C$$

$$= \frac{1}{2a}\ln\left|\frac{x-a}{x+a}\right| + C.$$

例 7 求 $\int \csc x \mathrm{d}x$.

解 $\int \csc x \mathrm{d}x = \int \frac{\mathrm{d}x}{\sin x} = \int \frac{\sin x}{\sin^2 x}\mathrm{d}x = -\int \frac{\mathrm{d}(\cos x)}{1-\cos^2 x} = -\frac{1}{2}\left(\int \frac{\mathrm{d}\cos x}{1-\cos x} + \int \frac{\mathrm{d}\cos x}{1+\cos x}\right)$

$$= \frac{1}{2}\ln\left|\frac{1-\cos x}{1+\cos x}\right| + C = \ln\left|\frac{1-\cos x}{\sin x}\right| + C$$

$$= \ln|\csc x - \cot x| + C.$$

或

$$\int \csc x \mathrm{d}x = \int \frac{\mathrm{d}x}{\sin x} = \int \frac{\mathrm{d}x}{2\sin\frac{x}{2}\cos\frac{x}{2}} = \int \frac{\mathrm{d}\left(\frac{x}{2}\right)}{\tan\frac{x}{2}\cos^2\frac{x}{2}}$$

$$= \int \frac{\sec^2 \frac{x}{2} \mathrm{d}\left(\frac{x}{2}\right)}{\tan \frac{x}{2}} = \int \frac{\mathrm{d}\left(\tan \frac{x}{2}\right)}{\tan \frac{x}{2}} = \ln\left|\tan \frac{x}{2}\right| + C.$$

因为 $\quad \tan \frac{x}{2} = \dfrac{\sin \frac{x}{2}}{\cos \frac{x}{2}} = \dfrac{2\sin^2 \frac{x}{2}}{\sin x} = \dfrac{1-\cos x}{\sin x} = \csc x - \cot x.$

所以 $\quad \int \csc x \mathrm{d}x = \ln|\csc x - \cot x| + C.$

由于 $\cos x = \sin\left(x + \dfrac{\pi}{2}\right)$，同理可得

$$\int \sec x \mathrm{d}x = \int \frac{\mathrm{d}x}{\cos x} = \int \frac{\mathrm{d}\left(x+\frac{\pi}{2}\right)}{\sin\left(x+\frac{\pi}{2}\right)}$$

$$= \ln\left|\csc\left(x+\frac{\pi}{2}\right) - \cot\left(x+\frac{\pi}{2}\right)\right| + C$$

$$= \ln|\sec x + \tan x| + C.$$

熟练积分需要积累常见的凑微分，对如下形式的微分变形应当熟练掌握，这样有助于遇到问题时具备敏锐的感知力：$\dfrac{1}{x}\mathrm{d}x = \mathrm{d}\ln x$、$\mathrm{d}x = \dfrac{1}{a}\mathrm{d}(ax+b)$、$\dfrac{1}{2\sqrt{x}}\mathrm{d}x = \mathrm{d}\sqrt{x}$，$-\dfrac{\mathrm{d}x}{x^2} = \mathrm{d}\dfrac{1}{x}$、$\dfrac{x}{\sqrt{x^2 \pm a}}\mathrm{d}x = \mathrm{d}\sqrt{x^2 \pm a}$.

除此之外，还有所有的基本求导公式的逆向运算，其中也包含着大量的常见凑微分。尽管如此，仍然不可能列出所有的凑微分，那也没有必要。不断积累经验才能更加熟练运用凑微分法。

二、第二换元积分法

第一类换元法中，用新积分变量 u 代换被积函数中的可微函数，从而使 $\int f(x)\mathrm{d}x = \int g[\varphi(x)]\varphi'(x)\mathrm{d}x$ 化成可按基本积分公式得出结果的形式 $\int g(u)\mathrm{d}u$。我们也常会遇到与此相反的情形，$\int f(x)\mathrm{d}x$ 不易求出。这时，引入新的积分变量 t，使 $x = \varphi(t)$（$\varphi(t)$ 单调可微，且 $\varphi'(t) \neq 0$），把原积分化成容易积分的形式而得到

$$\int f(x)\mathrm{d}x \xrightarrow{x=\varphi(t)} \int f[\varphi(t)]\varphi'(t)\mathrm{d}t = F(t) + C \xrightarrow{t=\varphi^{-1}(x)} F[\varphi^{-1}(x)] + C.$$

通常把这样的积分方法叫做**第二换元积分法**。

其具体做法可按如下步骤进行：

(1) 变换积分形式，即直接或间接地令 $x = \varphi(t)$ 且保证 $\varphi(t)$ 可导及 $\varphi'(t) \neq 0$，于是有

$$\int f(x)\mathrm{d}x = \int f[\varphi(t)]\varphi'(t)\mathrm{d}t;$$

(2) 求出 $f[\varphi(t)]\varphi'(t)$ 的原函数 $\Phi(t)$ 即得

$$\int f[\varphi(t)]\varphi'(t)\mathrm{d}t = \Phi(t) + C,$$

从而 $\int f(x)\mathrm{d}x = \Phi(t) + C$;

(3) 回到原来变量,即由 $x = \varphi(t)$ 解出 $t = \varphi^{-1}(x)$,从而得所求的积分
$$\int f(x)\mathrm{d}x = \Phi[\varphi^{-1}(x)] + C$$

例 8 求 $\int \dfrac{\mathrm{d}x}{1+\sqrt{x}}$.

解 对此积分,不能用凑微分法来求,为了去掉根式,容易想到令 $\sqrt{x} = t$,即 $x = t^2 (t > 0)$,于是 $\mathrm{d}x = 2t\mathrm{d}t$. 所以
$$\int \frac{\mathrm{d}x}{1+\sqrt{x}} = \int \frac{2t\mathrm{d}t}{1+t} = 2\int \frac{1+t-1}{1+t}\mathrm{d}t = 2\left[\int \mathrm{d}t - \int \frac{\mathrm{d}t}{1+t}\right]$$
$$= 2[t - \ln|1+t|] + C = 2[\sqrt{x} - \ln|1+\sqrt{x}|] + C.$$

被积函数含有根式 $\sqrt[n]{ax+b}$,可令 $\sqrt[n]{ax+b} = t$,消去根式,再设法计算. 若被积函数含有 x 的不同根指数的根式,为了同时消去这些根式,可令 $\sqrt[m]{x} = t$,其中 m 是这些根指数的最小公倍数.

注:根号整体换元的方法只能在根号内仅含奇次多项式时方可使用,否则根号无法展开,也无法把换元还原回来.

例 9 求 $\int \dfrac{\mathrm{d}x}{\sqrt{x}(1+\sqrt[3]{x})}$.

解 令 $\sqrt[6]{x} = t$,即 $x = t^6 (t > 0)$,则 $\sqrt{x} = t^3, \sqrt[3]{x} = t^2, \mathrm{d}x = 6t^5\mathrm{d}t$. 于是
$$\int \frac{\mathrm{d}x}{\sqrt{x}(1+\sqrt[3]{x})} = 6\int \frac{t^2\mathrm{d}t}{1+t^2} = 6\int \frac{(1+t^2)-1}{1+t^2}\mathrm{d}t$$
$$= 6\left(\int \mathrm{d}t - \int \frac{\mathrm{d}t}{1+t^2}\right) = 6(t - \arctan t) + C$$
$$= 6(\sqrt[6]{x} - \arctan \sqrt[6]{x}) + C.$$

例 10 求 $\int \sqrt{a^2 - x^2}\,\mathrm{d}x (a > 0)$.

解 求这个积分的困难在于被积函数中有根式 $\sqrt{a^2-x^2}$,根号内存在偶次项而无法采用根号整体换元的方法. 但我们可利用三角公式 $1 - \sin^2 t = \cos^2 t$ 来消去根式.

可令 $x = a\sin t\left(-\dfrac{\pi}{2} \leqslant t \leqslant \dfrac{\pi}{2}\right)$,则 $\mathrm{d}x = a\cos t\mathrm{d}t$(对 t 限制角度的目的是既保证 x 的取值范围不发生变化又保证根号能够打开).

$\sqrt{a^2 - x^2} = \sqrt{a^2 - a^2\sin^2 t} = a\cos t$,于是
$$\int \sqrt{a^2 - x^2}\,\mathrm{d}x = \int a\cos t \cdot a\cos t\mathrm{d}t = a^2\int \cos^2 t\,\mathrm{d}t$$
$$= a^2\int \frac{1+\cos 2t}{2}\mathrm{d}t = \frac{a^2}{2}\left(t + \frac{1}{2}\sin 2t\right) + C$$
$$= \frac{a^2}{2}t + \frac{a^2}{2}\sin t\cos t + C.$$

由于 $x = a\sin t$,所以 $\sin t = \dfrac{x}{a}$,则 $t = \arcsin\dfrac{x}{a}$,而 $\cos t = \sqrt{1-\sin^2 t} = \dfrac{\sqrt{a^2-x^2}}{a}$

$\left(-\dfrac{\pi}{2}<t<\dfrac{\pi}{2}\right.$,根号前取正号$\bigg)$. 我们作一个以 t 为锐角的辅助直角三角形会看得更清楚(图 6-1),其斜边为 a,对边为 x,邻边为 $\sqrt{a^2-x^2}$. 于是有 $\cos t=\dfrac{\sqrt{a^2-x^2}}{a}$,从而

$$\int \sqrt{a^2-x^2}\,dx = \dfrac{a^2}{2}\arcsin\dfrac{x}{a}+\dfrac{x}{2}\sqrt{a^2-x^2}+C.$$

采用辅助三角形的目的是为了换元后方便还原.

例 11 求 $\displaystyle\int \dfrac{dx}{\sqrt{x^2+a^2}}\ (a>0)$.

解 令 $x=a\tan t$,则 $dx=a\sec^2 t\,dt\left(-\dfrac{\pi}{2}<t<\dfrac{\pi}{2}\right)$,

$\sqrt{x^2+a^2}=\sqrt{a^2\tan^2 t+a^2}=a\sec t$,于是

$$\int \dfrac{dx}{\sqrt{x^2+a^2}} = \int \dfrac{a\sec^2 t}{a\sec t}dt = \int \sec t\,dt = \ln|\sec t+\tan t|+C_1.$$

为了把 $\sec t$ 及 $\tan t$ 换成 x 的函数,可根据 $x=a\tan t$,即 $\tan t=\dfrac{x}{a}$ 作一个以 t 为锐角的直角三角形(图 6-2). 从而得出 $\sec t=\dfrac{\sqrt{x^2+a^2}}{a}$,所以

$$\int \dfrac{dx}{\sqrt{x^2+a^2}} = \ln\left|\dfrac{x}{a}+\dfrac{\sqrt{x^2+a^2}}{a}\right|+C_1$$

$$= \ln|x+\sqrt{x^2+a^2}|+C,$$

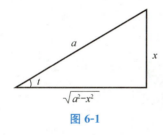

图 6-1

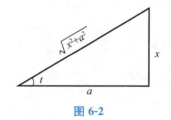

图 6-2

其中 $C=C_1-\ln a$.

例 12 求 $\displaystyle\int \dfrac{dx}{\sqrt{x^2-a^2}}\ (a>0)$.

解 令 $x=a\sec t$,则 $\left(0\leqslant t<\dfrac{\pi}{2}\text{ 或 }\pi\leqslant t<\dfrac{3\pi}{2}\right)$

$$dx=a\sec t\cdot\tan t\,dt,\quad \sqrt{x^2-a^2}=\sqrt{a^2\sec^2 t-a^2}=a\tan t.$$

于是

$$\int \dfrac{dx}{\sqrt{x^2-a^2}} = \int \dfrac{a\sec t\cdot\tan t}{a\tan t}dt = \int \sec t\,dt$$

$$= \ln|\sec t+\tan t|+C_1.$$

根据 $\sec t=\dfrac{x}{a}$,作以 t 为锐角的直角三角形(图 6-3). 得 $\tan t=\dfrac{\sqrt{x^2-a^2}}{a}$,

因此

$$\int \frac{dx}{\sqrt{x^2-a^2}} = \ln\left|\frac{x}{a} + \frac{\sqrt{x^2-a^2}}{a}\right| + C_1$$
$$= \ln|x + \sqrt{x^2-a^2}| + C,$$

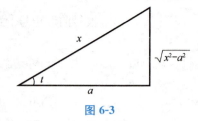

图 6-3

其中 $C = C_1 - \ln a$.

例 10、11、12 所用的代换称为**三角代换**，可小结如下：

被积函数含有 $\begin{cases} \sqrt{a^2-x^2}\text{时，可令 } x=a\sin t\text{，或 } x=a\cos t(\text{注意 } t \text{ 的角度范围})， \\ \sqrt{x^2+a^2}\text{时，可令 } x=a\tan t\text{，或 } x=a\cot t(\text{注意 } t \text{ 的角度范围})， \\ \sqrt{x^2-a^2}\text{时，可令 } x=a\sec t\text{，或 } x=a\csc t(\text{注意 } t \text{ 的角度范围}). \end{cases}$

前面所举例题中，有些是常用积分，可作为公式使用，现一并列出，以备查用.

(14) $\int \sec x \, dx = \ln|\sec x + \tan x| + C.$

(15) $\int \csc x \, dx = \ln|\csc x - \cot x| + C.$

(16) $\int \frac{dx}{a^2+x^2} = \frac{1}{a}\arctan\frac{x}{a} + C.$

(17) $\int \frac{dx}{x^2-a^2} = \frac{1}{2a}\ln\left|\frac{x-a}{x+a}\right| + C.$

(18) $\int \frac{dx}{a^2-x^2} = \frac{1}{2a}\ln\left|\frac{a+x}{a-x}\right| + C.$

(19) $\int \frac{dx}{\sqrt{a^2-x^2}} = \arcsin\frac{x}{a} + C.$

(20) $\int \sqrt{a^2-x^2}\,dx = \frac{a^2}{2}\arcsin\frac{x}{a} + \frac{x}{2}\sqrt{a^2-x^2} + C.$

(21) $\int \frac{dx}{\sqrt{x^2 \pm a^2}} = \ln|x + \sqrt{x^2 \pm a^2}| + C.$

例 13 求 $\int \frac{dx}{\sqrt{4x^2+9}}$.

解 $\int \frac{dx}{\sqrt{4x^2+9}} = \int \frac{dx}{\sqrt{(2x)^2+3^2}} = \frac{1}{2}\int \frac{d(2x)}{\sqrt{(2x)^2+3^2}},$

利用公式(23)得

$$\int \frac{dx}{\sqrt{4x^2+9}} = \frac{1}{2}\ln|2x + \sqrt{4x^2+9}| + C.$$

例 14 求 $\int \frac{dx}{\sqrt{1+x-x^2}}$.

解 $\int \dfrac{dx}{\sqrt{1+x-x^2}} = \int \dfrac{d\left(x-\dfrac{1}{2}\right)}{\sqrt{\left(\dfrac{\sqrt{5}}{2}\right)^2 - \left(x-\dfrac{1}{2}\right)^2}},$

利用公式(21)得

$$\int \dfrac{dx}{\sqrt{1+x-x^2}} \arcsin \dfrac{x-\dfrac{1}{2}}{\dfrac{\sqrt{5}}{2}} + C = \arcsin \dfrac{2x-1}{\sqrt{5}} + C.$$

习题 6-2

(A)

1. 求下列不定积分：

(1) $\int (2x+5)^7 dx;$

(2) $\int x^2 \sqrt{1-x^3} dx;$

(3) $\int \dfrac{x dx}{\sqrt{1-x^2}};$

(4) $\int \dfrac{dx}{x \ln x};$

(5) $\int \dfrac{\cos \sqrt{x}}{\sqrt{x}} dx;$

(6) $\int e^{\sin x} \cos x dx;$

(7) $\int \dfrac{dx}{\sqrt{1-x^2}(\arcsin x)^2};$

(8) $\int \cos^2 x dx;$

(9) $\int \sqrt{e^x} dx.$

(B)

1. 求下列不定积分：

(1) $\int e^{\cos 2\theta} \sin 2\theta d\theta;$

(2) $\int \dfrac{dx}{\sqrt{2+2x+x^2}};$

(3) $\int \dfrac{\sqrt{x^2-a^2}}{x} dx \,(x>0);$

(4) $\int \dfrac{dx}{x^2 \sqrt{x^2+1}};$

(5) $\int \dfrac{dx}{1+e^x};$

(6) $\int \dfrac{dx}{x \ln x \cdot \ln\ln x};$

(7) $\int \sec^4 x dx;$

(8) $\int \dfrac{dx}{(1+x^2)\sqrt{1-x^2}};$

(9) $\int \dfrac{\sqrt{x}}{\sqrt{x}-\sqrt[4]{x}} dx.$

§ 6-3 分部积分法

现在我们来讲另一种非常重要的积分法，即分部积分法．它是由"乘积"的导数法则推导而来.

设 u, v 都是 x 的函数,且有连续的导数,利用已知的等式
$$(uv)' = u'v + uv',$$
对两边积分,得
$$\int (uv)' dx = \int u'v dx + \int uv' dx,$$
$$uv = \int u'v dx + \int uv' dx,$$
移项,得
$$\int uv' dx = uv - \int u'v dx.$$
最后这个等式就称为**分部积分公式**.

为应用和记忆方便,常把分部积分公式改写成:
$$\int u dv = uv - \int v du.$$

使用分部积分公式的基本要求是:(1)右端的积分比原来所求的(即左端)积分更加容易计算,或(2)右端的积分会重新出现与原来所求积分相同的积分,将该相同的积分移到左端合并后,即可求出原来所求的积分.

利用这个公式时,首先应当将被积函数化成两个函数的乘积,使其中之一易于求积.

实际计算时常按下面过程进行:
$$\int uv' dx = \int u dv = uv - \int v du = uv - \int vu' dx.$$
举例说明这个公式的应用.

先考虑形如
$$\int p(x) e^x dx, \quad \int p(x) \cos x dx, \quad \int p(x) \sin x dx$$
的积分,其中 $p(x)$ 为多项式,现以
$$\int p(x) e^x dx$$
为例来说明,令 $u = p(x), dv = e^x dx$,则有
$$du = p'(x) dx, \quad v = e^x.$$
于是
$$\int p(x) e^x dx = \int \underbrace{p(x)}_{u} \underbrace{de^x}_{dv} = \underbrace{p(x)}_{u} \underbrace{e^x}_{v} - \int \underbrace{e^x}_{v} \underbrace{d(p(x))}_{du}$$
$$= p(x) e^x - \int p'(x) e^x dx,$$

显然 $p'(x)$ 的次数低于 $p(x)$,因而积分 $\int p'(x) e^x dx$ 要比积分 $\int p(x) e^x dx$ 简单. 这样起到了化难为易的作用.

例 1 求 $\int x e^x dx$.

解 令 $u = x, dv = e^x dx$,则

$$du = dx, \quad v = e^x.$$

于是

$$\int xe^x dx = \int x de^x$$
$$= xe^x - \int e^x dx$$
$$= xe^x - e^x + C$$
$$= e^x(x-1) + C.$$

例 2 求 $\int x\cos x dx$.

解 令 $u=x, dv=\cos x dx$，则

$$du = dx, \quad v = \sin x.$$

于是

$$\int x\cos x dx = \int x d\sin x$$
$$= x\sin x - \int \sin x dx$$
$$= x\sin x + \cos x + C.$$

多数情况下，使用分部积分法时，如何适当选定被积表达式中的 u 和 dv，使公式右端的积分容易求出，十分讲究. 如果选择不当，可能会使所求不定积分更加复杂.

思考：若令 $u=\cos x, dv=xdx$，结果如何？

例 3 求 $\int x^2 \sin x dx$.

解 令 $u=x^2, dv=\sin x dx$，则

$$du = 2xdx, \quad v = -\cos x.$$

于是

$$\int x^2 \sin x dx = \int x^2 d(-\cos x)$$
$$= -x^2 \cos x - \int 2x(-\cos x)dx$$
$$= -x^2 \cos x + 2\int x\cos x dx.$$

而

$$\int x\cos x dx = x\sin x + \cos x + C,$$

故

$$\int x^2 \sin x dx = -x^2 \cos x + 2x\sin x + 2\cos x + C.$$

此例实际上用了两次分部积分法，一般在这类问题中，如果多项式因子 $P(x)$ 的次数为 n 次，则要用 n 次分部积分法，才能计算出来.

这里需要强调的是，我们应尽量利用基本微分公式将积分 $\int f(x)dx$ 化为 $\int u dv$ 的形式，然后按分部积分的思路求解，熟练后，可不必写出 u 和 v 的具体形式，把表示 u 和 v 的部分看在眼里用心算，直接套公式即可.

例 4 求 $\int \dfrac{1}{x^3}\sin\dfrac{1}{x}\mathrm{d}x$.

解 $\int \dfrac{1}{x^3}\sin\dfrac{1}{x}\mathrm{d}x = -\int \dfrac{1}{x}\sin\dfrac{1}{x}\mathrm{d}\left(\dfrac{1}{x}\right)$

$$\xlongequal{\frac{1}{x}=y} -\int y\sin y\,\mathrm{d}y$$

$$= \int y(\cos y)'\mathrm{d}y$$

$$= \int y\,\mathrm{d}(\cos y)$$

$$= y\cos y - \int \cos y\,\mathrm{d}y$$

$$= y\cos y - \sin y + C$$

$$\xlongequal{y=\frac{1}{x}} \dfrac{1}{x}\cos\dfrac{1}{x} - \sin\dfrac{1}{x} + C.$$

下面考虑被积函数为一多项式与对数函数或反三角函数的乘积的情形,即形如: $\int P(x)\ln x\,\mathrm{d}x$;$\int P(x)\arcsin x\,\mathrm{d}x$;$\int P(x)\arccos x\,\mathrm{d}x$;$\int P(x)\arctan x\,\mathrm{d}x$;$\int P(x)\mathrm{arccot}\, x\,\mathrm{d}x$ 的积分.

例 5 求 $\int x^2\ln x\,\mathrm{d}x$.

解 设 $u=\ln x, \mathrm{d}v=x^2\mathrm{d}x$,则

$$\mathrm{d}u = \dfrac{1}{x}\mathrm{d}x,\quad v=\dfrac{x^3}{3}.$$

于是

$$\int x^2\ln x\,\mathrm{d}x = \int \ln x\,\mathrm{d}\left(\dfrac{x^3}{3}\right)$$

$$= \dfrac{1}{3}x^3\ln x - \int \dfrac{x^3}{3}\cdot\dfrac{1}{x}\mathrm{d}x$$

$$= \dfrac{1}{3}x^3\ln x - \dfrac{1}{3}\int x^2\mathrm{d}x$$

$$= \dfrac{1}{3}x^3\ln x - \dfrac{1}{9}x^3 + C.$$

例 6 求 $\int \arccos x\,\mathrm{d}x$.

解 设 $u=\arccos x, \mathrm{d}v=\mathrm{d}x$,则

$$\mathrm{d}u = \dfrac{-1}{\sqrt{1-x^2}}\mathrm{d}x,\quad v=x,$$

于是

$$\int \arccos x\,\mathrm{d}x = x\arccos x + \int \dfrac{x}{\sqrt{1-x^2}}\mathrm{d}x = x\arccos x - \sqrt{1-x^2} + C.$$

例 7 求 $\int x\arctan x\,\mathrm{d}x$.

解 设 $u=\arctan x, dv=xdx$，则
$$du = \frac{1}{1+x^2}dx, \quad v = \frac{1}{2}x^2,$$
于是
$$\int x\arctan x dx = \int \arctan x d\left(\frac{1}{2}x^2\right)$$
$$= \frac{1}{2}x^2 \arctan x - \int \frac{1}{2}x^2 \cdot \frac{1}{1+x^2}dx$$
$$= \frac{1}{2}x^2 \arctan x - \frac{1}{2}\int \left(1 - \frac{1}{1+x^2}\right)dx$$
$$= \frac{1}{2}x^2 \arctan x - \frac{1}{2}(x - \arctan x) + C$$
$$= \frac{1}{2}(x^2 \arctan x + \arctan x - x) + C.$$

最后，我们来计算下面较复杂的例子.

例 8 求 $I = \int e^x \cos x dx$.

解 设 $u = e^x, dv = \cos x dx$，则
$$du = e^x dx, \quad v = \sin x,$$
于是
$$I = \int e^x \cos x dx = \int e^x d\sin x = e^x \sin x - \int e^x \sin x dx,$$
再对 $\int e^x \sin x dx$ 使用部分积分.

设 $u = e^x, dv = \sin x dx$，则
$$du = e^x dx, \quad v = -\cos x,$$
于是
$$\int e^x \sin x dx = \int e^x d(-\cos x) = -e^x \cos x + \int e^x \cos x dx,$$
故
$$I = e^x \sin x + e^x \cos x - \int e^x \cos x dx$$
$$= e^x \sin x + e^x \cos x - I,$$
这是关于 I 的一个简单的方程. 移项整理得
$$I = \frac{1}{2}e^x(\sin x + \cos x) + C.$$

用同样的办法可证：
$$\int e^x \sin x dx = \frac{1}{2}e^x(\sin x - \cos x) + C.$$

以上讲了求积分的基本方法，由于积分问题比较复杂，所以有各种"积分表"查用以便减少计算麻烦，学会使用积分表也是重要的，当然，有些积分可直接在表上查出，有些还要经过一定的换元或分部积分后使积分简化，然后才能在表中查出. 所以掌握换元法和分部积分法，仍是很重要的.

但要注意，初等函数的原函数不一定都是初等函数，因此不一定都能用初等函数表示．这时我们就说"积不出来"．例如下面这些积分都是"积不出来"的．

$$\int e^{-x^2} dx; \quad \int \frac{1}{x} e^x dx; \quad \int \frac{\sin x}{x} dx; \quad \int \frac{dx}{\ln x}.$$

习题 6-3

(A)

1. 求下列不定积分：

   (1) $\int \ln x \, dx$；

   (2) $\int x \ln x \, dx$；

   (3) $\int x \ln^2 x \, dx$；

   (4) $\int x e^{-x} dx$；

   (5) $\int \arcsin x \, dx$；

   (6) $\int x \operatorname{arccot} x \, dx$.

(B)

1. 求下列不定积分

   (1) $\int x^n \ln x \, dx$；

   (2) $\int x^2 \arccos x \, dx$；

   (3) $\int \frac{x \cos x}{\sin^2 x} dx$；

   (4) $\int x \sec^2 x \, dx$；

   (5) $\int e^{2x} \cos 3x \, dx$；

   (6) $\int \sin(\ln x) dx$.

※§6-4 有理函数的不定积分

一、代数的预备知识

为了有效地解决有理函数积分计算时遇到的分式变形问题，这里专门介绍一种有理分式的拆分．这种拆分的目的完全针对有理函数积分的计算．我们给该种分式拆分方法起个名称，叫做**求部分分式**．

求部分分式的步骤如下：

(1) 若分式为假分式，则先用分式除法得到真分式部分．

(2) 若真分式的分母在实数范围内尚可进行因式分解，则进行分解，一直进行列分母的因式中只剩下质因式的幂为止．所谓质因式，是指实数范围内不可能再分解因式的多项式．由代数的虚根成双定理可知，质因式只有一次因式和二次质因式，没有二次以上的质因式．

(3) 若真分式的分母已经符合步骤(2)，则其应当具备如下形式：$\dfrac{f(x)}{(x+a)^k (x^2+px+q)^r}$.

用待定系数法将其强行设定为如下部分分式的和形式：$\dfrac{a_1}{x+a}+\dfrac{a_2}{(x+a)^2}+\cdots+\dfrac{a_k}{(x+a)^k}+\dfrac{p_1x+q_1}{x^2+px+q}+\dfrac{p_2x+q_2}{(x^2+px+q)^2}+\cdots+\dfrac{p_rx+q_r}{(x^2+px+q)^r}$，然后求解出待定系数 $a_1,a_2,\cdots,a_k$ 及 $p_1,p_2,\cdots,p_r$ 和 $q_1,q_2,\cdots,q_r$ 即可.

例1 化分式 $\dfrac{5x^2-4x+16}{(x^2-x+1)^2(x-3)}$ 为部分分式.

解 设 $\dfrac{5x^2-4x+16}{(x^2-x+1)^2(x-3)}=\dfrac{ax+b}{x^2-x+1}+\dfrac{cx+d}{(x^2-x+1)^2}+\dfrac{m}{x-3}$，

通分后去分母，得

$$5x^2-4x+16=(ax+b)(x^2-x+1)(x-3)+(cx+d)(x-3)+m(x^2-x+1)^2, \quad \cdots\cdots(1)$$

令(1)式中 $x=3$，得 $m=1$，代入(1)式，再把 $(x^2-x+1)^2$ 移到等式左边，整理得 $-x^4+2x^3+2x^2-2x+15=(ax+b)(x^2-x+1)(x-3)+(cx+d)(x-3)$，$\quad\cdots\cdots(2)$

(2) 式两边同除以 $x-3$，得

$$-x^3-x^3-x^3-5=(ax+b)(x^2-x+1)+(cx+d), \quad\cdots\cdots(3)$$

(3) 式两边同除以 (x^2-x+1)，得

$$-x-2-\dfrac{2x+3}{x^2-x+1}=(ax+b)+\dfrac{cx+d}{x^2-x+1}, \quad\cdots\cdots(4)$$

比较(4)式两边同次幂系数，得

$$a=-1,\quad b=-2,\quad c=-2,\quad d=-3.$$

所以

$$\dfrac{5x^2-4x+16}{(x^2-x+1)^2(x-3)}=-\dfrac{x+2}{x^2-x+1}-\dfrac{2x+3}{(x^2-x+1)^2}+\dfrac{1}{x-3}$$

综合以上，归纳出以下结论：

1. 如果分母中含有 $x-a$，并且只含有一个，那么对应的部分分式是 $\dfrac{A}{x-a}$，这里的 A 是常数.

2. 如果分母中含有因式 $x-a$，且含有 $k(k>1)$ 个，那么对应的部分分式是 k 个分式之和：

$$\dfrac{A_1}{x-a}+\dfrac{A_2}{(x-a)^2}+\cdots+\dfrac{A_k}{(x-a)^k}\;(A_1,A_2\cdots A_k\text{ 都是常数}).$$

3. 如果分母中含有质因式 $(x^2+px+q)(p^2-4q<0)$，并且含有一个，那么对应的部分分式是 $\dfrac{Ax+B}{x^2+px+q}$，这里的 A,B 都是常数.

4. 如果分母中含有质因式 $x^2+px+q(p^2-4q<0)$，并且含有 $k(k>1)$ 个，那么对应的部分分式是 k 个部分分式之和：

$$\dfrac{A_1x+B_1}{x^2+px+q}+\dfrac{A_2x+B_2}{(x^2+px+q)^2}+\cdots+\dfrac{A_kx+B_k}{(x^2+px+q)^k},$$

这里的 $A_1,B_1,A_2,B_2,\cdots,A_k,B_k$ 都是常数.

以上是求部分分式最稳定最安全的方法，但不一定最简便. 只要能够化成标准的部分分式形式，针对不同问题也是完全可以采用其他更好方法来解题的.

二、有理函数的不定积分

有理函数是指两个多项式的商所表示的函数，例如：
$$R(x) = \frac{a_n x^n + a_{n-1} x^{n-1} + \cdots + a_1 x + a_0}{b_m x^m + b_{m-1} x^{m-1} + \cdots + b_1 x + b_0}.$$

有理函数的积分并非新的积分方法，它只是用前面学习的求不定积分的方法来求解有理函数的积分罢了．

假分式可以化为多项式与既约真分式之和，而既约真分式又可化为若干个简单分式之和（实数范围内）．因此，每一个有理函数的积分都可化为多项式的积分与简单分式的积分之和．

例 2 求 $\int \dfrac{2\mathrm{d}x}{x^2+x+1}$．

解 被积函数是一个真分式，而 x^2+x+1 在实数范围内不能再分解因式，对于这类积分，可先将分母配方．

$$\int \frac{2\mathrm{d}x}{x^2+x+1} = 2\int \frac{\mathrm{d}x}{\left(x+\frac{1}{2}\right)^2 + \frac{3}{4}} = 2\int \frac{\mathrm{d}\left(x+\frac{1}{2}\right)}{\left(x+\frac{1}{2}\right)^2 + \left(\frac{\sqrt{3}}{2}\right)^2}$$

$$= 2 \cdot \frac{2}{\sqrt{3}} \arctan \frac{x+\frac{1}{2}}{\frac{\sqrt{3}}{2}} + C = \frac{4}{\sqrt{3}} \arctan \frac{2x+1}{\sqrt{3}} + C.$$

例 3 求 $\int \dfrac{2x+3}{x^2+x+1}\mathrm{d}x$．

解 被积分式也是一个真分式，但分子是一次式，这时可将分子的一部分凑成分母的微分，即

$$\int \frac{2x+3}{x^2+x+1}\mathrm{d}x = \int \frac{2x+1}{x^2+x+1}\mathrm{d}x + \int \frac{2}{x^2+x+1}\mathrm{d}x$$

$$= \int \frac{\mathrm{d}(x^2+x+1)}{x^2+x+1} + \int \frac{2\mathrm{d}x}{x^2+x+1}$$

$$= \ln(x^2+x+1) + \frac{4}{\sqrt{3}} \arctan \frac{2x+1}{\sqrt{3}} + C.$$

例 4 求 $\int \dfrac{x^3+x^2+2}{(x^2+2)^2}\mathrm{d}x$．

解 先利用求部分分式的方法，将被积分的有理函数化为部分分式，得到

$$\frac{x^3+x^2+2}{(x^2+2)^2} = \frac{x+1}{x^2+2} - \frac{2x}{(x^2+2)^2},$$

所以 $\int \dfrac{x^3+x^2+2}{(x^2+2)^2}\mathrm{d}x = \int \dfrac{x+1}{x^2+2}\mathrm{d}x - \int \dfrac{2x}{(x^2+2)^2}\mathrm{d}x$

$$= \frac{1}{2} \int \frac{\mathrm{d}(x^2+2)}{x^2+2} + \int \frac{\mathrm{d}x}{x^2+2} - \int \frac{\mathrm{d}(x^2+2)}{(x^2+2)^2}$$

$$= \frac{1}{2} \ln(x^2+2) + \frac{1}{\sqrt{2}} \arctan \frac{x}{\sqrt{2}} + \frac{1}{x^2+2} + C.$$

有理函数的积分还有较多的内容这里没有提到,有兴趣的读者可自行查阅相关教材或资料.

习题 6-4

(A)

1. 把下列分式化为部分分式:

   (1) $\dfrac{x+3}{(x^2-x)^2}$;

   (2) $\dfrac{x+2}{(x+1)^2(x^2+x+2)}$.

2. 求下列不定积分

   (1) $\displaystyle\int \dfrac{\mathrm{d}x}{4-x^2}$;

   (2) $\displaystyle\int \dfrac{2\mathrm{d}x}{x^2-4x+4}$;

   (3) $\displaystyle\int \dfrac{\mathrm{d}x}{x^2+x-6}$;

   (4) $\displaystyle\int \dfrac{\mathrm{d}x}{(x+a)(x-b)}$;

   (5) $\displaystyle\int \dfrac{2x-1}{x^2-5x+6}\mathrm{d}x$;

   (6) $\displaystyle\int \dfrac{1+\ln x}{x\ln x}\mathrm{d}x$.

(B)

1. 求下列不定积分:

   (1) $\displaystyle\int \tan^3 x \sec x \mathrm{d}x$;

   (2) $\displaystyle\int \dfrac{\arctan\sqrt{x}}{\sqrt{x}(1+x)}\mathrm{d}x$;

   (3) $\displaystyle\int \dfrac{3x}{x^3-1}\mathrm{d}x$;

   (4) $\displaystyle\int \dfrac{4x-2}{x^3-x^2-2x}\mathrm{d}x$.

学习指导

一、重难点剖析

1. 原函数和不定积分是两个不同的概念,后者是一个集合,前者是该集合中的一个元素,不定积分是原函数的全体.因此 $\int f(x)\mathrm{d}x = F(x)+C$ 中的常数 C 不能丢. **求不定积分实际上就是求原函数**,它是计算定积分的基础.

2. 若 $F(x)$、$G(x)$ 均是 $f(x)$ 在区间 I 上的原函数,显然有 $\int f(x)\mathrm{d}x = F(x)+C = G(x)+C$,但这两个 C 不一定相等.

3. 基本积分公式表是计算不定积分的基础,所有不定积分的计算问题最终都转化为基本积分公式的形式.应用基本积分公式时,须注意"三元统一".

4. 凑微分法关键在于**如何"凑微分"**,第二换元积分法关键在于**如何"换元"**才能消去被积函数的根式,分部积分法关键在于**如何恰当地选取** u 和 $\mathrm{d}v$,有理函数的积分关键在于**如何把有理函数化为部分分式**.

5. 第二换元法主要目的是打开根号或其他限制变形结构,使得凑微分能够跟上使用.具体代换方向是：(1)根号内变量含偶次项的，一般使用三角函数代换；(2)根号内变量不含偶次项的，往往可以直接把整个根号用一个字母代换掉．

6. 在运用分部积分时，选择哪一部分来分部积分很关键．如果具备两个特征之一：(1)很快就可以简化被积函数且使用凑微分法能得出结果；(2)原不定积分在反复使用分部积分过程中周期出现．这就说明选择正确，否则选择失败，须换另外部分重新进行分部积分，或者采取另外求解方法．

7. 求不定积分和求导在具体操作上有很大区别：求导是一种**定向**求解，也就是说求导时不需要试探，每一个求解步骤都是有唯一法则可依的，只需正确使用相应法则即可；而求不定积分是**非定向**的试探性求解，也就是说求不定积分时，尽管也有一些法则可循，但在具体运用时却十分灵活，变化多端，需要试探法则的可求解性．因此，求解不定积分需要更多的成功经验，必须进行大量的练习才能够熟悉．

二、解题方法技巧

由于计算不定积分的方法较多，故面临不定积分问题时，如何选用哪一种积分方法来求解并不容易．在面对同一个不定积分问题时，可能会同时存在很多种可能解法的选择，也可能一时找不出任何对应法则来依靠，不容易决定究竟哪一种选择是合适的，故需要先进行试探性求解，也存在多次试探失败的可能性．正因为不定积分求解具有强烈的非定向试探性，必然要求有较高观察力．而观察力取决于经验．因此求不定积分在很大程度上依赖解题经验，通过较多的求解练习才能够积累经验．不过，若采取一定的统一**策略**进行试探，可在一定程度上降低求解难度．具体**策略**是：(1)很容易进行微分变形的首先进行凑微分试探．这样成功率相对比较高，而方便进行微分变形的，一般用凑微分法或分部积分法就可求解．(2)很难进行微分变形的积分，多半使用第二换元法来求解．(3)被积函数具有明显的多项式特征的，应考虑用有理函数积分法来求解．而熟悉计算不定积分的基本方法的特点是进行试探的基础．

1. 直接积分法

即直接利用不定积分的基本公式、性质或者将被积函数经适当变形后再用基本积分公式、性质求积分的方法．它是计算不定积分的最基本方法，利用此方法求积分往往需要进行适当的**恒等变形**，**常见的变形方法**有：分解因子、分母有理化、三角函数的三角恒等变形、拆项等．

2. 换元积分法

(1) 第一换元积分法又称"凑微分法"，它是求导数的逆运算．这种方法的特点是从被积函数中分出一部分记为 $\varphi'(x)$，而余下的恰好是 $\varphi(x)$ 的函数 $f[\varphi(x)]$，然后取变换 $u=\varphi(x)$．因为"被凑因子" $\varphi(x)$ 隐含在被积函数中，如何适当寻找 $u=\varphi(x)$ 这样的函数来进行"凑微分"，因为"凑微分"的形式变化多端，一般并无定规，需要一定的经验积累及技巧水平的发挥，不过熟悉一些常见类型"凑微分"至关重要，这也是对微分运算熟练程度的检验．

① $\int f(ax+b)\mathrm{d}x = \dfrac{1}{a}\int f(ax+b)\mathrm{d}(ax+b)$；

② $\int f(x^n)x^{n-1}\mathrm{d}x = \dfrac{1}{n}\int f(x^n)\mathrm{d}x^n$；

$\int f(x^2)x\mathrm{d}x = \dfrac{1}{2}\int f(x^2)\mathrm{d}x^2 (n=2$ 时$)$；

第六章 不定积分

$$\int \frac{f(\sqrt{x})}{\sqrt{x}}\mathrm{d}x = 2\int f(\sqrt{x})\mathrm{d}\sqrt{x}\left(n=\frac{1}{2}\text{时}\right);$$

$$\int f\left(\frac{1}{x}\right)\frac{1}{x^2}\mathrm{d}x = -\int f\left(\frac{1}{x}\right)\mathrm{d}\left(\frac{1}{x}\right)(n=-1\text{时});$$

③ $\int \dfrac{f(\ln x)}{x}\mathrm{d}x = \int f(\ln x)\mathrm{d}(\ln x);$

④ $\int f(\mathrm{e}^x)\mathrm{e}^x\mathrm{d}x = \int f(\mathrm{e}^x)\mathrm{d}\mathrm{e}^x;$

⑤ $\int f(\sin x)\cos x\mathrm{d}x = \int f(\sin x)\mathrm{d}\sin x;$

⑥ $\int f(\cos x)\sin x\mathrm{d}x = -\int f(\cos x)\mathrm{d}\cos x;$

⑦ $\int \dfrac{f(\arctan x)}{1+x^2}\mathrm{d}x = \int f(\arctan x)\mathrm{d}\arctan x;$

⑧ $\int \dfrac{f(\arcsin x)}{\sqrt{1-x^2}}\mathrm{d}x = \int f(\arcsin x)\mathrm{d}\arcsin x;$

⑨ $\int \dfrac{f(\tan x)}{\cos^2 x}\mathrm{d}x = \int f(\tan x)\sec^2 x\mathrm{d}x = \int f(\tan x)\mathrm{d}\tan x;$

⑩ $\int \dfrac{f(\cot x)}{\sin^2 x}\mathrm{d}x = \int f(\cot x)\csc^2 x\mathrm{d}x = -\int f(\cot x)\mathrm{d}\cot x;$

⑪ $\int \dfrac{f'(x)}{f(x)}\mathrm{d}x = \int \dfrac{1}{f(x)}\mathrm{d}f(x) = \ln|f(x)|+C.$

这种"凑微分"法的技巧在分部积分中也会用到，这种方法既简单又灵活，必须多做练习，熟能生巧。

(2) 第二换元积分法的关键是作变量的一个适当代换 $x = \varphi(t)$，使 $f[\varphi(t)]\varphi'(t)$ 原函数易求．

当被积函数中含有根式而又不能凑微分时，常可考虑用第二换元积分法将被积函数有理化．常见的代换有：

① **有理代换**　被积函数中含有 $\sqrt[n]{ax+b}$，令 $\sqrt[n]{ax+b} = t$．

② **三角代换**

被积函数含有根式 $\sqrt{a^2-x^2}$，令 $x = a\sin t$ 或 $x = a\cos t$；

被积函数含有根式 $\sqrt{x^2+a^2}$，令 $x = a\tan t$ 或 $x = a\cot t$；

被积函数含有根式 $\sqrt{x^2-a^2}$，令 $x = a\sec t$ 或 $x = a\csc t$．

应用第二换元积分法时，应注意以下几点：

① 被积函数要换，同时积分变量也要相应改变；

② 注意新变量 t 的取值范围；

③ 积分结果要将变量换回原来变量．

3. 分部积分法

分部积分法对应微分学中的乘法公式．因此，被积函数中含有两种不同类型函数乘积时，常考虑用分部积分法. 主要有：被积函数是幂函数和三角函数或指数函数的乘积，或者被积函数是幂函数和反三角函数或对数函数的乘积. 应用分部积分法的关键是如何正确选择 u 和 $\mathrm{d}v$，选择的原则有两个：一是由 $\mathrm{d}v$ 容易求出 v；二是积分 $\int v\mathrm{d}u$ 要比 $\int u\mathrm{d}v$ 容易求. 具体应用时可按如下顺序选择 u：对数函数、反三角函数、代数函数（幂函数）、三角函数、指数函数.

※**4. 有理函数的积分**

在求有理函数的积分时，首先要注意被积函数是真分式还是假分式，如果是假分式，必须先把假分式化为多项式和真分式之和. 只有真分式才能唯一地分解为部分分式，假分式是不能直接分解成部分分式的.

事实上，在计算不定积分时，常常会同时用到二种、甚至是三种方法进行求解. 有时对同一个积分问题，运用不同的积分方法后，会得到形式不同的一些函数，应注意这些函数之间只相差一个常数.

三、典型例题分析

例 1 求下列不定积分：

(1) $\int\left(1-\dfrac{1}{x^2}\right)\sqrt{x\sqrt{x}}\,\mathrm{d}x$；

(2) $\int\dfrac{(2-x)^2}{x\sqrt{x}}\,\mathrm{d}x$；

(3) $\int \sec^2 x \csc^2 x\,\mathrm{d}x$；

(4) $\int\dfrac{1}{x^2(1+x^2)}\,\mathrm{d}x$.

【**解答分析**】 先把被积函数适当变形，然后利用不定积分的基本性质，即可把所给的不定积分化为基本积分公式中的积分.

解 (1) $\int\left(1-\dfrac{1}{x^2}\right)\sqrt{x\sqrt{x}}\,\mathrm{d}x=\int(x^{\frac{3}{4}}-x^{-\frac{5}{4}})\,\mathrm{d}x=\dfrac{4}{7}x^{\frac{7}{4}}+4x^{-\frac{1}{4}}+C.$

(2) $\int\dfrac{(2-x)^2}{x\sqrt{x}}\,\mathrm{d}x=\int\dfrac{4-4x+x^2}{x\sqrt{x}}\,\mathrm{d}x$

$=\int(4-4x+x^2)x^{-\frac{3}{2}}\,\mathrm{d}x$

$=4\int x^{-\frac{3}{2}}\,\mathrm{d}x-4\int x^{-\frac{1}{2}}\,\mathrm{d}x+\int x^{\frac{1}{2}}\,\mathrm{d}x$

$=-8x^{-\frac{1}{2}}-8x^{\frac{1}{2}}+\dfrac{2}{3}x^{\frac{3}{2}}+C.$

(3) $\int\sec^2 x\csc^2 x\,\mathrm{d}x=\int\dfrac{\mathrm{d}x}{\sin^2 x\cos^2 x}$

$=\int\dfrac{\sin^2 x+\cos^2 x}{\sin^2 x\cos^2 x}\,\mathrm{d}x=\int\left(\dfrac{1}{\cos^2 x}+\dfrac{1}{\sin^2 x}\right)\mathrm{d}x$

$=\tan x-\cot x+C.$

(4) $\int\dfrac{1}{x^2(1+x^2)}\,\mathrm{d}x=\int\dfrac{1+x^2-x^2}{x^2(1+x^2)}\,\mathrm{d}x$

$=\int\left(\dfrac{1}{x^2}-\dfrac{1}{1+x^2}\right)\mathrm{d}x$

$=-\dfrac{1}{x}-\arctan x+C.$

点评：解这一类题的关键是牢记基本积分公式,有目的地对被积函数进行变形,直到能用基本积分公式为止.

例2 用第一换元积分法（即凑微分法）求下列不定积分：

(1) $\int \dfrac{\cos(\ln x)}{x} dx$;　　(2) $\int \dfrac{e^x}{1+e^{2x}} dx$;

(3) $\int \dfrac{x dx}{1+x^4}$;　　(4) $\int \dfrac{(1+\tan x)^{100}}{\cos^2 x} dx$;

(5) $\int \dfrac{1}{x^2} \sin \dfrac{1}{x} dx$;　　(6) $\int \dfrac{\arctan\sqrt{x}}{(1+x)\sqrt{x}} dx$.

【解答分析】 设法把被积表达式 $f[\varphi(x)]\varphi'(x)dx$ 凑成 $f[\varphi(x)]d\varphi(x) \xrightarrow{\text{令 } u=\varphi(x)} f(u)du$ 的形式,而 $f(u)$ 的原函数容易求出.

解 (1) $\int \dfrac{\cos(\ln x)}{x} dx = \int \cos(\ln x) d(\ln x) = \sin(\ln x) + C$.

(2) $\int \dfrac{e^x}{1+e^{2x}} dx = \int \dfrac{d(e^x)}{1+e^{2x}} = \int \dfrac{d(e^x)}{1+(e^x)^2} = \arctan e^x + C$.

(3) $\int \dfrac{x}{1+x^4} dx = \dfrac{1}{2} \int \dfrac{d(x^2)}{1+(x^2)^2} = \dfrac{1}{2} \arctan x^2 + C$.

(4) $\int \dfrac{(1+\tan x)^{100}}{\cos^2 x} dx = \int (1+\tan x)^{100} d(\tan x) = \int (1+\tan x)^{100} d(1+\tan x)$

$$= \dfrac{1}{101}(1+\tan x)^{101} + C.$$

(5) $\int \dfrac{1}{x^2} \sin \dfrac{1}{x} dx = -\int \sin \dfrac{1}{x} d\left(\dfrac{1}{x}\right) = \cos \dfrac{1}{x} + C$

(6) $\int \dfrac{\arctan\sqrt{x}}{(1+x)\sqrt{x}} dx = 2\int \dfrac{\arctan\sqrt{x}}{1+x} d\sqrt{x}$

$$= 2\int \arctan\sqrt{x} d(\arctan\sqrt{x}) = \arctan^2\sqrt{x} + C$$

例3 利用第二换元积分法求下列不定积分：

(1) $\int \dfrac{dx}{\sqrt{1+e^x}}$;　　(2) $\int \dfrac{dx}{\sqrt{x}+\sqrt[4]{x}}$;

(3) $\int \dfrac{x^2}{\sqrt{a^2-x^2}} dx$ $(a>0)$.

【解答分析】 分别作变换 $\sqrt{1+e^x}=t, x=t^4, x=a\sin t$ 就可使被积表达式不含根式,再由不定积分的性质和积分表便可求出所给的不定积分.

解 (1) 令 $\sqrt{1+e^x}=t$,则 $1+e^x=t^2$, $e^x dx = 2t dt$, $dx = \dfrac{1}{e^x} 2t dt = \dfrac{2t}{t^2-1} dt$,于是

$$\int \dfrac{dx}{\sqrt{1+e^x}} = \int \dfrac{2t}{t(t^2-1)} dt = 2\int \dfrac{dt}{(t+1)(t-1)}$$

$$= \int \left(\dfrac{1}{t-1} - \dfrac{1}{t+1}\right) dt = \ln(t-1) - \ln(t+1) + C$$

$$= \ln\left|\frac{t-1}{t+1}\right| + C = \ln\left|\frac{\sqrt{1+e^x}-1}{\sqrt{1+e^x}+1}\right| + C.$$

(2) 令 $x = t^4$，则 $\sqrt{x} = t^2$，$\sqrt[4]{x} = t$，$dx = 4t^3 dt$，

于是
$$\int \frac{dx}{\sqrt{x} + \sqrt[4]{x}} = \int \frac{1}{t^2 + t} \cdot 4t^3 dt$$
$$= 4\int \frac{t^2}{t+1} dt = 4\int \frac{t^2 - 1 + 1}{t+1} dt$$
$$= 4\int\left[(t-1) + \frac{1}{t+1}\right] dt$$
$$= 2(t-1)^2 + 4\ln(t+1) + C$$
$$= 2(\sqrt[4]{x} - 1)^2 + 4\ln(\sqrt[4]{x} + 1) + C.$$

(3) 令 $x = a\sin t\left(-\frac{\pi}{2} \leqslant t \leqslant \frac{\pi}{2}\right)$，则 $\sqrt{a^2 - x^2} = a\cos t$，$dx = a\cos t\, dt$，于是

$$\int \frac{x^2 dx}{\sqrt{a^2 - x^2}} = \int \frac{a^2 \sin^2 t}{a\cos t} \cdot a\cos t\, dt = a^2 \int \sin^2 t\, dt$$
$$= a^2 \int \frac{1}{2}(1 - \cos 2t) dt$$
$$= \frac{a^2}{2}\int dt - \frac{a^2}{2}\int \cos 2t\, dt$$
$$= \frac{a^2}{2} t - \frac{a^2}{4}\sin 2t + C$$
$$= \frac{a^2}{2} t - \frac{a^2}{2}\sin t\cos t + C$$
$$= \frac{a^2}{2}\arcsin\frac{x}{a} - \frac{x}{2}\sqrt{a^2 - x^2} + C.$$

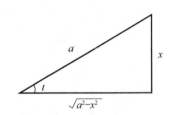

例 4 用分部积分法求下列积分：

(1) $\int x e^{-x} dx$；　　　　(2) $\int \log_a x\, dx$；

(3) $\int x^2 \ln^2 x\, dx$；　　　(4) $\int e^x \sin x\, dx$.

【解答分析】 解题的关键在于 u 和 dv 的选择，关于 u 的选择可按如下顺序考虑：对数函数、反三角函数、代数函数、三角函数、指数函数.

解 (1) 令 $u = x$，$dv = e^{-x} dx$，
则 $du = dx$，$v = -e^{-x}$.
于是 $\int x e^{-x} dx = -x e^{-x} + \int e^{-x} dx$
$$= -x e^{-x} - \int e^{-x} d(-x)$$
$$= -x e^{-x} - e^{-x} + C.$$

(2) 令 $u = \log_a x$，$dv = dx$，
则 $du = \frac{dx}{x \ln a}$，$v = x$.

于是 $\int \log_a x \, dx = x\log_a x - \int x \cdot \dfrac{1}{x\ln a} dx$

$\qquad\qquad\qquad = x\log_a x - \dfrac{1}{\ln a}\int dx$

$\qquad\qquad\qquad = x\log_a x - \dfrac{x}{\ln a} + C.$

注：对被积函数为一个函数的情形，有时也可用分部积分法，此时令该函数为 $u, dv = dx$ 即可.

(3) 令 $u = \ln^2 x, dv = x^2 dx$,

则 $du = \dfrac{2}{x}\ln x \, dx, v = \dfrac{1}{3}x^3.$

于是 $\int x^2 \ln^2 x \, dx = \dfrac{1}{3}x^3 \ln^2 x - \dfrac{2}{3}\int x^2 \ln x \, dx.$

对于 $\int x^2 \ln x \, dx$，再令

$$u_1 = \ln x, \quad dv_1 = x^2 dx,$$

则 $du_1 = \dfrac{1}{x}dx, v_1 = \dfrac{1}{3}x^3$

于是 $\int x^2 \ln x \, dx = \dfrac{1}{3}x^3 \ln x - \dfrac{1}{3}\int x^2 dx$

$\qquad\qquad\qquad = \dfrac{1}{3}x^3 \ln x - \dfrac{1}{9}x^3 + C_1.$

故 $\int x^2 \ln^2 x \, dx = \dfrac{1}{3}x^3 \ln^2 x - \dfrac{2}{9}x^3 \ln x + \dfrac{2}{27}x^3 + C$

$\qquad\qquad\qquad = \dfrac{1}{27}x^3(9\ln^2 x - 6\ln x + 2) + C.$

注：连续两次（或两次以上）应用分部积分法时，应选择同类型的函数作为 u, u_1.

(4) 令 $u = \sin x, dv = e^x dx$,

则 $du = \cos x \, dx, v = e^x.$

于是 $\int e^x \sin x \, dx = e^x \sin x - \int e^x \cos x \, dx.$

对于 $\int e^x \cos x \, dx$，再令

$$u_1 = \cos x, \quad dv_1 = e^x dx,$$

则 $du_1 = -\sin x \, dx, v_1 = e^x$,

于是 $\int e^x \cos x \, dx = e^x \cos x + \int e^x \sin x \, dx.$

故 $\int e^x \sin x \, dx = e^x \sin x - e^x \cos x - \int e^x \sin x \, dx.$

移项整理得

$$\int e^x \sin x \, dx = \dfrac{1}{2}e^x(\sin x - \cos x) + C.$$

※**例5** 求下列不定积分：

(1) $\int \dfrac{2x-1}{x^2-5x+6}\mathrm{d}x$; (2) $\int \dfrac{x^2+1}{(x+1)(x^2-1)}\mathrm{d}x$;

(3) $\int \dfrac{\mathrm{d}x}{x^3+1}$.

【解答分析】 先把真分式分解为部分分式之和,然后再逐项求积分.

解 (1) 设 $\dfrac{2x-1}{x^2-5x+6}=\dfrac{2x-1}{(x-3)(x-2)}=\dfrac{A}{x-3}+\dfrac{B}{x-2}$,

有

$$2x-1=A(x-2)+B(x-3),$$

即

$$2x-1=(A+B)x-2A-3B.$$

比较 x 的同次幂系数,得

$$\begin{cases} A+B=2, \\ -2A-3B=-1, \end{cases}$$

解得

$$A=5, B=-3.$$

故 $\dfrac{2x-1}{x^2-5x+6}=\dfrac{5}{x-3}-\dfrac{3}{x-2}$.

于是 $\int \dfrac{2x-1}{x^2-5x+6}\mathrm{d}x = \int \left(\dfrac{5}{x-3}-\dfrac{3}{x-2}\right)\mathrm{d}x$

$$= \int \dfrac{5}{x-3}\mathrm{d}x - \int \dfrac{3}{x-2}\mathrm{d}x$$

$$= 5\ln|x-3|-3\ln|x-2|+C.$$

(2) 设 $\dfrac{x^2+1}{(x+1)(x^2-1)}=\dfrac{x^2+1}{(x-1)(x+1)^2}=\dfrac{A}{x-1}+\dfrac{B}{x+1}+\dfrac{C}{(x+1)^2}$,

有 $x^2+1=A(x+1)^2+B(x^2-1)+C(x-1)$.

令 $x=-1$, 得 $2=-2C, C=-1$;

令 $x=1$, 得 $2=4A, A=\dfrac{1}{2}$;

为求得 B, 比较 x^2 的系数,得

$1=A+B$, 故 $B=\dfrac{1}{2}$,

所以

$$\dfrac{x^2+1}{(x+1)(x^2-1)}=\dfrac{1}{2(x-1)}+\dfrac{1}{2(x+1)}-\dfrac{1}{(x+1)^2}.$$

故 $\int \dfrac{x^2+1}{(x+1)(x^2-1)}\mathrm{d}x = \dfrac{1}{2}\int \dfrac{1}{x-1}\mathrm{d}x + \dfrac{1}{2}\int \dfrac{1}{x+1}\mathrm{d}x - \int \dfrac{1}{(x+1)^2}\mathrm{d}x$

$$=\dfrac{1}{2}\ln|x-1|+\dfrac{1}{2}\ln|x+1|+\dfrac{1}{x+1}+C$$

$$=\dfrac{1}{2}\ln|x^2-1|+\dfrac{1}{x+1}+C.$$

(3) 设 $\dfrac{1}{x^3+1}=\dfrac{1}{(x+1)(x^2-x+1)}=\dfrac{A}{x+1}+\dfrac{Bx+C}{x^2-x+1}$,

有

$$1 = A(x^2-x+1) + (Bx+C)(x+1),$$

即

$$1 = (A+B)x^2 + (B+C-A)x + (A+C).$$

比较 x 的同次幂系数,得

$$\begin{cases} A+B=0, \\ B+C-A=0, \\ A+C=1, \end{cases}$$

解得 $A=\dfrac{1}{3}, B=-\dfrac{1}{3}, C=\dfrac{2}{3}$.

故 $\dfrac{1}{x^3+1} = \dfrac{1}{3}\left(\dfrac{1}{x+1} - \dfrac{x-2}{x^2-x+1}\right)$.

于是 $\displaystyle\int \dfrac{\mathrm{d}x}{x^3+1} = \dfrac{1}{3}\int \dfrac{\mathrm{d}x}{x+1} - \dfrac{1}{3}\int \dfrac{x-2}{x^2-x+1}\mathrm{d}x$

$$= \dfrac{1}{3}\ln|x+1| - \dfrac{1}{3}\int \dfrac{x-\dfrac{1}{2}+\dfrac{1}{2}-2}{x^2-x+1}\mathrm{d}x$$

$$= \dfrac{1}{3}\ln|x+1| - \dfrac{1}{6}\int \dfrac{2x-1}{x^2-x+1}\mathrm{d}x + \dfrac{1}{2}\int \dfrac{\mathrm{d}x}{\left(x-\dfrac{1}{2}\right)^2 + \left(\dfrac{\sqrt{3}}{2}\right)^2}$$

$$= \dfrac{1}{3}\ln|x+1| - \dfrac{1}{6}\ln(x^2-x+1) + \dfrac{1}{\sqrt{3}}\arctan\dfrac{x-\dfrac{1}{2}}{\dfrac{\sqrt{3}}{2}} + C$$

$$= \dfrac{1}{6}\ln\dfrac{(x+1)^2}{x^2-x+1} + \dfrac{1}{\sqrt{3}}\arctan\dfrac{2x-1}{\sqrt{3}} + C.$$

例 6 设 $f'(x^2) = \dfrac{1}{x}(x>0)$,求 $f(x)$.

【解答分析】 解题关键在于由表达式 $f'(x^2) = \dfrac{1}{x}$ 写出 $f'(x) = $ _____ 的表达式,然后由不定积分的定义即可求出.

解 由 $f'(x^2) = \dfrac{1}{x}$,得 $f'(x) = \dfrac{1}{\sqrt{x}}(x>0)$.

于是 $f(x) = \displaystyle\int f'(x)\mathrm{d}x = \int \dfrac{\mathrm{d}x}{\sqrt{x}} = 2\sqrt{x} + C$.

例 7 求下列不定积分:

(1) $\displaystyle\int \mathrm{e}^{\sqrt[3]{x}}\mathrm{d}x$; (2) $\displaystyle\int \mathrm{e}^x \sin^2 x \,\mathrm{d}x$;

(3) $\displaystyle\int (\arcsin x)^2 \mathrm{d}x$; (4) $\displaystyle\int x^2 \ln\dfrac{1-x}{1+x}\mathrm{d}x$.

【解答分析】 这几道题都用到了分部积分法,但使用情况不尽相同.(1)是先换元去根号后再用分部积分法;(2)是先降幂后才用;(3)是连续两次利用分部积分法;(4)是用了一次分部积分法后转化为有理函数的积分.

解 (1) $\int e^{\sqrt[3]{x}} dx \xrightarrow{\sqrt[3]{x}=t} \int e^t \cdot 3t^2 dt = 3\int t^2 de^t = 3t^2 e^t - 3\int e^t \cdot 2t dt$

$= 3t^2 e^t - 6\int t de^t = 3t^2 e^t - 6\left(te^t - \int e^t dt\right) = 3(t^2 - 2t + 2)e^t + C$

$\xrightarrow{t=\sqrt[3]{x}} 3(\sqrt[3]{x^2} - 2\sqrt[3]{x} + 2)e^{\sqrt[3]{x}} + C.$

(2) $\int e^x \sin^2 x dx = \int e^x \dfrac{1-\cos 2x}{2} dx = \dfrac{1}{2}\int e^x dx - \dfrac{1}{2}\int e^x \cos 2x dx$

$= \dfrac{1}{2} e^x - \dfrac{1}{2}\int \cos 2x \cdot e^x dx.$

而 $\int \cos 2x \cdot e^x dx = \int \cos 2x de^x = e^x \cos 2x + 2\int e^x \sin 2x dx$

$= e^x \cos 2x + 2\int \sin 2x de^x = e^x \cos 2x + 2e^x \sin 2x - 4\int e^x \cos 2x dx,$

移项,整理得 $\int \cos 2x \cdot e^x dx = \dfrac{1}{5}(e^x \cos 2x + 2e^x \sin 2x) + C_1,$

故 $\int e^x \sin^2 x dx = \dfrac{1}{2} e^x - \dfrac{1}{10} e^x \cos 2x - \dfrac{1}{5} e^x \sin 2x + C$

$= e^x \left(\dfrac{1}{2} - \dfrac{1}{10}\cos 2x - \dfrac{1}{5}\sin 2x\right) + C.$

(3) $\int (\arcsin x)^2 dx = x(\arcsin x)^2 - 2\int \dfrac{x \arcsin x}{\sqrt{1-x^2}} dx$

$= x(\arcsin x)^2 + 2\int \arcsin x d(\sqrt{1-x^2})$

$= x(\arcsin x)^2 + 2\sqrt{1-x^2} \arcsin x - 2\int dx$

$= x(\arcsin x)^2 + 2\sqrt{1-x^2} \arcsin x - 2x + C$

(4) $\int x^2 \ln \dfrac{1-x}{1+x} dx = \dfrac{1}{3}\int \ln \dfrac{1-x}{1+x} d(x^3) = \dfrac{x^3}{3} \ln \dfrac{1-x}{1+x} + \dfrac{2}{3}\int \dfrac{x^3}{1-x^2} dx$

$= \dfrac{x^3}{3} \ln \dfrac{1-x}{1+x} + \dfrac{2}{3}\int \left(-x + \dfrac{x}{1-x^2}\right) dx.$

$= \dfrac{x^3}{3} \ln \dfrac{1-x}{1+x} - \dfrac{1}{3}x^2 + \dfrac{2}{3}\int \dfrac{x}{1-x^2} dx$

$= \dfrac{x^3}{3} \ln \dfrac{1-x}{1+x} - \dfrac{1}{3}x^2 - \dfrac{1}{3}\int \dfrac{d(1-x^2)}{1-x^2}$

$= \dfrac{x^3}{3} \ln \dfrac{1-x}{1+x} - \dfrac{1}{3}x^2 - \dfrac{1}{3}\ln|1-x^2| + C.$

复习题六

(A)

1. 某曲线过原点且在曲线上每点(x,y)处切线斜率都等于x^3,求该曲线方程.

2. 若 $F'(x)=\dfrac{1}{\sqrt{1-x^2}}$，且 $F(1)=\dfrac{\pi}{2}$，求 $F(x)$.

3. 求下列不定积分：

(1) $\int x\cos x^2\,dx$;

(2) $\int \cos(\ln x)\,dx$;

(3) $\int e^{\sqrt{2x+1}}\,dx$;

(4) $\int \dfrac{1}{x^2}\cos\dfrac{1}{x}\,dx$;

(5) $\int \dfrac{dx}{\sqrt{(1+x^2)^3}}$;

(6) $\int \dfrac{dx}{e^x+e^{-x}}$;

(7) $\int \dfrac{dx}{x(x^2+1)}$;

(8) $\int t\sin(2t+3)\,dt$.

(B)

1. 求 $d\int d\int \sin e^x\,dx$.

2. 设 $f'(\sin^2 x)=\cos^2 x$，求 $f(x)$.

3. 已知 $\sin x > \cos x$，计算 $\int \sqrt{1-\sin 2x}\,dx$.

4. 求下列不定积分：

(1) $\int e^x \cos^2 x\,dx$;

(2) $\int \dfrac{dx}{e^x(1+e^{2x})}$;

(3) $\int \dfrac{\arctan\dfrac{x}{2}}{4+x^2}\,dx$;

(4) $\int \dfrac{\sin x\cos x}{\cos^3 2x}\,dx$;

(5) $\int \dfrac{\sqrt{2-x^2}}{x^2}\,dx$;

(6) $\int \dfrac{e^{2x}}{\sqrt{1+e^x}}\,dx$;

(7) $\int x\tan^2 x\,dx$.

历史插曲:牛顿与莱布尼兹的争论

科学史上影响最大的一场争论发生于牛顿和莱布尼兹之间,主题是究竟谁最早发明了微积分.这场争论的结果使英国与欧洲大陆的数学界之间产生了严重隔阂,英国人因为保守固执性格,为了坚持牛顿那种独特的数学形式,不肯接受莱布尼兹先进的数学记号系统,付出了在长达一个半世纪的时间里难以与其他国家学者交流的代价,同时也导致了在高等数学领域落后于欧洲大约一百年时间的代价.

今天的科学史家们几乎已经可以找到当年一切有关这场争论的文件和历史证据.毫无疑问,牛顿比莱布尼兹早10多年就有了他那"流数"的概念,但牛顿是个很爱面子的保守英国人,事事谨慎小心,唯恐引来非议(最后反而因为他爱面子,在与莱布尼兹的争论上引发了巨大非议).直到1693年,都未将成果公之于世.

莱布尼兹关于微积分的最早成果可以追溯到1675年,并且于1684年首次发表.他可能在1673年对伦敦的访问中看到了一些有关牛顿工作的文件,但那些文件里并没有透露任何细节问题.很显然,莱布尼兹在创立微积分上的思路是与牛顿截然不同的,所用的记号系统也大相径庭.并没有足够的证据表明,莱布尼兹是看了牛顿的工作以后照抄他的成果.

公平地说,牛顿和莱布尼兹各自沿着不同的道路创立了微积分的形式,他们的发明权并不互相冲突.莱布尼兹第一个发表了他的工作,而且由于他采用的数学记号更加简便优美,于是流传到今天,成为世人所通用的形式.

在这场争吵中,牛顿曾干了一件不厚道的事.1712年,莱布尼兹忍无可忍,要求英国皇家学会对这桩公案作一个裁决——而当时英国皇家学会的主席正是牛顿本人.皇家学会很快就成立了由牛顿牵头的一个委员会,并最终写出了一份偏向牛顿的报告.可是,这个委员会从未让莱布尼兹有机会从他的观点来陈述一下事实.那份出台的报告毫无疑问,是牛顿本人的手笔,所谓的委员们都只是傀儡而已.报告于1712年4月24日完成,而有3个委员却只是一周前才象征性地加入这个评委会中.

在此基础上,学会又于1713年1月出版了一本正式的手册(还是牛顿本人的手笔),寄给全欧洲的数学家,谴责莱布尼兹是"抄袭者".在接下来的几年里,牛顿不遗余力地为自己支持者们的文章提供材料,当他觉得这些文章的杀伤力仍然不够时,干脆又于1715年自己亲手精心炮制了一篇评论文章,匿名发表在皇家学会的期刊《哲学通讯》上,内容自然是一面倒地袒护自己.可见,科学是神圣的,但以科学名义来达到个人目的却未必光彩.

这样的争论其实毫无意义,在牛顿和莱布尼兹二人死后很久,事情终于得到澄清,调查证实两人确实是相互独立地完成了微积分的发明,就发明时间而言,牛顿早于莱布尼兹;就发表时间而言,莱布尼兹先于牛顿.但微分学与积分学的创立却并非牛顿与莱布尼兹独享的成就，其他数学家作出的成绩更多．牛顿与莱布尼兹的主要贡献，是在前人所创立的微分学与积分学基础上，把这两种理论通过牛顿——莱布尼兹公式联系统一起来成为微积分学．

虽然牛顿在微积分应用方面的辉煌成就极大地促进了科学的发展，但这场发明优先权的争论却极大地影响了英国数学的发展，由于英国数学家固守牛顿的传统近一个世纪，从而使自己逐渐远离分析的主流，落在欧陆数学家的后面．

第七章

定 积 分

> 数学除了有助于敏锐地了解真理和发展真理以外,它还有造型的功能,即它能使人们的思维综合为一种科学系统.
>
> ——格拉斯曼

定积分是积分学的另一个基本概念,它和不定积分是两个完全不同的概念.在现实生活和科研活动中,定积分有着广泛的应用.例如,要计算一个由曲线围成的图形的面积,要计算一个质点在外力作用下移动所做的功,要计算一个密度不均匀的物体的质量等等.本章将从实际问题出发,引出定积分的概念,然后介绍定积分的性质与计算方法,最后介绍定积分的有关应用.

§7-1 定积分的概念

一、引例

我们先从分析和解决几个典型问题入手,来看定积分是怎样从现实原型抽象出来的.

例1 曲边梯形的面积

由三条直线(其中两条直线互相平行且与第三条直线垂直)与一条曲线所围成的封闭图形,称为曲边梯形(图 7-1(1)、(2)).

如果曲边梯形的形状很不规则,要求它的面积,怎么办?在初等数学里,圆面积是用一系列边数无限增加的内接正多边形面积来定义的.现在仍用类似的方法来定义曲边梯形的面积.(图 7-2):

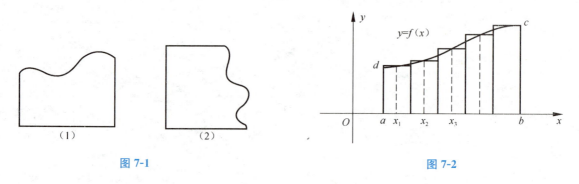

图 7-1 图 7-2

将这个曲边梯形分成一小块一小块,每一块都近似地看作一个小矩形,那么这些小矩形的面积之和就是所求的曲边梯形面积的近似值. 显然, 如果分割得越细, 近似程度就越高. 为了得到面积的精确值, 就必须将小矩形的底边长度无限趋近于零, 这就要利用极限这一数学工具了. 因此, 计算曲边梯形的面积, 就是计算一个和式的极限, 这就是定积分的概念.

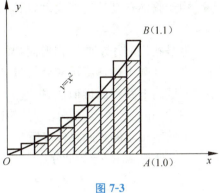

图 7-3

现在我们来计算由直线 $y=0, x=0, x=1$ 和曲线 $y=x^2$ 所围成的曲边形 OAB 的面积(图 7-3).

用下列各点
$$0, \frac{1}{n}, \frac{2}{n}, \cdots, \frac{n-1}{n}, 1$$
把区间 $[0,1]$ 分成 n 个相等的小段, 我们现在先求出位于曲线 $y=x^2$ 下方的 n 个小矩形的面积之和,
$$S_n = 0 \cdot \frac{1}{n} + \left(\frac{1}{n}\right)^2 \cdot \frac{1}{n} + \left(\frac{2}{n}\right)^2 \cdot \frac{1}{n} + \cdots + \left(\frac{n-1}{n}\right)^2 \cdot \frac{1}{n}$$
$$= \frac{1}{n^3}[1^2 + 2^2 + \cdots + (n-1)^2],$$

利用公式 $1^2 + 2^2 + \cdots + n^2 = \frac{1}{6}n(n+1)(2n+1)$ 可得
$$S_n = \frac{1}{n^3} \cdot \frac{1}{6}(n-1)n(2n-1) = \frac{(n-1)(2n-1)}{6n^2}.$$

这就是曲边形 OAB 面积的近似值, 它比实际面积要小, 要想得到精确值, 取极限
$$\lim_{n \to \infty} S_n = \frac{1}{3}.$$

它就是曲边形 OAB 的面积, 古希腊数学家阿基米德就利用这种方法求得它的面积.

我们再来求位于曲线 $y=x^2$ 上方的 n 个小矩形的面积的和:
$$S'_n = \left(\frac{1}{n}\right)^2 \cdot \frac{1}{n} + \left(\frac{2}{n}\right)^2 \cdot \frac{1}{n} + \cdots + \left(\frac{n-1}{n}\right)^2 \cdot \frac{1}{n} + 1^2 \cdot \frac{1}{n}$$
$$= \frac{1}{n^3}[1^2 + 2^2 + \cdots + (n-1)^2 + n^2]$$
$$= \frac{(n+1)(2n+1)}{6n^2}.$$

这也是曲边形 OAB 面积的近似值, 它比实际面积要大, 取极限
$$\lim_{n \to \infty} S'_n = \frac{1}{3}.$$

它就是曲边形 OAB 的面积.

上面两种近似方法中, 相应的小矩形的高的数值不相同, 但和式的极限值一样(为什么?). 这体现了我们的愿望: 由于曲边梯形的面积是唯一确定的, 利用各种近似方法所得到的和式的极限值应该相等.

求曲边梯形面积的这种思想方法概括说来就是"分割、近似代替、求和、取极限".

例 2 变速直线运动的路程.

设某个物体做直线运动, 已知速度 $V=V(t)$ 是时间 t 的连续函数, $t \in [a,b]$, 且 $V(t) > 0$.

求物体在这段时间内所走的路程 S.

由于物体作变速直线运动,所以不能利用匀速直线运动公式:
$$路程 = 速度 \times 时间.$$

但是我们利用求曲边梯形面积的思想方法,把时间区间 $[a,b]$ 分成 n 个小区间,再把物体在每个小区间上的速度用一个常量来近似代替,这样就可以利用匀速直线运动公式求得每个小时间区间上路程的近似值,把这 n 个近似值相加得到一个和式,再令所有小区间的长度都趋向于零,则和式的极限就是路程的精确值.

下面给出求路程的具体步骤:

(1) **分割** 用 $n-1$ 个分点
$$a = t_0 < t_1 < t_2 < \cdots < t_{i-1} < t_i < \cdots < t_{n-1} < t_n = b$$
把时间区间 $[a,b]$ 分成 n 个小区间
$$[t_0,t_1],[t_1,t_2],\cdots,[t_{i-1},t_i],\cdots,[t_{n-1},t_n],$$
第 i 个小区间的长度记作
$$\Delta t_i = t_i - t_{i-1} \quad (i = 1,2,\cdots,n).$$

(2) **近似代替** 在第 i 个小区间 $[t_{i-1},t_i]$ 上取任一点 ξ_i,将物体在 $[t_{i-1},t_i]$ 上的变速运动近似地看成以 $V(\xi_i)$ 做匀速运动,于是可得物体在 $[t_{i-1},t_i]$ 上所走的路程 ΔS_i 的近似值,即
$$\Delta S_i \approx V(\xi_i) \cdot \Delta t_i \quad (i = 1,2,\cdots,n).$$

(3) **求和** 把这 n 个小区间内路程的近似值相加,得到整个区间上的路程 S 的近似值,即
$$S = \Delta S_1 + \Delta S_2 + \cdots + \Delta S_n = \sum_{i=1}^{n} \Delta S_i \approx \sum_{i=1}^{n} V(\xi_i) \cdot \Delta t_i.$$

(4) **取极限** 当这些小区间的长度的最大值 $\lambda = \max\{\Delta t_1,\Delta t_2,\cdots,\Delta t_n\}$ 趋向于零时,分点个数一定是无限增大,这时和式 $\sum_{i=1}^{n} V(\xi_i) \cdot \Delta t_i$ 的极限就是物体所走过的路程,即
$$S = \lim_{\lambda \to 0} \sum_{i=1}^{n} V(\xi_i) \cdot \Delta t_i.$$

可见,作变速直线运动的物体所走过的路程与曲边梯形的面积一样,都归结为求一个和式的极限(图 7-4).

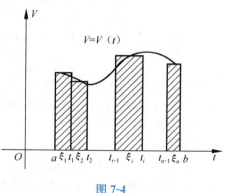

图 7-4

二、定积分的定义

上面两个实例中,所计算的量虽然有不同的实际意义,但解决问题的思想方法与步骤却是相同的,且最终都归结为求一个和式的极限. 我们从这些求和式的极限的具体问题中抽象出它们的共同特性,进行专门的研究,从而引进了定积分的概念.

定义 设 $f(x)$ 是定义在 $[a,b]$ 上的函数,在区间 $[a,b]$ 中插入 $n-1$ 个分点
$$a = x_0 < x_1 < x_2 < \cdots < x_{i-1} < x_i < \cdots < x_{n-1} < x_n = b$$
把区间 $[a,b]$ 分成 n 个小区间
$$[x_0,x_1],[x_1,x_2],\cdots,[x_{i-1},x_i],\cdots,[x_{n-1},x_n],$$

各个小区间的长度依次为

$$\Delta x_1 = x_1 - x_0, \Delta x_2 = x_2 - x_1, \cdots, \Delta x_i = x_i - x_{i-1}, \cdots, \Delta x_n = x_n - x_{n-1},$$

在每个小区间$[x_{i-1}, x_i]$上任取一点$\xi_i(x_{i-1} \leqslant \xi_i \leqslant x_i)$,作函数值$f(\xi_i)$与小区间长度$\Delta x_i$的乘积$f(\xi_i)\Delta x_i (i=1,2,\cdots,n)$,并作和式(称为**积分和式**)

$$\sum_{i=1}^{n} f(\xi_i) \Delta x_i.$$

令$\lambda = \max\{\Delta x_1, \Delta x_2, \cdots, \Delta x_n\}$,如果当$\lambda \to 0$时,和式的极限

$$\lim_{\lambda \to 0} \sum_{i=1}^{n} f(\xi_i) \Delta x_i$$

存在,且此极限值与对区间$[a,b]$的分法以及对点ξ_i的取法无关,则称这个极限值为函数$f(x)$在$[a,b]$上的**定积分**(简称积分),记作$\int_a^b f(x)\mathrm{d}x$,即

$$\int_a^b f(x)\mathrm{d}x = \lim_{\lambda \to 0} \sum_{i=1}^{n} f(\xi_i) \Delta x_i,$$

其中$f(x)$称为**被积函数**,$f(x)\mathrm{d}x$称为**被积表达式**,x称为**积分变量**,a称为**积分下限**,b称为**积分上限**,$[a,b]$称为**积分区间**.

可见定积分是特殊和式的极限.

如果$f(x)$在$[a,b]$上的定积分存在,我们就说$f(x)$在$[a,b]$上**可积**,否则说$f(x)$在$[a,b]$上**不可积**.

※三、可积条件

在定积分理论中,需考虑两个基本问题:可积函数应满足什么条件?满足什么条件的函数可积?下面的一组定理回答了这两个问题.

定理1(可积的必要条件) 设$f(x)$在$[a,b]$上可积,则$f(x)$在$[a,b]$上一定有界;即存在常数$M>0$,使得$|f(x)| \leqslant M$对任意$x \in [a,b]$成立.

证明 用反证法.设$f(x)$在$[a,b]$上无界,则一定存在某个小区间$[x_{i-1}, x_i] \subset [a,b]$,使$f(x)$在$[x_{i-1}, x_i]$上无界,从而可在该小区间上取一点$\xi_i$,使$|f(\xi_i)\Delta x_i|$大于任意预先给定的数,从而和式$\sum_{i=1}^{n} f(\xi_i)\Delta x_i$就不可能有有限的极限,这与$f(x)$在$[a,b]$上可积相矛盾.即证.

注:这里利用了与无穷大相关的运算性质:

$$a \times \infty = \infty (a \neq 0 \text{ 是常数}),$$
$$0 \times \infty = 0, \infty \times \infty = \infty,$$
$$(+\infty) + a = +\infty, (+\infty) + (+\infty) = +\infty,$$
$$(-\infty) + a = -\infty, (-\infty) + (-\infty) = -\infty,$$
$$(+\infty) + (-\infty) \text{ 无意义}, \infty - \infty \text{ 无意义}.$$

定理1指出,**任何可积函数一定是有界的**,即,**可积则有界**.与它等价的逆否命题是:**无界函数一定不可积**.自然应该知道,有界函数不一定可积.

定理2(可积的充要条件) 设$f(x)$在$[a,b]$上有界,在$[a,b]$中插入分点

$$a = x_0 < x_1 < \cdots < x_{n-1} < x_n = b$$

把$[a,b]$分成n个小区间:$[x_0, x_1], \cdots, [x_{i-1}, x_i], \cdots, [x_{n-1}, x_n]$,记

$$M_i = \sup\{f(x) \mid x \in [x_{i-1}, x_i]\},$$
$$m_i = \inf\{f(x) \mid x \in [x_{i-1}, x_i]\},$$
$$w_i = M_i - m_i,$$
$$\Delta x_i = x_i - x_{i-1}, \lambda = \max\{\Delta x_1, \cdots, \Delta x_i, \cdots, \Delta x_n\} \quad (i=1,2,\cdots,n).$$

则 $f(x)$ 在 $[a,b]$ 上可积的**充要条件**是

$$\lim_{\lambda \to 0} \sum_{i=1}^{n} w_i \Delta x_i = 0.$$

注:M_i 表示 $f(x)$ 在 $[x_{i-1}, x_i]$ 上的上确界,意思是:
① 对任意的 $x \in [x_{i-1}, x_i]$,都有 $f(x) \leqslant M_i$;
② 对任意的 $\varepsilon > 0$,可在 $[x_{i-1}, x_i]$ 中找到一点 x_0,使 $f(x_0) + \varepsilon > M_i$.
m_i 表示 $f(x)$ 在 $[x_{i-1}, x_i]$ 上的下确界,意思是:
① 对任意的 $x \in [x_{i-1}, x_i]$,都有 $f(x) \geqslant m_i$;
② 对任意的 $\varepsilon > 0$,可在 $[x_{i-1}, x_i]$ 中找到一点 x_0',使 $f(x_0') < m_i + \varepsilon$.

证 先证充分性.

由 $\lim_{\lambda \to 0} \sum_{i=1}^{n} w_i \Delta x_i = 0$ 可得 $\lim_{\lambda \to 0} \sum_{i=1}^{n} M_i \Delta x_i = \lim_{\lambda \to 0} \sum_{i=1}^{n} m_i \Delta x_i = I$,对任意的 $\xi_i \in [x_{i-1}, x_i]$,有

$$m_i \leqslant f(\xi_i) \leqslant M_i,$$

所以有
$$\sum_{i=1}^{n} m_i \Delta x_i \leqslant \sum_{i=1}^{n} f(\xi_i) \Delta x_i \leqslant \sum_{i=1}^{n} M_i \Delta x_i,$$

因此有 $\lim_{\lambda \to 0} \sum_{i=1}^{n} f(\xi_i) \Delta x_i = I$,即 $\int_a^b f(x) \mathrm{d}x$ 存在. 即证.

再证必要性.

设 $f(x)$ 在 $[a,b]$ 上可积,即 $\int_a^b f(x) \mathrm{d}x = I$,那么对任意的 $\varepsilon > 0$,存在 $\delta > 0$,对任意的 $\xi_i \in [x_{i-1}, x_i]$,只要 $\lambda < \delta$,就有 $\left| \sum_{i=1}^{n} f(\xi_i) \Delta x_i - I \right| < \frac{\varepsilon}{2}$.

由 M_i 和 m_i 的定义可知存在 $\eta_i \in [x_{i-1}, x_i]$ 和 $\theta_i \in [x_{i-1}, x_i]$,使得

$$0 \leqslant M_i - f(\eta_i) < \frac{\varepsilon}{2(b-a)},$$
$$0 \leqslant f(\theta_i) - m_i < \frac{\varepsilon}{2(b-a)}.$$

所以

$$\left| \sum_{i=1}^{n} M_i \Delta x_i - \sum_{i=1}^{n} f(\eta_i) \Delta x_i \right| = \sum_{i=1}^{n} (M_i - f(\eta_i)) \Delta x_i$$
$$< \frac{\varepsilon}{2(b-a)} (b-a) = \frac{\varepsilon}{2},$$

$$\left| \sum_{i=1}^{n} f(\theta_i) \Delta x_i - \sum_{i=1}^{n} m_i \Delta x_i \right| = \sum_{i=1}^{n} (f(\theta_i) - m_i) \Delta x_i$$
$$< \frac{\varepsilon}{2(b-a)} (b-a) = \frac{\varepsilon}{2},$$

第七章 定积分

$$\left|\sum_{i=1}^n f(\eta_i)\Delta x_i - \sum_{i=1}^n f(\theta_i)\Delta x_i\right| = \left|\sum_{i=1}^n f(\eta_i)\Delta x_i - I + I - \sum_{i=1}^n f(\theta_i)\Delta x_i\right|$$

$$\leqslant \left|\sum_{i=1}^n f(\eta_i)\Delta x_i - I\right| + \left|I - \sum_{i=1}^n f(\theta_i)\Delta x_i\right|$$

$$< \frac{\varepsilon}{2} + \frac{\varepsilon}{2} = \varepsilon.$$

故 $\left|\sum_{i=1}^n (M_i - m_i)\Delta x_i\right| = \left|\sum_{i=1}^n M_i\Delta x_i - \sum_{i=1}^n m_i\Delta x_i\right|$

$$= \left|\sum_{i=1}^n M_i\Delta x_i - \sum_{i=1}^n f(\eta_i)\Delta x_i + \sum_{i=1}^n f(\eta_i)\Delta x_i - \sum_{i=1}^n f(\theta_i)\Delta x_i + \sum_{i=1}^n f(\theta_i)\Delta x_i - \sum_{i=1}^n m_i\Delta x_i\right|$$

$$\leqslant \left|\sum_{i=1}^n M_i\Delta x_i - \sum_{i=1}^n f(\eta_i)\Delta x_i\right| + \left|\sum_{i=1}^n f(\eta_i)\Delta x_i - \sum_{i=1}^n f(\theta_i)\Delta x_i\right|$$

$$+ \left|\sum_{i=1}^n f(\theta_i)\Delta x_i - \sum_{i=1}^n m_i\Delta x_i\right|$$

$$< \frac{\varepsilon}{2} + \varepsilon + \frac{\varepsilon}{2} = 2\varepsilon (这里利用了无穷小的性质:有限个无穷小的和仍然是一个无穷小.),$$

即 $\left|\sum_{i=1}^n w_i\Delta x_i\right| < 2\varepsilon.$

由 ε 的任意性知 $\lim_{\lambda \to 0}\sum_{i=1}^n w_i\Delta x_i = 0$,证毕.

根据定理1和定理2,我们可以判断哪些有界函数是可积的.下面两个定理给出的是可积的充分条件.

定理3 若 $f(x)$ 在 $[a,b]$ 上连续,则 $f(x)$ 在 $[a,b]$ 上可积.

定理4 若 $f(x)$ 在 $[a,b]$ 上只有有限个第一类间断点,则 $f(x)$ 在 $[a,b]$ 上可积.

定理3的证明思路是:因为 $f(x)$ 在 $[a,b]$ 上连续,所以 $w_i \to 0(\Delta x_i \to 0)$,令 $w = \max\{w_1, w_2, \cdots, w_n\}$. 那么,当 $\lambda \to 0$ 时有 $w \to 0$,从而

$$\lim_{\lambda \to 0}\left|\sum_{i=1}^n w_i\Delta x_i\right| \leqslant \lim_{\lambda \to 0}\sum_{i=1}^n w\Delta x_i = \lim_{\lambda \to 0} w\sum_{i=1}^n \Delta x_i = \lim_{\lambda \to 0} w(b-a) = 0.$$

定理4的证明思路是:把含第一类间断点的小区间放到一起,余下的连续小区间放到一起,再证第一个和式的极限为零,有兴趣的同学可参阅相关的数学分析内容.

例3 根据定积分的定义,证明

$$\int_a^b C\mathrm{d}x = C(b-a) \quad (C 为常数).$$

证 因为被积函数 $f(x) = C, x \in [a,b]$

所以

$$\int_a^b C\mathrm{d}x = \lim_{\lambda \to 0}\sum_{i=1}^n f(\xi_i)\Delta x_i = \lim_{\lambda \to 0}\sum_{i=1}^n C\Delta x_i$$

$$= \lim_{\lambda \to 0} C\sum_{i=1}^n \Delta x_i = \lim_{\lambda \to 0} C(b-a) = C(b-a).$$

例4 根据定积分的定义,求 $\int_0^2 x\mathrm{d}x$.

解 因为 $y = x$ 在 $[0,2]$ 上连续,由定理3知 $y = x$ 在 $[0,2]$ 上可积,根据定积分的值与区间的

分法和点 ξ_i 的取法无关,为了简化计算,把 $[0,2]$ 平均分成 n 个小区间:$\left[0,\dfrac{2}{n}\right]$,$\left[\dfrac{2}{n},\dfrac{4}{n}\right]$,…,$\left[\dfrac{2(i-1)}{n},\dfrac{2i}{n}\right]$,…,$\left[\dfrac{2(n-1)}{n},2\right]$.

则每个小区间的长都是 $\dfrac{2}{n}$,即 $\lambda=\dfrac{2}{n}$;

在第 i 个小区间 $\left[\dfrac{2(i-1)}{n},\dfrac{2i}{n}\right]$ 上取 $\xi_i=\dfrac{2i}{n}$,则 $f(\xi_i)=\dfrac{2i}{n}$;

于是
$$\sum_{i=1}^{n}f(\xi_i)\cdot\Delta x_i=\sum_{i=1}^{n}\dfrac{2i}{n}\cdot\dfrac{2}{n}$$
$$=\dfrac{4}{n^2}\sum_{i=1}^{n}i=\dfrac{4}{n^2}\cdot(1+2+\cdots+n)$$
$$=\dfrac{2n(n+1)}{n^2}=\dfrac{2(n+1)}{n},$$

所以 $\displaystyle\int_{0}^{2}x\mathrm{d}x=\lim_{\frac{2}{n}\to 0}\dfrac{2(n+1)}{n}=\lim_{n\to\infty}\left(2+\dfrac{2}{n}\right)=2$.

注:用定义计算定积分,将积分区间采取等距离的划分法较为简便.

例 5 证明 $\displaystyle\int_{a}^{b}2\sin x\mathrm{d}x=2\int_{a}^{b}\sin x\mathrm{d}x$.

证 因为 $y=2\sin x$ 和 $y=\sin x$ 都在 $[a,b]$ 上连续.
所以 $y=2\sin x$ 和 $y=\sin x$ 都在 $[a,b]$ 上可积.
根据定义可得:

$$2\int_{a}^{b}\sin x\mathrm{d}x=2\left[\lim_{\lambda\to 0}\sum_{i=1}^{n}\sin \xi_i\cdot\Delta x_i\right]$$
$$=\lim_{\lambda\to 0}2\sum_{i=1}^{n}\sin \xi_i\cdot\Delta x_i$$
$$=\lim_{\lambda\to 0}\sum_{i=1}^{n}2\sin \xi_i\cdot\Delta x_i$$
$$=\int_{a}^{b}2\sin x\mathrm{d}x,即证.$$

注意 (1) 规定交换积分的上下限后,所得的积分值与原积分值互为相反数,即:$\displaystyle\int_{a}^{b}f(x)\mathrm{d}x=-\int_{b}^{a}f(x)\mathrm{d}x$. 特别地,有 $\displaystyle\int_{a}^{a}f(x)\mathrm{d}x=0$.

(2) 定积分 $\displaystyle\int_{a}^{b}f(x)\mathrm{d}x$ 是一个确定的数值,它只与被积函数 $f(x)$ 和积分区间 $[a,b]$ 有关,而与积分变量用什么字母表示无关,即

$$\int_{a}^{b}f(x)\mathrm{d}x=\int_{a}^{b}f(t)\mathrm{d}t=\int_{a}^{b}f(u)\mathrm{d}u.$$

四、定积分的几何意义

由前面的讨论可知,当 $f(x)\geqslant 0$ 时,$\displaystyle\int_{a}^{b}f(x)\mathrm{d}x$ 在几何上表示由曲线 $y=f(x)$ 与直线 $x=$

$a, x=b, y=0$ 所围成的曲边梯形的面积(注意 $a<b$);当 $f(x) \leqslant 0$ 时, $-f(x) \geqslant 0$,这时由曲线 $y=f(x)$ 与直线 $x=a, x=b, y=0$ 所围成的曲边梯形面积为

$$A = \lim_{\lambda \to 0} \sum_{i=1}^{n} [-f(\xi_i)] \Delta x_i = -\lim_{\lambda \to 0} \sum_{i=1}^{n} f(\xi_i) \Delta x_i = -\int_a^b f(x) \mathrm{d}x,$$

因此当 $f(x) \leqslant 0$ 时,

$$\int_a^b f(x) \mathrm{d}x = -A.$$

也就是说,当 $f(x) \leqslant 0$ 时,$\int_a^b f(x) \mathrm{d}x$ 在几何上表示曲边梯形面积的相反数(图 7-5).

当 $f(x)$ 在 $[a,b]$ 上有时取正值,有时取负值(图 7-6),则有

$$\int_a^b f(x) \mathrm{d}x = A_1 - A_2 + A_3.$$

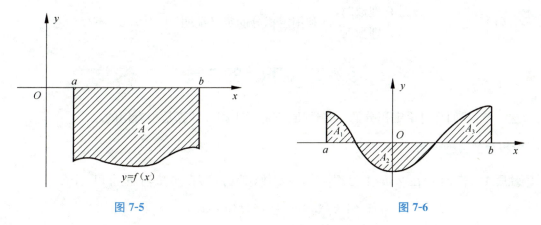

图 7-5　　　　　　　　图 7-6

因此,对一般函数 $f(x)$ 而言,$\int_a^b f(x) \mathrm{d}x$ 在几何上表示由曲线 $y=f(x)$ 与直线 $x=a, x=b, y=0$ 所围成的曲边梯形各部分面积的代数和.

习题 7-1

(A)

1. 判断下列命题的真假:

   (1) 不定积分和定积分都简称积分,因此它们没有本质上的区别,实际上是同一个概念; 　　　　　　　　　　　　　　　　　　　　　　　　　　　　　　　　　　( )

   (2) 在定积分的定义中,可以把 $\lim\limits_{\lambda \to 0} \sum\limits_{i=1}^{n} f(\xi_i) \Delta x_i$ 改变为 $\lim\limits_{n \to \infty} \sum\limits_{i=1}^{n} f(\xi_i) \Delta x_i$.　　( )

2. 利用定积分的几何意义,求下列各式的值:

   (1) $\int_{-1}^{2} 3 \mathrm{d}x$;　　　　(2) $\int_{-a}^{a} \sqrt{a^2 - x^2} \mathrm{d}x \quad (a > 0)$;

   (3) $\int_{-2}^{4} x \mathrm{d}x$;　　　　(4) $\int_{-\frac{\pi}{2}}^{\frac{\pi}{2}} \sin x \mathrm{d}x$.

3. 填空：

(1) 由曲线 $y=e^x$ 与直线 $x=-1, x=2$ 及 x 轴所围成的曲边梯形面积，用定积分表示为 _____；

(2) 由曲线 $y=x^2 (x \geqslant 0)$ 与直线 $y=1, y=3$ 及 y 轴所围成的曲边梯形面积，用定积分表示为 _____；

(3) $\int_1^1 \dfrac{\sin x}{x} \mathrm{d}x = $ _____.

(B)

1. 利用定积分的定义求证：

(1) $\int_a^b \mathrm{d}x = b-a$；　　(2) $\int_0^1 x \mathrm{d}x = \dfrac{1}{2}$.

2. 设 $f(x) = \begin{cases} 1, & x \text{ 是有理数时,} \\ -1, & x \text{ 是无理数时;} \end{cases}$ 试利用定积分的定义证明：$\int_0^1 f(x) \mathrm{d}x$ 不存在.

§7-2　定积分的性质

这一节，我们将讨论定积分的一些性质，它们对于积分计算是很有用的.

一、定积分的线性性质

性质1　若 $f(x)$ 在 $[a,b]$ 上可积，k 为一实数，则 $kf(x)$ 在 $[a,b]$ 上也可积，且有

$$\int_a^b kf(x)\mathrm{d}x = k\int_a^b f(x)\mathrm{d}x.$$

证　因为 $\int_a^b f(x)\mathrm{d}x$ 存在，

所以

$$\lim_{\lambda \to 0} \sum_{i=1}^n f(\xi_i) \Delta x_i = \int_a^b f(x)\mathrm{d}x,$$

所以

$$k\int_a^b f(x)\mathrm{d}x = k\left(\lim_{\lambda \to 0} \sum_{i=1}^n f(\xi_i) \Delta x_i\right)$$

$$= \lim_{\lambda \to 0} \sum_{i=1}^n [kf(\xi_i)] \Delta x_i$$

$$= \int_a^b kf(x)\mathrm{d}x.$$

性质2　若 $f(x), g(x)$ 在 $[a,b]$ 上可积，则 $f(x) \pm g(x)$ 在 $[a,b]$ 上也可积，且

$$\int_a^b [f(x) \pm g(x)]\mathrm{d}x = \int_a^b f(x)\mathrm{d}x \pm \int_a^b g(x)\mathrm{d}x.$$

证　因为 $\int_a^b [f(x) \pm g(x)]\mathrm{d}x = \lim_{\lambda \to 0} \sum_{i=1}^n [f(\xi_i) \pm g(\xi_i)] \Delta x_i$

$$= \lim_{\lambda \to 0} \sum_{i=1}^n f(\xi_i) \Delta x_i \pm \lim_{\lambda \to 0} \sum_{i=1}^n g(\xi_i) \Delta x_i$$

$$= \int_a^b f(x)dx \pm \int_a^b g(x)dx,$$

所以原命题成立.

注意 性质 1、2 可推广到有限个函数的情形,即如果 $f_1(x), f_2(x), \cdots, f_n(x)$ 都在 $[a,b]$ 上可积,$k_1, k_2, \cdots, k_n$ 是实数,那么有

$$\int_a^b [k_1 f_1(x) + k_2 f_2(x) + \cdots + k_n f_n(x)]dx$$
$$= k_1 \int_a^b f_1(x)dx + k_2 \int_a^b f_2(x)dx + \cdots + k_n \int_a^b f_n(x)dx.$$

二、定积分对积分区间的可加性

性质 3 设 $f(x)$ 在所讨论的区间上都是可积的,对于任意的三个数 a, b, c,总有

$$\int_a^b f(x)dx = \int_a^c f(x)dx + \int_c^b f(x)dx.$$

下面利用定积分的几何意义对该性质加以说明. 在图 7-7(1)中,$a < c < b$,这时

$$\int_a^b f(x)dx = A_1 + A_2 = \int_a^c f(x)dx + \int_c^b f(x)dx.$$

在图 7-7(2)中,$a < b < c$,这时

$$\int_a^b f(x)dx = \int_a^c f(x)dx - A_2 = \int_a^c f(x)dx - \int_b^c f(x)dx = \int_a^c f(x)dx + \int_c^b f(x)dx.$$

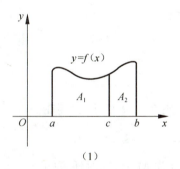
(1)

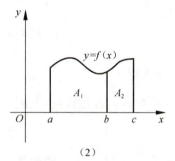
(2)

图 7-7

对于 a, b, c 其他的相对位置情况,类似地也可以得出等式仍然成立.

三、与定积分的估计有关的性质

性质 4(保序性) 设 $f(x), g(x)$ 在 $[a,b]$ 上可积,且有 $f(x) \leqslant g(x)$,则有

$$\int_a^b f(x)dx \leqslant \int_a^b g(x)dx.$$

证 因为

$$\int_a^b g(x)dx - \int_a^b f(x)dx$$
$$= \int_a^b [g(x) - f(x)]dx$$

$$= \lim_{\lambda \to 0} \sum_{i=1}^{n} [g(\xi_i) - f(\xi_i)] \Delta x_i,$$

又 $g(x) \geqslant f(x), x \in [a,b]$,

故 $\lim_{\lambda \to 0} \sum_{i=1}^{n} [g(\xi_i) - f(\xi_i)] \Delta x_i \geqslant 0$,即证.

推论 1(保号性)　若 $f(x) \geqslant 0$ 对 $x \in [a,b]$ 成立,则有

$$\int_a^b f(x) dx \geqslant 0.$$

推论 2(有界性)　若在 $[a,b]$ 上有 $m \leqslant f(x) \leqslant M$, m, M 是两个实数,则有

$$m(b-a) \leqslant \int_a^b f(x) dx \leqslant M(b-a).$$

推论 3(定积分的绝对值不等式)　若 $f(x)$ 在 $[a,b]$ 上可积,则有

$$\left| \int_a^b f(x) dx \right| \leqslant \int_a^b |f(x)| dx.$$

推论 1,2 由读者自证,下面给出推论 3 的证明:

因为

$$-|f(x)| \leqslant f(x) \leqslant |f(x)|,$$

所以

$$-\int_a^b |f(x)| dx \leqslant \int_a^b f(x) dx \leqslant \int_a^b |f(x)| dx,$$

故

$$\left| \int_a^b f(x) dx \right| \leqslant \int_a^b |f(x)| dx.$$

四、定积分的中值定理

定理　如果函数 $f(x)$ 在闭区间 $[a,b]$ 上连续,则在 $[a,b]$ 上至少存在一点 ξ,使得

$$\int_a^b f(x) dx = f(\xi)(b-a) \quad (a \leqslant \xi \leqslant b).$$

证　设 $f(x)$ 在 $[a,b]$ 上的最大值和最小值分别为 M, m,则对任意的 $x \in [a,b]$,都有

$$m \leqslant f(x) \leqslant M,$$

利用上面的推论 2,有

$$m(b-a) \leqslant \int_a^b f(x) dx \leqslant M(b-a).$$

因此在 m, M 之间存在数值 μ,使

$$\int_a^b f(x) dx = \mu(b-a).$$

由于 $f(x)$ 在 $[a,b]$ 上的连续性,根据介值定理可知在 $[a,b]$ 上必存在一点 ξ,使 $f(\xi) = \mu$,所以

$$\int_a^b f(x) dx = f(\xi)(b-a) \quad (a \leqslant \xi \leqslant b).$$

当 $f(x) \geqslant 0 (a \leqslant x \leqslant b)$ 时,积分中值定理的几何解释为:由曲线 $y = f(x)$,直线 $x = a, x = b$ 和 $y = 0$ 所围成的曲边梯形的面积,等于以区间 $[a,b]$ 为底,以该区间上某一点 ξ 的函数值 $f(\xi)$

为高的矩形的面积(图 7-8).

例 1 已知 $\int_0^1 4x^3 dx = 1$, $\int_0^2 4x^3 dx = 16$, 求 $\int_1^2 4x^3 dx$.

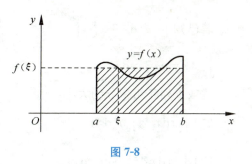

图 7-8

解
$$\int_1^2 4x^3 dx = \int_0^2 4x^3 dx - \int_0^1 4x^3 dx$$
$$= 16 - 1 = 15.$$

例 2 求证：$15 < \int_2^5 (x^2 + 1) dx < 78.$

证 因为当 $x \in [2,5]$ 时,有
$$5 \leqslant x^2 + 1 \leqslant 26,$$
所以
$$5(5-2) \leqslant \int_2^5 (x^2 + 1) dx \leqslant 26(5-2),$$
即
$$15 \leqslant \int_2^5 (x^2 + 1) dx \leqslant 78,$$
又 $f(x) = x^2 + 1$ 在 $[2,5]$ 上是单调递增的,所以 $\int_2^5 (x^2 + 1) dx$ 所表示的曲边梯形面积应位于 15 与 78 之间,不能取等号,从而
$$15 < \int_2^5 (x^2 + 1) dx < 78.$$

例 3 证明 $\lim\limits_{n \to \infty} \left[\int_{\frac{\pi}{4}}^{\frac{\pi}{2}} \cos x dx \right]^n = 0.$

证 根据积分中值定理可知,在 $\left[\frac{\pi}{4}, \frac{\pi}{2}\right]$ 上必存在一点 ξ,使
$$\int_{\frac{\pi}{4}}^{\frac{\pi}{2}} \cos x dx = \frac{\pi}{4} \cos \xi, \quad \xi \in \left[\frac{\pi}{4}, \frac{\pi}{2}\right],$$
设 $q = \frac{\pi}{4} \cos \xi$, 则 $0 < q < \frac{\sqrt{2}\pi}{8} < 1$, 所以
$$\lim_{n \to \infty} \left[\int_{\frac{\pi}{4}}^{\frac{\pi}{2}} \cos x dx \right]^n = \lim_{n \to \infty} q^n = 0.$$

习题 7-2

(A)

1. 已知 $\int_0^2 f(x) dx = A$, $\int_0^2 g(x) dx = B$, 求下列各式的值：

   (1) $\int_0^2 [2f(x) - 3g(x)] dx$; (2) $\int_0^2 [3f(x) + 5g(x)] dx$.

2. 若已知 $\int_{-1}^{0} x^2 dx = \frac{1}{3}, \int_{-1}^{0} x dx = -\frac{1}{2}$,那么

$\int_{-1}^{0}(2x^2 - 3x)dx = $ _____ ; $\int_{0}^{-1}(3x^2 + x)dx = $ _____ .

3. 比较下列各组积分的大小：

(1) $\int_{0}^{1} x dx$ 与 $\int_{0}^{1} x^2 dx$;

(2) $\int_{0}^{\frac{\pi}{2}} x dx$ 与 $\int_{0}^{\frac{\pi}{2}} \sin x dx$;

(3) $\int_{0}^{1} e^x dx$ 与 $\int_{0}^{1} \ln(1+x) dx$.

4. 利用 $\int_{0}^{2} 1 dx = 2, \int_{0}^{2} x dx = 2$,验证下面的等式是否成立：

$$\int_{a}^{b} f(x) \cdot g(x) dx = \left[\int_{a}^{b} f(x) dx\right] \cdot \left[\int_{a}^{b} g(x) dx\right]$$

(B)

1. 利用积分中值定理证明：

(1) $\lim_{n \to \infty}\left[\int_{0}^{\frac{1}{2}} \frac{x}{1+x} dx\right]^n = 0$;

(2) $\lim_{n \to \infty}\left[\int_{0}^{\frac{\pi}{4}} \sin x dx\right]^n = 0$.

2. 设 $f(x)$ 在 $[a,b]$ 上连续,若 $\int_{a}^{b} [f(x)]^2 dx = 0$,求证: $f(x)$ 在 $[a,b]$ 上恒为零.

3. 设 $f(x) = \begin{cases} 1, & x \in [0,1), \\ 0, & x \in [1,2]; \end{cases}$ 试说明 $f(x)$ 在 $[0,2]$ 上不满足积分中值定理.

§7-3 微积分学基本定理

积分学中要解决两个问题:第一个问题是原函数的求法问题,我们在第六章中已经对它作了讨论;第二个问题便是定积分的计算问题.如果我们根据定积分的定义来直接计算积分和的极限,那不是一件很容易的事,如果被积函数比较复杂,计算的困难更大.因此寻求计算定积分的有效方法便成为积分学发展的关键.这一节在研究连续函数的定积分与原函数的关系的基础上,将得到计算定积分的简便而有效的工具,即牛顿——莱布尼兹公式.

一、积分上限函数及其导数

设函数 $f(x)$ 在 $[a,b]$ 上连续,$x \in [a,b]$,则 $f(t)$ 在区间 $[a,x]$ 上也连续,因此定积分

$$\int_{a}^{x} f(t) dt$$

一定存在,当 x 在 $[a,b]$ 上任意给定一个值时,定积分 $\int_{a}^{x} f(t) dt$ 都有唯一确定的值与它相对应,因此 $\int_{a}^{x} f(t) dt$ 是 x 的函数,称之为**积分上限函数**,记作 $\Phi(x)$,即

$$\Phi(x)=\int_a^x f(t)\mathrm{d}t,\quad x\in[a,b]$$

注意到 $\Phi(x)$ 的自变量 x 出现在积分上限的位置，且在区间 $[a,b]$ 上任意取值，这是它的名称的来历，而积分变量 t 的取值范围是 $[a,x]$. 根据定积分的几何意义，在图 7-9 中，$\Phi(x)$ 表示阴影部分的面积. 下面研究函数 $\Phi(x)$ 的导数.

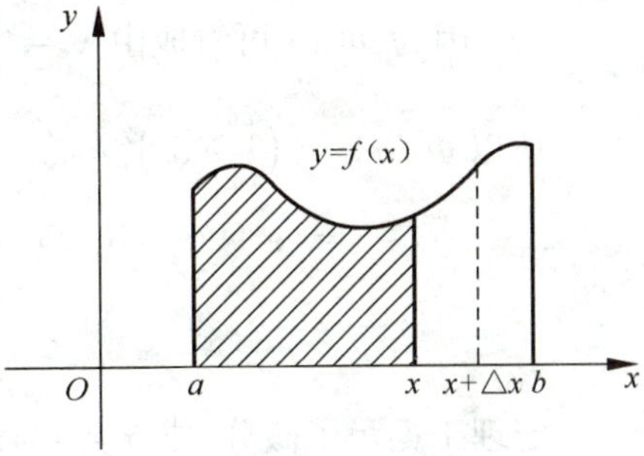

图 7-9

定理 1　若函数 $f(x)$ 在 $[a,b]$ 上连续，则积分上限函数

$$\Phi(x)=\int_a^x f(t)\mathrm{d}t,\quad x\in[a,b]$$

在 $[a,b]$ 可导，且 $\Phi'(x)=f(x)$.

即函数 $\Phi(x)$ 是被积函数 $f(x)$ 在 $[a,b]$ 上的一个原函数，并且 $\Phi(x)$ 在 $[a,b]$ 上连续.

证　利用导数的定义来求 $\Phi'(x)$.

取 $|\Delta x|$ 充分小，使 $x+\Delta x\in[a,b]$，则 $\Phi(x)$ 的增量为

$$\begin{aligned}\Delta\Phi(x)&=\Phi(x+\Delta x)-\Phi(x)\\&=\int_a^{x+\Delta x}f(t)\mathrm{d}t-\int_a^x f(t)\mathrm{d}t\\&=\int_a^x f(t)\mathrm{d}t+\int_x^{x+\Delta x}f(t)\mathrm{d}t-\int_a^x f(t)\mathrm{d}t\\&=\int_x^{x+\Delta x}f(t)\mathrm{d}t,\end{aligned}$$

由 $f(x)$ 的连续性，利用积分中值定理可得

$$\int_x^{x+\Delta x}f(t)\mathrm{d}t=f(\xi)\cdot[(x+\Delta x)-x]=f(\xi)\cdot\Delta x\quad(\xi\text{ 位于 }x\text{ 和 }x+\Delta x\text{ 之间}).$$

令 $\Delta x\to0$，则 $\xi\to x$，$f(\xi)\to f(x)$，所以

$$\Phi'(x)=\lim_{\Delta x\to0}=\frac{\Delta\Phi(x)}{\Delta x}=\lim_{\Delta x\to0}\frac{f(\xi)\Delta x}{\Delta x}=\lim_{\Delta x\to0}f(\xi)=f(x).$$

这就证明了 $\Phi(x)$ 可导且

$$\Phi'(x)=f(x).$$

定理 1 是在被积函数连续的条件下获证的，因而也证明了“连续函数必存在原函数”的命题，并以积分形式给出了 $f(x)$ 的一个原函数，因此这个定理也叫做**原函数存在定理**.

例 1　求导数 $\Phi'(x)$：

(1) $\Phi(x)=\int_1^x \sin t\mathrm{d}t$;　　(2) $\Phi(x)=\int_x^a t^3\mathrm{d}t$;

(3) $\Phi(x)=\int_1^{\cos x}\mathrm{e}^t\mathrm{d}t$.

解　(1) 利用公式 $\left(\int_a^x f(t)\mathrm{d}t\right)'_x=f(x)$ 得

$$\Phi'(x)=\left(\int_1^x \sin t\mathrm{d}t\right)'_x=\sin x.$$

(2) 因为 $\Phi(x)=\int_x^a t^3\mathrm{d}t=-\int_a^x t^3\mathrm{d}t$,

所以 $\Phi'(x) = \left(-\int_a^x t^3 \mathrm{d}t\right)'_x = -x^3$.

(3) 因为 $\Phi(x)$ 可看成由 $y = \int_1^u e^t \mathrm{d}t$ 和 $u = \cos x$ 复合而成的复合函数,

所以 $\Phi'(x) = \left(\int_1^u e^t \mathrm{d}t\right)'_u \cdot u'_x$

$= e^u \cdot (-\sin x) = -\sin x \cdot e^{\cos x}$.

二、牛顿—莱布尼兹公式

定理 1 揭示了微分(或导数)与定积分这两个不相干的概念之间的内在联系,因而又称为**微积分基本定理**. 它同时把定积分与被积函数的原函数两者互相联系了起来,为寻找定积分的简便计算方法指示了光明大道.

定理 2 设 $f(x)$ 在 $[a,b]$ 上连续,$F(x)$ 是 $f(x)$ 的一个原函数,即 $F'(x) = f(x)$,则有

$$\int_a^b F'(x)\mathrm{d}x = \int_a^b f(x)\mathrm{d}x = F(b) - F(a)$$

证 由定理 1 可知,$\Phi(x) = \int_a^x f(t)\mathrm{d}t$ 是 $f(x)$ 的一个原函数,又 $F'(x) = f(x)$,由于同一函数的任何两个原函数只能相差一个常数,所以

$$F(x) = \Phi(x) + C,$$

即 $$F(x) = \int_a^x f(t)\mathrm{d}t + C,$$

其中 C 是一个待定的常数. 由于 $\Phi(a) = \int_a^a f(t)\mathrm{d}t = 0$

所以 $$F(a) = \Phi(a) + C = C,$$

即得 $$F(x) = \Phi(x) + F(a),$$

也就是 $$\int_a^x f(t)\mathrm{d}t = \Phi(x) = F(x) - F(a),$$

从而 $$\int_a^b f(t)\mathrm{d}t = \Phi(b) = F(b) - F(a),$$

即 $$\int_a^b f(t)\mathrm{d}t = F(b) - F(a) \quad 或 \int_a^b f(x)\mathrm{d}x = F(b) - F(a).$$

为了方便起见,也可以写成:

$$\int_a^b f(x)\mathrm{d}x = F(b) - F(a) = F(x)\Big|_a^b, \quad 或 \quad \int_a^b F'(x)\mathrm{d}x = F(x)\Big|_a^b.$$

这个公式称为**牛顿**(Newton)—**莱布尼兹**(Leibniz)**公式**,也叫做微积分基本公式. 历史上,英国和德国为谁最先发现这个公式引发过两国人民的激烈争论,最终认定是牛顿和莱布尼兹各自独立发现的,成为数学史上的一件趣事.

由牛顿—莱布尼兹公式可知,求连续函数 $f(x)$ 在 $[a,b]$ 上的定积分,只需要找到 $f(x)$ 的任意一个原函数 $F(x)$,并计算出差 $F(b) - F(a)$ 即可.

由于 $f(x)$ 的原函数 $F(x)$ 一般可由求不定积分的方法求得,因此牛顿—莱布尼兹公式巧妙地把定积分的计算问题与不定积分联系起来,转化为求被积函数的一个原函数在上、下限之差的问题.

第七章 定积分

例1 计算 $\int_0^1 x^2 \mathrm{d}x$.

解 因为
$$\left(\frac{1}{3}x^3\right)' = x^2,$$
所以
$$\int_0^1 x^2 \mathrm{d}x = \frac{1}{3}x^3 \Big|_0^1 = \frac{1}{3}(1^3 - 0^3) = \frac{1}{3}.$$

例2 求 $\int_a^b \cos x \mathrm{d}x$.

解 因为
$$(\sin x)' = \cos x,$$
所以
$$\int_a^b \cos x \mathrm{d}x = \sin x \Big|_a^b = \sin b - \sin a.$$

例3 求 $\int_0^3 |2-x| \mathrm{d}x$.

解 因为
$$|2-x| = \begin{cases} 2-x, & 0 \leqslant x \leqslant 2, \\ x-2, & 2 < x \leqslant 3, \end{cases}$$
所以
$$\begin{aligned}
\int_0^3 |2-x| \mathrm{d}x &= \int_0^2 (2-x) \mathrm{d}x + \int_2^3 (x-2) \mathrm{d}x \\
&= \left[2x - \frac{1}{2}x^2\right]_0^2 + \left[\frac{1}{2}x^2 - 2x\right]_2^3 \\
&= \left[\left(2\times 2 - \frac{1}{2}\times 2^2\right) - \left(2\times 0 - \frac{1}{2}\times 0^2\right)\right] \\
&\quad + \left[\left(\frac{1}{2}\times 3^2 - 2\times 3\right) - \left(\frac{1}{2}\times 2^2 - 2\times 2\right)\right] \\
&= \frac{5}{2}.
\end{aligned}$$

例4 求 $\int_0^{\frac{\pi}{2}} \sin t \cos t \mathrm{d}t$.

解
$$\int_0^{\frac{\pi}{2}} \sin t \cos t \mathrm{d}t = \int_0^{\frac{\pi}{2}} \sin t \mathrm{d}\sin t$$
$$= \frac{1}{2}\sin^2 t \Big|_0^{\frac{\pi}{2}} = \frac{1}{2}$$

习题 7-3

(A)

1. 求下列各函数的导数：

(1) $F(x) = \int_0^x te^t \mathrm{d}t$; (2) $F(x) = \int_1^x \ln t \mathrm{d}t$;

(3) $\Phi(x) = \int_x^1 \dfrac{1}{1+t^2} \mathrm{d}t$; (4) $\Phi(x) = \int_0^{x^2} e^t \mathrm{d}t$.

2. 设 $F(x) = \int_0^x (1-t^2)\sin t \mathrm{d}t$，求 $F'(x), F'(1)$.

3. 求下列定积分：

(1) $\int_0^2 (x^3 - 2x + 1)\mathrm{d}x$; (2) $\int_0^2 (e^t - t)\mathrm{d}t$;

(3) $\int_0^\pi (3\cos x - \sin x)\mathrm{d}x$; (4) $\int_0^{2\pi} |\cos x| \mathrm{d}x$;

(5) $\int_0^1 \dfrac{1}{1+x^2} \mathrm{d}x$; (6) $\int_0^{\frac{\pi}{4}} \tan^2 \theta \mathrm{d}\theta$;

(7) $\int_1^2 \dfrac{1}{1+x} \mathrm{d}x$; (8) $\int_{-\frac{1}{2}}^{\frac{1}{2}} \dfrac{1}{\sqrt{1-t^2}} \mathrm{d}t$.

(B)

1. 设 $f(x) = \begin{cases} x^2+1, & x \leqslant 1, \\ x+1, & x > 1, \end{cases}$ 求 $\int_0^4 f(x) \mathrm{d}x$.

2. 试利用公式 $\left(\int_a^x f(t)\mathrm{d}t \right)'_x = f(x)$ 及复合函数求导法则，证明

$$\left(\int_x^{x^2} f(t)\mathrm{d}t \right)'_x = 2x \cdot f(x^2) - f(x).$$

§7-4 定积分的换元积分法与分部积分法

牛顿—莱布尼兹公式告诉我们，求定积分的问题一般可归结为求原函数，从而可以把求不定积分的方法移植到定积分计算中来. 从上一节的例子中，我们看到，若被积函数的原函数可直接用不定积分的第一换元法和基本公式求出，则可直接应用牛顿—莱布尼兹公式求解. 当然，用第二换元法与分部积分法求出定积分中被积函数的原函数之后，再用牛顿—莱布尼兹公式求解该定积分无疑也是正确的. 但由于定积分概念的特殊性，我们对后两种积分再作下述讨论.

一、定积分的换元积分法

定理 1 设 $f(x)$ 在 $[a,b]$ 上连续，令 $x = \varphi(t)$，且满足：

(1) $\varphi(\alpha) = a, \varphi(\beta) = b$;

(2) 当 t 从 α 变化到 β 时，$\varphi(t)$ 单调地从 a 变化到 b;

(3) $\varphi'(t)$ 在 $[\alpha, \beta]$（或 $[\beta, \alpha]$）上连续.

则有

$$\int_a^b f(x) \mathrm{d}x = \int_\alpha^\beta f[\varphi(t)] \varphi'(t) \mathrm{d}t.$$

证 由 $f(x)$ 和 $\varphi'(t)$ 的连续性知等式两边的定积分都存在,故只要证它们相等即可.
设 $F(x)$ 是 $f(x)$ 的一个原函数,则

$$\int_a^b f(x)\mathrm{d}x = F(b) - F(a),$$

又

$$\frac{\mathrm{d}F[\varphi(t)]}{\mathrm{d}t} = \frac{\mathrm{d}F}{\mathrm{d}x} \cdot \frac{\mathrm{d}x}{\mathrm{d}t} = f(x) \cdot \varphi'(t) = f[\varphi(t)] \cdot \varphi'(t),$$

这说明 $F[\varphi(t)]$ 是 $f[\varphi(t)]\varphi'(t)$ 的一个原函数,从而

$$\int_\alpha^\beta f[\varphi(t)]\varphi'(t)\mathrm{d}t = F[\varphi(t)]\Big|_\alpha^\beta = F[\varphi(\beta)] - F[\varphi(\alpha)] = F(b) - F(a),$$

所以

$$\int_a^b f(x)\mathrm{d}x = \int_\alpha^\beta f[\varphi(t)]\varphi'(t)\mathrm{d}t.$$

定理 1 表明,用换元积分法计算定积分时,可省略代回原积分变量的麻烦,但要注意,换元后一定要同时改变积分的上下限.

例 1 计算 $\int_0^a \sqrt{a^2 - x^2}\mathrm{d}x \quad (a > 0)$.

解 令 $x = a\sin t, t \in \left[0, \frac{\pi}{2}\right]$,则 $\mathrm{d}x = a\cos t\mathrm{d}t$;当 $x = 0$ 时 $t = 0$;当 $x = a$ 时 $t = \frac{\pi}{2}$.

则

$$原式 = \int_0^{\frac{\pi}{2}} \sqrt{a^2 - a^2\sin^2 t} \cdot a\cos t\mathrm{d}t$$

$$= a^2 \int_0^{\frac{\pi}{2}} \cos^2 t\mathrm{d}t = a^2 \int_0^{\frac{\pi}{2}} \frac{1 + \cos 2t}{2}\mathrm{d}t$$

$$= \frac{a^2}{2}\left[t + \frac{\sin 2t}{2}\right]_0^{\frac{\pi}{2}} = \frac{1}{4}\pi a^2.$$

注意 在换元"$x = a\sin t$"时,应限制 t 的取值范围使函数 $x = a\sin t$ 在该范围内是单调的,否则有可能出错. 如令 $x = 0$ 时 $t = 0, x = a$ 时 $t = \frac{5\pi}{2}$ 代入计算,则得到错误的结果 $\frac{5}{4}\pi a^2$.

此题可以根据定积分的几何意义计算,即为圆 $x^2 + y^2 = a^2$ 面积的四分之一.

例 2 计算 $\int_0^4 \frac{x + 2}{\sqrt{1 + 2x}}\mathrm{d}x$.

解 令 $\sqrt{1 + 2x} = t$,则 $x = \frac{t^2 - 1}{2}, t > 0, \mathrm{d}x = t\mathrm{d}t$;

当 $x = 0$ 时 $t = 1$;当 $x = 4$ 时 $t = 3$,则

$$原式 = \int_1^3 \frac{\frac{t^2 - 1}{2} + 2}{t} \cdot t\mathrm{d}t$$

$$= \frac{1}{2}\int_1^3 (t^2 + 3)\mathrm{d}t$$

$$= \frac{1}{2}\left[\frac{t^3}{3} + 3t\right]_1^3 = \frac{22}{3}.$$

想一想 在函数 $x = \frac{t^2 - 1}{2}$ 中,可以令 $t \leqslant 0$ 吗?

例 3 求 $\int_0^1 t e^{\frac{t^2}{2}} dt$.

解法 1 令 $x = \frac{t^2}{2}$, 则 $dx = t dt$;

当 $t=0$ 时 $x=0$; 当 $t=1$ 时 $x=\frac{1}{2}$, 易见 $t=\sqrt{2x}$ 在 $x \in \left[0, \frac{1}{2}\right]$ 时是单调的, 因此

$$\int_0^1 t e^{\frac{t^2}{2}} dt = \int_0^{\frac{1}{2}} e^x dx = e^x \big|_0^{\frac{1}{2}} = \sqrt{e} - 1.$$

解法 2
$$\int_0^1 t e^{\frac{t^2}{2}} dt = \int_0^1 e^{\frac{t^2}{2}} d\left(\frac{t^2}{2}\right)$$
$$= e^{\frac{t^2}{2}} \big|_0^1 = \sqrt{e} - 1.$$

从上面 3 例可知, 在求定积分引进新变量时, 必须把相应的积分上、下限进行更换, 即"**换元必换限**"; 但如果用第一换元积分法(凑微分法)求定积分时, 可以不用"换元必换项", 因为并没有引进新变量, 所以不要更换积分的上、下限.

例 4 设 $f(x)$ 是 $(-\infty, +\infty)$ 上以 T 为周期的连续函数, 求证:

$$\int_a^{T+a} f(x) dx = \int_0^T f(x) dx.$$

证 因为 $\int_a^{T+a} f(x) dx = \int_a^0 f(x) dx + \int_0^T f(x) dx + \int_T^{T+a} f(x) dx.$

设 $x = t + T$, 则

$$\int_T^{T+a} f(x) dx = \int_0^a f(t+T) dt = \int_0^a f(t) dt = \int_0^a f(x) dx,$$

故
$$\int_a^{T+a} f(x) dx = \int_a^0 f(x) dx + \int_0^T f(x) dx + \int_0^a f(x) dx$$
$$= \int_a^0 f(x) dx + \int_0^T f(x) dx - \int_a^0 f(x) dx$$
$$= \int_0^T f(x) dx.$$

请读者以 $y = \sin x$ 为例, 结合定积分的几何意义, 验证该等式的正确性.

例 5 设 $f(x)$ 是 $[-a, a]$ 上的连续函数, 求证:

(1) 若 $f(x)$ 是偶函数, 则

$$\int_{-a}^a f(x) dx = 2 \int_0^a f(x) dx;$$

(2) 若 $f(x)$ 是奇函数, 则

$$\int_{-a}^a f(x) dx = 0.$$

证 (1) 因为 $f(-x) = f(x)$, $\int_{-a}^a f(x) dx = \int_{-a}^0 f(x) dx + \int_0^a f(x) dx$;

令 $x = -t$, 则

$$\int_{-a}^0 f(x) dx = \int_a^0 f(-t) d(-t)$$
$$= \int_a^0 -f(-t) dt = -\int_a^0 f(t) dt$$

$$= \int_0^a f(t)\mathrm{d}t = \int_0^a f(x)\mathrm{d}x.$$

故 $$\int_{-a}^a f(x)\mathrm{d}x = 2\int_0^a f(x)\mathrm{d}x.$$

命题(2)由读者自行证明,并说出它们的几何意义.

例 6 求 $\int_0^\pi \dfrac{x\sin x}{1+\cos^2 x}\mathrm{d}x$.

解 令 $x=\pi-t$,则 $\mathrm{d}x=-\mathrm{d}t$;当 $x=0$ 时,$t=\pi$;当 $x=\pi$ 时,$t=0$;因此

$$\int_0^\pi \frac{x\sin x}{1+\cos^2 x}\mathrm{d}x = \int_\pi^0 \frac{(\pi-t)\sin(\pi-t)}{1+\cos^2(\pi-t)}(-\mathrm{d}t)$$

$$= \int_0^\pi \frac{(\pi-t)\sin t}{1+\cos^2 t}\mathrm{d}t$$

$$= \int_0^\pi \frac{(\pi-x)\sin x}{1+\cos^2 x}\mathrm{d}x$$

$$= \pi\int_0^\pi \frac{\sin x}{1+\cos^2 x}\mathrm{d}x - \int_0^\pi \frac{x\sin x}{1+\cos^2 x}\mathrm{d}x,$$

所以

$$\int_0^\pi \frac{x\sin x}{1+\cos^2 x}\mathrm{d}x = \frac{\pi}{2}\int_0^\pi \frac{\sin x}{1+\cos^2 x}\mathrm{d}x$$

$$= -\frac{\pi}{2}\int_0^\pi \frac{1}{1+\cos^2 x}\mathrm{d}(\cos x)$$

$$= -\frac{\pi}{2}\arctan(\cos x)\Big|_0^\pi$$

$$= -\frac{\pi}{2}\left[-\frac{\pi}{4}-\frac{\pi}{4}\right] = \frac{\pi^2}{4}.$$

注:$\dfrac{x\sin x}{1+\cos^2 x}$ 的原函数不能用初等函数来表示,但利用换元法和方程的思想却能求此定积分.

在应用定积分的换元积分法时,还需要注意 $x=\varphi(t)$ 是否满足有关条件. 例如:积分 $\int_{-1}^1 \dfrac{1}{1+x^2}\mathrm{d}x$ 中如果作代换 $x=\dfrac{1}{t}$,则有

$$\int_{-1}^1 \frac{1}{1+x^2}\mathrm{d}x = \int_{-1}^1 \frac{\left(-\dfrac{1}{t^2}\right)}{1+\dfrac{1}{t^2}}\mathrm{d}t$$

$$= -\int_{-1}^1 \frac{1}{1+t^2}\mathrm{d}t = -\int_{-1}^1 \frac{1}{1+x^2}\mathrm{d}x$$

即 $2\int_{-1}^1 \dfrac{1}{1+x^2}\mathrm{d}x = 0$,于是有

$$\int_{-1}^1 \frac{1}{1+x^2}\mathrm{d}x = 0$$

该结果显然是错误. 事实上由牛顿—莱布尼兹公式有 $\int_{-1}^1 \dfrac{1}{1+x^2}\mathrm{d}x = \arctan x\Big|_{-1}^1 = \dfrac{\pi}{4}-\left(-\dfrac{\pi}{4}\right) = \dfrac{\pi}{2}$. 究其原因,当 $t\to 0$ 时,$x\to\infty$,此时的 x 已经超出了 x 的变化范围$[-1,1]$.

二、定积分的分部积分法

定理 2 设 $u=u(x)$ 与 $v=v(x)$ 在 $[a,b]$ 上都有连续的导数,则

$$\int_a^b u(x)v'(x)\mathrm{d}x = u(x)v(x)\Big|_a^b - \int_a^b v(x)u'(x)\mathrm{d}x,$$

或简写为

$$\int_a^b uv'\mathrm{d}x = uv\Big|_a^b - \int_a^b vu'\mathrm{d}x.$$

证 因为 $(uv)' = u'v + uv'$,

对上式两端分别在 $[a,b]$ 上求关于积分变量 x 的定积分,得

$$\int_a^b (uv)'\mathrm{d}x = \int_a^b u'v\mathrm{d}x + \int_a^b uv'\mathrm{d}x,$$

所以

$$\int_a^b uv'\mathrm{d}x = uv\Big|_a^b - \int_a^b u'v\mathrm{d}x.$$

例 7 求 $\int_0^{\frac{\pi}{2}} x\cos x\,\mathrm{d}x$.

解 设 $u=x, v'=\cos x$;则 $u'=1, v=\sin x$,
故

$$\text{原式} = \int_0^{\frac{\pi}{2}} x\cdot(\sin x)'\mathrm{d}x$$

$$= x\sin x\Big|_0^{\frac{\pi}{2}} - \int_0^{\frac{\pi}{2}} (x)'\cdot\sin x\,\mathrm{d}x$$

$$= \frac{\pi}{2} + [\cos x]_0^{\frac{\pi}{2}} = \frac{\pi}{2} - 1.$$

想一想 如果设 $u=\cos x, v'=x$,后果会怎样?

例 8 求 $\int_0^{e-1} \ln(1+x)\mathrm{d}x$.

解

$$\int_0^{e-1} \ln(1+x)\mathrm{d}x = \int_0^{e-1} (x)'\cdot\ln(1+x)\mathrm{d}x$$

$$= x\ln(1+x)\Big|_0^{e-1} - \int_0^{e-1} \frac{x}{1+x}\mathrm{d}x$$

$$= (e-1)\ln e - \int_0^{e-1}\left(1-\frac{1}{1+x}\right)\mathrm{d}x$$

$$= (e-1) - [x-\ln|1+x|]_0^{e-1} = 1.$$

例 9 求 $\int_0^2 e^{\sqrt{x}}\mathrm{d}x$.

解 令 $\sqrt{x}=t$,则 $x=t^2 (t\geqslant 0), \mathrm{d}x=2t\mathrm{d}t$;
当 $x=0$ 时 $t=0$;当 $x=2$ 时 $t=\sqrt{2}$,则有

$$\int_0^2 e^{\sqrt{x}}\mathrm{d}x = 2\int_0^{\sqrt{2}} te^t\mathrm{d}t = 2\int_0^{\sqrt{2}} t\cdot(e^t)'\mathrm{d}t$$

$$= 2te^t\Big|_0^{\sqrt{2}} - 2\int_0^{\sqrt{2}} e^t\mathrm{d}t$$

第七章 定积分

$$= 2\sqrt{2}e^{\sqrt{2}} - [2e^t]_0^{\sqrt{2}}$$
$$= 2\sqrt{2}e^{\sqrt{2}} - 2e^{\sqrt{2}} + 2.$$

说明：此题方法为先换元后分部积分.

例 10 求证：$\int_0^{\frac{\pi}{2}} \cos^n x \, dx = \int_0^{\frac{\pi}{2}} \sin^n x \, dx$.

证 设 $x = \frac{\pi}{2} - t$，则 $dx = -dt$；当 $x=0$ 时 $t=\frac{\pi}{2}$；当 $x=\frac{\pi}{2}$ 时 $t=0$，则有

$$\int_0^{\frac{\pi}{2}} \cos^n x \, dx = \int_{\frac{\pi}{2}}^0 \cos^n\left(\frac{\pi}{2} - t\right) \cdot (-dt)$$

$$= -\int_{\frac{\pi}{2}}^0 \sin^n t \, dt$$

$$= \int_0^{\frac{\pi}{2}} \sin^n t \, dt$$

$$= \int_0^{\frac{\pi}{2}} \sin^n x \, dx.$$

习题 7-4

(A)

1. 计算下列定积分：

   (1) $\int_0^1 \frac{e^x}{1+e^x} dx$；

   (2) $\int_0^{\frac{\pi}{2}} \cos^4 x \sin x \, dx$；

   (3) $\int_1^4 \frac{1}{1+\sqrt{x}} dx$；

   (4) $\int_0^{\ln 2} \sqrt{e^x - 1} \, dx$；

   (5) $\int_0^a x^2 \sqrt{a^2 - x^2} \, dx \quad (a > 0)$；

   (6) $\int_{-1}^1 \frac{x \, dx}{\sqrt{5 - 4x}}$；

   (7) $\int_e^{e^3} \frac{1}{x \ln x} dx$；

   (8) $\int_0^1 \frac{1}{e^x + e^{-x}} dx$.

2. 求下列定积分的值：

   (1) $\int_1^{e^2} x \ln x \, dx$；

   (2) $\int_0^1 x e^{-x} dx$；

   (3) $\int_0^{\frac{\pi}{2}} x \sin x \, dx$；

   (4) $\int_0^1 x \arctan x \, dx$；

   (5) $\int_0^{\frac{\sqrt{2}}{2}} \arcsin x \, dx$；

   (6) $\int_0^{\frac{\pi}{2}} e^t \cos t \, dt$；

   (7) $\int_{-3}^3 \frac{e^{|x|} \sin x}{1 + x^2} dx$；

   (8) $\int_{-1}^1 (e^{|x|} - x^2 \sin x) \, dx$.

(B)

1. 用换元法证明：

(1) 设 $f(x)$ 在 $[0,1]$ 上连续，则有 $\int_0^\pi xf(\sin x)\mathrm{d}x = \frac{\pi}{2}\int_0^\pi f(\sin x)\mathrm{d}x$；

(2) $\int_0^1 x^m(1-x)^n\mathrm{d}x = \int_0^1 x^n(1-x)^m\mathrm{d}x \quad (m,n \in N^+)$.

2. 设 $f(x)$ 为连续函数，求证：

(1) 若 $f(-x) = f(x)$，则 $\Phi(x) = \int_0^x f(t)\mathrm{d}t$ 为奇函数；

(2) 若 $f(-x) = -f(x)$，则 $F(x) = \int_a^x f(t)\mathrm{d}t$（$a$ 为常数）为偶函数.

§7-5 定积分的应用

本节主要讨论定积分在几何上的应用，并简单介绍定积分在物理上的一些应用.

一、平面图形的面积

1. 由连续曲线 $y=f(x)$ 与直线 $x=a, x=b, y=0$ 所围成的平面图形的面积.

根据定积分的几何意义，若在 $[a,b]$ 上 $f(x)\geqslant 0$，则所求的面积为

$$A = \int_a^b f(x)\mathrm{d}x;$$

若在 $[a,b]$ 上 $f(x)\leqslant 0$，则所求的面积为

$$A = -\int_a^b f(x)\mathrm{d}x;$$

在一般情况下（图 7-10），所求的面积为

$$A = \int_a^b |f(x)|\mathrm{d}x = \int_a^c f(x)\mathrm{d}x - \int_c^d f(x)\mathrm{d}x + \int_d^b f(x)\mathrm{d}x.$$

2. 由曲线 $y=f(x), y=g(x)$ 与直线 $x=a, x=b$ 所围成的平面图形的面积.

若 $f(x)\geqslant g(x)\geqslant 0$（图 7-11），则所求的面积为

$$A = \int_a^b f(x)\mathrm{d}x - \int_a^b g(x)\mathrm{d}x = \int_a^b [f(x)-g(x)]\mathrm{d}x;$$

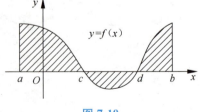

图 7-10

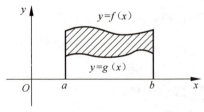

图 7-11

若 $g(x)\leqslant f(x)\leqslant 0$（图 7-12），则所求的面积为

$$A = -\int_a^b g(x)\mathrm{d}x - \left[-\int_a^b f(x)\mathrm{d}x\right] = \int_a^b [f(x)-g(x)]\mathrm{d}x;$$

若 $g(x)\leqslant 0\leqslant f(x)$（图 7-13），则所求的面积为

$$A = \int_a^b f(x)\mathrm{d}x - \int_a^b g(x)\mathrm{d}x = \int_a^b [f(x)-g(x)]\mathrm{d}x;$$

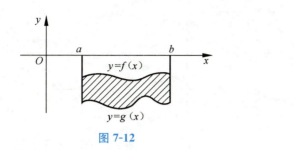

图 7-12

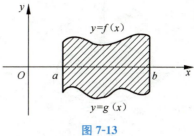

图 7-13

由上面的讨论可知,在一般情况下,所求的面积可表示为

$$A = \int_a^b |f(x) - g(x)| \, dx.$$

3. 由曲线 $x=\varphi(y)$ 与直线 $y=a, y=b, x=0$ 所围成的平面图形的面积.

如图 7-14 所示,这和第 1 种情形类似,只不过将积分变量由 x 换成 y,故所求的面积为

$$A = \int_a^b |\varphi(y)| \, dy.$$

4. 由曲线 $x=\varphi(y), x=\Psi(y)$ 与直线 $y=a, y=b$ 所围成的平面图形的面积.

如图 7-15 所示,这和第 2 种情形类似,但积分变量由 x 换成了 y,故所求的面积为

$$A = \int_a^b |\varphi(y) - \Psi(y)| \, dy.$$

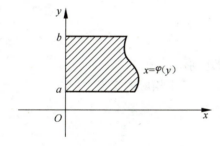

图 7-14

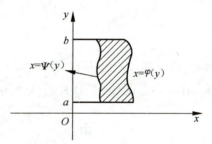

图 7-15

例 1 求椭圆 $\dfrac{x^2}{a^2} + \dfrac{y^2}{b^2} = 1$ 的面积.

解 作出示意图(图 7-16);

由 $\dfrac{x^2}{a^2} + \dfrac{y^2}{b^2} = 1$,得 $y = \pm \dfrac{b}{a}\sqrt{a^2 - x^2}$;

由椭圆的对称性,知所求的面积为

$$A = 4\int_0^a \frac{b}{a}\sqrt{a^2 - x^2} \, dx;$$

令 $x = a\sin t$,代入上式得

$$A = \frac{4b}{a}\int_0^{\frac{\pi}{2}} a^2 \cos^2 t \, dt$$

$$= 2ab\int_0^{\frac{\pi}{2}} (1 + \cos 2t) \, dt = 2ab\left[t + \frac{1}{2}\sin 2t\right]_0^{\frac{\pi}{2}} = \pi ab.$$

例 2 求由曲线 $y = \sin x$ 和直线 $x=0, x=2\pi, y=0$ 所围成的平面图形的面积(图 7-17).

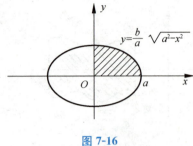
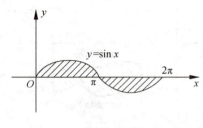

图 7-16　　　　　　　　　　　　　图 7-17

解 所求的面积为

$$A = \int_0^{2\pi} |\sin x|\, dx = \int_0^{\pi} \sin x\, dx - \int_{\pi}^{2\pi} \sin x\, dx = [-\cos x]_0^{\pi} + [\cos x]_{\pi}^{2\pi} = 4.$$

例 3 求抛物线 $y=x^2$ 和直线 $y=x+2$ 所围成的图形的面积.

解 由方程组 $\begin{cases} y=x^2, \\ y=x+2 \end{cases}$ 解得交点坐标为

$$\begin{cases} x_1 = -1, \\ y_1 = 1 \end{cases} \text{和} \begin{cases} x_2 = 2, \\ y_2 = 4; \end{cases}$$

作出示意图(图 7-18). 故所求的面积为

$$A = \int_{-1}^{2} [(x+2) - x^2]\, dx$$
$$= \left[\frac{x^2}{2} + 2x - \frac{x^3}{3}\right]_{-1}^{2} = \frac{9}{2}.$$

例 4 求曲线 $xy=1$ 和直线 $y=x, y=3$ 所围成的图形的面积.

解 作出示意图(图 7-19). 若以 x 为积分变量,应先求出相应的交点坐标:

由 $\begin{cases} xy=1, \\ y=3, \end{cases}$ 得 $\begin{cases} x=\dfrac{1}{3}, \\ y=3; \end{cases}$

由 $\begin{cases} xy=1, \\ y=x, \end{cases}$ 得 $\begin{cases} x_1=1, \\ y_1=1 \end{cases}$ 和 $\begin{cases} x_2=-1, \\ y_2=-1; \end{cases}$

由 $\begin{cases} y=3, \\ y=x, \end{cases}$ 得 $\begin{cases} x=3, \\ y=3. \end{cases}$

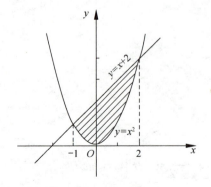
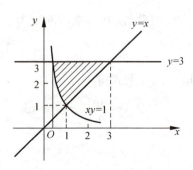

图 7-18　　　　　　　　　　　　　图 7-19

故所求的面积为

$$A = \int_{\frac{1}{3}}^{1} \left(3 - \frac{1}{x}\right) dx + \int_{1}^{3} (3 - x) dx$$

$$= \left[3x - \ln x\right]_{\frac{1}{3}}^{1} + \left[3x - \frac{x^2}{2}\right]_{1}^{3} = 4 - \ln 3;$$

若以 y 为积分变量,则所求的面积为

$$A = \int_{1}^{3} \left(y - \frac{1}{y}\right) dy$$

$$= \left[\frac{y^2}{2} - \ln y\right]_{1}^{3} = 4 - \ln 3.$$

两种思路,答案相同,而解题的难易差别,读者易知. 由此可见,在求平面图形的面积时,应注意对积分变量的适当选择.

※二、平面曲线的弧长

我们现在来求平面上的一条曲线 $y=f(x)$ 在区间 $[a,b]$ 上的弧长,基本思想是把这段曲线弧分成长度很短的 n 个小曲线段,再把每个小曲线段用相应的直线段来近似代替,那么所有直线段的长度之和就是所求弧长的近似值,当所有小曲线段的长度都趋向于零时,则直线段的长度之和的极限值就是所求的弧长(图 7-20).

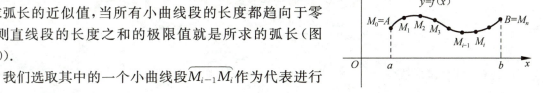

图 7-20

我们选取其中的一个小曲线段 $\overset{\frown}{M_{i-1}M_i}$ 作为代表进行研究.

设 M_{i-1}, M_i 的坐标分别为 $(x_i, f(x_i))$ 和 $(x_i + \Delta x_i, f(x_i + \Delta x_i))$,

则直线段 $M_{i-1}M_i$ 的长度为

$$S_i = \sqrt{[(x_i + \Delta x_i) - x_i]^2 + [f(x_i + \Delta x_i) - f(x_i)]^2} = \sqrt{(\Delta x_i)^2 + (\Delta y_i)^2}$$

$$= \sqrt{(\Delta x_i)^2 \left[1 + \left(\frac{\Delta y_i}{\Delta x_i}\right)^2\right]} = \sqrt{1 + \left(\frac{\Delta y_i}{\Delta x_i}\right)^2} \cdot \Delta x_i,$$

若 $f(x)$ 可导,则当 $\Delta x_i \to 0$ 时,$\frac{\Delta y_i}{\Delta x_i} \to y_i'$;从而

$$S_i = \sqrt{1 + (y_i')^2} \cdot \Delta x_i \quad (\Delta x_i \to 0).$$

令 $\lambda = \max\{\Delta x_1, \Delta x_2, \cdots, \Delta x_n\}$,则所求的弧长为

$$S = \lim_{\lambda \to 0} \sum_{i=1}^{n} S_i = \lim_{\lambda \to 0} \sum_{i=1}^{n} \sqrt{1 + (y_i')^2} \cdot \Delta x_i,$$

由此可得

定理 设 $y=f(x)$ 在 $[a,b]$ 上有连续的导数,则相应的曲线 $y=f(x)$ 的弧长为

$$S = \int_{a}^{b} \sqrt{1 + (y')^2} dx; \tag{1}$$

若曲线 $y=f(x)$ 的参数方程为：$\begin{cases} x=x(t), \\ y=y(t), \end{cases}$

当 t 从 α 变化到 β 时 $(\alpha<\beta)$，x 从 a 变化到 b，利用 $y'_x=\dfrac{y'_t}{x'_t}$ 和 $\mathrm{d}x=x'(t)\mathrm{d}t$，把它们代入(1)式，则所求的弧长为

$$S=\int_\alpha^\beta \sqrt{[x'(t)]^2+[y'(t)]^2}\,\mathrm{d}t. \tag{2}$$

上述推导过程中，我们取物体的某一微小部分为代表研究其中的数量变化关系，从而得到物体所满足的数学规律. 实际上，定积分的所有应用问题，一般总可按"分割，近似代替，求和，取极限"四个步骤把所求量表示为定积分的形式. 但为简洁实用，常常把这种方法简化称为"**微元法**"，在高等数学中常常用到它.

例5 求曲线 $y=x^2$ 从 $x=0$ 到 $x=4$ 之间的一段弧的长度.

解 因为 $y'=2x$，

故
$$S=\int_0^4 \sqrt{1+(2x)^2}\,\mathrm{d}x=\int_0^4 \sqrt{1+4x^2}\,\mathrm{d}x$$
$$=2\int_0^4 \sqrt{\frac{1}{4}+x^2}\,\mathrm{d}x$$
$$=2\left[\frac{x}{2}\sqrt{\frac{1}{4}+x^2}+\frac{1}{8}\ln\left(x+\sqrt{x^2+\frac{1}{4}}\right)\right]_0^4$$
$$=2\sqrt{65}+\frac{1}{4}\ln(8+\sqrt{65}).$$

例6 计算星形线 $\begin{cases} x=a\cos^3 t, \\ y=a\sin^3 t \end{cases}$ $(t\in[0,2\pi])$ 的弧长(图 7-21).

解 根据曲线的对称性，只须求它在第一象限的弧长，故所求的弧长为

$$S=4\int_0^{\frac{\pi}{2}} \sqrt{[(a\cos^3 t)']^2+[(a\sin^3 t)']^2}\,\mathrm{d}t$$
$$=12a\int_0^{\frac{\pi}{2}} \sqrt{\cos^4 t\sin^2 t+\sin^4 t\cos^2 t}\,\mathrm{d}t$$
$$=12a\int_0^{\frac{\pi}{2}} \sin t\cos t\,\mathrm{d}t=6a\sin^2 t\,\Big|_0^{\frac{\pi}{2}}=6a.$$

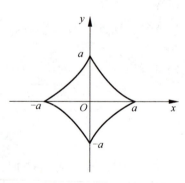

图 7-21

注意 星形线的一般方程为 $x^{\frac{2}{3}}+y^{\frac{2}{3}}=a^{\frac{2}{3}}$ $(a>0)$；在求曲线 $y=f(x)$ 的弧长公式中，要求曲线有连续的导数，即所谓的光滑曲线；而星形线是分段光滑的，在四个顶点处导数不连续，所以不能直接对 t 从 0 到 2π 求积分，只能分四段分别积分再相加.

※三、旋转体的体积

平面图形绕平面上的一条轴旋转一周就得到一个**旋转体**.

现在来求由连续曲线 $y=f(x)$ 与直线 $x=a, x=b, y=0$ 围成的曲边梯形绕 x 轴旋转一周所得的一个旋转体的体积(图 7-22). 我们用垂直于旋转轴的平面去截旋转体，所得的截面是一个圆，圆心是截面与旋转轴的交点，圆半径等于 $|f(x)|$，考虑在 $[a,b]$ 间插入 $n-1$ 个分点：

$$a = x_0 < x_1 < x_2 < \cdots < x_{i-1} < x_i < \cdots < x_n = b,$$

过这些分点作垂直于 x 轴的平面,则这些平面把旋转体截成 n 个"小薄片",若 $\Delta x_i = x_i - x_{i-1}(i=1,2,\cdots,n)$ 都很小,则每个小薄片都可以近似地看成一个小圆柱体;所以位于 $[x_{i-1},x_i]$ 上的小薄片的体积近似值为

$$\pi[f(\xi_i)]^2 \cdot \Delta x_i, \quad \xi_i \in [x_{i-1},x_i].$$

因此旋转体的体积近似值为

$$V \approx \sum_{i=1}^n \pi[f(\xi_i)]^2 \cdot \Delta x_i.$$

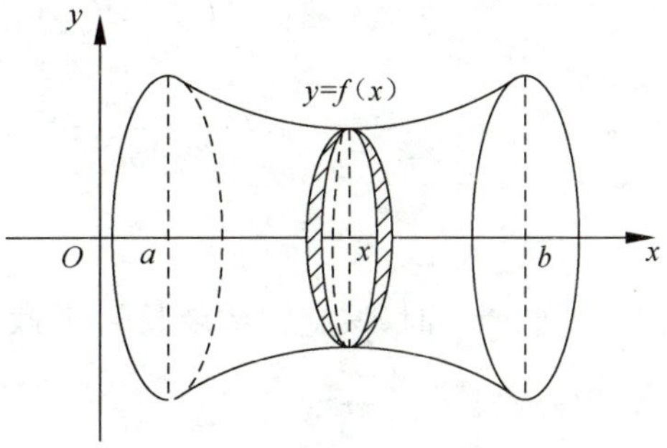

图 7-22

根据定积分的定义,可知**旋转体的体积**为

$$V = \int_a^b \pi[f(x)]^2 \mathrm{d}x.$$

同理可得由连续曲线 $x=\varphi(y)$ 与直线 $y=a,y=b(a<b),x=0$ 所围成的曲边梯形绕 y 轴旋转一周所得的**旋转体**(图 7-23)**的体积**为

$$V = \int_a^b \pi[\varphi(y)]^2 \mathrm{d}y.$$

例 7 求底面半径为 r,高为 h 的圆锥体的体积.

解 如图 7-24 所示,该圆锥体可看成是由直角三角形 OAB 绕 OB(即 x 轴)旋转一周所得的旋转体,直线 OA 的方程为

$$y = \frac{r}{h}x,$$

故所求的体积为

$$V = \int_0^h \pi\left(\frac{r}{h}x\right)^2 \mathrm{d}x = \frac{\pi r^2}{h^2}\int_0^h x^2 \mathrm{d}x = \frac{\pi r^2 x^3}{3h^2}\bigg|_0^h = \frac{\pi r^2 h}{3}.$$

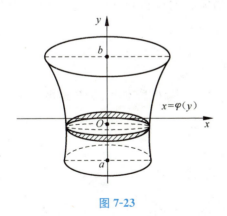

图 7-23

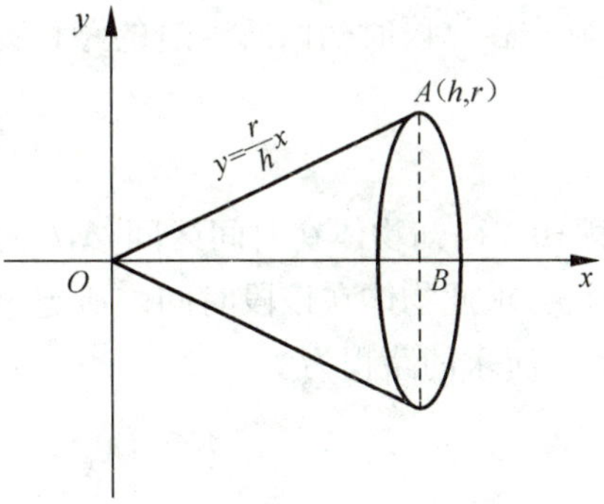

图 7-24

例 8 求由椭圆 $\dfrac{x^2}{a^2}+\dfrac{y^2}{b^2}=1$ 绕 x 轴旋转一周所得的旋转体的体积.

解 如图 7-25 所示,由 $\dfrac{x^2}{a^2}+\dfrac{y^2}{b^2}=1$ 可得

$$y^2 = b^2 - \frac{b^2}{a^2}x^2,$$

故所求的旋转体的体积为

$$V = \int_{-a}^{a} \pi \left(b^2 - \frac{b^2}{a^2} x^2 \right) dx$$

$$= \pi \left[b^2 x - \frac{b^3}{3a^2} x^3 \right]_{-a}^{a}$$

$$= \frac{4\pi ab^2}{3}.$$

当 $a = b$ 时,该旋转体就是一个球体,由此可得球的体积公式 $V = \frac{4}{3}\pi r^3$.

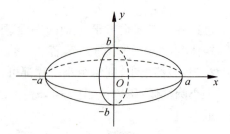

图 7-25

思考 同一个椭圆分别绕 x 轴和 y 轴旋转一周所得的旋转体的体积相等吗?

例 9 求由圆 $x^2 + (y-b)^2 = a^2 \ (0 < a < b)$ 绕 x 轴旋转一周所得的旋转体的体积.

解 如图 7-26 所示,所求的体积为

$$V = \pi \int_{-a}^{a} (b + \sqrt{a^2 - x^2})^2 dx - \pi \int_{-a}^{a} (b - \sqrt{a^2 - x^2})^2 dx$$

$$= 4b\pi \int_{-a}^{a} \sqrt{a^2 - x^2} \, dx$$

$$= 8\pi b \int_{0}^{a} \sqrt{a^2 - x^2} \, dx = 2\pi^2 a^2 b.$$

想一想 该旋转体与日常生活中的哪些物体的形状类似?

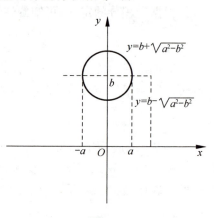

图 7-26

※四、变速直线运动经过的路程

从 §7-1 节的例 2 可知,若作变速直线运动的物体在时间区间 $[a, b]$ 上的速度为 $V = V(t)$,则它在这段时间内所走过的路程为

$$S = \int_{a}^{b} V(t) \, dt.$$

例 10 已知物体在时间区间 $[0, t_1]$ 上的速度为 $V = V_0 + at$,其中 V_0 是初速度,常数 a 表示加速度,求此物体在该段时间内所走过的路程.

解 所求的路程为

$$S = \int_{0}^{t_1} (V_0 + at) \, dt$$

$$= \left[V_0 t + \frac{1}{2} at^2 \right]_{0}^{t_1} = V_0 t_1 + \frac{1}{2} a t_1^2.$$

※五、变力所做的功

我们在这里只讨论变力沿直线所做的功.

根据物理学知识,物体在常力 F 的作用下,沿直线移动了一段距离 S 时,力 F 所做的功为

$$W = F \cdot S.$$

现在设物体在变力 F 的作用下沿直线 ox 运动,力的方向不变,即 F 的方向也是沿着 ox 轴,但 F 的大小是变化的,即力的大小是 x 的连续函数(图 7-27),要求物体在 F 作用下从 a 点移动到 b 点时所做的功 W。

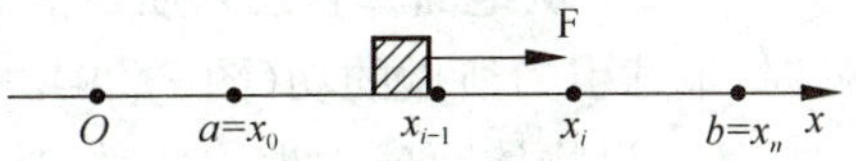

与前面的做法类似,我们把 $[a,b]$ 分成 n 个小区间 $[x_0,x_1],[x_1,x_2],\cdots,[x_{i-1},x_i],\cdots,[x_{n-1},x_n]$,令 $\Delta x_i = x_i - x_{i-1}, \lambda = \max\{\Delta x_1, \Delta x_2, \cdots, \Delta x_n\}$。

图 7-27

考虑在 $[x_{i-1},x_i]$ 上物体所受到的力 $F(x)$,由于 Δx_i 很小,所以 $F(x)$ 可看成是一个常量,取 $\xi_i \in [x_{i-1},x_i]$,用 $F(\xi_i)$ 近似代替 $F(x)$,则物体在 $[x_{i-1},x_i]$ 上所受的力 F 所做的功为:
$$\Delta W_i \approx F(\xi_i) \cdot \Delta x_i,$$
所以力 F 在 $[a,b]$ 上所做的功的近似值为
$$\sum_{i=1}^{n} \Delta W_i = \sum_{i=1}^{n} F(\xi_i) \cdot \Delta x_i,$$
根据定积分的定义及 $F(x)$ 是一个连续函数的性质可知,**所求的功为**
$$W = \int_a^b F(x) \mathrm{d}x.$$

通过上述应用定积分解决问题的实例可见,在求平面曲线的弧长一节中所提及的"**微元法**"的一般步骤为:

1. **确定积分变量及积分区间**:根据具体问题选定一个积分变量,如以 x 为积分变量,再根据它的变化范围确定积分区间 $[a,b]$;

2. **取微元**:在 $[a,b]$ 内任取一点 x,给 x 以微小的增量 $\mathrm{d}x$,在 $[x,x+\mathrm{d}x]$ 上把 $f(x)$ 看成常量,设要求的量为 Q,则 Q 在 $[x,x+\mathrm{d}x]$ 上的微元记为 ΔQ,再根据所求解的问题的具体情况,得到 ΔQ 与 x 和 $\mathrm{d}x$ 的关系式:$\Delta Q = \varphi(x)\mathrm{d}x$,
即
$$\mathrm{d}Q = \varphi(x)\mathrm{d}x;$$

3. **求积分**:将上式两端从 a 到 b 求积得
$$Q = \int_a^b \mathrm{d}Q = \int_a^b \varphi(x) \mathrm{d}x.$$

它可以看成是对根据定积分定义解决实际问题的步骤过程的一种简便化、标准化.

例 11 已知把弹簧拉长 $0.1\ \mathrm{m}$ 要用 $40\ \mathrm{N}$ 的力,求在弹性限度内,把它拉长了 $0.5\ \mathrm{m}$ 时所做的功.

解 取弹簧的平衡点为原点建立坐标系(图 7-28).
根据物理规律,在弹性限度内,弹簧所受到的拉力 F 与伸长量 x 之间有以下关系式
$$F = kx.$$

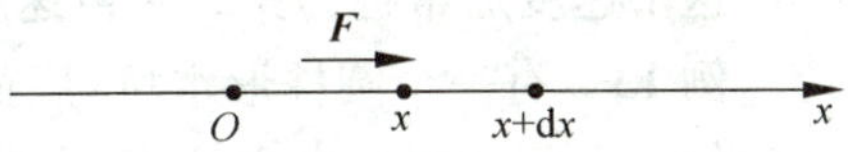

图 7-28

将 $x=0.1, F=40$ 代入,得 $k=400(\mathrm{N/m})$,
故在 $[x,x+\mathrm{d}x]$ 上所受的力为 $F=400x$.

在 $[x,x+\mathrm{d}x]$ 上所做的功的微元为
$$\mathrm{d}W = \Delta W = F \cdot \mathrm{d}x = 400x\mathrm{d}x,$$
故所求的功为

$$w = \int_0^{0.5} 400x\,dx = \left.\frac{400x^2}{2}\right|_0^{0.5} = 50(\text{J}).$$

例 12 从地面垂直发射质量为 m 千克的物体,计算物体从地面飞到离球心 O 距离为 R_1 处时,地球引力所做的功(图 7-29).

解 设物体距球心为 r 米时,受到的地球引力为 F 牛顿,令地球半径为 R,地表重力加速度为 G,地球质量为 M 千克,引力常数为 k,则有

$$F = \frac{kmM}{r^2}. \qquad (1)$$

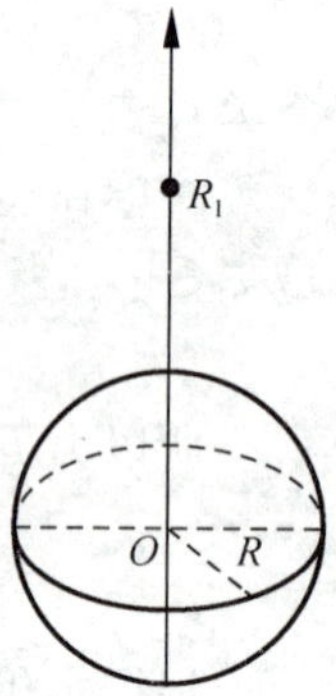

由 $F(R) = mG = \dfrac{kmM}{R^2}$ 得

$$k = \frac{GR^2}{M},$$

将它代入(1)得

$$F = \frac{GmR^2}{r^2}.$$

注意到从 R 到 R_1 的飞行过程中,引力与物体的运动方向相反,故所求的功为

$$W = -\int_R^{R_1} \frac{GmR^2}{r^2}\,dr$$
$$= \left.GmR^2\frac{1}{r}\right|_R^{R_1} = GmR^2\left(\frac{1}{R_1} - \frac{1}{R}\right). \qquad (2)$$

取 $R = 6.37\times 10^6$ 米,$G = 9.8$ 米/秒^2,利用公式(2),可计算物体飞出地球引力范围时,地球引力所做的功 W'(这时应令 $R_1 \to +\infty$)为

$$W' = -GmR \approx -6.243\times 10^7\, m(\text{J}),$$

负号表示物体需克服引力做功,因此要使物体脱离地球引力,所需的最小初速度 V_0 应满足

$$\frac{1}{2}mV_0^2 = |W'|,$$

所以有

$$V_0 = \sqrt{-\frac{2W'}{m}} \approx \sqrt{2\times 6.243\times 10^7}$$
$$\approx 1.12\times 10^4 (\text{m/s}).$$

这个速度通常称为**第二宇宙速度**.

例 13 有一个圆柱形水坑,底面直径为 4 m,深 10 m,现要把满池的水全部抽到高出水坑表面 2 m 的庄稼地里,至少需要做多少功?

解 如图 7-30 所示建立坐标系,在水深区间 $[0,10]$ 上任取一个小区间 $[x, x+dx]$,相应的水的体积微元为 $dv = \pi\left(\dfrac{4}{2}\right)^2 dx = 4\pi\,dx$,把这些水抽到庄稼地里所做的功的微元是

$$dw = (12-x)\times 1.0\times 10^3 g\,dv$$
$$= (12-x)\times 10^3\times 4\pi g\,dx = 4000\pi g(12-x)\,dx,$$

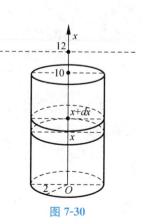

图 7-29

图 7-30

其中 $g \approx 9.8\text{m/s}^2$ 是重力加速度,取 $\pi \approx 3.14$,则所求的功为

$$W = \int_0^{10} 4000\pi g(12-x)\,dx$$
$$= 4000\pi g\left(12x - \frac{x^2}{2}\right)\Big|_0^{10}$$
$$= 280000\pi g$$
$$\approx 8.62 \times 10^6 \text{(J)}.$$

习题 7-5

(A)

1. 求由下列各曲线所围成的图形的面积.
   (1) $y = x^3, y = x$;
   (2) $y = \cos x, x = 0, x = 2\pi, y = 0$;
   (3) $y = \ln x, y = \ln 2, y = \ln 8, x = 0$;
   (4) $y = x^3, y = x^2$;
   (5) $y = x^2 - 2x + 3, y = x + 3$.

※2. 求下列曲线的弧长.
   (1) $y = x^{\frac{3}{2}}$ $(0 \leqslant x \leqslant 4)$;
   (2) 旋轮线 $\begin{cases} x = a(t - \sin t), \\ y = a(1 - \cos t) \end{cases}$ $(0 \leqslant t \leqslant 2\pi)$;
   (3) $x = \frac{1}{4}y^2 - \frac{1}{2}\ln y$ $(1 \leqslant y \leqslant e)$;
   (4) 圆的渐开线 $\begin{cases} x = a(\cos t + t\sin t), \\ y = a(\sin t - t\cos t) \end{cases}$ $(0 \leqslant t \leqslant 2\pi)$.

※3. 求下列曲线所围成的图形绕指定轴旋转所得的旋转体的体积.
   (1) $xy = 1, x = 1, x = 3, y = 0$,绕 x 轴;
   (2) $y = x^2, y = 2, y = 4$,绕 y 轴;
   (3) $y = x^3, x = 2, y = 0$,绕 x 轴;
   (4) $y = \sin x, y = \cos x, x = 0, x = \frac{\pi}{2}, y = 0$,绕 x 轴.

※4. 求下列变速直线运动物体在规定时间内所走过的路程.
   (1) $V = \sin t + 3t^2$, $t \in [0, 4]$;
   (2) $V = \sqrt{1+t}$, $t \in [0, 10]$;
   (3) $V = 80 - 2t$, $t \in [0, 10]$.

(B)

※1. 一个圆锥形水池(图 7-31)深 6 米,底面半径为 2 米,要把满池的水抽干,至少需要做多少功?

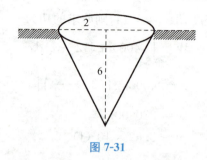

图 7-31

※2. 一个圆柱形水塔,底面半径为 5 米,高 6 米,下底面距地面高度为 10 米,现从地面上抽水把水塔注满,至少需要做多少功?

※3. 求由 $y=e, y=\sin x, x=0$ 与 $x=\pi$ 所围成的平面图形绕 x 轴旋转一周所成的旋转体的体积.

学习指导

一、重难点剖析

1. 定积分与不定积分是两个完全不同的概念,这从它们的定义可以明显地看出来:**不定积分是求一个函数的所有的原函数**;**定积分是求一个和式的极限**,并且要求极限值与区间的分法和小区间上函数值 $f(\xi_i)$ 的取法都无关. 按照定义求函数的定积分是一件很麻烦甚至很难完成的事情,而在实际应用中却碰到大量的求定积分的问题,因此数学家们希望找到定积分和不定积分,也就是定积分与导数之间的联系. 这个将微分学与积分学连在一起的纽带,是由牛顿最早发现,由莱布尼兹独立完成并最先公开发表出来,所以被称为牛顿—莱布尼兹公式. 这个公式巧妙地开辟了求定积分的新途径. 从而使积分学与微分学一起构成变量数学的基础学科——微积分学. 牛顿—莱布尼兹也因此被作为微积分学的奠基人载入史册.

牛顿 — 莱布尼兹公式是利用积分上限函数的性质来推导:因为积分上限函数 $\phi(x) = \int_a^x f(t)dt$ 是连续函数 $f(x)$ 的一个原函数,根据 $f(x)$ 的任意两个原函数只相差一个常数,以及

$$\phi(b) = \int_a^b f(t)dt \text{ 和 } \left[\int f(x)dx\right]'_x = f(x),$$

可把定积分与不定积分联系起来:

$$\int_a^b f(x)dx = \left[\int f(x)dx\right]_a^b,$$

设 $F(x) = \int f(x)dx$,则

$$\int_a^b f(x)dx = F(x)\Big|_a^b = F(b) - F(a), 即 \int_a^b F'(x)dx = F(x)\Big|_a^b.$$

于是要求积分 $\int_a^b f(x)dx$,只要找到一个函数 $F(x)$,它的导数是已知函数 $f(x)$,则 $F(b) - F(a)$ 就是所求的积分值,这样导数跟积分联系起来了,这也是牛顿 — 莱布尼兹公式被称为微积分基本公式的原因. 在实际应用中,由于被积函数常常是连续的或分段连续的,因此可利用

第七章 定积分

该公式来计算定积分.

2. 在不定积分中所学的换元积分法和分部积分法等方法,都可以拿来求定积分. 在利用定积分的换元公式

$$\int_a^b f(x)\mathrm{d}x = \int_\alpha^\beta f[\varphi(t)]\varphi'(t)\mathrm{d}t$$

时,要注意更换积分的上、下限. 此公式与不定积分的换元公式不同的是不用求 $\varphi(t)$ 的反函数,以变回原来的变量.

有时可以不改变积分限的记号,若 $F'(x)=f(x)$,则

$$\int_a^b f[\varphi(x)]\varphi'(x)\mathrm{d}x = \int_a^b f[\varphi(x)]\mathrm{d}\varphi(x) = F[\varphi(x)]\Big|_a^b = F[\varphi(b)] - F[\varphi(a)].$$

换元公式中 $x=\varphi(t)$ 的选取,以及分部积分法中 $u(x)$、$v(x)$ 的选取与不定积分是一样的. 其目的都是为了更容易地找到被积函数的原函数.

3. 要想真正掌握定积分的计算方法和技巧,必须多做一些习题,"**熟能生巧**"是常理.

二、解题方法技巧

1. 根据定义求积分 $\int_a^b f(x)\mathrm{d}x$.

一般地我们要先判断该函数在此区间上可积,可积的理由包括:

(1) 在 $[a,b]$ 上连续的函数一定在 $[a,b]$ 上可积;

(2) 若函数在 $[a,b]$ 上只有有限个第一类间断点,并且在其余的点都连续,则此函数在 $[a,b]$ 上可积,并依照这些间断点分段求积分,再将积分值相加即得.

在判断函数可积性以后,根据定义,积分值与区间的分法和小区间上函数值的取法无关,所以我们可将此区间平均分为 n 个小区间,使得 $\lambda=\Delta x_i=\dfrac{b-a}{n}$,再令 ξ_i 统一取为小区间的左端点或右端点,这样可使和式的极限相对容易地求出来,在求极限时要用到数列极限的知识.

2. 计算定积分

常用的方法有:

(1) 利用基本积分公式;

(2) 利用换元积分法、分部积分法;

(3) 将换元积分法和分部积分法综合运用,转化成常见的基本积分类型;或利用分部积分法使要求的积分重复出现,将它看成一个含待求积分的代数方程求解之.

常见的错误有:

(1) 忽视积分区间上函数的间断点的类型及个数,没有根据函数特点进行分段积分;

(2) 进行换元时不注意引入的新函数的单调性,导数的连续性要求;

(3) 分部积分时不注意对 U 和 V' 的选择,使得新的积分比原积分形式更复杂.

常见的技巧有:

(1) 利用函数的奇偶性、周期性:

若 $f(x)$ 是连续的奇函数,则 $\int_{-a}^a f(x)\mathrm{d}x = 0$;

若 $f(x)$ 是连续的偶函数,则 $\int_{-a}^a f(x)\mathrm{d}x = 2\int_0^a f(x)\mathrm{d}x$;

若 $f(x)$ 是以 T 为周期的连续函数，则 $\int_a^{a+T} f(x)\mathrm{d}x = \int_0^T f(x)\mathrm{d}x$；

（2）利用定积分的几何意义及函数的对称性将积分简化．

3. 定积分的应用

（1）**平面图形的面积求法**：一般先作出图形的草图，由曲线方程确定出交点坐标，然后确定积分变量，根据被积函数和积分区间的特点，灵活选择以 x（或以 y）作为积分变量．若以 x 作为积分变量，在计算两曲线所围成的面积时，应拿上方曲线所对应的函数减去下方曲线所对应的函数的差再积分，此时交点的横坐标就是积分的上、下限；若以 y 作为积分变量，则应拿右边曲线所对应的函数减去左边曲线所对应的函数的差再积分，此时交点的纵坐标为积分的上、下限．另外求面积的定积分时，其被积函数往往带有绝对值，在计算时要根据函数的正负去掉绝对值．

若所给的曲线方程为参数方程：
$\begin{cases} x=x(t), \\ y=y(t), \end{cases}$ $\alpha \leqslant t \leqslant \beta, x(t)$ 在 $[\alpha,\beta]$ 上单调，且 $x(\alpha)=a, x(\beta)=b(a<b), y(t)$ 和 $x'(t)$ 都在 $[\alpha,\beta]$ 上连续，则由曲线 $x=x(t), y=y(t), x$ 轴以及直线 $x=a, x=b$ 所围成的图形面积为：

$$A = \int_\alpha^\beta |y(t)x'(t)|\mathrm{d}t.$$

这个公式其实就是将公式

$$A = \int_a^b |y|\mathrm{d}x$$

中的 x 换成 $x(t)$ 即可得到．

※（2）**曲线弧长的求法**：主要是选择相应公式，写出 $\mathrm{d}s$，即可求出弧长．曲线的弧长的公式为：

$$S = \int_a^b \sqrt{1+[f'(x)]^2}\mathrm{d}x,$$

注意到 $f(x)$ 必须在 $[a,b]$ 上有连续的导数，若 $f(x)$ 的导数 $f'(x)$ 是分段连续的，则应分段求弧长再相加；

若曲线 $y=f(x)$ 由参数方程 $x=x(t), y=y(t), \alpha \leqslant t \leqslant \beta$ 确定时，弧长公式为：

$$S = \int_\alpha^\beta \sqrt{[x'(t)]^2+[y'(t)]^2}\mathrm{d}t,$$

同样要求 $x'(t), y'(t)$ 在 $[\alpha,\beta]$ 上是连续的；若为分段连续时，则应分段求弧长再相加．

根据曲线的对称性可使积分简化．

※（3）**旋转体的体积的求法**：一般先作图形草图，由曲线方程确定出交点坐标，再用适当的公式计算其体积．

在利用公式求一个平面图形绕某个坐标轴旋转所成的旋转体的体积时，应注意图形的各条边所形成的旋转体之间的相互关系．如绕 x 轴旋转时，上方曲线所成的旋转体与下方曲线所成的旋转体之间的关系．

※（4）在应用定积分解决物理上的问题或其他实际问题时，要利用"微元法"分析问题．

三、典型例题分析

例 1 下列求定积分时变量代换正确的是（ ）．

A. $\int_{-2}^{2} \dfrac{dx}{1+x^2}, x = \dfrac{1}{t}$; B. $\int_{0}^{3} \sqrt{9-x^2}\,dx, x = \sin t$;

C. $\int_{0}^{1} \sqrt{x}\,dx, x = t^2, t \in [-1,1]$; D. $\int_{0}^{1} \dfrac{e^x}{1+e^x}dx, t = e^x$.

[解答分析]   选 D.

A 错. 因为 $x = \dfrac{1}{t}$ 在 $\left[-\dfrac{1}{2}, \dfrac{1}{2}\right]$ 上不连续.

B 错. $x = \sin t$ 只能在 $[-1,1]$ 中变化,而不能在 $[0,3]$ 上变化.

C 错. $x = t^2, t \in [-1,1]$ 不是单调的函数.

例 2 $\int_{-a}^{a} x[f(x) + f(-x)]dx = $ _____.

[解答分析]   所求定积分为在对称区间上的积分时,一般应先考虑能否利用对称区间上奇、偶函数积分性质来简化计算.

解 因为 $x[f(x) + f(-x)]$ 在 $[-a,a]$ 上是奇函数,故 $\int_{-a}^{a} x[f(x) + f(-x)]dx = 0$.

例 3 设 $f(x) = \begin{cases} e^x, & x \geq 0 \\ 1+x^2, & x < 0 \end{cases}$,则 $\int_{-1}^{2} f(x)dx = $ _____.

[解答分析] $f(x)$ 是分段函数,因此一般要根据分段点将积分分成两个不同积分段的积分之和再积分.

解 $\int_{-1}^{2} f(x)dx = \int_{-1}^{0} [1+x^2]dx + \int_{0}^{2} e^x dx = e^2 + \dfrac{1}{3}$;

另法,因为 $(e^x)' = e^x, \left(x + \dfrac{x^3}{3}\right)' = 1+x^2$,设 $F'(x) = f(x)$,则

$F(x) = \begin{cases} e^x - 1, & x \geq 0 \\ x + \dfrac{x^3}{3}, & x < 0 \end{cases}$, 所以 $\int_{-1}^{2} f(x)dx = F(x)\Big|_{-1}^{2} = [e^2 - 1] - \left[-1 - \dfrac{1}{3}\right] = e^2 + \dfrac{1}{3}$.

注: $f(x)$ 的原函数必须是连续的和可导的.

例 4 求 $y = \int_{0}^{x} (1+t)\arctan t\,dt$ 的极小值.

[解答分析]   注意到 y 是 x 的函数,求极值的方法如第五章所述,令 $y' = 0$,求出驻点和不可导点,再加以判断.

解 $y' = (1+x)\arctan x$.

令 $y' = 0$,得 $x_1 = -1, x_2 = 0$.

$$y'' = \dfrac{1+x}{1+x^2} + \arctan x,$$

$$y''\Big|_{x=0} = 1 > 0, \; y''\Big|_{x=-1} = -\dfrac{\pi}{4} < 0,$$

所以当 $x = 0$ 时函数有极小值 0.

例 5 求下列函数的导数:

(1) $y = \int_{a}^{b} e^x \sin 2x\,dx$; (2) $y = \int_{0}^{x^2} \dfrac{\cos t}{1+\sin^2 t}dt$.

(1) [解答分析]   注意到定积分是一个特殊和式的极限,是一个常数.

解 因为 $y = \int_a^b e^x \sin 2x \, dx$ 是一个常数，

所以 $y' = 0$.

(2) [**解答分析**] 求变上限函数的导数时最好不要计算积分，而是利用变限积分求导公式：

$$\left(\int_{\varphi(x)}^{\psi(x)} f(t) \, dt \right)' = f[\psi(x)] \psi'(x) - f[\varphi(x)] \varphi'(x).$$

注意到，积分上限 x^2 是 x 的复合函数，y 是 x 的函数，t 是积分变量.

解 函数 $y = \int_0^{x^2} \dfrac{\cos t}{1 + \sin^2 t} \, dt$ 可看成是由 $f(u) = \int_0^u \dfrac{\cos t}{1 + \sin^2 t} \, dt$ 和 $u = x^2$ 复合而成，根据复合函数求导法则有

$$y' = \frac{\cos x^2}{1 + \sin^2 x^2} (2x) = \frac{2x \cos x^2}{1 + \sin^2 x^2}.$$

例 6 求 $\displaystyle\lim_{x \to 0} \dfrac{\int_{\cos x}^1 e^{-t^2} \, dt}{x^2}$.

[**解答分析**] 求含有变限积分函数的极限，如果是 $\dfrac{0}{0}$ 型或 $\dfrac{\infty}{\infty}$ 型，一般用洛必达法则.

解 这是一个 $\dfrac{0}{0}$ 型的未定式，可利用洛必达法则.

因为 $\left(\int_{\cos x}^1 e^{-t^2} \, dt \right)' = -\left(\int_1^{\cos x} e^{-t^2} \, dt \right)' = -e^{-\cos^2 x}(-\sin x) = \sin x \, e^{-\cos^2 x}$,

故 $\displaystyle\lim_{x \to 0} \dfrac{\int_{\cos x}^1 e^{-t^2} \, dt}{x^2} = \lim_{x \to 0} \dfrac{\sin x \, e^{-\cos^2 x}}{2x} = \dfrac{1}{2e}$.

例 7 设 $f(x) = \begin{cases} xe^{-x^2}, & x \geq 0 \text{ 时,} \\ \dfrac{1}{1 + \cos x}, & -1 < x < 0 \text{ 时,} \end{cases}$ 计算 $\int_1^4 f(x - 2) \, dx$.

[**解答分析**] 定积分计算与不定积分计算一样，需注意"三元统一"．同时分段函数的定积分，一般应分段积分．

解 设 $x - 2 = t$，则 $dx = dt$，且当 $x = 1$ 时，$t = -1$；当 $x = 4$ 时，$t = 2$；所以

$$\int_1^4 f(x-2) \, dx = \int_{-1}^2 f(t) \, dt = \int_{-1}^0 \frac{dt}{1 + \cos t} + \int_0^2 t e^{-t^2} \, dt = \left[\tan \frac{t}{2} \right]_{-1}^0 + \left[-\frac{1}{2} e^{-t^2} \right]_0^2$$

$$= \tan \frac{1}{2} - \frac{1}{2}(e^{-4} - 1).$$

复习题七

(A)

1. 下列等式中正确的是（　　）.

A. $\dfrac{d}{dx}\int_a^b f(x)dx = f(x)$; B. $\dfrac{d}{dx}\int f(x)dx = 0$;

C. $\dfrac{d}{dx}\int_x^b f(t)dt = f(x)$; D. $\dfrac{d}{dx}\int_b^x f(t)dt = f(x)$.

2. 下列计算正确的是( ).

A. $\int_{-1}^{1}\dfrac{1}{x^2}dx = -\dfrac{1}{x}\Big|_{-1}^{1} = -2$; B. $\int_{-\frac{\pi}{2}}^{\frac{\pi}{2}}\sin x dx = 2\int_0^{\frac{\pi}{2}}\sin x dx = 2$;

C. $\int_{-\frac{\pi}{2}}^{\frac{\pi}{2}} x\sin x dx = 0$; D. $\int_{-1}^{1}\sqrt{1-x^2}dx = 2\int_0^1\sqrt{1-x^2}dx = \dfrac{\pi}{2}$.

3. 设 $f(x) = 2\int_0^x (t-1)dt$, 则 $f(x)$ 有( ).

A. 极小值 1; B. 极小值 -1; C. 极大值 1; D. 极大值 -1.

4. 若 $\int_0^1 (3x^2+k)dx = 2$, 则 $k = ($ $)$.

A. 0; B. -1; C. $\dfrac{1}{2}$; D. 1.

5. 求下列定积分：

(1) $\int_{\frac{\pi}{3}}^{\pi}\sin\left(x+\dfrac{\pi}{3}\right)dx$; (2) $\int_1^0\dfrac{1}{\sqrt{4-x^2}}dx$;

(3) $\int_0^1 x^2(x^3-1)^4 dx$; (4) $\int_{-1}^0 e^x\sqrt{1-e^x}dx$;

(5) $\int_0^1\dfrac{x dx}{1+x^4}$; (6) $\int_{-1}^3 x|x|dx$.

6. 计算下列定积分：

(1) $\int_1^e x\ln x dx$; (2) $\int_0^{\frac{1}{2}} x\arcsin x dx$;

(3) $\int_0^{\frac{\pi}{2}} x^2\sin x dx$; (4) $\int_0^{\ln 2} x^2 e^{-x}dx$.

7. 求由下列曲线围成的平面图形的面积：

(1) $y=2x^2, y=x^2$ 和 $x=1$;

(2) $y=\sqrt{25-x^2}, x=-3, x=4$ 和 $y=0$.

(B)

※1. 求曲线 $y=\ln(1-x^2)$ 上从点 $(0,0)$ 到点 $\left(\dfrac{1}{2},\ln\dfrac{3}{4}\right)$ 的弧长.

※2. 若规定 $\int_a^{+\infty}f(x)dx = \lim\limits_{b\to+\infty}\int_a^b f(x)dx$, 试利用它求积分 $\int_0^{+\infty}\dfrac{dx}{x^2+2x+2}$.

※3. 由曲线 $xy=1$ 与直线 $y=2, x=3$ 围成一个平面图形, 求:

(1) 该平面图形的面积;

(2) 该平面图形绕 x 轴旋转所成的旋转体的体积.

课外阅读

积分学发展简史

——从黎曼积分到勒贝格积分

从历史上看,积分学思想萌芽比微分学思想萌芽早得多,它是由中外众多数学家经历了2500多年的时间,呕心沥血,穷思竭虑所谱写而成的一曲不朽的乐章.

2000多年前,古希腊人由于生产生活的需要,面临如何求圆的面积的问题.大约在公元前5世纪,古希腊的智者安提丰和布赖森分别提出用圆的内接正多边形及外切正多边形的面积作为圆面积的近似值,并通过将正多边形的边数加倍的方法以接近圆的面积,这种思想后来由欧多克斯(Eudoxus,公元前408—前355)作了重大改进,被称为"穷竭法".阿基米德进一步将穷竭法发扬光大,利用它求出了抛物线弓形的面积,并得到了球和球冠的表面积及球和球缺的体积.

中国魏晋时期的著名数学家刘徽(225—295)提出了求圆的面积的"割圆术",与希腊的"穷竭法"类似.

公元五、六世纪南北朝时期,著名科学家祖冲之的儿子祖暅提出了求几何体积的思想——"祖暅原理":幂势既同,则积不容异.意思是讲:两个等高的几何体,如果用垂直于高的平面去任意截它们,所得的截面积恒相等,则体积相等.祖暅由此得到计算球体积的公式.

到了十七世纪,德国天文学家开普勒在1615年出版了《葡萄酒桶的新立体几何》,介绍了他独创的利用无穷小元素求面积和体积的新方法.例如求圆的面积时,把圆分成无穷多个小扇形,再用小等腰三角形来代替小扇形,由于扇形被分割得无穷小,这种代替是合理的,因此圆面积为:

$$S = \frac{1}{2}R \cdot l_1 + \frac{1}{2}R \cdot l_2 + \cdots$$
$$= \frac{1}{2}R \cdot (l_1 + l_2 + \cdots)$$
$$= \frac{1}{2}R \cdot 2\pi R = \pi R^2.$$

1635年,意大利科学家伽利略的学生卡瓦列里在研究了开普勒的求积方法后,发表了《不可分量几何学》,在文中阐述了"卡瓦列里原理":如果两个平面图形位于两条平行线之间,并且平行于这两条平行线的任意直线与这两个平面图形相交,所截得的两线段长度相等,则这两个平面图形的面积相等;如果两个立体位于两个平行平面之间,并且平行于这两个平面的任何平面与这两个立体相交,所得到的截面积相等,则这两个立体的体积相等.

这比"祖暅原理"晚了1100多年.

1637年,法国数学家费马在手稿《求最大值和最小值的方法》中,讲到了求曲线切线和函数的极值的方法,遗憾的是没有发现微分学与积分学的联系,有意思的是,费马出生于一个商人家庭,大学学的专业是法律,毕业后的职业是律师,还长期任区议会的议员,因此被称为"业

余数学家之王".

英国数学家巴罗(Barrow,1630—1677)是剑桥大学的第 1 任"卢卡斯数学教授",他最有意义的贡献有二:把"求切线"和"求积"作为互逆问题联系起来,发现了学生牛顿的杰出才华并于 1669 年主动让贤——把"卢卡斯教授"职位让给年仅 27 岁的牛顿(Newton,1642—1727).

大科学家牛顿的童年并不幸运,父亲是个农民,并且在他出生前就过世了,更令人担忧的是,牛顿是个早产儿,听说刚生下来时用一个一升的杯子就能装下,3 岁时母亲迫于贫困改嫁给一位牧师,留下牛顿由祖父抚养,8 年后牧师病故,母亲带着一个弟弟两个妹妹回来,才重新和母亲一起生活,因此牛顿从小沉默寡言,性格倔强.少年时代的牛顿成绩并不出众,但他热爱自然,喜欢读书,善于沉思,30 岁时头发变白,但一直到晚年都身体健康.

1665 年 1 月,牛顿建立了"正流数术",讨论了微分方法;

1665 年 5 月,建立了"反流数术",讨论了积分方法;

1687 年,写成《自然哲学的数学原理》,利用微积分建立了经典力学体系;

牛顿对数学的主要贡献是"微积分基本定理":

$$\int_a^b f'(x)\mathrm{d}x = f(x)\Big|_a^b = f(b) - f(a).$$

这个公式建立了微分学与积分学之间的联系,但牛顿主要是从物理的角度来考虑,例如他称导数为"流数",把变量称为"流量",用字母 x,y,z 表示,把"流量"随时间的变化率"流数"用 $\dot{x},\dot{y},\dot{z}$ 表示.

1727 年,85 岁高龄的牛顿病逝后,英国政府为他举行了国葬.法国文学家伏尔泰对此说过一句话:"我曾见到一位数学教授,只是由于贡献非凡,死后葬仪之显赫犹如一位贤君."

德国科学家莱布尼兹(Leibniz,1646—1716)相对来说幸运得多:父亲是莱比锡大学道德哲学教授,母亲给他奠定了拉丁文和希腊文的坚实基础.1661 年,15 岁的莱布尼兹考入莱比锡大学学习法律,由于对欧几里得几何学感兴趣,1663 年跟从数学家哈德·维格尔学习数学;1665 年从阿尔特道夫大学博士毕业,并被聘为法学教授;1671 年作为大使来到法国巴黎,开始深入研究数学;1673 年,访问英国伦敦,与英国许多科学家见了面,获得了一本巴罗的《几何讲义》,还知道牛顿的一些工作.

1684 年,他在《教师学报》上发表《一种求极大极小和切线的新方法,它也适用于分式和无理量,以及这种新方法的奇妙类型的计算》,虽然标题长而古怪,仅仅 6 页纸,内容欠丰富,论证不明晰,但这是最早的微分学文献.

1686 年,发表《深奥的几何与不可分量及无限的分析》,这是第一次公布微积分基本定理的论文,与牛顿不同,莱布尼兹侧重于几何,他初步论述了求积问题与求切线(导数)问题的互逆关系,求积分的变量代换法,分部积分法等.今天我们常用的符号如"$\mathrm{d}x,\dfrac{\mathrm{d}y}{\mathrm{d}x},\int$"等都是他创造的.

莱布尼兹多才多艺:他在研究高等代数解线性方程组的问题时,首次引入行列式的概念;他创立了符号逻辑学的基本概念;1673 年发明了计算机;1696 年从鲍威特那里得到一本中国的《易经》,从"八卦图"中领悟出最简单的计数制系统——"二进制系统"等.

尽管古希腊学者在 2000 多年前就提出了无穷小的概念,但对无穷小的理解一直是比较含糊的,其实无穷小是一个特殊的以 0 为极限的变量.第一个给出了极限的严格定义的是法国数学家柯西(A. Cauchy,1789—1857),由此出发,柯西用极限定义了连续性、导数和定积分,第一次明确提出用分割区间,作和式的极限来定义积分.

德国数学家黎曼(B. Riemann,1826—1866)在 1854 年的论文《关于一个函数展开成三角级数的可能性》中,给出了定积分的一般形式的定义以及函数可积的充要条件,因此我们教材上所说的定积分,被称为黎曼积分.

黎曼积分要求积分区间是有限区间,且被积函数是有界函数,对被积函数的连续性有严格的要求:函数的所有不连续点可用长度总和为任意小的区间所包围,即可积函数几乎是"基本上连续"的函数,黎曼积分还遇到极限与积分交换次序的问题,例如:

设 $\{\gamma_n\}$ 是 $[0,1]$ 中全体有理数列,作函数列

$$f_n(x) = \begin{cases} 1, & x = \gamma_1, \gamma_2, \cdots, \gamma_n, \\ 0, & \text{其他} \end{cases} \quad (n = 1, 2, \cdots),$$

虽然有 $|f_1(x)| \leqslant 1, |f_2(x)| \leqslant 1, \cdots, |f_n(x)| \leqslant 1$,且

$$\lim_{n \to \infty} f_n(x) = f(x) = \begin{cases} 1, & x \text{ 为有理数}, \\ 0, & x \text{ 为无理数}, \end{cases}$$

易得

$$\int_0^1 f_1(x) \mathrm{d}x = \int_0^1 f_2(x) \mathrm{d}x = \cdots = \int_0^1 f_n(x) \mathrm{d}x = 0,$$

所以

$$\lim_{n \to \infty} \int_0^1 f_n(x) \mathrm{d}x = 0,$$

但 $\int_0^1 f(x) \mathrm{d}x$ 是不可积的,因为在每个小区间上都取 ξ_i 为有理数时,和式的极限为 1;当在每个小区间上都取 ξ_i 为无理数时,和式的极限为 0,因此有

$$\lim_{n \to \infty} \int_0^1 f_n(x) \mathrm{d}x \neq \int_0^1 \left[\lim_{n \to \infty} f_n(x)\right] \mathrm{d}x.$$

为了解决这些问题,数学家们引进了新的概念和处理方法,于是便有了广义积分和勒贝格(H. L. Lebesgue,1875—1941)积分.

下面先说一说广义积分,它包括无穷限的广义积分和无界函数的广义积分两大类.无穷限的广义积分是指积分区间是无穷区间时的积分,它的一般形式是:

$$\int_a^{+\infty} f(x) \mathrm{d}x, \quad \int_{-\infty}^b f(x) \mathrm{d}x, \quad \int_{-\infty}^{+\infty} f(x) \mathrm{d}x.$$

我们规定:

$$\int_a^{+\infty} f(x) \mathrm{d}x = \lim_{A \to +\infty} \int_a^A f(x) \mathrm{d}x;$$

$$\int_{-\infty}^b f(x) \mathrm{d}x = \lim_{B \to -\infty} \int_B^b f(x) \mathrm{d}x;$$

$$\int_{-\infty}^{+\infty} f(x) \mathrm{d}x = \int_a^{+\infty} f(x) \mathrm{d}x + \int_{-\infty}^a f(x) \mathrm{d}x$$

$$= \lim_{A \to +\infty} \int_a^A f(x) \mathrm{d}x + \lim_{B \to -\infty} \int_B^a f(x) \mathrm{d}x.$$

因此,这三类广义积分的可积性都由相应的黎曼积分的极限的存在性所决定.

形如 $\int_a^b \frac{\mathrm{d}x}{(x-a)^2}$ 和 $\int_0^1 \frac{\mathrm{d}x}{\sqrt{1-x^2}}$ 的积分称为无界函数的广义积分. 由于当 $x \to a$ 时, $\frac{1}{(x-a)^2} \to \infty$; 当 $x \to 1$ 时, $\frac{1}{\sqrt{1-x^2}} \to \infty$; 所以这两个广义积分也不能直接求出来. 设 $\eta > 0$, 因为

$$\lim_{\eta \to 0^+} \int_{a+\eta}^b \frac{\mathrm{d}x}{(x-a)^2} = \lim_{\eta \to 0^+} \left[-\frac{1}{(x-a)} \right]_{a+\eta}^b$$

$$= \lim_{\eta \to 0^+} \left[-\frac{1}{b-a} + \frac{1}{\eta} \right] = +\infty,$$

$$\lim_{\eta \to 0^+} \int_0^{1-\eta} \frac{\mathrm{d}x}{\sqrt{1-x^2}} = \lim_{\eta \to 0^+} [\arcsin x]_0^{1-\eta}$$

$$= \lim_{\eta \to 0^+} \arcsin(1-\eta) = \frac{\pi}{2},$$

所以 $\int_a^b \frac{\mathrm{d}x}{(x-a)^2}$ 不可积, 而 $\int_0^1 \frac{\mathrm{d}x}{\sqrt{1-x^2}} = \frac{\pi}{2}$.

从上面的叙述可见, 广义积分可看成是广义的黎曼积分. 下面我们来看函数

$$f(x) = \begin{cases} 1, & x \text{ 是无理数时} \\ 0, & x \text{ 是有理数时} \end{cases}$$

在 $[0,1]$ 上的积分, 因为 $f(x)$ 在 $[0,1]$ 上每一点都不连续, 所以它的黎曼积分不存在, 为了解决这些连续性受到破坏的函数的积分问题, 勒贝格从实数理论出发, 以测度论作为基础, 建立了新的积分理论——勒贝格积分, 使问题得到了肯定的答案. 他认为, 在 $[0,1]$ 上的有理数的测度为零, 相对应的无理数的测度为 1, 所以 $f(x)$ 在 $[0,1]$ 上的勒贝格积分值为 1. 在现代的数学文献中, 说到函数的可积性时通常是指勒贝格积分的可积性. 当函数 $f(x)$ 是连续函数时, 勒贝格积分和黎曼积分的区别就消失了. 但是勒贝格积分也不能解决所有的积分问题, 例如物理学中的电磁脉冲现象: 在极短促的时间内将电磁波能量全部释放出来, 用数学的语言来说, $f(x)$ 在 $x=a$ 时为无穷大, 而当 $x \neq a$ 时 $f(x) = 0$, 对这样的函数而言, 它的积分问题需要引进新的数学概念和处理方法, 这也体现了数学的与时俱进.

说到中国近代积分学的发展, 首推清朝数学家李善兰(1811—1882), 他出生于浙江海宁峡石镇, 9 岁时读《九章算术》, 从此对数学产生兴趣, 因为八股文章做得不好, 参加科举考试中的乡试落第. 1840 年鸦片战争后, 萌发了科学救国的思想. 他在《重学》序中曾说: "呜呼! 今欧罗巴各国日益强盛, 为中国之边患; 推源其故, 制器精也, 推源制器之精, 算学明也."

李善兰在西方微积分未传入的情况下, 独立用尖锥术发现了幂函数的积分公式. 1852 年, 李善兰与在上海主持墨海书馆出版事务的英国学者伟列亚力(A. Wylie, 1815—1867)相识, 于 1859 年合作翻译出版《代微积拾级》, 这是中国的第一部微积分译作, 他使用的微分、积分、函数、级数、曲率等名词沿用至今. 但他在使用西方数学符号时, 却严守"祖宗家法", 不够开放, 采用中国传统算学符号甚至硬造符号, 例如:

⊥: 表示"+";　　⊤: 表示"−";

彳: 表示微分号"d";　　禾: 表示积分号"∫",

这就把数学表达式变成难于理解的天书, 如:

$$\text{天}彳\text{天} \perp \text{地}彳\text{地} = \text{卯}\text{地}彳\text{天} \quad (x\mathrm{d}x + y\mathrm{d}y = my\mathrm{d}x),$$

$$\text{禾}\text{天}^{寅}彳\text{天} = \frac{\text{寅} \perp 一}{二}\text{天}^{寅\perp 一} \quad \left(\int x^n \mathrm{d}x = \frac{1}{n+1}x^{n+1}\right).$$

李善兰于 1868 年应召到北京,在同文馆任数学教师,官至三品,但他淡于名利,潜心数学的教学和研究,在他去世之后,中国传统数学再也没有出现有价值的工作.

1862 年,日本的中牟田仓之助(1837—1916)来华访问,带回李善兰等翻译的《代数学》、《代微积拾级》等书,这是日本和算家当时能读到的最好的微积分书籍,但日本人没有沿用他创造的这套数学符号系统,1873 年日本文部省规定"算术以洋法为主",全部采用西方的数学符号教学,而中国直到辛亥革命(1911 年)之后,才终于采用国际通用的数学符号.

微分和积分相互影响,已经成为现代分析学的基础,由一棵独立的大树发展成一片生机勃勃的森林:实分析、复分析、泛函分析、变分法、微分几何、几何分析、傅立叶分析、小波分析、微分方程等.中国人虽然在发现微积分的赛跑中落后,但凭着聪明和勤奋,在现代数学的天空中,中国星的光芒辉煌灿烂,现在有影响的国际学术刊物上,每一期都必定有中国的数学家(包括海内外华人)名字出现,陈省身、华罗庚、丘成桐、陶哲轩等众多数学家们为中华民族在现代数学上赢得了应有的声誉,未来任重道远!

(贺仁初)

第八章

微积分思想作文

学习本章的目的,是配合常规教学开展数学思想作文训练,更好地掌握微积分学中常用的数学思想方法.

§8-1 数学思想作文导论

一、数学思想与数学作文

数学思想是人们对数学规律的理性认识,是对数学知识与方法的本质特征的高度抽象概括,也是数学学习的一种指导思想和普遍适用的方法.数学思想培育是把数学知识的学习和培养能力有机地联系起来,提高个体思维品质和数学能力,从而发展智力的关键所在,也是培养创新型人才的基础.

数学作文是一种新的教学模式,这种模式为数学教育提供了一座沟通文科优势的桥梁,使数学教与学的活动能够获得文理双修的效果.

数学作文的内容主要包括:对数学知识、数学思想、数学策略的领悟、理解、应用和推广;对数学现象和数学价值的认识与陈述;探索、研究数学问题,并公布自己进行数学探究的结果与存在的问题;欣赏与追求数学的美与理.

通过数学作文训练,学到的数学不再是一些由符号组成的枯燥的思维代码,而是有情有趣有血有肉的鲜活的知识体系.数学作文可以写成很多类型:记叙式的、说明式的、抒情式的、思辩式的以及数学社会调查、小论文等,如果写作基础较好,甚至可以写成小说、故事、童话、猜想,以及其他奇趣文体.

二、数学思想作文辅导

1. 明确写作目的,树立必胜信心

数学思想作文是围绕学习过程中接触的数学思想撰写的体会文章,要求作者正确地阐述相关教学内容中的数学思想.这种文章基本上属于数学领域的论说文,但又不是严格意义上的数学论文.它要讲清的是前人早已发现的数学思想,因而其意义在于以数学思想为中心的基础训练,在于提高习作者的数学素质和综合素质.

在高校预科阶段,数学作为一门主干学科,无论文科同学还是理科、医科同学,都必须学好.但是,多数同学的数学基础比较薄弱,尤其是数学思想不明确,不成体系,这就需要在预科一年中大力加强这方面的培养与训练.数学思想作文正是一种切合预科教学实际需要的训练方法.通过这项训练,可以避免传统的高中数学补习和大学数学预习中难免的"炒旧饭"现象,从而让我们在由高中向大学过渡的这段特殊的学习期间,收到应有的成效.让文科的同学在发展写作能力的同时,理科素养得到培养;让理科、医科的同学在培养数学素质的同时,文化素养和写作能力也得到提高.

数学思想作文是一种新颖的作业方式,比平常的数学作业要求高,难度较大.一些同学本来数学基础就薄弱,对数学思想的理解和认识也比较模糊,直接用数学语言表达自己的数学思维都成问题.一些同学虽然对数学思想有一些初步的认识,但尚未构成体系,难以达到深刻的理解、灵活的运用.即使少数同学数学基础较好,已经能够理解和运用相关数学思想和方法,然而,也只是习惯于使用数学语言的表达形式,规定用作文的形式则未必能够顺畅表达.因此,面对这种作业方式,出现一些畏难情绪是可以理解的.

但是,自古道:"学海无涯苦作舟",由牙牙学语、跟跄学步,到发蒙认字、考试升级,这期间的母语外语、文理百科,哪一样知识、哪一种技能不是经过艰苦的学习和训练得来的?既然已经成为高等学府的预备生,为了适应并顺利通过大学的学习,我们不能对自身的不足视而不见,必须从自身的薄弱环节入手,增强我们的数学思想内存,锻炼我们对数学的领会和表达能力,提高我们的文化水平,由此优化我们的素质结构.况且,同学们都是经十年寒窗苦读过来的,虽然不一定写过数学作文,但必然写过不少作文,有的还光荣地获得过不同级别的作文奖.数学作文与普通作文虽然有所不同,但写作规律是一致的.十年寒窗的其他内容的作文训练,已帮我们打下了掌握作文一般规律的基础;同样长期的数学学习,也为我们打下了必要的数学知识基础.在这两大基础的平台上,我们进行数学思想作文训练,只要把数学思想的脉络理清,再结合作文训练的一般方法,勇于实践,大胆创新,就可以实现文理兼修的目的.因此,我们应该树立信心,克服困难,充分利用大学的有利条件,努力锻炼自身的学习毅力,培养勇于探索的精神和实事求是的科学态度.只要同学们肯钻研,勤思考,积极调动各种智力因素和非智力因素,一定能够很好地完成任务,写出优秀的数学思想作文.

在这里,可以用上毛泽东先生的一句名言:"世上无难事,只要肯登攀."

2. 联系学习实际,注重平时积累

数学思想作文的写作,要注意从平时开始积累.

首先,课堂和教材是我们的主阵地.同学们在课堂中,要特别注重老师是如何分析知识的来龙去脉,从而了解知识的发生、发展过程;注重分析具体的数学知识中所渗透的数学思想,体会解题的策略是如何根据概念、公式、定理中蕴涵的数学思想方法推理出来的.只要同学们在课堂上抓住这些关键,课后熟读教材,继续认真反思、探究这些问题,结合实例自己分析,独立思考,完成老师布置的常规作业,大致就可以掌握其中的数学思想了.

同时,还要尽可能在课堂与教材之外扩展信息渠道,广泛搜集资料.不仅可以从过去的中学数学课本里寻找材料,还可以从现在读着的其他学科的课本里寻找材料;不仅可以阅读有关数学的学习经验和解题经验,也可以阅读有关数学思想、数学学习方面的辅导材料;不仅可以阅读关于数学文化、或者数学教育的研究文献,也可以阅读有关数学的趣题、游戏、谜语、故事等等逸乐小品.从搜集资料的方向来看,除了学校图书馆藏书之外,还可以查阅各种学报和数学教学期刊.查阅期刊不仅是到现刊阅览室,更多的资料在过刊库.一般人读刊物追求新的,往往忽略过期的刊物.其实,由于各种刊物都有自己的传统和主题范围,我们查阅资料也有自己的主题和范围.资料的价值并非取决于它的载体的新旧,而取决于主题和范围是否对路,只要

找对了路子,就可以获得很有价值的或者很丰富的资料.除了在图书馆借阅或查阅各种书刊之外,当然也可以到书店购买,向老师或者大学部的同学借阅等等.此外,一个不容忽视的渠道是通过各种教育网站,运用计算机的检索功能来搜集.现在,相当一部分同学都喜欢上网,都知道网上信息十分丰富.只要我们以预科数学思想为中心,课堂、教材、课后三结合,立体式展开,自然就会发现更多的可积累的作文材料.

在广泛查阅资料的过程中,同学们要特别注重作文材料的积累.积累资料的方式,除了购买、复制之外主要是作读书学习笔记.读书学习笔记可以有多种形式,比较常见的有以下三种:精彩片段摘录、文献内容概要、心得体会记录.摘录的片段可以是一些论断、也可以是一些例子.论断可以是大师的名言,也可以是某些不算出名的人的某种独特的体会;例子可以是一道趣题,也可以是一个故事.内容概要可以写成提纲笔记、也可以画成思维导图,还可以缩写成精练的微篇.提纲笔记是经过分析综合,把文献内容的要点提纲挈领地分条列出来,简明扼要."思维导图"则是把提纲用略图的方式勾画出来,更是一目了然.缩写的微篇自然比原文简要,但比提纲详细,更有利于对文献全貌的把握.与摘录和概述比起来,心得体会或许更能代表数学学习在自己心中留下的痕迹.这种痕迹可以是书中随笔批注的一两句话,甚至一两个标点符号(前提是该书的所有权属于自己),当然也可以是在卡片上写的一个片段,可以是在专用笔记簿或者数学作业本上写的随笔.这种体会笔记无论长短,记的都是学习中体会较深的思想火花.及时用自己的笔触把这些思想火花保存下来,对锻炼我们的数学语言表达能力、综合概括的能力,加深对所学内容的记忆和理解,从而对后来正式撰写数学思想作文,都有着十分重要的意义.只要我们坚持在广泛阅读的基础上勤于思考、勤于记录,真正做到"不动笔墨不看书",并且坚持不懈、持之以恒,我们就能做到不仅学会了知识,并能从知识的获得中培养我们的能力,优化我们的思维,提高我们的数学素质和综合素质.如此积累到一定的程度,再把自己对所学内容形成的系统认识整理成为数学思想作文,这就水到渠成,自然接近了我们的预定目标.

3. 谋篇胸有成竹,行文顺理成章

平时的阅读思考积累,只是为最后的写作奠定基础.真正意义上的写作阶段,必须遵循谋篇布局、草拟修饰等等规律,做到胸有成竹、顺理成章.

首先选定一个适当的题目是关键.为此我们有必要了解预科数学体系中常用的、基本的数学思想.这些数学思想就像一张网络中的结点,根据这些网点的提示,我们可以大致明确预科数学思想作文的选题范围.当然,在具体选题的时候,要从自己的实际出发,哪些数学问题是自己学得比较好的,哪些是比较有兴趣的,哪些是有较深体会的,应以这些长处作为首选的对象.

如果我们把写数学思想作文比作建造房屋,确定选题比作选择施工场地,那么构思就是决定布局和规程的设计图纸.构思的好坏,直接影响作文质量.构思好,作文就合情合理、引人入胜,构思不好,作文就可能情理不通、索然无味.而对于初学撰写数学思想作文的同学来说,构思的主要问题是如何打开思路.

我们可以选取一种数学思想谈自己的学习体会,谈这种数学思想的功能和作用,甚至联系语文、化学、物理等学科的学习.如数形结合思想,可以结合不同知识点来谈谈解题的策略,还可以谈谈这种数学思想的美学意义,也可以探讨这种数学思想在化学、物理学习中的运用,或者分析这种数学思想方法对培养能力、优化思维品质的作用,或者把这种思想方法作为一种科学素养来讨论,阐述它对我们今后的学习和工作有哪些重要性等等.

我们也可以选取其中的两种数学思想,谈它们的相互联系、相互影响,对解决数学问题所起的作用等等. 由数学思想的学习和运用,还可以联系到数学哲学,数学文化,联系到数学的研究对象、内容、价值、数学的真善美观念,联系数学在生活、社会、其他科学等方面的运用的实例. 总之,只要开动脑筋,我们就会有所创新和开拓. 我们完全可以在数学常识、数学趣闻,以及一切观察到的数学现象之间启动数学思维,展开数学联想,从而,像神龙游海、天马行空那样,展开数学作文的思路.

当我们的思路打开之后,就可以根据题意构思撰写提纲. 提纲在筛选材料、突出结构、进一步明确思路方面有很大作用. 如果说谋篇布局的构思是建筑工程的设计图纸,那么撰写提纲就是根据图纸掘地奠基. 建筑物质量如何,基础是否坚实至关重要. 建造高楼需要深挖浮泥,直至本土老底,而后用钢筋水泥浇注石基,使之固若金汤. 如果在这个环节偷工减料,必定种下"豆腐渣工程"的祸根. 撰写提纲同样不可掉以轻心. 必须"搜尽奇峰打草稿",将所有资料根据题意构思进行清理,而后挑选最合适者,安排在最合适的位置. 这个挑选和安排的过程,就是提纲的反复修改琢磨过程. 修改琢磨出来的提纲,就像挖地筑成的屋基,哪里是柱、哪里是墙、哪里是门、哪里是窗、哪里是楼梯、哪里是厅堂;什么地方挖多深、什么地方挖多宽、什么地方放多少多粗的钢筋、放多少公斤多少标号的水泥……都必须落到实处. 只有这样,才能保障数学思想作文中心突出,结构合理,层次清楚,论述周密;或者有理有据,翔实具体;或者有情有趣,生动活泼. 否则,写出来的作文就会因为思路不具体、不明确而显得条理不清晰,布局不和谐——或者头重脚轻,或者尾大不掉,或者挺着个"将军肚",或者扭着个"蜜蜂腰",那多难看!

有了精细翔实的提纲,加上收集整理资料的工夫扎实,所作的摘录、提要、心得、体会等等均已根据提纲筛选排列,就像堆放整齐的砖石水泥、钢材木料,有的甚至早已制作成为板、条、管、线,直接安上就行. 正式行文就会随着起承转合的思路,启得好,承得上,转得出,合得拢,"下笔如有神"了. 一旦进入了这种状态,就应当奋笔疾书、一气呵成.

当我们笔遂心愿完成了起承转合的基本任务,就像房屋封顶,往往会有一种大功告成的感觉. 然而,刚刚建成的房屋砖石框架还需要进行装修,草草拟就的初稿,必须多次反复修改. 古人早有"文章不厌千遍改"的说法. 我们没有条件改上千遍,那么,改它个三遍、五遍也是应该的. 我们写的是数学思想作文,修改时首先需要注意的是文中所述的数学思想是否准确. 如果数学思想都搞错了,那么,这篇数学思想作文就不合格. 如果对所写的数学思想表述得不明确、不生动、不具体,让人读了似懂非懂——就算勉强了解,印象也不深——这也不是好的数学作文. 只有超越了前面两种状况,既能准确地把握所写数学思想的理论体系,又能把抽象的数学思想描述得具体翔实,把深奥的数学思想解释得浅显易懂,把枯燥的数学思想演绎得有趣动人,才算是优秀的数学思想作文. 因此修改数学思想作文既需要大处着眼,又需要小处着手. 既需要注意数学思想作文整体的结构,又需要注意数学思想作文词句的搭配. 通篇结构讲究匀称连贯、顺理成章,既要力戒文脉不通、文理不顺,又要纠正详略失当、避免杂乱无章. 遣词造句讲究准确朴素、简洁流畅,既要克服模糊含混、艰涩拗口,又要清除错字别字、修改病句残句. 这些都不是一下子就可以完成的,需要投入足够的时间和精力,需要在反复审视的基础上,下一番精雕细刻、字斟句酌的工夫. 有道是:"只要工夫深,铁棒磨成针." 只要大家明确了目的,树立了信心,做好了准备,下足了工夫,通过深思熟虑下笔行文,而后又精益求精修改润色,最后得出的数学思想作文,定不止是以往未曾写过的一种新作文,而且将会是我们大家都为之自豪的好作文. 只要我们写出了令人自豪的数学思想作文,我们的数学思维系统、数学素质系统,乃至整个综合素质系统都将得到不同程度的优化,我们这一年预科数学学习就获得了不同寻常的成功.

习题 8-1

1. 谈谈你对数学思想的认识.
2. 上网搜索"数学作文",然后组织一次赏析活动.

§8-2 微积分思想作文示例

为了更好地学习并掌握微积分学中常用的思想方法,结合预科的有关内容,本节着重介绍五种数学思想:极限思想、恒等变换思想、构造思想、建模思想、化归思想.

一、极限思想作文

1. 极限思想

所谓极限思想,是指用极限概念分析问题和解决问题的一种数学思想. 极限概念的本质,就是用联系变动的观点,把所考察的对象看作是某对象在无限变化过程中变化的结果. 它是微积分学的一种重要数学思想.

由于极限思想贯穿微积分学的始终,通过这些内容的学习,同学们对极限思想一定会有很多自己的理解和认识. 如极限概念的实际背景、形成过程、概念的本质属性、在解题中的运用,以及它在其他学科中如何解决实际问题等等,都可以归纳总结;也可以由此及彼,展开联想与想象,实虚结合,谈谈自己学习极限思想方法的过程和情感体验,并用数学作文表达出来.

2. 习作举例之一

极限思想与数学能力的提高

极限概念源于希腊的穷竭法,它最初产生于求曲边形面积以及求曲线在某一点处的切线斜率这两个基本问题. 我国古代数学家刘徽(公元3世纪)利用圆的内接正多边形来推算圆面积的方法——割圆术,就是运用了极限思想. 刘徽说:"割之弥细,所失弥少,割之又割,以至于不可割,则与圆周合体而无所失矣."他的这段话对极限思想进行了生动的描述. 我们再来看看法国著名数学家柯西给极限下的定义:"若代表某变量的一串数值无限地趋向于某一个固定数值时,则该固定值称为这一串数值的极限."后来,维尔斯拉斯把柯西这一对极限的定性描述改成定量描述,即"$\varepsilon \delta$"语言,其实质是一种"邻域"观点.

极限概念是微积分最基本的概念,微积分的其他基本概念都用极限概念来表达;极限方法是微积分的最基本的方法,微分法与积分法都借助于极限方法来描述. 比如我们预科教材中所涉及的"微积分"其内容都是围绕"极限"这一核心内容来展开.

从极限的本质思想出发给数列极限和函数极限下精确定义,进一步研究与数列理论相应的级数理论. 利用极限

$$\lim_{x \to x_0} f(x) \ \text{与}\ f(x_0)$$

的关系确定函数的连续与否,在本章中我们还规定极限值为零的变量是无穷小量. 无穷小量引

出了极限方法,因为极限方法的实质就是对无穷小量的分析.第二章,利用极限去解决几何学中的切线问题及力学中的速度问题,引出导数概念.导数研究的是一种变化率,它的前提条件是

$$当 \Delta x \to 0 时, \frac{\Delta y}{\Delta x} 的极限是否存在.$$

由此可见,导数问题还是极限问题.微分,可以说是导数的进一步扩展,它把函数的改变量与导数的内在联系结合起来.导数考察的是函数在点 x_0 的变化率,而函数在点 x_0 的微分是 Δy 的线性主部,函数可微与可导是等价的.但是不管怎样,它们都涉及一种重要的方法——极限方法.第三章,进一步深化导数思想,使之得到广泛的应用.微分定义及表达式虽然给出了函数改变量与导数的内在联系,但仅是在一点邻近的局部性质,且是近似的.若要揭示在一个区间上函数与导数的内在联系,还得依靠微分学的中值定理来解决.中值定理是微分学中一个很重要的定理,其证明方法也是要求我们掌握的,极限思想给这个证明带来不少便利,特别是左右极限概念的作用更大.本章还包括了关于无穷小量的运算,其实是极限的运算——不定式的极限,最有效的解题方法是运用罗比达法则.第四章,不定积分,实质上是微分的逆运算.第五章,定积分,重点是定积分的概念及运算.其中,定积分的概念实质上是一个特殊类型的和式的极限.定积分的计算关键是通过牛顿——莱布尼兹公式建立不定积分与定积分的关系.

由此可见,从函数的连续性、级数、导数、微分、定积分等概念中可以发现,它们都是借助于极限才得以抽象化、严密化.这不仅体现在我们的预科教材中,在我们以后将要学到的多元函数的偏导数、重积分等概念中,甚至整个高等数学的内容,极限自始至终都贯穿于其中.

通过对它的学习与运用,我们可以从中感觉到:我们的思想已经从客观变量中的常量进入了变量,从有限跨到了无限,也就是说我们的能力不断地得到提高,从初等数学过渡到了高等数学.极限思想深化了我们对客观世界的认识,它使我们明白:研究物质运动,仅仅知道有关函数在变化过程中单个的取值如何,往往是不够的.我们还得弄清楚,函数变化时总的变化趋势,以及是否隐含某种"相对稳定"的性质等问题.更具体地说,极限思想在应用于其他方面的知识时,一般都有这么一个前提条件:当 $x \to x_0$(或 ∞)时,函数的极限是否存在?若该极限不存在又会是怎么样的呢?我们每次都带着这种思维去考虑问题,这就加强了我们思考问题的周密性与全面性.同时,在检验极限是否存在时,我们的运算能力也得到了提高.除此之外,通过对极限的学习与运用,我们还认识到极限本身是高等数学中的一个核心内容,同时他又是解决其它问题所运用的工具,这使我们对数学的认识提高到一个更高的层次,对我们今后从事高等数学的学习和工作都有很大的帮助.

极限思想是微积分的基础,是高等数学中的基本推理工具,它在数学分析发展的历史长河中,扮演着十分重要的角色.我们可以毫不夸张地说,没有极限思想就没有高等数学的严密结构,我们应该掌握好极限这一重要概念及其思想.

(作者:陈光焕 广西民族大学预科教育学院2000级理三班学生)

作文点评

本文从极限概念的历史背景出发,逐步分析了极限思想贯穿整个微积分知识的事实.作者能够以极限思想为主线,把所学的微积分知识联系成为一个整体,这是一般同学难以做到的.文中还进一步指出,通过学习和运用极限思想,"我们的思想已经从有限跨到了无限","从初等数学过渡到了高等数学","极限思想深化了我们对客观世界的认识,这使我们对数学的认识提

高到一个更高的层次","对我们今后从事高等数学的学习和工作都有很大的帮助."总之,文中对极限思想有较为深刻的理解与认识.

3. 习作举例之二

浅谈高等数学问题中求极限的若干种方法

现行高等数学的课程主线,可归纳为:函数→极限→连续→微积分应用→常微积分方程→无穷级数.除了第一部分作为最简单的基础内容外,其余教学内容的核心思想就是围绕极限这一概念展开的.极限的方法是人们从有限中认识无限,从近似中认识精确,从量变中认识质变的一种数学方法.同时极限也是微积分最基本最重要的概念,是研究微积分学的重要工具.极限思想也是研究高等数学的重要思想.因此,掌握极限的思想与方法是非常重要的,它是学好微积分学的前提条件.以下是关于求极限的七种方法,这些方法有助于高等数学中微积分的学习.

(一) 用定义求极限

极限直观性定义:设函数 $f(x)$ 在点 x_0 附近有定义,如果在 $x \to x_0$ 的过程中,对应的 $f(x)$ 无限趋近于确定的数值 A,那么就说 A 是函数 $f(x)$ 当 $x \to x_0$ 时的极限.记为 $\lim_{x \to x_0} f(x) = A$.

对于一些简单的、能够从图像上直接看出的极限,即可用极限直观性定义快速求出.

例如:当 $x \to 1$ 时,$f(x) = 3x - 1$ 无限接近于 2,则 $\lim_{x \to 1}(3x - 1) = 2$.

(二) 用极限四则运算法则求极限

如果 $\lim f(x) = A, \lim g(x) = B$,
(1) $\lim[f(x) \pm g(x)] = \lim f(x) \pm \lim g(x) = A \pm B$;
(2) $\lim[f(x) \cdot g(x)] = \lim f(x) \cdot \lim g(x) = A \cdot B$
(3) 若又有 $B \neq 0$,则 $\lim \dfrac{f(x)}{g(x)} = \dfrac{\lim f(x)}{\lim g(x)} = \dfrac{A}{B}$

注:以上运算法则成立的前提是 $\lim f(x)$ 和 $\lim g(x)$ 存在.

极限的四则运算法则主要应用于求一些简单的和、差、积、商的极限.在实际求极限过程中,还可具体运用直接代入法、消去零因子法、同除法等进行化简计算.

例如:1. 求 $\lim_{x \to 2}(3x^2 - 2x + 3)$

解:$\lim_{x \to 2}(3x^2 - 2x + 3) = \lim_{x \to 2} 3x^2 - \lim_{x \to 2} 2x + 3 = 11$(直接代入法)

2. 求 $\lim_{x \to \infty} \dfrac{3x^2 - x + 2}{4x^3 - x + 1}$

解:当 $x \to \infty$ 时,分子、分母都趋于无穷大,故分子、分母可同除以 x^3 然后取极限,得:

$$\lim_{x \to \infty} \frac{3x^2 - x + 2}{4x^3 - x + 1} = \lim_{x \to \infty} \frac{\dfrac{3}{x} - \dfrac{1}{x^2} + \dfrac{2}{x^3}}{4 - \dfrac{1}{x^2} + \dfrac{1}{x^3}} = \frac{0 - 0 + 0}{4 - 0 + 0} = 0 \text{(同除法)}$$

在计算函数极限时,单单运用极限的四则运算法则还不能够达到求结果的目的,需要在这

个基础上运用其他的方法来辅助计算.如:换元法、取倒数法、取对数法等.下面一一举例说明:

(1) 换元法:求 $\lim\limits_{x\to 1}\dfrac{\sqrt[n]{x}-1}{x-1}$

解:令 $u=\sqrt[n]{x}$,当 $x\to 1$ 时,有 $u\to 1$ 且 $x=u^n$

$$x-1=u^n-1=(u-1)(u^{n-1}+u^{n-2}+\cdots+u+1)$$

所以,$\lim\limits_{x\to 1}\dfrac{\sqrt[n]{x}-1}{x-1}=\lim\limits_{u\to 1}\dfrac{u-1}{u^n-1}=\lim\limits_{u\to 1}\dfrac{u-1}{(u-1)(u^{n-1}+u^{n-2}+\cdots+u+1)}=\dfrac{1}{n}$

(2) 取倒数法:求 $\lim\limits_{x\to\infty}\dfrac{x^3}{4x+1}$

解:我们先求 $\lim\limits_{x\to\infty}\dfrac{4x+1}{x^3}=\lim\limits_{x\to\infty}\left(\dfrac{4}{x^2}+\dfrac{1}{x^3}\right)=0$,根据无穷大与无穷小的关系,所以 $\lim\limits_{x\to\infty}\dfrac{x^3}{4x+1}=\infty$

(3) 取对数法(适用于幂指函数求极限):求 $\lim\limits_{x\to 0}x^{2x}$

解:$\lim\limits_{x\to 0}x^{2x}=\lim\limits_{x\to 0}e^{\ln x^{2x}}$

$=e^{\lim\limits_{x\to 0}2x\ln x}=e^{\lim\limits_{x\to 0}\frac{\ln x}{\frac{1}{2x}}}$

$=e^{\lim\limits_{x\to 0}\frac{\frac{1}{x}}{\frac{-1}{(2x)^2}\cdot 2}}=e^{\lim\limits_{x\to 0}(-2x)}=e^0=1$

(三)用等价无穷小的性质求极限

定理:设 $f(x)$、$g(x)$ 为同一变化过程中的无穷小,且 $f(x)\sim f_1(x),g(x)\sim g_1(x)$,$\lim\dfrac{f_1(x)}{g_1(x)}$ 存在,则 $\lim\dfrac{f(x)}{g(x)}=\lim\dfrac{f_1(x)}{g_1(x)}$.

利用无穷小的等价替换来计算极限是一种非常有效且简便的方法.它可使有些极限的计算变得简单.以下是无穷小等价的一些常用公式:

当 $x\to 0$ 时,$\sin x\sim x$,$\arcsin x\sim x$,$\tan x\sim x$,$e^x-1\sim x$,$a^x-1\sim x\ln a$,$1-\cos x\sim\dfrac{x^2}{2}$,$\ln(1+x)\sim x$,$\sqrt[n]{1+x}-1\sim\dfrac{x}{n}$.

例如:求 $\lim\limits_{x\to 0}\dfrac{\tan x}{\sqrt[3]{1+x}-1}$

解:当 $x\to 0$,$\tan x\sim x$,$\sqrt[3]{1+x}-1\sim\dfrac{x}{3}$.

$$\lim\limits_{x\to 0}\dfrac{\tan x}{\sqrt[3]{1+x}-1}=\lim\limits_{x\to 0}\dfrac{x}{\frac{x}{3}}=3$$

值得一提的是,在无穷小量的乘、除运算时可使用等价替换,在无穷小量的加、减运算时尽量不要使用,否则可能会得到错误的答案.

例如:求 $\lim\limits_{x\to 0}\dfrac{\tan x-\sin x}{2x^3}$

错解:当 $x\to 0$,$\tan x\sim x$,$\sin x\sim x$

$$\lim\limits_{x\to 0}\dfrac{\tan x-\sin x}{2x^3}=\lim\limits_{x\to 0}\dfrac{x-x}{2x^3}=0$$

正解：$\lim\limits_{x\to 0}\dfrac{\tan x-\sin x}{2x^3}=\lim\limits_{x\to 0}\dfrac{\tan x(1-\cos x)}{2x^3}=\lim\limits_{x\to 0}\dfrac{x\times\dfrac{x^2}{2}}{2x^3}=\dfrac{1}{4}$

同理：无穷小与有界量的乘积是无穷小，经常用到. 例如：

① $\lim\limits_{x\to 0}x\cdot\sin\dfrac{1}{x}=0$ ② $\lim\limits_{x\to\infty}\dfrac{\sin x}{x}=0$

(四) 用两个重要极限求极限.

第一个重要极限：$\lim\limits_{x\to 0}\dfrac{\sin x}{x}=1$ (或 $\lim\limits_{x\to 0}\dfrac{x}{\sin x}=1$)

此重要极限的应用要求较高，必须同时满足：
① 分子、分母为无穷小，即极限为 0；
② 分子正弦的角必须与分母一样.

第二重要极限：$\lim\limits_{x\to\infty}\left(1+\dfrac{1}{x}\right)^x=e$ (或 $\lim\limits_{x\to 0}(1+x)^{\frac{1}{x}}=e$)

此重要极限的应用要求较高，须同时满足：
① 幂底数带有"1"；
② 幂底数是"+"号；
③ "+"号后面是无穷小量；
④ 幂指数和幂底数"+"号后面的项要互为倒数.

例如：(1) 求 $\lim\limits_{x\to 0}\dfrac{\sin 3x}{x}$

解：$\lim\limits_{x\to 0}\dfrac{\sin 3x}{x}=3\lim\limits_{x\to 0}\dfrac{\sin 3x}{3x}=3$

(2) 求 $\lim\limits_{x\to\infty}\left(1+\dfrac{1}{x}\right)^{3x}$

解：$\lim\limits_{x\to\infty}\left(1+\dfrac{1}{x}\right)^{3x}=\lim\limits_{x\to\infty}\left[\left(1+\dfrac{1}{x}\right)^x\right]^3=e^3$

(五) 用洛必达法则求极限.

定理：(1) 当 $x\to a$ 时，函数 $f(x)$ 及 $F(x)$ 都趋于零（或无穷大）；
(2) 在点 a 的某去心邻域内，$f'(x)$ 及 $F'(x)$ 都存在且 $F'(x)\neq 0$；
(3) $\lim\limits_{x\to a}\dfrac{f'(x)}{F'(x)}$ 存在（或为无穷大）；

那么 $\lim\limits_{x\to a}\dfrac{f(x)}{F(x)}=\lim\limits_{x\to a}\dfrac{f'(x)}{F'(x)}$.

例如：求 $\lim\limits_{x\to 0}\dfrac{1-3\cos x}{x^2}$

解：$\lim\limits_{x\to 0}\dfrac{1-3\cos x}{x^2}=\lim\limits_{x\to 0}\dfrac{(1-3\cos x)'}{(x^2)'}$

$=\lim\limits_{x\to 0}\dfrac{3\sin x}{2x}=\lim\limits_{x\to 0}\dfrac{(3\sin x)'}{(2x)'}$

$$=\lim_{x\to 0}\frac{3\cos x}{2}=\frac{3}{2}$$

洛必达法则虽然是求未定式极限的一种有效方法,但若能与其它求极限的方法结合使用,效果更好.如结合使用等价无穷小替换或重要极限.

例如:求 $\lim\limits_{x\to 0}\dfrac{e^x+\sin x-1}{\ln(1+\sin x)}$

解:当 $x\to 0$ 时,$e^x-1\sim x$,$\sin x\sim x$,$\ln(1+\sin x)\sim \sin x$,
所以

$$\lim_{x\to 0}\frac{e^x+\sin x-1}{\ln(1+\sin x)}$$
$$=\lim_{x\to 0}\frac{e^x-1}{\ln(1+\sin x)}+\lim_{x\to 0}\frac{\sin x}{\ln(1+\sin x)}=\lim_{x\to 0}\frac{x}{\sin x}+\lim_{x\to 0}\frac{x}{\sin x}=2$$

但运用洛必达法则求极限的函数必须是未定式($\dfrac{0}{0}$型或$\dfrac{\infty}{\infty}$型),否则不能用洛必达法则求解.

同时,形如 $0\cdot\infty$ 型、$\infty-\infty$ 型、0^0 型、1^∞ 型、∞^0 型均可转化为 $\dfrac{\infty}{\infty}$ 型或 $\dfrac{0}{0}$ 型使用洛必达法则求解.

(六)用微分中值定理求极限

拉格朗日中值定理:如果函数 $y=f(x)$ 满足

(1) 在闭区间 $[a,b]$ 上连续

(2) 在开区间 (a,b) 内可导

则在 (a,b) 内至少存在一点 $\xi(a<\xi<b)$,使得 $f(b)-f(a)=f'(\xi)(b-a)$ 即 $f'(\xi)=\dfrac{f(b)-f(a)}{b-a}$

例如:求 $\lim\limits_{x\to 0}\dfrac{1}{x}\left[\tan\left(\dfrac{\pi}{4}+3x\right)-\tan\left(\dfrac{\pi}{4}+x\right)\right]$

解:设 $f(t)=\tan t$,$f(t)$ 在 $\dfrac{\pi}{4}+3x$ 与 $\dfrac{\pi}{4}+x$ 所构成的区间上应用拉格朗日中值定理,有

$$\lim_{x\to 0}\frac{1}{x}\left[\tan\left(\frac{\pi}{4}+3x\right)-\tan\left(\frac{\pi}{4}+x\right)\right]$$
$$=\lim_{x\to 0}\left[\left(\frac{\pi}{4}+3x\right)-\left(\frac{\pi}{4}+x\right)\right]\cdot(\tan t)'\Big|_{t=\xi} \quad (\xi 介于 \frac{\pi}{4}+3x 和 \frac{\pi}{4}+x 之间)$$
$$=\lim_{x\to 0}2\sec^2\xi=2$$

(七)用导数定义求极限

定义:设函数 $y=f(x)$ 在点 x_0 的某个邻域内有定义,如果极限 $\lim\limits_{\Delta x\to 0}\dfrac{\Delta y}{\Delta x}=\lim\limits_{x\to x_0}\dfrac{f(x)-f(x_0)}{x-x_0}$ 存在,则称 $f(x)$ 在 $x=x_0$ 处可导,称该极限为函数 $f(x)$ 在 $x=x_0$ 处的导数,记为 $f'(x_0)=\lim\limits_{\Delta x\to 0}\dfrac{\Delta y}{\Delta x}=\lim\limits_{\Delta x\to 0}\dfrac{f(x_0+\Delta x)-f(x_0)}{\Delta x}$ 或 $f'(x_0)=\lim\limits_{x\to x_0}\dfrac{f(x)-f(x_0)}{x-x_0}$.否则称 $f(x)$ 在 $x=x_0$ 处不可导.

例如:已知函数 $f(x)$ 在 $x=2$ 想处可导,且 $f'(2)=1, f(2)=5$,求 $\lim\limits_{x\to 2}\dfrac{f(x)}{x}$

解:因为 $f'(2)=\lim\limits_{x\to 2}\dfrac{f(x)-f(2)}{x-2}=\lim\limits_{x\to 2}\dfrac{f(x)-5}{x-2}=1$

所以,$\lim\limits_{x\to 2}[f(x)-5]=0$,即 $\lim\limits_{x\to 2}f(x)=5$,则

$$\lim_{x\to 2}\dfrac{f(x)}{x}=\dfrac{\lim\limits_{x\to 2}f(x)}{\lim\limits_{x\to 2}x}=\dfrac{5}{2}$$

总结:以上介绍了我们在学习中求极限常用到的七种方法,但求极限的方法还有很多,而大多数的题目也是要结合多种方法进行求解,由于文章限制,在此就不将所有方法逐一举例了,有兴趣的同学可以一一探讨归纳.

在微积分求极限中,要具体问题具体分析,认真审题,灵活多变的运用各种解题技巧,才能很好的处理极限的求解.

(作者:梁俊 广西民族大学预科教育学院 2011 级理五班学生)

作文点评

本文较全面地整理了计算极限的七种方法,有利于认识计算极限的各种方法之间的相互联系和区别,对提高自身的分析问题和解决问题的能力有很大的帮助.

二、恒等变换思想作文

1. 恒等变换思想

通过运算,把一个数学式子换成另一个与它恒等的数学式子,做叫恒等变换. 恒等变换思想就是运用恒等变换的思路去解决数学问题的一种数学思想.

对于解析式,恒等变换思想通常有两种表现方式:(1)组合变换,就是利用恒等变换,把几个解析式变换为一个解析式;(2)分解变换,就是利用恒等变换,把一个解析式分解为几个解析式(和或者积).

待定系数法、配方法、裂项法、因式分解、部分分式、变量代换的精神实质和理论根据都是恒等变换思想的体现.

2. 习作举例之一

浅谈恒等变换思想在微积分中的作用

所谓恒等变换就是把一个式子变换成另一个与它恒等的式子. 例如,从 $a^2+2ab+b^2$ 变形为 $(a+b)^2$,或者反过来,由 $(a+b)^2$ 变为 $a^2+2ab+b^2$,都是恒等变换. 值得注意的是所谓的"恒等"即无论在什么情况下等式都成立. 如"$x+2=10$"就不能称为恒等式,因为只有当 $x=8$ 时等式才能成立.

当我们在解题中遇到一些不能直接入手很难的题目时,我们不妨运用恒等变换思想,或许可以轻而易举地解决. 如:

求:$\lim\limits_{x\to 0}\dfrac{\tan x}{x}$.

解 原式 $= \lim\limits_{x \to 0} \dfrac{\sin x}{x \cos x}$

$= \lim\limits_{x \to 0} \dfrac{\sin x}{x} \cdot \dfrac{1}{\cos x}$（恒等变换）

$= \lim\limits_{x \to 0} \dfrac{\sin x}{x} \cdot \lim\limits_{x \to 0} \dfrac{1}{\cos x}$

$= 1.$

有时候,为了套用某种模式或引用某个固定的结论,我们也常把一些较难的题目通过恒等变换,化为与模式相同或相似的问题,以方便计算.

如:求 $\lim\limits_{x \to \infty} \left(1 + \dfrac{m}{x}\right)^x (m \neq 0).$

解 原式 $= \lim\limits_{x \to \infty} \left[\left(1 + \dfrac{m}{x}\right)^{\frac{x}{m}}\right]^m$（恒等变换）

$= \lim\limits_{y \to \infty} \left[\left(1 + \dfrac{1}{y}\right)^y\right]^m \left(\text{令 } y = \dfrac{m}{x}\right)$

$= e^m.$

上题是用了恒等变换的思想,把 $\lim\limits_{x \to \infty} \left(1 + \dfrac{m}{x}\right)^x$ 化为形如 $\lim\limits_{y \to \infty} \left(1 + \dfrac{1}{y}\right)^y$ 的"模式",以求得解,显得灵活方便.

下面再用这一思想方法来解一个较为复杂的题目.

求: $\lim\limits_{x \to 0} \left(\dfrac{1 + x \cdot 2^x}{1 + x \cdot 3^x}\right)^{\frac{1}{x^2}}.$

解 原式 $= \lim\limits_{x \to 0} \dfrac{\left[(1 + x \cdot 2^x)^{\frac{1}{x \cdot 2^x}}\right]^{\frac{x \cdot 2^x}{x^2}}}{\left[(1 + x \cdot 3^x)^{\frac{1}{x \cdot 3^x}}\right]^{\frac{x \cdot 3^x}{x^2}}}$（恒等变换）

$= \lim\limits_{x \to 0} e^{\frac{2^x - 3^x}{x}}$

$= \lim\limits_{x \to 0} e^{\left[\frac{2^x - 1}{x} - \frac{3^x - 1}{x}\right]}$（恒等变换）

$= e^{\lim\limits_{x \to 0} \frac{2^x - 1}{x} - \lim\limits_{x \to 0} \frac{3^x - 1}{x}}$

$= e^{\ln 2 - \ln 3}$

$= \dfrac{2}{3}.$

由此可见,用恒等变换的思想方法可以提高解题速度,特别是在解比较复杂的题目时更显得灵活.这种数学思想运用广泛,几乎贯穿着整个预科数学教材.

在用洛必达法则求函数极限时,有很多题目是必须通过恒等变形后才符合运算法则的条件.例如:

求极限 $\lim\limits_{x \to 0} x \ln x (x > 0).$

分析:因为当 $x \to 0$ 时,$\ln x \to \infty$,所以这是 $0 \cdot \infty$ 型不定式,不符合洛必达定理的条件(必须是 $\dfrac{0}{0}$ 或 $\dfrac{\infty}{\infty}$ 型),故必须进行恒等变换.

解 $\lim\limits_{x\to 0} x\ln x = \lim\limits_{x\to 0}\dfrac{\ln x}{\dfrac{1}{x}}$（恒等变换）

$= \lim\limits_{x\to 0}\dfrac{\dfrac{1}{x}}{-\dfrac{1}{x^2}}$（洛必达法则）

$= \lim\limits_{x\to 0}(-x)$

$= 0.$

恒等变换思想在求不定积分方面更能大显身手，如：计算 $\int\dfrac{x^4+1}{x^2+1}dx$，因为不能直接用不定积分基本公式，故我们必须对被积函数 $\dfrac{x^4+1}{x^2+1}$ 进行恒等变换。

解 $\int\dfrac{x^4+1}{x^2+1}dx = \int\dfrac{x^4-1+2}{x^2+1}dx$

$= \int\left[(x^2-1)+\dfrac{2}{x^2+1}\right]dx = \dfrac{1}{3}x^3 - x + 2\arctan x + c.$

在上例的解题过程中，如果没有运用恒等变换思想，我们是无法下手的。

综上所述，恒等变换思想在数学解题中占有举足轻重的地位，它广泛地运用于数学解题之中，认真学习和灵活地运用这种数学思想对培养我们的数学思维能力很有帮助。

解数学题时，常会遇到一些很繁杂的题目，通过恒等变形后，把之变为一种可以一目了然的形式，这也是我们变形的最终目的和解题时所希望的。想方设法地把繁杂的题目转化为简单容易的题目，这一过程离不开数学思维。数学思维能力的高低直接影响着解题的关键。那么怎样才能提高自己的数学思维能力呢？当然，影响思维能力的因素是多方面的，就从掌握和运用恒等变换思想对培养思维能力做起吧。

我们一贯的解题原则是：难化易，复杂化简单。我们知道所谓"化"即转化，最普遍及最常用的方法就是恒等变换。因为是"恒等"变换，所以无论怎样变换，它仍等于原式，直到变换至可以解出答案为止。熟练地掌握恒等变换思想，灵活地运用各种公式模式，以达到解题的效果，这是思维能力的体现。比如看到一道题，我们立刻能想到将它变成某种模式，然后再运用公式，立即确定好变换的方向。这是一个快速思维过程，只有熟练地掌握基础知识以及变换的方法，才能有如此"一眼定乾坤"的思维能力。由此可见，学习和运用恒等变换对于培养我们的数学思维能力很有帮助。我们要认真学好这样一种数学思维方法，以适应千变万化的数学题型。

（作者：莫员 广西民族大学预科教育学院 2000 级理三班学生）

作文点评

本文着重论证了恒等变换思想在解数学题时所起的作用，并能通过不同知识点中的具体例子加以说明。文中还论述了灵活运用这种数学思想对培养思维能力所起的作用。若再能对恒等变换的技巧进行归纳总结，并进一步探讨这种数学思想对于掌握数学知识、培养数学能力所起的作用，那将会更好。

3. 习作举例之二

浅谈变量代换思想

在高等数学的学习过程中,有时我们常常会感觉到一些公式、等式的变化很难理解,一此习题的数学表达式也比较繁杂,在解题时往往感到难以下笔.这时,我们除了要掌握必要的数学思维方法和解题技巧外,还可以考虑,试着使用变量代换法去求解,变量代换法是众多数学方法中比较易于掌握而又行之有效的一种解题方法.

所谓变量代换法是指某些变量的表达式用另一些新的变量来代换,从而使原有的问题化难为易的一种方法.变量代换法不仅是一种重要的解题技巧,也是一种重要的数学思维方式.其主要目的是通过代换使问题化繁为简,将不易解决的问题转化为容易解决的问题.

由于变量代换法具灵活性和多样性的特点,所以这种方法在计算极限、导数、积分等中用得很多,几乎贯穿了高等数学的全部内容,例如:

1. 在极限中的应用

在求函数极限的问题中,经常用到两个重要极限,即 $\lim\limits_{x\to 0}\dfrac{\sin x}{x}=1$ 和 $\lim\limits_{x\to\infty}\left(1+\dfrac{1}{x}\right)^x=e$,有很多函数都可通过变量代换转换成以上两个重要极限的形式,从而求出极限值.

例1 计算 $\lim\limits_{x\to 0}\dfrac{\sin 5x}{3x}$

解 令 $5x=u$,当 $x\to 0$ 时 $u\to 0$,因此有

$$\lim_{x\to 0}\frac{\sin 5x}{3x}=\lim_{u\to 0}\frac{\sin u}{\frac{3}{5}u}=\frac{5}{3}\lim_{u\to 0}\frac{\sin u}{u}=\frac{5}{3}$$

例2 计算 $\lim\limits_{x\to\infty}\left(1-\dfrac{1}{x}\right)^{2x}$

解 令 $x=-u$,当 $x\to\infty$ 时 $u\to\infty$,于是有

$$\lim_{x\to\infty}\left(1-\frac{1}{x}\right)^{2x}=\lim_{u\to\infty}\left(1+\frac{1}{u}\right)^{-2u}$$
$$=\lim_{u\to\infty}\left[\left(1+\frac{1}{u}\right)^u\right]^{-2}$$
$$=e^{-2}$$

有时候,对于某些无理根式,可以利用变量代换将其转换成有理式的形式,再求出它的极限.

例3 计算 $\lim\limits_{x\to 0}\dfrac{\sqrt{1+x}-1}{x}$

解 令 $\sqrt{1+x}-1=u$,则有 $x=u^2+2u$,

当 $x\to 0$ 时 $u\to 0$,于是有

$$\lim_{x\to 0}\frac{\sqrt{1+x}-1}{x}=\lim_{u\to 0}\frac{u}{u^2+2u}=\lim_{u\to 0}\frac{1}{u+2}=\frac{1}{2}$$

2. 在导数中的应用

(1) 设 $u=\varphi(x)$ 在点 x 可导,$y=f(u)$ 在对应点 u 可导,则复合函数 $y=f[\varphi(x)]$ 在点 x 可

导,且有 $\dfrac{dy}{dx} = \dfrac{dy}{du} \cdot \dfrac{du}{dx} = f'(u)\varphi'(x)$

例 4 求 $y = \arctan \dfrac{1}{x}$ 的导数

解 令 $u = \dfrac{1}{x}$,则 $y = \arctan \dfrac{1}{x}$ 可看成是 $\arctan u$ 与 $u = \dfrac{1}{x}$ 复合而成的,即 $(\arctan u)'_u = \dfrac{1}{1+u^2}$, $u'_x = \left(\dfrac{1}{x}\right)' = -\dfrac{1}{x^2}$

于是有 $y' = \dfrac{1}{1+u^2} \cdot \left(-\dfrac{1}{x^2}\right) = \dfrac{1}{1+\left(\dfrac{1}{x}\right)^2} \cdot \left(-\dfrac{1}{x^2}\right) = -\dfrac{1}{1+x^2}$

(2) 变量代换法在隐函数求导中的应用

例 5 设方程 $x - y + \dfrac{1}{2}\sin y = 0$ 所确定的函数为 $y = y(x)$,求 $\dfrac{dy}{dx}$.

解 将方程两端同时对 x 求导,得到

$\left(x - y + \dfrac{1}{2}\sin y\right)'_x = (0)'_x$,有 $1 - \dfrac{dy}{dx} + \dfrac{1}{2}\cos y \cdot \dfrac{dy}{dx} = 0$,由此得

$$\dfrac{dy}{dx} = \dfrac{2}{2 - \cos y}$$

由此可见,用变量代换法可以提高解题速度,简化解题过程,让人看起来简单易懂. 变量代换法除了应用在求极限、导数之外,还可应用于积分学中,称为换元积分法.

3. 在积分中的应用

(1) 第一类换元法

例 6 计算不定积分 $\int \sin x \cos x \, dx$

解 $\int \sin x \cos x \, dx = \int \sin x \, d\sin x$,令 $u = \sin x$ 则有

$$\text{原式} = \int u \, du = \dfrac{1}{2}u^2 + c = \dfrac{1}{2}\sin^2 x + c$$

(2) 三角代换法

例 7 求 $\int \sqrt{a^2 - x^2} \, dx \,(a > 0)$

解 令 $x = a\sin u, u \in \left[-\dfrac{\pi}{2}, \dfrac{\pi}{2}\right]$,则有 $u = \arcsin \dfrac{x}{a}$, $dx = a\cos u \, du$

$$\text{原式} = \int \sqrt{a^2 - a^2 \sin^2 u} \cdot a\cos u \, du$$
$$= \dfrac{a^2}{2}(u + \sin u \cos u) + c = \dfrac{a^2}{2}\arcsin \dfrac{x}{a} + \dfrac{x}{2}\sqrt{a^2 - x^2} + c$$

通过以上众多例子的求解我们可以看出,变量代换法在高等数学的解题中应用得非常广泛,几乎贯穿了高等数学. 它作为一种基本的解题技巧,对于解决问题有很重要的意义. 在高等数学中很多看似复杂的困难的问题,通过变量代换进行求解,就使问题简洁而易求. 当然,使用变量代换法去解决数学问题时,所用变量代换常常不是唯一的,因此要注意选择.

总之,学会理解掌握变量代换思想的特点和技巧,就可以提高我们的解题能力.

(作者:何茜 广西民族大学预科教育学院2011级文二班学生)

作文点评

本文概括了变量代换思想在极限、导数、积分中的应用,较好地运用了以知识为载体的变量代换思想,从而在知识和思想两个方面形成了良好的认知结构,对提高自身的洞察事物、寻求联系、解决问题的思维能力是非常有益的.

三、构造思想作文

1. 构造思想

数学构造思想是蕴含着模型思想、变换思想、特殊与一般对立转化等等一系列思想方法的数学创造性思维体系. 在这个体系中,数学问题的处理,可以根据数学问题的条件,按照某种期望的目标或需要,开拓思维视野,运用丰富的想象力,考察各种知识间的内在联系,或形式上的某种相似性,构造或设计一个恰当的元素,把原问题转化为有助于该问题解决的新的数学模型,通过对这个数学模型的研究去实现原问题的解决.

构造思想的主要类型有构造表达式(函数、方程)、不等式、数列、图形(三角形、几何体)、命题、模型等等. 在预科学习中,通过对所构造函数的研究,来实现对方程根的讨论、或讨论中间值 ξ 的存在性、或对所构造函数的导数讨论,来证明恒等式或不等式.

2. 习作举例

浅谈数学构造思想

数学思想是人们对数学知识和数学方法的本质认识,是数学知识与数学方法的高度抽象与概括,属于对数学规律的理性认识的范畴. 如果说知识是数学的"躯体",方法是数学的"行为规则",那么数学思想无疑是数学的"灵魂".

构造法作为一种数学思想方法,它的含义很广. 通常认为,根据待解问题的特殊性,设计并构造一个新的关系系统,即构造一个数学模式,通过对这个数学模式的研究实现原问题的解决,这就是构造法. 构造法的核心,在于通过一定的手段,设计并构造出与待解问题相关并有助于该问题的解决的数学模式.

数学构造的思想方法具有很大的灵活性,根据待解问题的特征,既可以通过构造函数、构造方程、构造恒等式、构造不等式、构造数列等式,利用"数"的模式解决数或形的问题. 因此,构造法在解决数学问题中有着广泛的应用. 结合高等院校预科教材,我们发现其中的内容也利用到了这种数学构造思想. 如数列、微分中值定理、不等式的证明等都蕴含着这种思想. 下面我就举例加以说明.

例1 求证 $n^{n+1} > (n+1)^n$ $(n \in \mathbf{N}, n > 2)$.

证 构造数列 $x_n = \dfrac{n^{n+1}}{(n+1)^n}$

因为 $\dfrac{x_{n+1}}{x_n} = \dfrac{(n+1)^{n+2}}{(n+2)^{n+1}} \cdot \dfrac{(n+1)^n}{n^{n+1}}$

$= \left[\dfrac{(n+1)^2}{n(n+2)}\right]^{n+1} > 1$ $(n \in \mathbf{N}, n > 2)$,

故数列 $\{x_n\}$ 是递增数列，于是有
$$x_n \geqslant x_3 = \frac{3^4}{4^3} = \frac{81}{64} > 1,$$
即 $\frac{n^{n+1}}{(n+1)^n} > 1.$

所以 $n^{n+1} > (n+1)^n \quad (n \in \mathbf{N}, n > 2).$

例 2 若 $f(x)$ 在 $[a,b]$ 上连续，在 (a,b) 内可导，则在 (a,b) 内至少存在一个 ξ，使得
$$f'(\xi) = \frac{f(b)-f(a)}{b-a}.$$

证 （构造法）

构造辅助函数：$G(x) = f(x) - kx$（k 为待定系数且满足 $G(a) = G(b)$）.

则 $G(a) = f(a) - ka,$

$G(b) = f(b) - kb.$

由 $G(a) = G(b)$，得 $f(a) - ka = f(b) - kb,$

$k(b-a) = f(b) - f(a),$

$k = \frac{f(b)-f(a)}{b-a}.$

显然 $G(x) = f(x) - \frac{f(b)-f(a)}{b-a} \cdot x$ 在 $[a,b]$ 上连续，在 (a,b) 内可导，并且 $G(a) = G(b)$，故根据罗尔定理，在 (a,b) 内至少存在一个 ξ，使得 $G'(\xi) = 0$，而
$$G'(x) = f'(x) - \frac{f(b)-f(a)}{b-a},$$
所以 $G'(\xi) = f'(\xi) - \frac{f(b)-f(a)}{b-a} = 0,$

所以 $f'(\xi) = \frac{f(b)-f(a)}{b-a}.$

例 3 已知 $\alpha + \beta + \gamma = \pi$，求证：$x^2 + y^2 + z^2 \geqslant 2xy\cos\alpha + 2yz\cos\beta + 2zx\cos\gamma.$

证 构造函数
$$f(x) = x^2 + y^2 + z^2 - 2xy\cos\alpha - 2yz\cos\beta - 2zx\cos\gamma$$
$$= x^2 - 2(y\cos\alpha + z\cos\gamma)x + y^2 + z^2 - 2yz\cos\beta.$$

故 $\Delta = 4(y\cos\alpha + z\cos\gamma)^2 - 4(y^2 + z^2 - 2yz\cos\beta)$
$$= -4[y^2\sin^2\alpha + z^2\sin^2\gamma + 2yz\cos(\alpha+\gamma) - 2yz\cos\alpha\cos\gamma]$$
$$= -4(y\sin\alpha - z\sin\gamma)^2 \leqslant 0,$$

又 x^2 的系数大于零，所以 $f(x)$ 的值不小于零，

所以 $x^2 + y^2 + z^2 \geqslant 2xy\cos\alpha + 2yz\cos\beta + 2zx\cos\gamma.$

例 4 设 a、b、c 为 $\triangle ABC$ 的三边的长，求证：
$\frac{a}{b+c-a} + \frac{b}{c+a-b} + \frac{c}{a+b-c} \geqslant 3.$

分析：用证明不等式的一般方法证明结论较为繁琐，

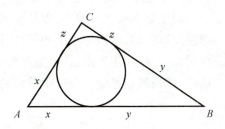

由左边诸分母的结构形式,可以联想到构造 $\triangle ABC$ 的内切圆,利用下图就可以将左边化简,于是原不等式可证.

证 如图,设 $\odot O$ 为 $\triangle ABC$ 的内切圆,则有

$$\frac{a}{b+c-a}+\frac{b}{c+a-b}+\frac{c}{a+b-c}$$
$$=\frac{y+z}{2x}+\frac{x+z}{2y}+\frac{x+y}{2z}$$
$$=\frac{1}{2}\left[\left(\frac{y}{x}+\frac{x}{y}\right)+\left(\frac{z}{y}+\frac{y}{z}\right)+\left(\frac{x}{z}+\frac{z}{x}\right)\right]$$
$$\geq \frac{1}{2}(2+2+2)=3.$$

于是命题得证.

可见有些问题的证明比较困难,为了使问题的解决更完整、更富有启发性、更为人所熟悉,有时先构造一个函数或者先建立一个辅助命题,希望通过它帮助我们去解决原来的问题.解决原来的问题是我们要达到的目的,而辅助问题或所构造的元素(函数、数列、图形等)只是我们试图达到目的的手段.

学习数学的目的,不仅要掌握数学的基础知识与基本技能,还要通过发展能力,培养良好的个性品质和学习习惯.从根本上说,就是要全面提高自身素质.而在实现这一目的的过程中,数学构造思想有着不可低估的作用.在运用它的过程中,贯穿着严谨作风和创新意识,有利于发展逻辑思维和创造思维,有利于形成良好的认知结构,从而有利于优化我们的思维素质.

(作者:何如皇 广西民族大学预科教育学院 2000 级理三班学生)

作文点评

本文既能通过不同的数学知识点中的实例论述这种数学思想的灵活性,又能进一步说明运用该种数学思想对于培养创新能力的作用,对构造思想的理解是比较深刻的.不足之处是对"如何去构造"未做进一步的探讨.若能论述如何根据题设条件去"构造什么",并能揭示"如何构造"的思维方式,本文将会更好.

四、建模思想作文

1. 建模思想

建模思想是对某种事物或现象中所包含的数量关系和空间形式进行数学概括、描述和抽象的理论体系.在这个体系中,数学模型是数学基础知识与数学应用之间的桥梁,一切数学概念、公式、方程、各类函数、数学理论体系以及数学概念与符号所表述出来的某个系统的数学结构等都是数学模型.

应用数学模型思想,可以从实际问题中提炼数学模型、构造数学模型,使用数学模型,从而解决实际问题.微积分学中的函数、极限、导数、微分、积分等都是从实际问题中抽象出来的数学模型,广泛应用于函数、函数的极值、最值、曲线的凸凹性、渐近线、几何、物理、经济等方面.因此,建模思想是微积分学中重要的思想方法之一.

2. 习作举例

数学模型思想与数学素质的提高

所谓数学模型,是指针对参照某种客观事物的主要特征或数量关系,使用形式化的数学语言概括或近似地表述出来的一种数学结构.简而言之,数学模型是为了某种研究目的,对原型(原型是指人们在社会活动和生产实践中所关心和研究的实际对象)进行抽象化和简化而成的数学结构.数学结构有两个方面的具体要求:

第一这个结构必须是一种纯关系结构,即必须是经过数学的抽象,扬弃了与研究目的无关的属性,只保留下有关属性的系统.

第二这个关系结构必须是借助于数学概念和数学符合来描述的.

由此可见,数学模型是从现实世界中抽象出来的,对客观事物的某些属性及其关系的一种概括和近似的反映.从广义上讲,一切整数概念、数学理论(公式、定理、法则等),数学事实(各种方程、各种函数式等)等都可以称为数学模型.

数(整数、有理数、实数等)、几何图形、导数、积分、数学物理方程以至于广义相对论、规范电场等都是数学模型.可以说在数学的发展进程中,无时无刻不留下数学模型的印记,在数学应用的各个领域,到处都可以找到数学模型的身影.就我们预科教材中的具体内容而言,集合、实数集、方程与不等式、函数、高次方程、行列式、微积分等都是具体的数学模型.物理学中的牛顿第二定律、机械能守恒定律、平抛与斜抛公式、简谐运动、库仑定律等等都是数学模型.我们想运用这些数学模型去解决实际问题,首先要了解这些数学模型的本质内容及其研究对象.

实数集、方程与不等式,它们的核心内容都是数.可以这么说,我们解决以上几个问题主要依赖的就是"数"这么一个大范围的数学模型.

毕达哥拉斯学派认为,数是现实的基础,是严密性与次序的依据,是在宇宙体系里控制着自然的永恒关系.数,是世界的法则和关系,整个宇宙的现象都依附于某种数值的相互关系.我们可以通过"数"这个数学模型去了解宇宙中的各种现象.当然,前提是我们对数的概念、性质及其有关方面知识要熟悉掌握;集合研究的是整体与局部或个体之间的从属关系;函数研究的是变量间的对应关系,它把变化过程中的多个相互联系、相互制约、相互影响的变量进行了简化和抽象;极限实质上是对无穷小量进行分析,它研究的是变量 x 与某个定量 a 之间的关系;导数研究的是非均匀变化量的瞬时变化率;微分解决了直与曲之间的矛盾.恩格斯说:"高等数学的主要基础之一是这样一个矛盾,即在一定条件下,直线与曲线应当是一回事."具体地说来,在微小局部可以用直线去近似替代曲线.微分具有双重意义:它表示一个微小的量,同时又表示一种与求导密切相关的运算.微分还是微分学转向积分学的一个关键概念;积分是对连续变化过程总效果的度量,它使不规则图形面积的求法得到解决,积分过程给予了面积的直觉观点的精确数学表述.积分学分为两部分,一部分是不定积分,另一部分是定积分.不定积分乃微分运算的逆运算;而定积分的实质则是一个问题的两个侧面:定积分的概念与计算.

了解了数学模型的本质内容,接下来就是如何运用数学模型去解决实际问题.关键是针对实际问题,我们该建立什么样的数学模型?怎样建?这就涉及数学建模过程.数学建模是一系列活动,其过程一般包含有若干个有着明显区别的处理阶段,我们用如下流程图来表示(流程图中的每一个方框表示建模过程的一个阶段):

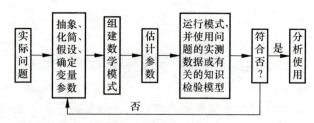

下面我们对每个阶段作一个简要的说明：

1. 对于面临的实际问题，我们首先需要明确研究对象和研究目的以及问题所依据的事实和数据资料的来源是什么，并明确所研究的问题的类型：是确定型的还是随机型的。比如，代数方程、微分方程、积分方程等都有是确定性的模型。

2. 辨识并列出与问题有关的因素，通过假设把问题简单化，明确模型中的因素在问题中的作用，以及变量和参数的形式表示，通过不断地调整假设使模型尽可能地接近实际。

3. 运用多种数学思想来描述问题中变量之间的关系，如：比例关系、线性或非线性关系、平衡原理、微分或积分方程、矩阵、概率等，从而得到所研究问题的数学模型。

4. 使用观测数据或与实际问题有关的背景知识对模型中的参数给出估计值。

5. 检验所建立的模型，一般是把模型的运行结果与实际观测进行比较，若与实际观测基本一致，则可以运用，反之则需要重新组建模型。

学习、运用数学模型，可以提高我们的数学素质。运用数学模型，实际上是对问题进行分析，运用多方面数学知识及数学方法去解决问题。这无疑培养了我们分析问题和解决问题的能力。这就迫使我们去博览群书，汲取广博的数学知识。同时，我们的数学思维也得到严格的训练；学习、运用数学模型还可以提高我们的辩证思维能力。比如学习、运用微分与积分这类数学模型，其实是我们在进行正逆运算，因为微分运算与积分运算本身就是互逆运算，这就使我们的逆向思维得到巩固和加强。在学习、运用微分与积分两类模型过程中，它还可以提高我们的辩证能力，使我们从中可以领悟到：无论面对什么样的问题，我们都应该从辩证的角度去考虑、分析它。

总之，数学模型是我们解决问题时所运用的基本模式，通过数学建模，不仅有助于我们对数学知识的掌握，而且有利于培养我们灵活运用数学知识解决实际问题的能力，从而使我们的数学素质得到提高。

（作者：黄飞玲 广西民族大学预科教育学院2000级理三班学生）

作文点评

本文有两个优点，也有两个方面的缺点。第一个优点在于不仅能正确阐明数学模型思想，而且还能从数学、物理等多学科的角度举出数学模型的实例，视野较开阔——但同时论述显得有些层次不清；另一个方面，优点是着重论述了数学建模的一般步骤——但对学习和运用数学模型思想与提高数学素质的关系的论证略显不足。

五、化归思想作文

1. 化归思想

"化归"是转化和归结的简称。这种思想提供的通用方法是：将一个待解决的问题通过某种转化手段，使之归结为另一个相对较易解决的问题或规范化的问题，即模式化的、已能解决的问题,既然转化后的问题已可解决,那么原问题也就解决了.其主要特点是它的灵活性和多样性.如复杂问题化归为简单问题、抽象问题化归为具体问题、从特殊对象中归结出一般规律、高次数的问题化归为低次数的问题来解决等等.化归思想不仅是公式与定理的推证及数学解决问题的基本原则和方法,而且还是重要的数学解题策略,并体现在所有的数学内容中,因而化归思想也是数学思想方法的核心,那么其他的数学思想方法则可以看成是化归的手段或策略.

在预科阶段的微积分解题中,常见的化归思想有:计算函数的极限,借助两个重要极限、洛比达法则、函数的连续性、变量代换等方式转化从而求出极限;求某曲线在一点处的切线问题化归为求在该点处的函数的导数来解决;在不定积分的计算中,通过凑微分法、代数恒等变形、三角恒等变形、换元、分部积分法等等将被积函数转化为运用基本积分公式来解决,进而解决定积分的运算问题;由微积分基本定理把计算定积分的问题转化为计算不定积分的问题;求某些平面图形面积、立体图形体积的问题化归为定积分问题来解决等等.

2. 习作举例之一

化归思想

化归思想就是运用某种方法和手段,把有待解决的较为生疏或较为复杂的问题转化为所熟悉的规范性问题来解决的思想方法.化归思想是数学中最基本的思想方法,在数学问题解决中应用十分广泛.

人们在研究和运用数学的长期实践中,获得了大量的成果,也积累了丰富的经验,许多问题的解决已经形成了固定的方法模式和约定俗成的步骤.人们把这种有既定解决方法和程序的问题叫做规范问题.而把一个生疏或复杂的问题转化为规范问题的过程称为问题的规范化,或称为化归.

例如对于一元二次方程,人们已经掌握了求根公式和韦达定理等理论,因此求解一元二次方程的问题是规范问题,而把分式方程、无理方程等通过换元等方法转化为一元二次方程的过程,就是问题的规范化,其中,换元法是实现规范化的手段,具有转化归结的作用,可以称之为化归的方法.

使用化归思想的基本原则是化难为易、化繁为简、化未知为已知.

唯物辩证法指出,发展变化的不同事物间存在着种种联系,各种矛盾无不在一定的条件下互相转化.化归思想正是人们对这种联系和转化的一种能动的反映,从哲学的高度来看,化归思想着眼于提示矛盾,实现转化,在迁移转换中达到问题的规范化.因此,化归思想实质上是转化矛盾思想,它的运动——转化——解决矛盾的基本思想具有深刻的辩证性质.

在化归思想中,实现化归的方法是多种多样的,按照应用范围的广度来划分,可以分为三类:

(1)多维化归方法.这是指跨越多种数学分支,广泛适用于数学各学科的化归方法.例如,换元法、恒等变换、反证、构造等等,它们既适用于代数、几何、三角等数学分支,又适用于高等数学.

(2)二维化归方法.它是指能沟通两个不同数学分支学科的化归方法,是两个分支学科之间的转化.例如,解析法、三角代换法等.

(3)单维化归方法.这是只适合于某一学科的化归方法,是本学科系统内部的转化.例如,判别式法、代入法等.

通过学习,我们不难发现,化归思想在预科教材中经常用到.多项式的恒等变换、待定系数法,不定积分、定积分的换元法和分部积分法等等,都渗透着化归的思想.

例如:计算 $\int (2x+3)^5 dx$.

显然这个题目不能直接利用不定积分基本公式表来计算.教材首先通过转化实现问题的规范化,即

$$\frac{1}{2}\int (2x+3)^5 d(2x+3) \underline{2x+3=u} \frac{1}{2}\int u^5 du,$$

到了这一步,就可以利用不定积分基本公式表计算了.诸如此类的许多题目,都可以把它归纳为 $\int f(ax+b)dx = \frac{1}{a}\int f(ax+b)d(ax+b) \underline{令 ax+b=u} \int f(u)du$ 这一类问题来进行计算;进一步归纳,可得出更一般的公式:

$$\int f[\varphi(x)]d[\varphi(x)] \underline{令 \varphi(x)=u} \int f(u)du (其中 u=\varphi(x) 有连续的导数).$$

再如教材中的定积分,是在"以直代曲"思想和极限思想的基础上,利用化归思想定义出来的.然而,利用定积分的定义计算曲边围成的平面图形的面积时,要经历四个步骤:分割→近似代替→求和→取极限,计算过程非常复杂.运用化归思想,就可以把复杂的问题简单化.这种具体的化归方法,是通过引进积分上限函数,寻找这个函数与被积函数的内在联系,将定积分的计算转化为求被积函数的原函数在积分上、下限的函数值之差,即牛顿—莱布尼兹公式:

$$\int_a^b f(x)dx = F(b) - F(a).$$

这样,就可以把定积分的计算化为不定积分的计算来解决.

如果我们在平常解题时仔细领会教材的化归思想,并掌握多种化归的方法,灵活运用于相关问题的解决过程,这对于提高我们的思维能力、分析问题和解决问题的能力是很有成效的.

(作者:赵志富 广西民族大学预科教育学院 2000 级理三班学生)

作文点评

本文从学习实际出发,论述了对化归思想的理解和认识.优点在于能从哲学的角度分析这种思想方法所具有的辩证性质,对实现化归的方法进行了分类探讨.不足的是,文章最后一个自然段论述不够深入,若能从研究数学问题的思维活动出发,结合化归思想的具体运用展开论述,效果会更好.

3. 习作举例之二

浅谈转化思想在微积分中的重要作用

在数学思想方法中存在着各种辩证思想,"转化"就是其中一种最重要、最基本的辩证思想.所谓转化思想,即把一些难以解决或陌生的问题,通过某种手段转化为容易解决的或我们熟悉的问题来解决.

转化思想方法的特点是实现问题的规范化、模式化,以便应用已知的理论、方法和技巧达到解决的目的.其解题思路为将问题转化为规范问题即:已知的理论、方法和技巧,然后将其解

第八章 微积分思想作文

答,再还原为原问题的解答.

在预科阶段微积分学习的过程中,转化的思想在解决问题上的应用数不胜数.不论是开始的求极限、连续函数闭区间性质的应用、导数的应用,还是后阶段的求不定积分的问题中,转化思想都起着举足轻重的作用.所以说在微积分的学习过程中,甚至是数学的学习过程中转化思想都是不可或缺的.正犹如鱼离不开水一样,数学少不了转化思想.

转化思想在求极限问题中处处存在.在求极限的问题中,在根式的替换、分子和分母有理化、同除法、两个重要极限、无穷小量的等价替换的方法中,都体现了转化的思想.下面介绍一些具体例子的应用.

例 1 $\lim\limits_{x \to \infty} \dfrac{2x^3 - x^2 + 1}{x^3 - x + 1}$

分析:当 $x \to \infty$ 时,分子、分母趋于无穷大,又因为 $\lim\limits_{x \to \infty} \dfrac{a}{x^n} = 0$, $\lim\limits_{x \to \infty} \dfrac{1}{x^n} = 0$, $\left(\lim\limits_{x \to \infty} \dfrac{1}{x}\right)^n = 0$,所以,先用 x^3 去除分母及分子,然后取极限解.

解: $\lim\limits_{x \to \infty} \dfrac{2x^3 - x^2 + 1}{x^3 - x + 1} = \lim\limits_{x \to \infty} \dfrac{2 - \dfrac{1}{x} + \dfrac{1}{x^3}}{1 - \dfrac{1}{x^2} + \dfrac{1}{x^3}} = \dfrac{2 - 0 + 0}{1 - 0 + 0} = 2$

例 2 $\lim\limits_{x \to \infty} \dfrac{\sqrt[3]{x^2} \sin 2x}{x + 1}$

分析:当 $x \to \infty$ 时,$\dfrac{\sqrt[3]{x^2}}{x + 1}$ 为 $\dfrac{\infty}{\infty}$ 型未定式,而 $\sin 2x$ 在 $x \to \infty$ 时极限不存在,但是有界函数,故考虑利用无穷小量的性质求解.

解: $\lim\limits_{x \to \infty} \dfrac{\sqrt[3]{x^2}}{x + 1} = \lim\limits_{x \to \infty} \dfrac{\sqrt[3]{\dfrac{1}{x}}}{1 + \dfrac{1}{x}} = \dfrac{0}{1} = 0$,故原式 $= \lim\limits_{x \to \infty} \dfrac{\sqrt[3]{x^2}}{x + 1} \cdot \sin 2x = 0$

例 3 $\lim\limits_{x \to \infty} \left(\dfrac{2 - x}{3 - x}\right)^x$

分析:该题是 1^∞ 型未定式,应利用第二个重要极限求解,通常需要将底数分离出 1,并将函数向 $\lim\limits_{\diamond \to 0}(1 + \diamond)^{\frac{1}{\diamond}}$ 或 $\lim\limits_{\diamond \to \infty}\left(1 + \dfrac{1}{\diamond}\right)^\diamond$ 的形式转化,其中常用到指数的运算法则.

解: $\lim\limits_{x \to \infty}\left(\dfrac{2-x}{3-x}\right)^x = \lim\limits_{x \to \infty}\left(\dfrac{x-2}{x-3}\right)^x = \lim\limits_{x \to \infty}\left[\dfrac{1 - \dfrac{2}{x}}{1 - \dfrac{3}{x}}\right]^x = \lim\limits_{x \to 0}\dfrac{\left(1 - \dfrac{2}{x}\right)^x}{\left(1 - \dfrac{3}{x}\right)^x} = \dfrac{e^{-2}}{e^{-3}} = e$

由以上例子可看出,转化思想在求极限问题中的重要作用.然而转化思想在闭区间连续函数的性质、导数应用的问题上,也有其独特的作用.在涉及根的存在性、证明恒等式、不等式、求最值等问题上都涉及了转化思想.下面以例子来说明:

例 4 设 $f(x)$ 在 $[0, 1]$ 上连续,且 $f(0) = f(1)$,证明:一定存在 $x_0 \in \left[0, \dfrac{1}{2}\right]$,使得 $f(x_0) = f\left(x_0 + \dfrac{1}{2}\right)$.

分析：命题等价于 $f(x)-f\left(x+\dfrac{1}{2}\right)$ 在 $\left[0,\dfrac{1}{2}\right]$ 上有零点．将其转化为零点问题．

证明：构造辅助函数

$$F(x)=f(x)-f\left(x+\dfrac{1}{2}\right)$$

则 $F(x)$ 在 $\left[0,\dfrac{1}{2}\right]$ 上连续，并且

$$F(0)=f(0)-f\left(\dfrac{1}{2}\right),\quad F\left(\dfrac{1}{2}\right)=f\left(\dfrac{1}{2}\right)-f(1)=-F(0)$$

若 $F(0)=0$，则 $x_0=0\in\left[0,\dfrac{1}{2}\right]$，使得 $f(x_0)=f\left(x_0+\dfrac{1}{2}\right)$ 成立．

若 $F(0)\neq 0$，则 $F(0)F\left(\dfrac{1}{2}\right)=-[F(0)]^2<0$

由闭区间上连续函数的零点定理知道，一定存在 $x_0\in\left(0,\dfrac{1}{2}\right)$ 使得 $F(x_0)=0$ 即 $f(x_0)=f\left(x_0+\dfrac{1}{2}\right)$．综上所述，一定存在 $x_0\in\left[0,\dfrac{1}{2}\right]$，使得 $f(x_0)=f\left(x_0+\dfrac{1}{2}\right)$．

例 5 证明 $\arcsin x+\arccos x=\dfrac{\pi}{2}(-1\leqslant x\leqslant 1)$

分析：要证明 $\arcsin x+\arccos x=\dfrac{\pi}{2}(-1\leqslant x\leqslant 1)$，只要证 $\arcsin x+\arccos x$ 是一个常数，该常数为 $\dfrac{\pi}{2}$．

证明：设 $f(x)=\arcsin x+\arccos x, x\in[-1,1]$，当 $x=-1$ 或 $x=1$ 时

$f(x)=\arcsin x+\arccos x=\dfrac{\pi}{2}$，得证．

当 $x\in(-1,1), f'(x)=(\arcsin x)'+(\arccos x)'=0$，所以 $f(x)=c$．

又因为 $f(0)=\arcsin 0+\arccos 0=0+\dfrac{\pi}{2}=\dfrac{\pi}{2}$ 故 $c=\dfrac{\pi}{2}$，

从而当 $-1\leqslant x\leqslant 1$ 时，$\arcsin x+\arccos x=\dfrac{\pi}{2}$

由以上两例可知，转化思想在闭区间连续函数的应用和中值定理的应用中，都是先把问题转化为符合定理的形式，或把等式问题转化为求导问题，从而大大地减小了解题的难度，实现快速的解题，使我们的解题思路更加具有多样性，解决问题的路子更多．

转化思想不仅在解决以上提到的问题中起着重要的作用，同时在求不定积分中也发挥巨大作用．在求不定积分中，除了少数可以直接积分外，其他大多数的积分都要运用到换元积分法和分部积分法，而这两种方法正好体现了转化的思想．第一换元积分法，通过凑积分的方法把式子转化为常用的基本积分公式．第二换元积分法通过引入新的积分变量 t，令 $x=\varphi(t)$，把原积分化成容易积分的形式：$\int f(x)\mathrm{d}x \xrightarrow{x=\varphi(t)} \int f[\varphi(t)]\varphi'(t)\mathrm{d}t = F(t)+c \xrightarrow{t=\varphi^{-1}(x)} F[\varphi^{-1}(x)]+c$．从而计算出所求积分．

分部积分法是通过公式：$\int uv'\mathrm{d}x=uv-\int u'v\mathrm{d}x$ 即 $\int u\mathrm{d}v=uv-\int v\mathrm{d}u$，将难求的 $\int u\mathrm{d}v$ 转化

为容易求的 $\int v du$，再运用公式即可求出. 下面以具体例子来说明：

例 6 计算 $\int \dfrac{\cos(\ln x)}{x} dx$

分析：设法把被积表达式 $\int f[\varphi(t)]\varphi'(t)dt$ 凑成 $\int f[\varphi(t)]d\varphi(t)$.

解：$\int \dfrac{\cos(\ln x)}{x} dx = \int \cos(\ln x) \cdot (\ln x)' dx = \int \cos(\ln x) d(\ln x) = \sin(\ln x) + C$

例 7 计算 $\int \dfrac{1}{\sqrt{1+e^x}} dx$

分析：变换 $\sqrt{1+e^x} = t$，就可使被积表达式不含根式，再由不定积分的性质和积分表便可求出该不定积分.

解：令 $\sqrt{1+e^x} = t$，则 $1+e^x = t^2$，$dx = \dfrac{2t}{t^2-1} dt$，

于是 $\int \dfrac{1}{\sqrt{1+e^x}} dx = \int \dfrac{2t}{t(t^2-1)} dt = 2\int \dfrac{1}{(t+1)(t-1)} dt$

$= \int \left(\dfrac{1}{t-1} - \dfrac{1}{t+1}\right) dt = \ln(t-1) - \ln(t+1) + C$

$= \ln \dfrac{t-1}{t+1} + C = \ln \dfrac{\sqrt{1+e^x}-1}{\sqrt{1+e^x}+1} + C$

例 8 计算 $\int x e^{-x} dx$

分析：解题的关键在于 u 和 dv 的选择.

解：令 $u = x$，$dv = e^{-x} dx$

则 $du = dx$，$v = -e^{-x}$，于是

$$\int x e^{-x} dx = -x e^{-x} + \int e^{-x} dx$$

$$= -x e^{-x} - \int e^{-x} d(-x)$$

$$= -x e^{-x} - e^{-x} + C$$

综上所述，在解决一些比较难的证明题或求不定积分、求极限中，我们可以通过构造辅助函数，运用已学的公式、公理、定理，或通分、有理化等手段达到化难为易、化繁为简的目的，从而解决问题.

学习数学的目的，不仅要掌握数学的知识和技能，同时也要运用所学到的思想来塑造自身的品德、性格. 在日常生活中，我们也可以借鉴数学的转化思想，把问题简单化，使自己具有更强的逻辑思维和创新思维，形成良好的认识结构，从而有利于优化我们的思维品质，使我们做起事情来事半功倍.

（作者：罗万迎 广西民族大学预科教育学院 2011 级理二班学生）

作文点评

本文认真分析了转化思想在微分学、积分学中的运用，思路比较清晰，举例恰当，揭示了转化思想化难为易、化繁为简的作用.

习题 8-2

请选择以下一种微积分思想写一篇作文,自拟题目,文体不限,字数不限.

1. 函数思想;
2. 极限思想;
3. 导数思想;
4. 类比思想;
5. 归纳思想;
6. 分类思想;
7. 化归思想;
8. 构造思想;
9. 建模思想;
10. 最优化思想;
11. 数形结合思想;
12. 变量代换思想;
13. 恒等变换思想;
14. 逆向分析思想;
15. 抽象概括思想;
16. 辩证思想;
17. 对立统一思想;
18. 整体与局部思想;
19. 微分与积分思想;
20. 积分思想.

§8-3 自 由 作 文

自由作文是指不由教师出题目,而由学生自己拟题、选材、定体的数学作文训练方式.

习作举例之一

计算机与数学

1. 引子

在不少省市的毕业生招聘会上,曾经出现过这样的现象:在应聘计算机公司职位的时候,数学专业同学的优势超过计算机专业的同学.为什么本专业的同学会遭到冷遇,而数学系的同学却颇为抢手呢? 由此引出一个问题:数学和计算机,这现代科学的两枝奇葩,它们之间的关系是什么样的呢?

本学期我选修了"数学的精神、方法和应用"这门课,在张顺燕老师对数学史的讲解和数学思想、数学概念的哲学分析的启发下,我不禁又想起这个问题,也想从哲学角度来分析数学和计算机的关系.不过,由于数学水平有限,计算机也才刚刚入门,哲学更是一知半解,所以写出来的这篇文章难免幼稚,甚至有逻辑和哲学上的错误.不过,作为一种探讨,我还是鼓起勇气把对两门学科的思索写出来,也作为成长的见证吧.

怎么写呢? 如果光从细节上去讨论,难免会出现以偏概全的问题.我想,那就从宏观和微观两方面来探讨一下两者的关系吧:微观,即从元科学的角度,讨论计算机和数学哲学上的联系,得出数学和计算机可描述性;宏观就是从数学和计算机的发展史两方面讨论两者的关系和走向.

2. 计算机的生命力

这一部分的讨论主要基于以下公理(定义):

设 A 和 B 为两个系统,如果存在 A 的一个特殊的形式系统、B 的一个特定的形式系统以及一组特定的连接定义(得到的)一个确定状况,那么就存在系统 B 的一种转化,也称为 A 可以归约到 B. 显然,这种归约关系是可以传递的.

2.1 世界可以归约到数学

首先,我们来论证,世界可以归约到数学.马克思说过:"一门科学只有当它达到能够成功地运用数学时,才算真正的发展了."同样的,只有对世界的认识能够用数学语言形式化地体现出来,数学才算达到其发展的目标.

2.1.1 数学是一种语言

从某种意义上说,数学是一种语言,就像我们每天使用的汉语一样.当我们要把一门学科数量化时,就必须依赖数学这门语言.不止于此,正如 1965 年诺贝尔奖得主 Richard Feynman 所说:"要是没有数学语言,宇宙似乎是不可描述的."

有两个典型的例子可以说明这个问题:

第一个是关于牛顿爵士的,他描述重力作用下物体的运动的愿望促使他形成了万有引力定律,并发展了微积分.

第二个例子是关于爱因斯坦的传说.这位伟大的理论物理学家在试图描述"引力实际上是空间的曲率"的可能性一筹莫展时,求助于他的密友 Marcel Grossman,他说:"Grossman,你必须帮助我,否则我会发疯的."问题的解决也只是由于 Bernhard Riemann 有关弯曲空间的工作,以及更早的 Gauss、Bolyai 和 Lobachevsky 的工作所创造的数学工具的引入.

2.1.2 数学是世界的符号描述

数学具有运用抽象思维把握实在的能力,数学概念是以极为抽象的形式出现的.恩格斯曾经说过:"数学是一种研究思想事物的抽象的科学."数学的这种抽象性,突出地表现在数学符号的引入.小小的一个阿拉伯数字"1"就可以表示世界上所有的单个物体;而"="的引入,更是标志了人类认识世界的重大飞跃.在运用符号的基础上,通过建立模型、逻辑分析、推理计算、从数据进行推断、优化以及应用计算机进行数值计算和模拟实验等一系列数学思想方法,我们可以把丰富多彩的世界展现出来.

2.1.3 数学可以归约世界

从哲学意义上说,任何事物都是量和质的统一体,都有自身"量"的方面的规律.不掌握量的规律,就不能对各种事物的质获得明确清晰的认识.而数学正是一门研究"量"的学科,她不断地总结和积累各种量的规律性,因而必然成为人们认识世界的工具.

数学成为人们认识世界的工具,是必然的;同时由于数学本身严密的逻辑性和可操作性,数学成为认识世界的工具也是可能的.爱因斯坦曾经说过:"迄今为止,我们的经验已经有理由使我们相信,自然界是可以想象到的最简单的数学观念的实际体现.我坚信,我们能够使用纯粹数学的构造来发现概念,以及把概念联系起来的定律,这些概念和定律是理解自然现象的钥匙."这似乎可以证明数学认识、描述世界的可能性.

同时,我们还拥有这样一个信念:每一个数学问题都应该得到明确的解答.或者是成功的解答;或者证明该问题不可解,即指出解答所给问题的一切努力都将归于失败.进一步说,世界上所有的问题应该是可以被认识的,虽然有的认识为"不可认识".

从这个意义上讲,数学是可以归约世界的.即:对于世界的一个特殊的形式系统,数学可以通过符号抽象、数学推理和数学计算等手段,将世界的表述数学化.

谈到这儿,我们要谈的中心话题——计算机,似乎可以出场了.

2.2 数学可以归约到计算机

这个问题的提出有点出乎意料.计算机是数学与电子学结合的产物.说计算机可以归约数学,在"伦理"和"道义"上似乎说不过去,而且在实际运用中,也似乎不是太理想.不过,我们要讨论的只是可能性和可行性,而不是具体的算法.没有看到的未必就不能存在,这儿的讨论仅仅作为一种对现实状况的总结和对未来的预见.

2.2.1 数学可以归约到逻辑

数学向逻辑学的归约是这样一个命题:即在逻辑学中能够找到一些数学概念的定义,使得数学定理可以无条件地变换成逻辑学的定理.这个定理的证明,是在把"集合论"引入逻辑学中后得以解决的.也就是说,只有在非常广泛的意义上把"逻辑学"理解为包括集合论的时候,这个命题才是可信的.

集合论本身是数学的一个分支,所以问题的关键在于把数学的其他分支归约为这一特殊的分支.这一直是数学家争论的焦点.虽然有一些逻辑主义的枝节问题,但在某些方面还是得到了人们的支持.鉴于笔者的能力有限,在这儿只想引用王浩(H. Wang)的一句评论来作为我的证明:"弗雷格的理论看来像逻辑学,因而可以归约到康托尔的理论;因此,经过同化,数学可以归约到逻辑学."

2.2.2 逻辑学可以归约为计算机

同样,我们不加证明地给出下列几个定理:

定理 1 如果我们按照有关于自然数的真命题来进行思考,那么集合论至少在这样一个意义上也是可以归约为算术的,即给定集合论任意一个相容的形式系统,可以找到一种变换,使得所有定理可以转化为真的算术命题.

定理 2 逻辑学可以归约到数理逻辑学.

定理 3 数理逻辑学可以归约为计算机表示.

上述定理 2 和定理 3 可以从相关数理逻辑学的教材中得到证明.

讨论到这儿,我们可以说:一切数学问题都可以通过计算机加以描述,并通过计算机进行分析.也就是说,数学可以归约为计算机的表示.

2.3 世界可以归约为计算机表示

根据上面的讨论,我们终于可以得到我们需要的结论.那就是:计算机可以通过它对数学的表示从而描述世界.

只有这样,计算机才有其存在的价值;只有这样,计算机才成为我们认识世界、改造世界的强大工具;同样,只有这样,计算机才拥有强大的生命力,21 世纪才会成为"信息时代".

下图为第二部分的思考逻辑,其中"→"表示归约关系.

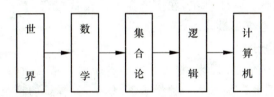

注 在数学可以归约为计算机的证明中,本文主要参考了逻辑主义的方法.同时,通过逻辑主义证明:只是一个路径问题,我们还可以参考其他方法证明.

3. 谁主沉浮

历史是一门遗憾的科学,遗憾的是它只可以认识过去,却无法预见未来;历史又是一门幸运的科学,幸运的是只有认识了历史,才能更好地理解现在,展望未来.我们的讨论,就从数学史、计算机史、计算机与数学关系史开始.

3.1 数学史概述

数学从其发展过程来看,大概可以分为萌芽时期、初等数学时期、变量数学时期、现代数学时期四个阶段.

随着生产实践的需要,大约在公元前 3000 年左右,开始出现了巴比伦、埃及和中国的萌芽数学.就像当时的生产发展十分缓慢一样,数学发展也很缓慢,只有一些几何和算术的零碎知识.

初等数学时期从公元前 5 世纪到公元 17 世纪,延续了两千多年.这个时期最明显的结果就是系统地创立了初等数学,也就是现在中小学课程中的算术、初等代数、初等几何(平面几何和立体几何)和平面三角等内容.按照历史条件的不同把它分为"希腊时期"、"东方时期"和"欧洲文艺复兴时期".

变量数学时期数学的发展成果同高等数学教材内容联系最为紧密. 17 世纪生产力的发展推动了自然科学和技术的发展,不但已有的数学成果得到进一步巩固、充实和扩大,而且由于实践的需要,开始研究运动着的物体和变化中的量,这样就获得了变量的概念.这是数学发展史上的一个转折点.研究变化着的量的一般性质和它们之间的依赖关系又得出了函数的概念,数学对象的扩展就使数学进入了一个崭新的时期.

随着科学技术和生产实践的需要,代数、几何、数学分析变得更为抽象,各数学基础学科之间、数学和物理等其他学科之间互相交叉和渗透,形成了许多新的边缘学科和综合性学科.集合论、应用数学、计算数学、电子计算机等的出现和发展,构成了现在丰富多彩、渗透到各个科学技术部门的现代数学.

由此,我们可以看出,数学的发展同任何自然科学的发展一样,是随着生产力的发展而发展的.随着社会的进步,工具的先进,人们可以认识的对象不断的扩大.同时,由于时间的需要,人们也必须扩大自己的研究对象.在扩大研究对象的过程中,新的方法不断出现,新的工具不断产生,又进一步导致研究对象的扩大.于是,在数学的发展史上出现了可喜的良性循环,这种循环,推动着数学不断前进.

值得一提的是,由于数学的严谨性,数学这门学科自身所要求的自治导致了几次数学危机的爆发,但最终都以数学家的新发现而告终,这促进了数学本身的进步.从这种意义上说,数学自身具有很强的免疫力和发展能力.

于是,我们有理由相信,在 21 世纪,在生产高度发展的时代,数学也必将获得突飞猛进的发展,无论是纯粹数学还是应用数学.

3.2 计算机发展史概述

计算机的产生,也许是偶然.因为,作为数学和电子学的结合,如果当初数学选择的不是电子学,那么,现在的计算机也许是另外一种样子了.但是,计算机的产生,也是一种必然,因为科学的发展对计算速度和存储提出了要求,而只有电子才能达到那么高的速度,才能最有利的实现存储.

在这里讨论计算机的发展史,作为一篇数学论文,我只想说明一点:所谓计算机的发展,其实是数学在不断选择自己的伴侣,也就是说,是数学方法不断在寻找更快的硬件来实现计算.从公元前 500 年中国算盘的出现,到 12 世纪 Al'Khowarizmi 的算法,从 1622 年 William Oughtred 计算尺(slide rule)的发明,到 1642 年 Blaise Pascal 的自动进位的加法机器的研制;从由齿轮驱动的拨盘,到在窗口中显示累加和,到 1822 年 Charles Babbage 发明差分机(differential engine),如果说这些单一功能的专用机器都是计算机的话(其实根据北京大学计算机系程旭教授的体系结构的课程,他把以上的发明都算作计算机了),那么这些机器应该说是数学和物理邂逅而结合的产物,也就是说,数学选择的第一个伴侣是机械,而产生了先于电子计算机的计算机.

而后,自从第一台电子计算机 ENIAC 诞生之后,计算机的发展可以说是突飞猛进.但是,电子计算机的迅猛发展,却在很大程度上只是硬件的不断更新,而不是计算机的灵魂——数学知识的改进和运用.如果我们分析一下的话,现代电子计算机经历的四个阶段:电子管计算机、晶体管计算机、集成电路计算机、大规模集成电路计算机,从命名就可以看出,计算机技术的进步,主要是所用的电子元件的速度加快了,存储容量加大了.当然,在硬件进步的同时,软件技术(计算机算法、体系结构等方面)也得到了很大的发展,但是,这种进步比起硬件来,实在可以说是微乎其微的.

3.3 计算机和数学的关系

其实,这个问题的讨论已经在上面的论述中论及了,这儿的讨论,只是将二者的关系进行一次概述.

从某种意义上说,计算机和数学是属于自然科学的两个不同领域的.计算机科学很大程度上属于实验科学,也就是说,计算机科学中定理、定律的证明,是要通过实验来实证的,实验可以证实和证伪现有的定律.而数学知识就不同了,数学的定理,绝大部分都是可以通过数学自身的公理系统来证明的.也就是说,数学中,一旦证明是正确的知识,那么,就在数学的体系中是永真的了.

然而,数学和计算机还是相互影响的.

首先,数学是计算机的灵魂.数学给计算机科学提供了理论基础,给计算机编程提供了思维方法,同时,也使计算机的模拟现实、进行计算成为可能.更可贵的事,正如每个计算机工作者都知道的,逻辑上的前进对计算速度所产生的影响,远比电子上的进步要大得多.数学对计算机的影响,概括地说,可以表现在以下三个方面:第一,计算机硬件、操作系统、高级语言和应用系统的设计中经常使用数学的"抽象"方法;第二,数学所训练的严密的逻辑思维和推理对硬件和软件的研制都非常有帮助;第三,好的算法往往会大大改进系统的性能,而数学基础对构思算法是很有帮助的.

同样,计算机也给数学的进一步发展提供了机遇.机器证明、运算速度的提高,使得许多以前发现的被否定的机械的数学算法可以重新发挥作用;计算机模拟的发展,可以使我们在最大程度上可以预见未来,认识无限.同时,由于计算机的出现,一门新的数学——计算数学正逐步兴起并方兴未艾,而且由此引发了计算化学,计算生物学,计算物理学等多门边缘学科的发展.

当然,还有一个不得不提的问题:机器证明可以代替人吗?我想,虽然在四色问题上机器证明成功了,但是,那种成功的价值又在哪儿呢?数学证明的成功,实际上是因为通过数学的推导,可以发现事物内部的普遍规律,从而导致科学进步.而计算机通过穷举来进行证明,在太具体的数的运算上很容易忽视普遍的规律.所以,我认为,计算机在数学的研究上,只能作为一种辅助的手段,真正的数学,应该是人脑发现的,因为只有人,才有思维.

4. 总结

写到这儿,也该停笔了.作为计算机系的学生,理所当然应该对计算机有一定的感情;同时,对于计算机的母亲——数学,也应当有着深厚的感情.北京大学计算机系的课程设置上,最有特色的也许就是数学基础课和数学系有同等难度,这也许是考虑到我们这些未来的计算机工作者应该具有很高的数学素养.

所以,学好数学,应该是我们计算机系同学义不容辞的责任.但愿在我们毕业的时候,不要出现像本文开头出现的场面.

计算机和数学的联系,在21世纪应该越来越紧密,在硬件快达到运算极限的情况下,只有两个选择:第一个,数学选择新的、更加适合计算要求的伴侣,这就是现在神经网络计算机和生物计算机的研制;第二个,在现有硬件水平的条件下,不断提高软件质量和软件算法,通过逻辑的办法,来加速硬件,这是利用了硬件和软件在逻辑上的等价性,固件(一种介于硬件和软件之间的元件)的出现,就是这种探讨的结果.而这两个选择,都是与数学密切相关的.

让我们一起展望 21 世纪的计算和数学吧!

(作者:申峻嵘 北京大学计算机科学技术系 99 级学生)

习作点评

数学与计算机科学的紧密联系与相互促进可以从各种角度通过大量具体事例充分加以论证,甚至可以把它看作是一个不必要论证的事实.然而一旦上升到哲学的高度,或从元科学的角度来讨论问题,则人们就会有很多不同看法,没有统一的答案.申峻嵘同学给出"世界→数学→集合论→逻辑→计算机"的归约关系,不管他的观点是否正确,论证是否充分,至少他明确地阐明了自己的看法.不能说他的看法没有一定道理,当然其他人也一定会有不同的意见.数学不同于物理学、化学等研究现实世界客观规律的自然科学,但它为自然科学研究现实世界提供了语言和工具.关于数学基础的研究在 20 世纪初曾有过逻辑主义、直觉主义和形式主义的争论,尽管三大学派都未能对数学基础问题给出令人满意的解答,但它们取得的深刻研究成果都已被保留下来,并极大地推动了现代数理逻辑的形成与发展.很多人仍然在特定意义下坚持"把数学归结为逻辑"的看法.即使我们没有关于数学基础最终的答案,数学和计算机科学在新的世纪里也一定会更加蓬勃地发展.

习作举例之二

教室日光灯应如何排列

大家都知道,在学校每间教室都是用日光灯来照明的.这是因为日光灯比白炽灯照明效果好,而且省电.但是由于教室的灯要长时间亮着,所以它的耗电量也是相当惊人的.我们注意到,在各学校之间教室的日光灯无论从数量上还是顺序上往往都是各不相同的.到底如何安排这些日光灯才最合理?也就是说怎样用最少的日光灯能让教室更美观,光线更充足?下面就来分析一下.

一般的教室日光灯的安装有如下图 1 几种:

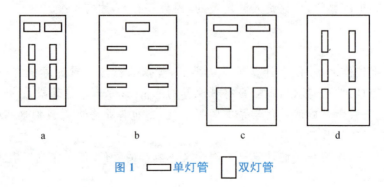

图 1　▭ 单灯管　□ 双灯管

如果单从经济方面来考虑的话,无可置疑 d 用的日光灯最少.是最省电的,但在光线、视感方面显得不够理想.而 a、b、c 这三种设计到底哪一种更好呢?还需要进一步分析.由于日光灯在晚上发挥的作用最大,所以在此不考虑阳光.若日光灯吊的越高,则灯光照射的范围就越大,所以高度和范围成正比.而高度越高,光线越弱,因此光线的强弱和高度成反比.课桌的高度一般为 80cm,日光灯在课桌正上方 170cm 左右时光线强弱正好,所以日光灯应挂在离地面 250cm 处.这时候,日光灯照射范围的横截面图(图2)如下:

$$AB=1.7\times\tan 50°\times 2=4.05(m)$$

日光灯照射范围俯视图(图3)如下:

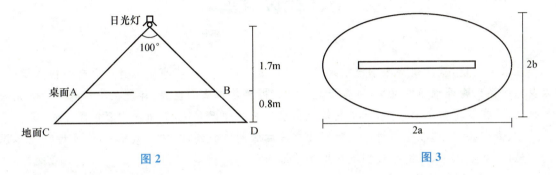

图 2   图 3

由于日光灯管长 1m,所以,2a=1+4.05=5.05(m),
则 a=5.05/2=2.525(m),
因为 2b=4.05(m),
所以 b=2.025(m).
灯光照射面积 $S=\pi ab\approx 3.14\times 2.525\times 2.025\approx 16(m^2)$.

一般来说教室都是长 10m,宽 8m,面积为 80m^2,则 80/16=5,所以至少需要 5 盏灯.为了让教室更美观一些,一共需要 6 盏灯.

同学们要想更清楚地看黑板,就应该用灯光照射它,可是照射黑板的光过强,就会导致黑板反光,因此在黑板前方设两盏灯效果更好.再加上照教室的 6 盏灯,总共用 8 盏灯.

灯(每盏 1m)的排列顺序如图 4.

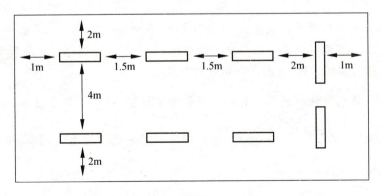

图 4

根据以上分析得出结论:教室的日光灯按图 4 所示安装,即可使用较少的灯使采光面积最大,达到实用、美观、经济的目的.

(作者:陈晨 中国人民大学附属中学学生)

习作点评

本文围绕教室日光灯应如何排列展开探究,并以图片形式展示,选题大小适中,难度不大,具有研究性,结论切合实际,值得采纳.

习作举例之三

究其本,以明其身
——记学习微积分的一则感悟

在很早以前,就从政治课本里学到了所谓本质的定义——指事物本身所固有的根本属性,以及它一系列晦涩难懂的意义,可真正地明白掌握事物本质的重要,却是在深入地学习研究微积分之后. 在学习微积分伊始,觉得它是个抽象复杂的知识系统,对所学内容似懂非懂,觉得杂乱无章、毫无条理可言. 在经过一段时间的学习后深刻体会到,在学习微积分时,掌握每个知识的本质,从本质入手,有助于我们更好地学习微积分.

(1) 在学习时,掌握本质,有助于理解基本概念.

就拿导数来说,导数概念在微分学中具有重要地位,通过对它的深入分析和运用,可以理解和发展更多的微分学理论知识. 要想深入分析导数,就必须了解导数的本质,函数在某点处导数的本质是该点函数平均变化率的极限,即

$$f'(a) = \lim_{\Delta x \to 0} \frac{\Delta y}{\Delta x}$$

当我们了解导数的本质,便可理解其定义式

$$f'(a) = \lim_{x \to a} \frac{f(x) - f(a)}{x - a}$$

同时,还能由此变形出其他形式:

$$f'(a) = \lim_{\Delta x \to 0} \frac{\Delta y}{\Delta x} = \lim_{h \to 0} \frac{f(a+h) - f(a)}{h}$$

这样一来,方便我们理清知识脉络,充分认识到导数的概念及其相关知识. 同时,掌握了导数的本质,有利于我们接下来对微分概念的理解,以及理清导数与微分的联系与区别.

(2) 在学习时,掌握本质,有利于知识点的记忆

在这一点上,体现得最淋漓尽致的便是两个重要极限,第一个重要极限 $\lim\limits_{x \to 0} \frac{\sin x}{x} = 1$,在做题时,常常会记错"$x \to 0$"这一条件,然而,当我们掌握了它的本质是"$\frac{0}{0}$"型,便不会弄混了,因为只有当 $x \to 0$,"$\frac{\sin x}{x}$"才能是"$\frac{0}{0}$".

第二个重要极限的记忆更是令很多同学头疼,然而同样的,只要掌握了它的本质是"1^∞"型,一切问题便可迎刃而解. 在记忆时,不论

$$\lim \left(1 + \frac{1}{\Diamond}\right)^\Diamond = e \, (\Diamond \to \infty) \qquad ①$$

或

$$\lim (1 + \Diamond)^{\frac{1}{\Diamond}} = e \, (\Diamond \to 0) \qquad ②$$

都是形如 $(1+无穷小量)^{\frac{1}{无穷小量}}$ 的 1^∞ 型极限,如①式中,要确定 $\Diamond \to ?$,只要明确①式的本质是 $(1+无穷小量)^{无穷大量}$,即可得知 $\frac{1}{\Diamond} \to 0$,则 $\Diamond \to \infty$;同理,②式中,要确定 $\Diamond \to ?$,只要明确②式的本质是 $(1+无穷小量)^{无穷大量}$,即可得知 $\Diamond \to 0$,则 $\frac{1}{\Diamond} \to \infty$. 所以,无论它的形式怎样变化,只要牢记本质,便可轻松记忆,这就是我们常说的"七十二变,本相难变".

(3) 在学习时,掌握本质,有助于活用解题技巧.

这里我们用求函数极限的常用方法之一"消去零因子法"来举例说明.

例1 $\lim\limits_{x \to 2} \dfrac{x^2-x-2}{x^3-3x^2+3x-2}$

解:原式 $=\lim\limits_{x \to 2} \dfrac{(x-2)(x+1)}{(x-2)(x^2-x+1)} = \lim\limits_{x \to 2} \dfrac{x+1}{x^2-x+1} = 1$

该题中,当 $x \to 2$ 时,函数极限为 $\frac{0}{0}$ 型未定式,因式分解消去零因子 $(x-2)$,从中我们可以看到,消去零因子法的本质是将 $\frac{0}{0}$ 型未定式极限化为可以直接运用函数极限的商运算法则,从而求出极限,所以,"消去零因子法"便可在其他同类型的题型中灵活应用.

例2 $\lim\limits_{x \to -1} \left(\dfrac{2x-1}{x+1} + \dfrac{x-2}{x^2+x} \right)$

解:原式 $= \lim\limits_{x \to -1} \dfrac{(2x-1)x+(x-2)}{x(x+1)} = \lim\limits_{x \to -1} \dfrac{2(x-1)(x+1)}{x(x+1)}$
$= \lim\limits_{x \to -1} \dfrac{2(x-1)}{x} = 4$

题目中,当 $x \to -1$ 时,函数极限是 $\infty + \infty$ 型未定式,用通分法,将其转化为 $\frac{0}{0}$ 型未定式,可设法找到并消去零因子 $(x+1)$. 在此题里,题目看似复杂,只要我们掌握了消去零因子法的本质,稍稍通分变形,便可运用消去零因子法来解题.

类似的还有"同除法",当我们掌握了它的本质是消去无穷因子,做题时,便可灵活运用此法.

从上述可以看到,掌握一类解题技巧的本质,便可灵活运用它. 无论题目如何百变,都能轻松解答.

理解和认识本质,不仅有助于微积分的学习,也对其他学科适用. 例如英语,单词的记忆是学习英语的根本,同时也是学习英语的一个难题,然而从本质入手,加强对单词词根的记忆和归纳,将有助于我们记忆单词,比如词根 scrib 是"写"的意义,由此延伸出的单词很多. Describ——描写,scribble——乱写;再如 sec 是"割"的意思,由此词根延伸出的有 dissection——分割,section——部分、横切面,这里对单词词根的重视,便是掌握本质的体现.

关于掌握本质的意义,它还渗透于生活中的点点滴滴. 小的方面来说,在日常生活的识人辨物中,对人和物的评价,更重要的是掌握他们的本质,本性,而不能仅评表象. 如英国戏剧作家莎士比亚所说:"闪光的东西并不都是金子,动听的语言并不都是好话."还有中国古语所说的那样:"金玉其外,败絮其中."这些都是告诉我们,只有掌握本质,才能看清事物,才能避免上当受骗.

从大的方面来说,人类在现实生活中会遇到各种各样的事物及问题,当人们在不能够认识这些事物或问题的本质,这些问题或事物就必然要为他带来迷惑和困顿,乃至是痛苦和恐惧。如,当人们在认识到生活的本质是创造和奉献时,他就不会为自己个人的得失而烦恼,更不会感到生活的无奈和无聊了,因为创造和奉献的动力就已能够让他觉得人生无处不充满活力和干劲,因此,人在认识事物本质和理解事物意义时,他就能够活得不惑,轻松自然面对一切,使人生过得有意义了。

(作者:言文妮 广西民族大学预科教育学院2011级文一班学生)

习作点评

本文反映了文科生学习微积分的经验和方法,并由此感悟到积极的人生态度。

习作举例之四

微积分中的数学美

如果说数学是自然科学的皇冠,那么微积分就是皇冠上一颗璀璨夺目的明珠,从极限思想的产生,到微积分理论的最终创立,无不体现出社会发展的需求与人们追求真理,积极探索的精神。而微积分也具有数学理论中那些美的因素。学习微积分,如同醇珍美酒,越品越醇,越学越醉,使人因此陶醉在数学美思想中,感知着数学美的存在,进而激发人的数学热情,启迪人的思维活动,提高人的审美观及文化素养。下面就从微积分中的统一美、对称美、简洁美、奇异美四个方面来解析。

1. 统一美——"万流奔腾同入海"

极限思想早在古代就开始萌芽,三国时期的刘微在《割圆术》中提出"割之弥细,所失弥小,割之又割,以至于不可割,则与圆周合体无异矣。"而古希腊哲学家芝诺提出的"阿基里斯悖论和飞矢不动的悖论"中也蕴含着古朴的极限思想与微分思想,早在公元前三世纪,古希腊的阿基米德就采用类似于近代积分学思想去解决抛物弓形面积、旋转双曲体的体积等问题;到了17世纪下半叶,牛顿与莱布尼兹相继从不同的角度完成了微积分的创立工作,这其中虽然有误会与争吵,但两人的工作,使微分思想与积分思想统一在微积分的基本定理中——

$$\int_a^b f(x)\mathrm{d}x = F(b) - F(a) \quad (牛顿—莱布尼兹公式)$$

两者的相互转化并不是某人的规定,而是它们之间存在着必然的共同性、联系性和一致性,使它们达到一种整体和谐的美感,这种美就是统一美。微分学中值理中的罗尔定理、拉格朗日中值定理、柯西中值定理之间的关系是层层包含,与李白诗中"欲穷千里目,更上一层楼"的意境有相通之处,而洛必达法则将求极限与微分学知识联系起来,形成一类统一的求极限的方法,又会使人产生"山复水重疑无路,柳暗花明又一村"的感觉。

例如:$\lim\limits_{x\to\infty}\dfrac{e^{ax}}{x^{10}}=?$ ($a>0$)

对于这个问题,我们无法使用普通求极限的方法去求解,这时就联想到另一种求极限的方法——洛比达法则,以统一美思想为标准,在洛比达法则统一的形式下解题。

观察极限,当 $x\to\infty$ 时,题型属于"$\dfrac{\infty}{\infty}$"型未定式,则运用洛比达法则:

$$\lim_{x\to\infty}\frac{e^{ax}}{x^{10}}=\lim_{x\to\infty}\frac{ae^{ax}}{10x^9}=\lim_{x\to\infty}\frac{a^2e^{ax}}{90x^8}=\cdots=\lim_{x\to\infty}\frac{a^{10}e^{ax}}{10!}=\infty$$

由此可见,微积分中的统一美体现在多种层次的知识中,都表现为高度的协调,将问题在统一的思想下转化、解决.

2. 对称美——"境转心行心转境"

李政道曾说"艺术与科学,都是对称与不对称的组合".对称美作为自然赠予人类的一件礼物,它的身影无处不在,它体现于我国首都北京的城市设计中,也体现在马来西亚的双子塔上,出现于俄国作曲家穆索尔斯基的名曲《牛车》中,也蕴含在埃舍尔的《骑士图》里;而微积分的对称美就直接出现在函数的左极限、右极限与函数的左导数、右导数这些概念中,关于函数的左极限、右极限是这样定义的:当函数 $f(x)$ 的自变量 x 从 x_0 左(右)侧无限趋近 x_0 时,如果 $f(x)$ 的值无限趋近于常数 A,就称 A 为 $x\to x_0^-$ ($x\to x_0^+$)时,函数 $f(x)$ 的左(右)极限.

而函数在点 x_0 有极限并等于 A 的充要条件是 $\lim\limits_{x\to x_0^-}f(x)=A=\lim\limits_{x\to x_0^+}f(x)$,这不仅从形式上,更是从含义上渗透出浓厚的对称美思想;我们更可以广泛应用"对称美"思想,发展其精髓.例如下面一道有关"对称美"的经典例题:

求 $\int\dfrac{\sin x}{\sin x+\cos x}dx$

观察被积函数,发现这样一个有趣的现象:

$\dfrac{\sin x}{\sin x+\cos x}+\dfrac{\cos x}{\sin x+\cos x}=1$,因此,不妨令 $s_1=\int\dfrac{\sin x}{\sin x+\cos x}dx$, $s_2=\int\dfrac{\cos x}{\sin x+\cos x}dx$,则

$$s_1+s_2=\int\frac{\sin x}{\sin x+\cos x}dx+\int\frac{\cos x}{\sin x+\cos x}dx=x+C_1 \qquad ①$$

$$s_1-s_2=\int\frac{\sin x}{\sin x+\cos x}dx-\int\frac{\cos x}{\sin x+\cos x}dx$$

$$=-\int\frac{d(\sin x+\cos x)}{\sin x+\cos x}=-\ln|\sin x+\cos x|+C_2 \qquad ②$$

①+②得: $2s_1=x-\ln|\sin x+\cos x|+c_1+c_2$

故: $s_1=\int\dfrac{\sin x}{\sin x+\cos x}dx=\dfrac{1}{2}(x-\ln|\sin x+\cos x|)+c$

由此,充分认识并运用"对称美"思想,将会是我们提升自身数学素质的重要一步.

3. 简洁美——"一语究及尽真理"

达·芬奇的名言:"终极的复杂即为简洁."简洁美作为数学形态美的基本内容,通常被用于考量思维方法之优劣.对于许多微积分中的问题,表面看似复杂,但本质上往往存在简单的一面,这时就需要我们运用简洁美的观点去观察、去解决,捅破在中间的那层窗户纸,就会看到另一个神奇的世界.例如,微积分中关于数列极限的定义,如用文字来表达就显得十分繁琐,若用逻辑符号整合而成的 ε-N 语言就十分简洁明了——

$\forall \varepsilon>0, \exists N>0$,当 $n>N$ 时,恒有 $|a_n-A|<\varepsilon$ 则 $\lim\limits_{n\to\infty}a_n=A$.寥寥数语,道破"天机";当然我们可以化复杂为简单,于解题中应用简洁美思想.下面结合一道例题来解析:

求 $\int\dfrac{x^4-1}{x(x^4-5)(x^5-5x+1)}dx$

首先进行观察,发现分母的因式之间隐含着联系,即
$$(x^5-5x+1)-x(x^4-5)=1$$
"1"的作用不可小觑,在数学运算中,用"1"进行加减乘除,都是最为简便的,对于这道题目,我们可在被积函数的分子上乘以"1"而不改变其大小,再考虑利用约分、分项等方法去寻求一个简单的解答.

$$\begin{aligned}
原式 &= \int \frac{1 \cdot (x^4-1)}{x(x^4-5)(x^5-5x+1)}dx = \int \frac{(x^5-5x+1-x^5+5x)(x^4-1)}{(x^5-5x)(x^5-5x+1)}dx \\
&= \int \frac{(x^5-5x)(x^4-1)-(x^5-5x+1)(x^4-1)}{(x^5-5x)(x^5-5x+1)}dx \\
&= \int \frac{x^4-1}{x^5-5x+1}dx - \int \frac{x^4-1}{x^5-5x}dx \\
&= \frac{1}{5}\int \frac{d(x^5-5x+1)}{x^5-5x+1}dx - \frac{1}{5}\int \frac{d(x^5-5x)}{x^5-5x}dx \\
&= \frac{1}{5}\ln|x^5-5x+1| - \frac{1}{5}\ln|x^5-5x| + c \\
&= \frac{1}{5}\ln\left|\frac{x^5-5x}{x^5-5x+1}\right| + c
\end{aligned}$$

以上只是茫茫题海中一例,对分部积分法中 u、v 的选择,对平面图形面积计算时积分变量的选择,都存在着简单与复杂的辩证关系,通常我们往往会在碰上复杂问题时又将其复杂化,却没想过可能存在的简单关系及其应用方法,最后在复杂的问题面前束手无策,这很大程度上是没能深刻理解简洁美的思想方法.

4. 奇异美——"一枝红杏出墙来"

对称美与奇异美正如王塑笔下的那一半海水与那一半火焰,两者具有截然不同的美的属性.奇异美属于那种惊世骇俗,与众不同的美,如同柯南道尔笔下的福尔摩斯,鹤立鸡群,桀骜不驯.奇异美作为一种不寻常的美,体现在微积分中的函数的间断与连续等内容上,但又不仅限于这一小部分知识,往往贯穿于整个微积分的学习过程中,例如:

设 $f(x)=3x^2+g(x)-\int_0^1 f(x)dx$, $g(x)=4x-f(x)+2\int_0^1 g(x)dx$,求 $f(x), g(x)$.

这道题奇妙之处在于将函数知识与定积分知识有机结合,给人一股耳目一新之感,乍一看无从下手,实则可以分而治之,各个击破,这正是奇异美思想的精华所在.

不妨设 $K_1=\int_0^1 f(x)dx, K_2=\int_0^1 g(x)dx$,则 $\begin{cases}\int_0^1 f(x)dx=\int_0^1[3x^2+g(x)-K_1]dx \\ \int_0^1 g(x)dx=\int_0^1[4x-f(x)+2K_2]dx\end{cases}$ 所以

$\begin{cases}K_1=1+K_2-K_1 \\ K_2=2-K_1+2K_2\end{cases}$ 解之得 $K_1=-1, K_2=-3$,代入原式: $\begin{cases}f(x)=3x^2+g(x)-K_1 \\ g(x)=4x-f(x)+2K_2\end{cases}$ 解之得

$\begin{cases}f(x)=\dfrac{3}{2}x^2+2x-\dfrac{5}{2} \\ g(x)=2x-\dfrac{3}{2}x^2-\dfrac{7}{2}\end{cases}$

一般来说,只要抓住奇异美思想的实质,那么解决类似问题就不在话下了.

著名的雕塑家罗丹曾说:"生活中不是缺少美,而是缺少发现美的眼睛."对于微积分也是

如此，从总体上说，对称美、奇异美、简洁美的最高层次是统一美，简洁美是对称美、奇异美的共通之处，对称美、奇异美互不可缺。因此，今后我们在学习微积分时，如果能从微积分中的四个数学美思想出发，将对我们掌握数学知识，培养数学能力，增强数学修养大有裨益。

（作者：罗馨豫 广西民族大学预科教育学院 2011 级理六班学生）

习作点评

本文结合微积分课程的学习，运用举例说明的方法，抒发了自己对微积分学中的统一美、对称美、简洁美、奇异美的感受。通过认识微积分的数学美，不仅能加深对微积分知识的理解，更好地掌握微积分的知识，还可以提高数学修养。

习题 8-3

结合微积分课程的学习，自拟题目，写一篇数学作文。

数学思想方法与语文修辞手法的联系

常用数学思想方法与语文修辞手法之间有着千丝万缕的联系.换元与比喻相通,通分约分与夸张相通,数形结合与借代的转化原理相通,辗转相除法、综合除法与层递也相通……

1 换元与比喻

换元法是常用的数学方法之一,换元法又叫变量替换或辅助元法.通常是把代数式 $\varphi(x)$ 令为新变量 y,而后通过映射 φ 作代换,得到便于求解的新问题,解出新问题以后,再由逆映射 $\varphi^{-1}:\chi=\varphi^{-1}(y)$ 回代求得原问题的解.这种方法的关键是构造或选取化繁为简、化难为易的映射 φ,它可以起到"媒介"或传递作用,运用这种方法能把未知和已知联系起来,把隐含的条件显示出来,把繁难的计算或推证简化,从而达到化难为易、化繁为简、化未知为已知的目的.

比喻是人们普遍会使用的语言策略.根据 A、B 两种不同类事物的相似点,用 B 事物来比 A 事物,这种修辞格叫比喻.比喻作为一种语言表达策略,它的基本表达效果是形象、生动、传神.细细推究起来,人们一般认为比喻还具有可以把未知的事物变成已知,把深奥的道理说得浅显,把抽象的事物说得具体,把平淡的事物说得生动等表达效应.

比喻和换元法有着异曲同工之妙.二者都基于同一种思想方法:转化思想.

1.1 比喻与换元的使用方法

首先,我们来看它们的使用方式.

换元法是用一个量来代换另外一个量,如这样一道例题:

解方程:$\dfrac{x^2+3x+1}{4x^2+6x-1}-3\times\dfrac{4x^2+6x-1}{x^2+3x+1}-2=0$.

这是一个较繁的分式方程,但设 $\dfrac{x^2+3x+1}{4x^2+6x-1}=y$,则原方程可简化为:$y-\dfrac{3}{y}-2=0$,进一步转化为一元二次方程:$y^2-2y-3=0$,解之得 $y_1=-1,y_2=3$.

因此,当 $\dfrac{x^2+3x+1}{4x^2+6x-1}=-1$,得 $x_1=0,x_2=-\dfrac{9}{5}$;当 $\dfrac{x^2+3x+1}{4x^2+6x-1}=3$,得

$$x_{3,4}=\dfrac{-15\pm\sqrt{401}}{22}.$$

经检验,x_1、x_2、x_3、x_4 均为原方程的根.

解决这道题的关键是运用转化思想,把方程中的 $\dfrac{x^2+3x+1}{4x^2+6x-1}$ 代换为一个引进的新变量"y",从而将分式方程化为一元二次方程,实现化难为易,促使问题得到顺利解决.

比喻也是基于转化思想,"根据 A、B 两种不同类事物的相似点,用 B 事物来比 A 事物",它的主体一般包括本体(被比喻的事物)和喻体(比喻的事物),如:

"读大师们的名著呢,却有如顺风行船,轻松畅快."

"读大师们的名著"的感受,用三言两语是难以说清的,作者巧妙地用"顺风行船"这一生活中常见的具体事物来打比方,化难为易,使读者一下子领会到这种感受."轻松畅快",则是"顺风行船"和"读大师们的名著"这两种不同类事物的相似点.其中,"读大师们的名著"是该句的本体,"顺风行船"则是喻体.

在这里,"用 B 事物来比 A 事物"和用"一个量来代换另外一个量"所使用的方法是同样的. $\dfrac{x^2+3x+1}{4x^2+6x-1}$ 就相当于比喻中的本体,而 y 就相当于比喻中的喻体.

1.2 换元和比喻的目的和效应

我们不妨分析用换元法来解题的例子:

已知: $a\sqrt{1-b^2}+b\sqrt{1-a^2}=1$,求 a^2+b^2 的值.

解 设 $\begin{cases} b=\sin\alpha, -\dfrac{\pi}{2}\leqslant\alpha\leqslant\dfrac{\pi}{2}, \\ a=\sin\beta, -\dfrac{\pi}{2}\leqslant\beta\leqslant\dfrac{\pi}{2}, \end{cases}$ 代入已知等式 $a\sqrt{1-b^2}+b\sqrt{1-a^2}=1$,得

$$\sin\beta\sqrt{1-\sin^2\alpha}+\sin\alpha\sqrt{1-\sin^2\beta}=1\Rightarrow\sin\beta\cos\alpha+\sin\alpha\cos\beta=1\Rightarrow\sin(\alpha+\beta)=1.$$

因为 $-\pi\leqslant\alpha+\beta\leqslant\pi$,所以 $\alpha+\beta=\dfrac{\pi}{2}$,则 $\alpha=\dfrac{\pi}{2}-\beta$,得

$$a^2+b^2=\sin^2\beta+\sin^2\alpha=1.$$

说明:根据题设的已知等式,我们很难寻找到所要求的 a^2+b^2,但通过换元 $\begin{cases} b=\sin\alpha, -\dfrac{\pi}{2}\leqslant\alpha\leqslant\dfrac{\pi}{2}, \\ a=\sin\beta, -\dfrac{\pi}{2}\leqslant\beta\leqslant\dfrac{\pi}{2}, \end{cases}$ 将已知条件等式转化为三角函数的问题,利用三角函数的公式,可使已知条件等式得以明朗化,即 $\sin(\alpha+\beta)=1$,则 $\alpha=\dfrac{\pi}{2}-\beta$;同时,快速将所求的量 a^2+b^2 转化为以下的运算过程: $\sin^2\alpha+\sin^2\beta=\sin^2\beta+\sin^2\left(\dfrac{\pi}{2}-\beta\right)=\sin^2\beta+\cos^2\beta=1$,得出结果: $a^2+b^2=1$.

(1) 比喻有化未知为已知的效应,如林耀德的《树》中有:

"坚实的树瘿,纠结盘缠,把成长的苦难紧紧压缩在一起,像老人手背上脆危而清晰的静脉肿瘤块,这正是木本植物与岁月天地顽抗后所残余下来的证明吧."

什么叫"树瘿"? 它是怎么样的东西? 可能很多人都无法想象出来,但是作家通过"坚实的树瘿,纠结盘缠,把成长的苦难紧紧压缩在一起,像老人手背上脆危而清晰的静脉肿瘤块"这样的描写,接受者就可以想象出"树瘿"大致是什么样子了,因为喻体所描写的"老人手背上脆危而清晰的静脉肿瘤块"是人所常见的.这样一比,不仅生动形象地再现了"树瘤"的情状,也将未知的事物顷刻间化为已知事物而被接受者所知了.

通过对比不难发现,换元法中"把某个量设为另一个与之相等的量、化未知为已知",从而"达成根据题设条件得出所求量的目的"和比喻"化未知为已知的效应"是一致的.

(2) 比喻还具有将深奥的道理说得浅显的效应,如王禄松的《那雪夜中的炭火》中有:

"对于一个在苦难中的人说一句有帮助性的话,常常像火车轨上的转折点——倾覆与顺

利,仅差之毫厘."这是一个将深奥的道理说得浅显的比喻.原意是一个很少有人能看透的人生道理,也是不易表述清楚的深奥道理.可通过比喻,以"火车路轨上的转折点的毫厘之差可能造成火车倾覆与顺利两种根本不同的后果"来说明"对于一个在苦难中的人说一句有帮助性的话可以改变其人生命运的重要性",不仅将深奥的说得形象,而且浅显易于明白.这便是比喻可以将深奥的道理说得浅显的表达效应.

比喻"将深奥的道理说得浅显的表达效应",与数学中的换元法"把繁难的计算或推证简化,从而达到化难为易,化繁为简的目的"也是殊途同归的.

(3) 比喻又有化抽象为具象的效应,如艾雯的《渔港书简》中有:

"昨夜我在海潮声中睡去,今朝又从海潮声中觉醒.海不曾做梦,但一个无梦的酣睡,在一个被失眠苦恼了数月的人,不啻是干裂的土地上一番甘霖."

被失眠苦恼了数月的人突然有一个无梦的酣睡,那种情形是什么样子,本是一个十分抽象而难以述说的生理和心理体验,可是经作家以"不啻是干裂的土地上一番甘霖"为喻体这么一比,原本抽象的生理和心理体验顿时变得那样的具体、可感而知,让接受者也深受感染,体验到一种从未体味过的生理和心理快慰.比喻的这种化抽象为具象的独特效应不又正和数学中的换元法"把隐含条件显示出来"、"使图形问题的各条件的利用变分散为集中、变隐蔽为清晰"的效果有着奇妙的相同之处吗? 例如:

定长为 $L(L \geqslant 1)$ 的线段 AB,其两端在抛物线 $y=x^2$ 移动,求此动线段 AB 中点 M 离 x 轴的最短距离.

解 设 $A(x_1, y_1), B(x_2, y_2)$,则 $x_M = \dfrac{x_1+x_2}{2}, y_M = \dfrac{y_1+y_2}{2}$,

但面对 x_1、x_2、y_1、y_2 这样离散的参量,很难直接将问题进展下去,考察线段 AB 的运动中 AB 与 x 轴正向的夹角随之变化这一因素,因此设 AB 与 x 轴正向的夹角 α 为参量作代换,有

$$x_2 - x_1 = L\cos\alpha, \tag{1}$$

$$y_2 - y_1 = L\sin\alpha. \tag{2}$$

由于 $y_1 = x_1^2, y_2 = x_2^2$,因此,(2)÷(1)得

$$x_1 + x_2 = \tan\alpha, \tag{3}$$

(3)+(1)有 $x_2 = \dfrac{1}{2}(\tan\alpha + L\cos\alpha)$,(3)-(1)有 $x_1 = \dfrac{1}{2}(\tan\alpha - L\cos\alpha)$,所以

$$y_M = \frac{y_1+y_2}{2} = \frac{x_1^2+x_2^2}{2} = \frac{\left[\dfrac{1}{2}(\tan\alpha-L\cos\alpha)\right]^2 + \left[\dfrac{1}{2}(\tan\alpha+L\cos\alpha)\right]^2}{2}$$

$$= \frac{\tan^2\alpha + L^2\cos^2\alpha}{4} = \frac{\sec^2\alpha - 1 + L^2\cos^2\alpha}{4} = \frac{\dfrac{1}{\cos^2\alpha} + L^2\cos^2\alpha - 1}{4}$$

$$\geqslant \frac{\sqrt{2\dfrac{1}{\cos^2\alpha}L^2\cos^2\alpha} - 1}{4} = \frac{2L-1}{4},$$

动线段 AB 中点 M 离 x 轴的最短距离为 $\dfrac{2L-1}{4}$.

通过对换元法和比喻修辞法的使用手法、目的和效应的对比,我们不难看出,它们竟还有

着这么多的相通之处.

2 通分约分与夸张

在异分母分式的加、减运算中,通常需要应用分式的基本性质,可以在不改变分式的值的条件下,扩大或缩小各个分母,对分式做一系列的变形.这就是分式运算中的通分和约分.

分式的通分就是把几个异分母的分式分别化成与原来的分式相等的同分母的分式.要把两个或者几个异分母的分式通分,先求出这几个分式的分母的最低公倍式作为公分母,再用公分母除以原来的各分母所得的商分别去乘原来的分式,从而把异分母分式分别化成和原来分式相等的同分母分式,然后再根据分式的运算性质进行计算.我们来看分式的通分:

$$\frac{2}{x^2-6x+8}+\frac{1}{x^2+x-6}+\frac{x-3}{x^2-x-12}$$

$$=\frac{2}{(x-2)(x-4)}+\frac{1}{(x-2)(x+3)}+\frac{x-3}{(x-4)(x+3)}$$

$$=\frac{2x+6}{(x-2)(x-4)(x+3)}+\frac{x-4}{(x-2)(x+3)(x-4)}+\frac{x^2-5x+6}{(x-2)(x+3)(x-4)}$$

$$=\frac{x^2-2x+12}{(x-2)(x-4)(x+3)}.$$

说明:题中三个分式的公分母是$(x-2)(x+3)(x-4)$,当这三个分式的分子分母分别同乘以$(x+3)$、$(x-4)$和$(x-2)$之后,这三个异分母的分式就化为同分母的分式,这样就可以计算出这三个分式的代数和.

另一方面,夸张是为了突出或强调某一事物,根据其特征,故意言过其实,以增强表达效果.在语文里面,夸张是一种修辞格.从表达的内容看,夸张分扩大类夸张和缩小类夸张.扩大类夸张即将事物尽量向多、长、高、大、快、强、密等方面夸大.例如:"白发三千丈,缘愁似个长.不知明镜里,何处得秋霜."用"三千丈"来夸张白发的长,充分凸显了李白才高而不为世用、空有凌云壮志而不得一展抱负的无以言表的愁苦之情,令人读了为之深深感动,情不自禁地为其抱不平.

夸张的目的在于突出本质,无论夸大还是缩小,表达意思的本质不变.这一点,和分数的基本性质"分式的分子和分母同时乘以或者除以相同的整式(零除外),分式的值不变"所体现的数学原理极其相似.如以上对分式所作的变形,和语言修辞中的故意将事实"夸大"其实是同一策略.

跟扩大类夸张相对,缩小类夸张就是故意把事物往少、短、低、小、慢、弱、疏等方面说.如:"满院子里鸦雀无声,连一根针掉在地下,都听得见响!"

分式的约分是根据分式的基本性质,把一个分式的分子和分母分别除以它们的公因式,化成与原分式相等的分式的运算.分式约分的主要步骤是,把分式的分子与分母分解因式,然后约去分子和分母的公因式.例如:

$$\frac{ax^2-4ay^2}{bx+2by}=\frac{a(x+2y)(x-2y)}{b(x+2y)}=\frac{a(x-2y)}{b}(分子、分母的公因式是x+2y);$$

$$\frac{x^2-3x+2}{x^2-4}=\frac{(x-1)(x-2)}{(x+2)(x-2)}=\frac{x-1}{x+2}.$$

题中分式的分子、分母"分解因式,然后约去分子、分母的公因式"其实和缩小类夸张故意将事物或事实"缩小"是相似的.

因此在分式的通分和约分中,对分式所作的变形,其实就是"扩大式夸张"和"缩小式夸张"在数学中的一种体现,而最终"分式的值不变"就正如夸张修辞格必须要有客观实际做基础.如果有现实基础的夸张,故意扩大或缩小客观事物,常常可以收到生动深刻地揭示事物的本质,强烈地表达作者的思想感情的效果.数学中分式的通分、约分的本质特征就在于抓住了分式的基本性质,根据解决问题的需要,对分式作一系列变形,从而达到目的.在这一点上它们也是相通的.

3 数形结合与借代

数学中的数形结合方法跟借代就有密切的关系.所谓数形结合,就是把要研究的问题的数量关系与空间形式有机地结合起来,根据所解问题的特征,将数的问题转化为形的问题或把形的问题转化为数的问题来研究,达到既直观又深刻的目的.一般地,对于一个代数问题,如果用纯代数方法难以解决时,常将代数问题转化为图形的性质去讨论,使思路和方法从图形中直观地显示出来,"数"中思"形",如图表法、图解法.对于一个几何问题,如果用纯几何的方法难以解决时,就可把图形的问题转化为数量关系来研究,将几何问题代数化,以数助形,从而使问题获解,通常是通过建立恰当的坐标系(或坐标平面),将反映此几何问题的点的坐标所满足的代数关系找到,借助代数的精确运算进行解答,"形"中觅"数",把复杂问题简单化,获取简便易行的成功方案,如解析法、三角法、复数法、向量法等.总之,数与形能相互转化,相互表述.

我们不妨先来看一个数形结合的典型例题:求方程 $\lg x = \sin x$ 的实根的个数,这是一道代数题.首先考虑自变量 x 的取值范围,由对数函数的定义得 $x>0$,又因为 $\sin x \leqslant 1$,所以 $\lg x \leqslant 10$,故 $0<x \leqslant 10$. 然后,转化为形的问题:在同一坐标平面内画出函数 $y=\lg x$, 与 $y=\sin x$ 的图像,如图1所示:

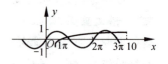

图 1 函数图像

从图像可直观地看出两曲线有三个交点.所以,本题答案是"方程 $\lg x = \sin x$ 有 3 个实根".

此题中,如果用纯代数方法去求解这个代数方程,从而得到实根的个数是非常困难的,但由于题目不要求计算出实根,只讨论实根的个数,因此,在同一坐标平面内,画出能反映此问题的几何性质的函数 $\lg x$ 和 $\sin x$ 的图像来,观察图形就很容易得到该方程的实根个数是 3.

不直接说出所要表达的人或事物的本名,而是借用与它密切相关的人或事物的名称来代替,这种修辞方法叫借代,被代替的叫"本体",代替的叫"借体","本体"不出现,用"借体"来代替.例:

"红眼睛原知道他家里有一个老娘,可是没有料到他竟会那么穷."

例中作者没有把要说的人物牢卒阿义(本体)直接说出来,而是借用阿义的一个身体特征——"红眼睛"(代体)来代替他.像这样,恰当地运用借代可以突出事物的本质特征,增强语言的形象性,而且可以使文笔简洁精炼,语言富于变化和幽默感.

数形结合和修辞中的借代异曲同工.首先,借代"是借用与它密切相关的人或事物的名称来代替"的方法与数形结合"是借助图形的直观性分析解答代数问题或是借助代数的精确运算解答几何问题"的方法不正是"不谋而合"吗?

其次,就主体而言,借代中的"本体"和"借体"其实指的都是同一事物或人,"借体"也就是

"本体";而数形结合中的"数"和"形"之所以能够结合转化,其根本原因就在于"数"和"形"所表达的都是事物的同一属性,而这种性质具有两种不同的表达形式,它们的关系其实就相当于借代的"本体"和"借体"的关系.如果在解题时是借助图形来分析解答代数问题,那么"数"此时就相当于"本体","形"就相当于"借体";反之,如果是借助代数来解答几何问题,那么他们的角色就互换了,此时"数"就相当于"借体","形"就相当于"本体"."本体"和"借体","数"和"形"都是密切相关的,它们相互对应,且能相互转化.

再次,就它们的效果进行比较."恰当地运用借代可以突出事物的本质特征",而数形结合利用"数"中思"形"和"形"中觅"数"则能迅速地抓住解题的关键,理清思路,达到快速、准确解题的目的;恰当地运用借代可以"增强语言的形象性",可以"使文笔简洁精炼",而数形结合解题中,图形的运用同样使代数题更形象、更直观、更简单明了,甚至有的代数题通过图形的运用使人一目了然,问题也就迎刃而解;而且数形结合通过将反映问题的数量关系和空间图形有机地结合起来考察,实现了"抽象概念与具体形象的联系和转化",借代其实也是实现了"借体"与"本体"的联系和转化,而"借体"实质上就是个"抽象概念","本体"就是"具体形象",如例中的"红眼睛"与"阿义".

除数形结合外,数学中还有一些其他的概念和方法和借代也是相通的.比如,分数和小数之间的转换,如:$1/2=0.5$;$1/5=0.2$等;代数中引入变元,借用字母来表达变化着的量,正如借代中"借体"和"本体"之间的替代关系.更广泛地说,数学中的符号化思想,就是用符号(包括字母、数字、图形与图表以及各种特定的符号)来表示量与量之间的各种关系,实质上也就是一种"借代".

4 辗转综合与层递

在代数学中,辗转相除法是求两个非零多项式 $f(x)$、$g(x)$ 的最高公因式的一种方法,具体的操作方法是:

用 $f(x)$ 除以 $g(x)$,得商式 $q_1(x)$、余式 $r_1(x)$,若 $r_1(x) \neq 0$;

用 $g(x)$ 除以 $r_1(x)$,得商式 $q_2(x)$、余式 $r_2(x)$,若 $r_2(x) \neq 0$;

用 $r_1(x)$ 除以 $r_2(x)$,得商式 $q_3(x)$、$r_3(x)$,若 $r_3(x) \neq 0$;

用 $r_2(x)$ 除以 $r_3(x)$,得商式 $q_4(x)$、$r_4(x)$,若 $r_4(x) \neq 0 \cdots$

继续重复做除法运算,每一次的除法运算中所得的余式次数逐次降低一次,直至某一个余式 $r_k(x)$ 是零,则 $r_{k-1}(x)$ 就是所求的最高公因式;或者 $r_k(x)$ 是不为零的常数,则 $f(x)$ 和 $g(x)$ 是互质的.以上方法归纳起来就是用逐次递推的方法,直至求出两个非零多项式的最高公因式.

例如:求 $f(x) = x^4 - 3x^3 + 5x^2 - 8x + 5$ 和 $g(x) = x^2 - 3x + 2$ 的最高公因式.

解 用 $f(x)$ 除以 $g(x)$,得商式 $q_1(x) = x+3$、余式 $r_1(x) = x-1$,显然 $r_1(x) \neq 0$,再次用 $g(x)$ 除以 $r_1(x)$,得商式 $q_2(x) = x-2$,余式 $r_2(x) = 0$,所以,$r_1(x) = x-1$ 是 $f(x)$ 和 $g(x)$ 的最高公因式.

这种"层层递推的方法",解题思路条理清楚,易于掌握.

综合除法也是代数学中的一种基本方法.它是多项式除法的一种简便运算.

设一元 n 次多项式

$$f(x) = a_n x^n + a_{n-1} x^{n-1} + \cdots + a_1 x + a_0 (a_n \neq 0)$$

除以一次多项式 $g(x)=x-a$，所得的商式 $q(x)=b_{n-1}x^{n-1}+b_{n-2}x^{n-2}+\cdots+b_1 x+b_0(b_{n-1}\neq 0)$ 和余数 r，满足关系式 $f(x)=q(x)(x-a)+r$，运用下面的竖式表就可以简便地求出商式 $q(x)$ 中待定的各次项系数 $b_i(i=1,2,3,\cdots,n-1)$ 和余数 r：

$$\begin{array}{c|ccccc|c}
 & a_n & a_{n-1} & \cdots & a_1 & a_0 & \\
+ & & ab_{n-1} & \cdots & ab_1 & ab_0 & a \\
\hline
 & a_n & a_{n-1}+ab_{n-1} & \cdots & a_1+ab_1 & a_0+ab_0 & \\
 & \downarrow & \downarrow & & \downarrow & \downarrow & \\
 & b_{n-1} & b_{n-2} & \cdots & b_0 & r &
\end{array}$$

所以，$b_{n-1}=a_n$；

$b_{n-2}=a_{n-1}+ab_{n-1}$；

$\cdots$

$b_0=a_1+ab_1$；

$r=a_0+ab_0.$

上面的一组等式，给出了商式 $q(x)$ 中待定的各次项系数 $b_i(i=1,2,3,\cdots,n-1)$ 的值，显然，在每一个等式中，b_i 是由已知的各次项系数 $a_i(i=1,2,3,\cdots,n-1)$ 和常数 a 按照相同的运算规律，经过逐次递推计算出来的。如 b_{n-1} 等于 a_n，b_{n-2} 等于前一项系数 b_{n-1} 乘以常数 a，再加上已知系数 a_{n-1}；按相同的规律，b_{n-3} 就应该等于前一项系数 b_{n-2} 乘以常数 a，再加上已知系数 a_{n-2}；以此类推，按相同的运算规律，可逐次递推，计算出 b_{n-4}、b_{n-5}、$b_{n-6}\cdots b_1$、b_0，最后一项 a_0+ab_0 即为所求的余数 r.

例题：求 $f(x)=2x^4+5x^3-24x^2+15$ 除以 $x-2$ 的商式和余数.

解

$$\begin{array}{c|ccccc|c}
 & 2 & 5 & -24 & 0 & 15 & 2 \\
+ & & 2\times 2 & 9\times 2 & -6\times 2 & -12\times 2 & \\
\hline
 & 2 & 9 & -6 & -12 & -9 &
\end{array}$$

因此，所求的商式为 $2x^3+9x^2-6x-12$，余数是 -9.

在语文修辞手法中，层递就是用三个或三个以上结构相同或相似的语句，表达层层递进或层层递退的意思.运用层递，可使事理说得层次分明，条理清楚.一般来说，层递可以分为两类：一是递升，二是递降.递升是按从小到大，从降到升，从低到高，从轻到重等等比例关系来排列诸事物；递降的排序则与递升正相反.

递升如：

"声音开始是一个人的，以后变成几个人的，再以后变成几十个、几百个人的了.这口号越来越洪大，越壮烈，越激昂，好像整个宇宙充满了这高亢的英勇的呼声."

递降如：

"祖国是一座花园，北方就是园中的腊梅；小兴安岭是一朵花，森林就是花中的蕊.花香呀，沁满咱们的心肺."

有时，递升递降两者很难分别，因为从不同的角度看结果就会相反．战国时代宋玉的名作《登徒子好色赋》中的一段文字，就同时运用了递升和递降的层递修辞方法．

"天下佳人，莫若楚国；楚国之佳丽者，莫若臣里；臣里之美者，莫若臣东家之子"．

这段文字，若从地域范围看，是从大到小依次排列，属于递降；若从美丽的程度看，则是程度逐层加高的，又属于递升．

有趣的是，综合除法运算也是同时运用了递进和递降．若从计算方法来看，由 b_{n-1} 递推，求出 b_{n-2}，由 b_{n-2} 求出 b_{n-3}…，直至求出 b_0 和余数 r，这种"逐项递进的计算方法"，与层递中的递升一样；同时，因为多项式的各次项系数按降幂排列，则其对应的系数 $b_i(i=1,2,3,\cdots,n-1)$ 的下标又是递减的，这与层递中的递降是一样的．

通过比较，数学中的辗转相除法、综合除法蕴含着的逐次递推的计算方法和层递的修辞方法的确有着奇妙的相似之处．

至此，回顾全文，我们可以这样概括：

换元方法通比喻，转化思想是根源；
夸张意在彰本质，通分约分总相宜；
借代生动又灵巧，数形结合同样好；
层递升降有方术，辗转相除综合除．

（作者：杨社平　摘自《百色学院学报》2006 年第 3 期）

习题参考答案

第一章 参考答案

习题 1-1

(A)

1. (1) $[-2,3]$； (2) $[-2,3)$； (3) $(-3,5)$； (4) $(-3,+\infty)$；
   (5) $(-\infty,a)\cup(a,+\infty)$.

2. (1) $(-5,1)$； (2) $(-5,-2)\cup(-2,1)$； (3) $[-1,2]$； (4) $(-2,1)$.

3. (1) $\left(-\dfrac{7}{2},-\dfrac{5}{2}\right)$； (2) $\left(-\dfrac{7}{2},-3\right)\cup\left(-3,-\dfrac{5}{2}\right)$.

4. $U\left(-\dfrac{1}{2},\dfrac{\varepsilon}{4}\right),\left(-\dfrac{1}{2}-\dfrac{\varepsilon}{4},-\dfrac{1}{2}+\dfrac{\varepsilon}{4}\right)$. 数轴表示略.

(B)

2. $\left|x+\dfrac{1}{x}\right|=\dfrac{|x^2+1|}{|x|}\geqslant\dfrac{|2x|}{|x|}=2$.

4. (1) $n>398$； (2) $x<-1$ 或 $1<x<2$ 或 $x>4$； (3) $-4<x<\dfrac{2}{5}$； (4) $x<-1$.

习题 1-2

(A)

1. (1) $x\neq 1$ 且 $x\neq 2$； (2) $x\in \mathbf{R}$； (3) $[-2,-1)\cup(1,2]$； (4) $x<0$；
   (5) $\left(-\infty,-\dfrac{1}{2}\right)\cup\left(-\dfrac{1}{2},0\right]$； (6) $[-2,-1)\cup(-1,2]$.

2. (1) 不同； (2) 不同； (3) 不同； (4) 同； (5) 不同.

3. $[-1,2)$. 函数图像略.

4. $f(-x)=\dfrac{1+x}{1-x},f(x+1)=-\dfrac{x}{x+2},f\left(\dfrac{1}{x}\right)=\dfrac{x-1}{x+1}$.

5. $f(x)=x^2+x+3,f(x-1)=x^2-x+3$.

(B)

1. (1) $[1,4]$； (2) $\left(-\dfrac{1}{2},0\right]$； (3) $[-1,3]$； (4) $[-3,-2)\cup(3,4]$；
   (5) $(-\infty,1)\cup(1,3)$.

习题参考答案

2. $f(-2)=1, f\left(\dfrac{1}{2}\right)=\dfrac{\sqrt{3}}{2}, f(3)=2$, 函数图像略.

4. $f(x)=\begin{cases}-x^2-5x, & x<-1,\\ 3x^2-x, & -1\leqslant x\leqslant 3,\\ x^2+5x, & x>3.\end{cases}$

5. 0.

习题 1-3
(A)

1. (1) 偶； (2) 非奇非偶； (3) 偶； (4) 非奇非偶； (5) 奇； (6) 奇； (7) 偶； (8) 奇.

2. (1) 递增； (2) 递减； (3) 递增； (4) 递增.

4. 提示：利用上一题的结果.

(B)

1. (1) 奇； (2) 奇； (3) 奇； (4) 偶； (5) 奇.

2. (1) 有界, $0\leqslant f(x)<1$； (2) 无界； (3) 有界, $0\leqslant f(x)\leqslant \sqrt{2}$； (4) 有界, $|\varphi(x)|\leqslant 3$.

3. (1) $\dfrac{2\pi}{w}$； (2) $T=2$； (3) $T=\pi$； (4) 不是周期函数.

4. 证：因为 a 是有理数，所以可令 $a=\dfrac{m}{n}$ (n、m 为整数)，

所以 $\dfrac{T_1}{T_2}=\dfrac{m}{n}\Rightarrow nT_1=mT_2=T$,

因为 T_1 是 $f(x)$ 的周期，T_2 是 $g(x)$ 的周期，

所以 nT_1 也是 $f(x)$ 的周期，mT_2 是 $g(x)$ 的周期，

又因为 $f(x+T)+g(x+T)=f(x+nT_1)+g(x+mT_2)=f(x)+g(x)$,

所以 T 是 $f(x)+g(x)$ 的周期即 $f(x)+g(x)$ 是周期函数.

同理可证：$f(x)g(x)$ 是周期函数.

习题 1-4
(A)

(1) $y=\dfrac{x-1}{2}, x\in \mathbf{R}$； (2) $y=\dfrac{2x+2}{x-1}, x\neq 1$； (3) $y=\sqrt[3]{x-2}, x\in \mathbf{R}$；

(4) $y=10^{x-1}-2, x\in R$.

(B)

(1) $y=\dfrac{2x+1}{3x-2}, x\neq \dfrac{2}{3}$； (2) $y=\begin{cases}x, & x<1,\\ \sqrt{x}, & 1\leqslant x\leqslant 16,\\ \log_2 x, & x>16;\end{cases}$

(3) $y=\ln(x+\sqrt{x^2-1})$；解析过程如下：由 $y=\dfrac{e^x+e^x}{2}$ 得 $e^x=y\pm\sqrt{y^2-1}$，即：$x=\ln(y\pm\sqrt{y^2-1})$，由于 $y\geqslant 1$ 且 $x\geqslant 0$，所以只取 $x=\ln(y+\sqrt{y^2-1})$，所以 $y=\dfrac{e^x+e^x}{2}$ 的反函数为：$y=$

$\ln(x+\sqrt{x^2-1})$　(4) $y=\ln(x+\sqrt{x^2+1})$.

习题 1-5
(A)

1. (1) $(1,+\infty)$；　(2) $x\neq 1$；　(3) $1-\sqrt{2}\leqslant x\leqslant 1+\sqrt{2}$；　(4) $[-1,0)\cup(0,1]$.

2. (1) 0；　(2) $-\dfrac{1}{2}$；　(3) 2；　(4) 0.

3. $\sin\left(\alpha-\dfrac{\pi}{6}\right)=\dfrac{4\sqrt{3}+3}{10}$，$\cos\left(\alpha-\dfrac{\pi}{3}\right)=\dfrac{4\sqrt{3}-3}{10}$.

4. $\cos\alpha\cos\beta=\dfrac{3}{10}$，$\sin\alpha\sin\beta=\dfrac{1}{2}$.

5. 在$(-\infty,-6)$内是单调递减，在$(2,+\infty)$内是单调递增.

7. $f(2009)=1$.

(B)

1. (1) $1\leqslant x\leqslant 4$；　(2) $x\geqslant 1$.

2. (1) $y=\pi-\arcsin x$；　(2) $y=2\pi+\arcsin x$.

3. (1) $y=2\pi+\arccos x$；　(2) $y=-2\pi-\arccos x$.

4. $\tan\alpha+\cot\alpha=2$.

习题 1-6
(A)

1. (1) $y=\sin^2 x$；　(2) $y=\sqrt{1+x^2}$；　(3) $y=e^{x^2+1}$；　(4) $y=(e^{\sin x})^2$.

2. (1) $y=\cos u, u=2x+1$；　(2) $y=e^u, u=-x^2$；
(3) $y=e^u, u=v^3, v=\sin x$；　(4) $y=u^5, u=1+\ln x$；
(5) $y=\sqrt{u}, u=\ln v, v=\sqrt{x}$；　(6) $y=\arcsin u, u=\lg v, v=2x+1$；
(7) $y=u^2, u=\lg v, v=\arccos z, z=x^3$.

3. $\pi+1$.

4. $f[\varphi(x)]=\sin^3 2x-\sin 2x$，$\varphi[f(x)]=\sin 2(x^3-x)$.

5. $f(x)=x^2-5x+6$.

6. $f(x)=x^2-2$ ($x\leqslant -2$ 或者 $x\geqslant 2$).

7. (1) $[-a,1-a]$；　(2) $[-1,1]$；　(3) $[2k\pi,2k\pi+\pi], k\in \mathbf{Z}$.

8. (1) 是；　(2) 是；　(3) 不是；　(4) 不是；　(5) 不是.

(B)

1. $f(\cos x)=2-2\cos^2 x$.

2. $\dfrac{x}{\sqrt{1-nx^2}}$.

习题 1-7
(A)

1. $y=5k\sqrt{400+x^2}+3k(100-x)$　$(0\leqslant x\leqslant 100)$.

2. $y = \begin{cases} 0, & 0 < x \leq a, \\ (x-a)2\%, & a < x \leq b, \\ (b-a)2\% + (x-b)3\%, & x > b. \end{cases}$

(B)

1. $V = \dfrac{1}{3}\pi R^3 (1+\csc\theta)^3 \cdot \tan\theta \quad \left(0 < \theta < \dfrac{\pi}{2}\right)$.

2. $\varphi = \arcsin\dfrac{\theta}{2\pi} \quad (0 < \theta < 2\pi)$.

习题 1-8
(A)

1. (1) $\begin{cases} x = 2\cos\theta, \\ y = 2\sin\theta; \end{cases}$ (2) $\begin{cases} x = -2 + 3\cos\theta, \\ y = 1 + 3\sin\theta; \end{cases}$ (3) $\begin{cases} x = 2 + 3t, \\ y = -1 + \sqrt{3}t; \end{cases}$ (4) $\begin{cases} x = 4\sec\theta, \\ y = 5\tan\theta. \end{cases}$

2. (1) $y^2 + 6y + 3 - x = 0$; (2) $\dfrac{(x-3)^2}{4} + \dfrac{(y+2)^2}{25} = 1$; (3) $y = x^3 \ (x \geq 0)$.

(B)

1. (1) $x + 2y - 3 = 0$ 表示过点 $(-1, 2)$ 且斜率为 $-\dfrac{1}{2}$ 的直线；

(2) $\dfrac{x^2}{4} + \dfrac{y^2}{9} = 1$，表示中心在原点，焦点在 y 轴上，且长半轴为 3，短半轴为 2 的椭圆.

2. (1) 表示圆心在点 (x_1, y_1) 半径为 9 的圆；

(2) 表示过点 (x_1, y_1) 倾斜角为 θ 的直线.

复习题一
(A)

1. D. 2. D. 3. C. 4. D. 5. C. 6. C. 7. D. 8. C. 9. A. 10. D.

11. $\left(-\infty, \dfrac{1}{2}\right)$. 12. 2. 13. $(0,1)$. 14. $y = -\sqrt{x^2+1}$. 15. 20.

16. $f(x) = 2x - \dfrac{1}{x}$.

17. 在 $(-\infty, 0)$ 内单调减少，在 $(2, +\infty)$ 内单调递增.

18. (1) R; (2) 奇.

19. (1) $y = \sqrt{u}, u = \arctan v, v = x^2 + 1$; (2) $y = \lg u, u = v^{\frac{1}{3}}, v = \dfrac{1-t}{1+t}, t = w^2, w = \sin x$.

(B)

1. C. 2. A. 3. A. 4. $\{x \mid -3 < x < -2 \text{ 或 } x > 2\}$.

5. $(-\infty, 1)$. 6. $f^{-1}(x) = \begin{cases} \sqrt{x}, & x \geq 0, \\ -\sqrt{-x}, & x < 0. \end{cases}$ 7. $\dfrac{\sqrt{2}}{2}$.

8. (1) 不同； (2) 不同； (3) 不同； (4) 不同.

9. 不存在反函数. 因为已知函数不是单调函数. 如取 $y=-\dfrac{1}{2}$ 时,有两个 $x=\dfrac{1}{4},x=\dfrac{\sqrt{2}}{2}$.

10. (1) $y=\log_2\dfrac{x}{1-x}$; (2) $y=\dfrac{a^{2x}-1}{2a^x}$; (3) $y=\begin{cases}x, & x<1,\\ \sqrt{x}, & 1\leqslant x\leqslant 16,\\ \log_2 x, & x>16.\end{cases}$

12. (1) $\dfrac{21}{5}$; (2) 1.

13. 左边 $=\dfrac{\tan\theta+1}{\tan\theta-1}-\dfrac{1}{\cos^2\theta(\tan^2\theta-1)}-\dfrac{2}{\tan^2\theta-1}$

$=\dfrac{(\tan\theta+1)^2}{\tan^2\theta-1}-\dfrac{\tan^2\theta+1}{\tan^2\theta-1}-\dfrac{2}{\tan^2\theta-1}=\dfrac{2\tan\theta-2}{\tan^2\theta-1}=\dfrac{2}{1+\tan\theta}.$

第二章 参考答案

习题 2-1
(A)

1. (1) $6,12,a_n=2n$; (2) $1,36,a_n=n^2$; (3) $\sqrt{3},\sqrt{6},a_n=\sqrt{n}$.

2. $-\dfrac{7}{2}n$.

3. 250 500.

4. $q=3$.

5. $S_n=16-\dfrac{16}{2^n}$.

6. (1) 当 $a\neq 1$ 时, $S_n=\dfrac{a(1-a^n)}{1-a}-\dfrac{n(n+1)}{2}$, 当 $a=1$ 时, $S_n=\dfrac{-n^2+2n-1}{2}$;

(2) 当 $x\neq 1$ 时, $S_n=\dfrac{1+x-(2n+1)x^n+(2n-1)x^{n-1}}{(1-x)^2}$, 当 $x=1$ 时, $S_n=n^2$.

(B)

1. $a_1=1. q=2. S_n=2^n-1.$

2. (1) $S_n=44.5$; (2) $\dfrac{n}{2n+1}$; (3) $\sqrt{n+1}-1$; (4) $\dfrac{2}{3}\left[1-\left(-\dfrac{1}{2}\right)^n\right]$.

习题 2-2
(A)

1. (1) $\left\{x\left|\dfrac{1}{4}<x<\dfrac{9}{4}\right.\right\}$; (2) $\{x|x<-3$ 或 $x>1\}$.

2. $\lim\limits_{n\to\infty}x_n=0.$ 取 $N\geqslant\left[\dfrac{1}{\varepsilon}\right]$. 当 $\varepsilon=0.001$ 时, $N\geqslant 1\ 000$.

3. (1) 1; (2) -1; (3) $\dfrac{4}{3}$; (4) 2; (5) $\dfrac{1}{3}$;

(6) 当 $|a|<1$ 时,取 0;当 $|a|>1$ 时,取 1;

(7) $-\dfrac{1}{2}$； (8) 2.

(B)

3. (1) $\dfrac{1}{2}$； (2) 1； (3) $\dfrac{1}{2}$.

4. (1) $\dfrac{a+b}{2}$； (2) $\dfrac{1}{2}$.

5. (1) 1； (2) 0.

习题 2-3
(A)

2. 因为 $f(0+0)=0, f(0-0)=-1$，所以 $f(x)$ 在点 $x=0$ 的极限不存在；
又因为 $f(1+0)=1, f(1-0)=1$，所以 $f(x)$ 在 $x=1$ 极限存在，且 $\lim\limits_{x\to 1}f(x)=1$.

3. (1) 因为 $f(0+0)=1, f(0-0)=-1$，所以 $\lim\limits_{x\to 0}f(x)$ 不存在.

(2) 因为 $f(0+0)=+\infty, f(0-0)=0$，所以 $\lim\limits_{x\to 0}f(x)$ 不存在.

(3) 因为 $f(0+0)=1, f(0-0)=1$，所以 $\lim\limits_{x\to 0}f(x)=1$

4. $a=1$.

(B)

2. 图略. $\lim\limits_{x\to -1^-}f(x)=3, \lim\limits_{x\to -1^+}f(x)=-1, \lim\limits_{x\to -1}f(x)$ 不存在；$\lim\limits_{x\to 1^-}f(x)=1, \lim\limits_{x\to 1^+}f(x)=3, \lim\limits_{x\to 1}f(x)$ 不存在.

3. $a=-1, b=1$.

习题 2-4
(A)

1. (1)—(6) 错.

2. 当 $x\to 0$ 时，$x^2+0.1$、$2^{-x}-1$ 都是无穷小量；

当 $x\to 3$ 时，$\dfrac{x+1}{x^2-9}$ 是无穷大量；

当 $x\to +\infty$ 时 $\lg x$ 是无穷大量.

3. 当 $x\to 1$ 时，y 是无穷大量；当 $x\to \infty$ 时，y 是无穷小量.

(B)

1. (1) $y=1+\alpha(x)$，其中 $\lim\limits_{x\to \infty}\alpha(x)=0$；

(2) $y=\dfrac{1}{2}+\alpha(x)$，其中 $\lim\limits_{x\to \infty}\alpha(x)=0$.

习题 2-5
(A)
1. (1) -1；(2) -3；(3) $\dfrac{5}{3}$；(4) $\dfrac{2}{3}$；(5) $3x^2$；(6) 2.

(B)
1. (1) 0；(2) $\dfrac{1}{4}$；(3) n；(4) 0.

习题 2-6
(A)
1. (1) w；(2) 3；(3) $\dfrac{5}{3}$；(4) 2；(5) 0；(6) 1.

2. (1) e^2；(2) $\sqrt{e}$；(3) e^{-2}；(4) e^{-k}（k 为正整数）；
(5) e^{-2}；(6) e^3；(7) e；(8) e.

(B)
1. (1) 4；(2) 1；(3) $\dfrac{1}{4}$.

习题 2-7
(A)
1. (1) 同阶无穷小；(2) 低阶无穷小；(3) 同阶无穷小；
(4) 同阶无穷小；(5) 高阶无穷小.

3. (1) $\dfrac{4}{5}$；(2) ∞；(3) 0；(4) 0.

(B)
2. (1) $\begin{cases} 1, & n=m, \\ 0, & n>m, \\ \infty, & n<m; \end{cases}$ (2) $\dfrac{2}{\pi}$；(3) $-\dfrac{1}{3}$.

复习题二
(A)
1. (1) $\dfrac{1}{5}$；(2) $\sqrt{2}$；(3) $-\dfrac{\sqrt{2}}{4}$；(4) 1；(5) 2；(6) $e^{-\frac{3}{2}}$.

2. 当 $x \to 1$ 时，$f(x)$ 的极限不存在.

3. $a=0$.

(B)
3. (1) 0；(2) 3；(3) 0；(4) 2.

4. $a=4$，$b=4$.

第三章　参考答案

习题 3-1

(A)

1. $\Delta y \approx -0.051$.

2. (1) $x=0$ 为第一类间断点(可去间断点)，连续延拓函数
$$F(x)=\begin{cases}\dfrac{\sin 5x}{x}, & x\neq 0,\\ 5, & x=0;\end{cases}$$

(2) $x=-2, x=1$ 为第二类间断点；

(3) $x=1$ 为第一类间断点；

(4) $x=0$ 为第一类间断点(可去间断点)，连续延拓函数
$$F(x)=\begin{cases}\sin x\sin\dfrac{1}{x}, & x\neq 0,\\ 0, & x=0;\end{cases}$$

(5) $x=0$ 为第一类间断点.

3. $a=1$.

4. $f(x)=\begin{cases}0.12, & 0<x\leqslant 10,\\ 0.24, & 10<x\leqslant 20,\\ 0.36, & 20<x\leqslant 30,\\ \cdots & \cdots\end{cases}$ 间断点：$x=10,20,30,\cdots$.

(B)

1. $f(0)=\dfrac{3}{2}$.

2. 当 $a=0$ 时，$g(x)$ 在 $x=0$ 处连续；当 $a\neq 0$ 时 $x=0$ 为 $g(x)$ 的第一类间断点．(提示：$\lim\limits_{x\to 0}g(x)=\lim\limits_{x\to 0}f\left(\dfrac{1}{x}\right)=\lim\limits_{x\to\infty}f(x)=a$.)

习题 3-2

(A)

1. (1) 0；　(2) 6；　(3) $a-b$；　(4) e^β；　(5) e^{2a}；　(6) e；　(7) $\dfrac{1}{2}$；　(8) $\dfrac{1}{a}$；　(9) 0；　(10) 1.

2. 连续区间：$(-\infty,-2)\cup(0,1)\cup(1,+\infty)$，$\lim\limits_{x\to-2}f(x)=\dfrac{1}{6}$，$\lim\limits_{x\to 2}f(x)=\dfrac{1}{2}$.

3. $k=1$.

4. $a=8$.

5. $[-1,0)\cup(0,+\infty)$.

(B)

1. $a=2, b=\ln 2$.

2. 3. (提示:通过求 $\lim\limits_{x\to 1}f(x)$ 得出. $x\neq 1$ 时
$$f(x)=(x-1)\left[\frac{f(x)-2x}{x-1}-\frac{1}{\ln x}\right]+2x+\frac{x-1}{\ln x},$$
$x\to 1$ 时, $x-1$ 是无穷小量, $\frac{f(x)-2x}{x-1}-\frac{1}{\ln x}$ 是有界量; 另外, $x\to 1$ 时, $\ln x=\ln[(x-1)+1]\sim x-1$.)

3. (1) 在 $(-\infty,0)\cup(0,+\infty)$ 内连续;(2) 在 R 内连续;
(3) 在 $(-\infty,1)\cup(1,+\infty)$ 内连续;(4) 在 $(-\infty,0)\cup(0,+\infty)$ 内连续.

习题 3-3
(A)

2. 提示:用最大值和最小值定理与中间值定理.

3. 提示:令 $F(x)=xe^{2x}-1$.

(B)

1. 提示:令 $F(x)=f(x)-f(x+a)$.

2. 提示:显见 $x=a\sin x+b\leqslant a+b$. 令 $F(x)=x-a\sin x-b$. 因 $F(0)=-b<0$, 而 $\lim\limits_{x\to+\infty}F(x)=\lim\limits_{x\to+\infty}(x-a\sin x-b)=+\infty$, 故 $F(x)$ 至少有一个零点, 即 $x=a\sin x+b$ 至少有一个正实根. 另法, 也可在 $[0,a+b]$ 上用零点定理讨论得出.

3. 提示:用反证法证明. 可用零点定理推出矛盾.

复习题三
(A)

1. 当 $a=b$ 时, $f(x)$ 在 $x=0$ 点连续;
当 $a\neq b$ 时, $f(x)$ 在 $x=0$ 点不连续, 且 $x=0$ 是第一类间断点(可去间断点).
$\left(\text{提示:求}\lim\limits_{x\to 0}\frac{a^x-b^x}{x}\text{可利用} a^x-b^x=b^x\left[\left(\frac{a}{b}\right)^x-1\right]\text{以及} x\to 0 \text{ 时}\left(\frac{a}{b}\right)^x-1\sim x\ln\frac{a}{b}.\right)$

2. $\lim\limits_{x\to 0}f\left(\frac{x}{\arcsin x}\right)=f(1)=0$.

3. $-\ln 3$. $\left(\text{提示:}\lim\limits_{x\to\infty}\left(\frac{2x-c}{2x+c}\right)^x=e^{-c}.\right)$

4. $a=2, b=\dfrac{8}{\pi}$. $\left(\text{提示:}\lim\limits_{x\to 1^-}e^{\frac{1}{x-1}}=0, \arctan 1=\dfrac{\pi}{4}.\right)$

5. (1) $e^{\frac{1}{2}}$. $\left(\text{提示:}x\to\infty\text{时},1+\dfrac{1}{2x}-\dfrac{3}{x^2}>0,\left(1+\dfrac{1}{2x}-\dfrac{3}{x^2}\right)^x=e^{x\ln\left(1+\frac{1}{2x}-\frac{3}{x^2}\right)},\right.$
$\left.\ln\left(1+\dfrac{1}{2x}-\dfrac{3}{x^2}\right)\sim\dfrac{1}{2x}-\dfrac{3}{x^2}.\right)$

(2) 1. $\left(\text{提示:}x\to 0\text{ 时}, \sin\dfrac{1}{x}\text{是有界量,因此 }x\sin\dfrac{1}{x}\to 0.\right)$

(B)

1. (1) e^{-2}. (提示: $x \to 1$ 时, $x^{\frac{2}{1-x}} = e^{\frac{2\ln x}{1-x}} = e^{-\frac{2\ln[(x-1)+1]}{x-1}}$.)

   (2) e^{-2}. (提示: $1+\cot^2 x = \frac{1}{\sin^2 x}$, $\cos 2x = 1-2\sin^2 x$. $x \to 0$ 时, $\cos 2x > 0$. $(\cos 2x)^{\frac{1}{\sin^2 x}} = e^{\frac{\ln\cos 2x}{\sin^2 x}}$, $\ln\cos 2x = \ln(1-2\sin^2 x) \sim -2\sin^2 x$.)

2. $x=0$ 为第二类间断点; $x=1$ 为第一类间断点. (提示: $\lim\limits_{x \to 0} \frac{1}{x}\sin\frac{1}{x}$ 不存在, $x \to 1$ 时 $\ln x \sim x-1$.)

3. $(0, +\infty)$; $f(x) = \begin{cases} \dfrac{2}{x}, & 0 < x < 1, \\ e^{ax}, & x \geqslant 1. \end{cases}$ (提示: $t \to x$ 时, $\ln\dfrac{t}{x} \sim \dfrac{t}{x} - 1$.)

4. 提示: 令 $F(x) = f(x) - x$.

5. 2. (提示: 由于 $f(x) = x\left[\dfrac{f(x)-1}{x} - \dfrac{\sin x}{x^2}\right] + 1 + \dfrac{\sin x}{x}$, 由给出的极限可以求出 $\lim\limits_{x \to 0} f(x)$, 再根据 $f(x)$ 的连续性可以求出 $f(0) = \lim\limits_{x \to 0} f(x) = 2$.)

第四章 参考答案

习题 4-1

(A)

1. (1) 1; (2) -1.
2. 切线 1: $4x+y+8=0$, 法线 1: $x-4y+2=0$;
   切线 2: $6x-y-13=0$, 法线 2: $x+6y-33=0$.
3. 1.
4. 提示: 左、右导数不等.

(B)

1. $-\dfrac{1}{2}$.
2. $-af'(a) + f(a)$.

习题 4-2

(A)

1. (1) 2; (2) $3x^2$.
2. (1) $\dfrac{1}{x^2}$; (2) $\cos x - x\sin x$; (3) $9^x \ln 9$; (4) $\dfrac{4}{x} + \dfrac{2\ln x}{x}$; (5) $2(\cos^2 x - \sin^2 x)$;

(6) $\dfrac{2\tan x+4}{\cos^2 x}$;   (7) $\dfrac{2\arcsin x-2}{\sqrt{1-x^2}}$;   (8) $\dfrac{2\arctan x-\dfrac{2x}{1+x^2}}{\arctan^2 x}$.

(B)

1. (1) $-\dfrac{1}{x^2}$;   (2) $-\sin x$(参见教材本节例1).

2. (1) $\dfrac{\arctan x+\text{arccot}\, x}{(1+x^2)\text{arccot}^2 x}$;   (2) $\dfrac{\dfrac{x^2+1}{\sqrt{1-x^2}}-2\arcsin x}{(x^2+1)^2}$;   (3) $\dfrac{2(\log_2 x+1)}{x\ln 2}$;

(4) $\dfrac{(u'(x)+2)v(x)-(u(x)+2x)v'(x)}{v^2(x)}$.

习题 4-3
(A)

1. (1) $11(x+3)^{10}$;   (2) $7\cos(7x+1)$;   (3) $5e^{5x}\cos 3x-3e^{5x}\sin 3x$;   (4) $\sec^2 x\, 3^{\tan x}\ln 3$;

(5) $(-2\sin 2x+3x^2)\cos(\cos 2x+x^3)$;   (6) $3(\cos 3x)\cos\sqrt{x}-\dfrac{\sin\sqrt{x}\cdot\sin 3x}{2\sqrt{x}}$;

(7) $\dfrac{1}{\sqrt{1+x^2}}$;   (8) $\dfrac{e^x}{\sqrt{1+e^{2x}}}$;   (9) $\dfrac{1}{x\ln x}$;   (10) $\dfrac{u'(x)}{u(x)[1+\ln^2 u(x)]}$.

2. $\dfrac{-\dfrac{1}{x^2}f'\left(\arcsin\dfrac{1}{x}\right)}{\sqrt{1-\dfrac{1}{x^2}}}$ (注：因为x可正可负，所以结果不能化简).

(B)

1. (1) $\dfrac{1}{1-x^2}$;   (2) $-(u'+v')\sin(u+v)\cdot\cos\cos(u+v)$;

(3) $\dfrac{e^{\arcsin\sqrt{x}}}{2\sqrt{x-x^2}}$;   (4) $g'[x+h(v)][1+h'(v)\cdot v'(x)]$.

2. $f(x)=\begin{cases}-e^{-x}, & x\geqslant 0,\\ \dfrac{-1}{\sqrt{1-2x}}, & x<0.\end{cases}$

3. $\dfrac{1}{\cos\theta^2}$.

习题 4-4
(A)

1. $5x-2y-2=0$.

2. (1) $x^x(\ln x+1)$;   (2) $x^{\sin x}\left(\cos x\ln x+\dfrac{\sin x}{x}\right)$;   (3) $e^{x^x}\cdot x^x(\ln x+1)$;

(4) $(\ln x)^{e^x}\left[e^x\ln(\ln x)+\dfrac{e^x}{x\ln x}\right]$;   (5) $-\sqrt[x]{\dfrac{x+1}{x-1}}\left(\dfrac{1}{x^2}\ln\dfrac{x+1}{x-1}+\dfrac{2}{x^3-x}\right)$;

习题参考答案

(6) $x^{3^x}\left(3^x\ln 3\ln x+\dfrac{3^x}{x}\right)$.

3. (1) $\dfrac{y}{xy-x}$;   (2) $-\dfrac{y+\sin(x+y)}{x+\sin(x+y)}$;   (3) $\dfrac{y}{e^y-x}$;   (4) $\dfrac{2xe^{x^2}-2xy}{x^2-\cos y}$.

4. (1) $y'_x=\dfrac{1-y\cos xy}{x\cos xy-1}$, $x'_y=\dfrac{x\cos xy-1}{1-y\cos xy}$;

(2) $y'_x=\dfrac{\ln\sin y+y\tan x}{\ln\cos x-x\cot y}$, $x'_y=\dfrac{1}{y'_x}$.

5. $y'''=e^x\cos e^x-3e^{2x}\sin e^x-e^{3x}\cos e^x$.

6. $f^{(4)}(x)=4e^x\cos x$.

7. $y^{(4)}=\dfrac{4!}{(1-x)^5}$.

(B)

1. 若 $b=0$,切线方程为 $x=\pm 1$;

若 $b\neq 0$,切线方程为 $y-b=\dfrac{1-2a}{2b}(x-a)$.

2. (1) $y'_x=\dfrac{xy\sin y\ln\sin x\cdot\ln(xy)+x}{xy\cos y\cot x\ln xy-y}$, $x'_y=\dfrac{1}{y'_x}$;

(2) $y'_x=\dfrac{\ln\cos y-y\cot x}{\ln\sin x+x\tan y}$, $x'_y=\dfrac{1}{y'_x}$.

3. $-\dfrac{2}{x}\sin\ln x$.

4. $(\sqrt{2})^n\sin\left(x+\dfrac{n\pi}{4}\right)$. $\left(\text{提示}:\sin x+\cos x=\sqrt{2}\sin\left(x+\dfrac{\pi}{4}\right)\right)$.

习题 4-5

(A)

1. (1) $(ae^{ax}\cos bx-be^{ax}\sin bx)dx$;

(2) $\dfrac{dx}{x(1+\ln^2 x)}$;   (3) $\dfrac{-xdx}{\sqrt{x^2-x^4}}$;   (4) $\dfrac{x+2\sqrt{x}+1}{2\sqrt{x^3}}dx$.

2. $2\cos 2xdx$.

3. (1) $2x$;   (2) $\dfrac{3}{2}x^2$;   (3) $\sin t$;   (4) $2\sqrt{x}$.

(5) $-\dfrac{1}{2}e^{-2x}$;   (6) $\dfrac{1}{2}$;   (7) $-\dfrac{1}{5}$;   (8) x.

4. $\sin 0.001$.

(B)

1. $\dfrac{e^x-y}{x-e^y}dx(x-e^y\neq 0)$.

2. (1) 0.985;   (2) 0.03;   (3) 1.002.

复习题四
(A)

1. (1) $\frac{7}{8}x^{-\frac{1}{8}}$； (2) $\frac{1}{\sqrt{a+x^2}}$；

   (3) $(\sin x)^{x+2}[\ln\sin x+(x+2)\cot x]$；

   (4) $-(1-2x)^{\frac{1}{x}+1}\left[\frac{\ln(1-2x)}{x^2}+\frac{2+2x}{x-2x^2}\right]$.

2. 切线：$x=1$，法线：$y=0$.

3. $f'(x)=2|x|$（提示：按分段函数来处理）.

4. $\dfrac{uu'+vv'}{\sqrt{u^2+v^2}}$.

5. $y'_x=\dfrac{x}{\mathrm{e}^y\sqrt{x^2+y^2}-y}$，$x'_y=\dfrac{1}{y'_x}$.

6. $\dfrac{\cos t-\sin t}{\cos t+\sin t}$.

7. $\mathrm{e}^{\frac{x}{2}}$.

9. 0.821.

10. $a=2, b=-1$.

11. (1) $\dfrac{x^2}{2}+x$； (2) $\dfrac{1}{2}\ln(2x-1)$； (3) $\dfrac{1}{2}\mathrm{e}^{x^2}$；

    (4) $-\dfrac{3}{4}\sqrt[3]{(1-2x)^2}$； (5) $-\dfrac{3^{2-x}}{\ln 3}$； (6) $\sqrt{x}$.

(B)

1. 连续且可导.

2. $\dfrac{1}{2\mathrm{e}}$.

3. $3x+y+6=0$.

4. 提示：用定义求 $f'(0)$ 及讨论 $f''(0)$.

5. 提示：求出切线方程后取其在 x 轴和 y 轴上截距来利用.

6. $x+y-\dfrac{3a}{4}=0$.

7. $\dfrac{f''(\ln x)-f'(\ln x)}{x^2}+\dfrac{f(x)f''(x)-[f'(x)]^2}{f^2(x)}$.

第五章 参考答案

习题 5-1
(A)

1. (1)、(4)、(6)满足， (2)、(3)、(5)不满足.

2. (1) $\xi=\sqrt[3]{\dfrac{15}{4}}$;   (2) $\xi=\sqrt{\dfrac{4}{\pi}-1}$.

7. 满足,$\xi=\dfrac{14}{9}$.

习题 5-2
(A)

1. (1) 1;   (2) $\dfrac{1}{2}$;   (3) a;   (4) 2;   (5) 0;   (6) 1;   (7) $-\dfrac{1}{8}$;   (8) $-\dfrac{1}{6}$;   (9) 2;   (10) 3;   (11) $\dfrac{2}{\pi}$;   (12) 0;   (13) 1;   (14) 0;   (15) $\dfrac{1}{2}$;   (16) 1;   (17) 1;   (18) e^{-1};   (19) 1;   (20) 1.

(B)

1. $a=-3, b=\dfrac{9}{2}$.

习题 5-3
(A)

1. (1) 在 $[-1,1]$ 单调递减,在 $(-\infty,-1]$ 和 $[1,+\infty)$ 单调递增;
   (2) 在 $(0,+\infty)$ 单调递减,在 $(-\infty,0)$ 单调递增;
   (3) 在 $(-\infty,-1]$ 单调递减,在 $[-1,+\infty)$ 单调递增;
   (4) 在 $[100,+\infty)$ 单调递减,在 $[0,100)$ 单调递增;
   (5) 在 $(-\infty,-1]$ 和 $(0,1]$ 单调递减,在 $[-1,0)$ 和 $[1,+\infty)$ 单调递增;
   (6) 在 $(-\infty,+\infty)$ 单调递增.

2. (1) $a<0$;   (2) $a<0$;   (3) $a>0$.

4. (1) 当 $x=-1$ 时,$y_{极小}=-3$;

   (2) 当 $x=-\dfrac{2}{3}\sqrt{3}$ 时,$y_{极大}=\dfrac{16\sqrt{3}}{9}$;

   当 $x=\dfrac{2}{3}\sqrt{3}$ 时,$y_{极小}=-\dfrac{16\sqrt{3}}{9}$;

   (3) 当 $x=0$ 时,$y_{极小}=0$;

   (4) 当 $x=\dfrac{\pi}{4}$ 时,$y_{极大}=\dfrac{1}{2}$,

   当 $x=\dfrac{3}{4}\pi$ 时,$y_{极小}=-\dfrac{1}{2}$;

   (5) 当 $x=1$ 时,$y_{极大}=-2$;

   (6) 当 $x=-\dfrac{1}{2}$ 时,$y_{极小}=\dfrac{3}{2}$;

   (7) 当 $x=e^2$ 时,$y_{极大}=\dfrac{4}{e^2}$,

   当 $x=1$ 时,$y_{极小}=0$;

(8) 当 $x=1$ 时，$y_{极大}=\dfrac{1}{e}$；

5. (1) $y_{最大}=8$，$y_{最小}=0$；

(2) $y_{最大}=e$，$y_{最小}=-\dfrac{1}{e}$；

(3) $y_{最大}=1$，$y_{最小}=0$；

7. 当直角三角形一直角边为 $\dfrac{\sqrt{3}}{3}a$，斜边为 $\left(a-\dfrac{\sqrt{3}}{3}a\right)$ 时面积最大．

(B)

1. (1) 在 $(-\infty,0)$ 和 $(0,1]$ 单调递减，在 $[1,+\infty)$ 单调递增．
$x=1$ 时，极小值为 3．

(2) 在 $[1,+\infty)$ 单调递减，在 $(-\infty,1]$ 单调递增．
$x=1$ 时，极大值为 $\sqrt{2}$．

(3) 在 $[e^{\frac{1}{2}},+\infty)$ 单调递减，在 $(0,e^{\frac{1}{2}}]$ 单调递增．
$x=e^{\frac{1}{2}}$ 时，极大值为 $\dfrac{1}{2e}$．

3. (1) 在 $(-\infty,-1]$ 和 $[1,+\infty)$ 单调递减，在 $[-1,1]$ 单调递增．
$x=-1$ 时，极小值为 -2；$x=1$ 时，极大值为 2．

(2) 在 $[-1,0)$ 和 $(0,1]$ 单调递减，在 $(-\infty,-1]$ 和 $[1,+\infty)$ 单调递增．
$x=-1$ 时，极小值 -2；$x=1$ 时，极大值 2．

(3) 在 $(-1,0]$ 单调递减，在 $[0,+\infty)$ 单调递增．
$x=0$ 时，极小值为 0．

复习题五

(A)

三、(1) $\dfrac{1}{2}$；　(2) $\dfrac{1}{4}$；　(3) 1；　(4) e．

(B)

三、6. 在 $[n,+\infty)$ 单调递减，在 $[0,n]$ 单调递增．

8. $x=2$，$y=3$．

第六章　参考答案

习题 6-1

(A)

1. $\dfrac{x^2}{2}+1$．

2. (1) $\dfrac{(2\mathrm{e})^x}{\ln 2\mathrm{e}}+C$;   (2) $-\dfrac{x^{-3}}{3}+C$;   (3) $\dfrac{x}{2}-\dfrac{\sin x}{2}+C$;   (4) $\tan x-\cot x+C$;

(5) $\dfrac{2^x}{\ln 2}+\mathrm{e}^x+C$;   (6) $a\arcsin x-b\arctan x+C$;   (7) $\dfrac{x^3}{3}-x+\arctan x+C$;

(8) $\dfrac{1}{2}(\tan x+x)+C$.

(B)

1. $4f(x)+C$.
2. C.
3. (1) $x-\dfrac{1}{x}-2\ln|x|+C$;

(2) $\dfrac{4^x}{\ln 4}+\dfrac{2\cdot 6^x}{\ln 6}+\dfrac{9^x}{\ln 9}+C$;

(3) $-\cot x-x+C$;

(4) $-4\cot x+C$.

习题 6-2
(A)

1. (1) $\dfrac{(2x+5)^8}{16}+C$;   (2) $-\dfrac{2}{9}(1-x^3)^{\frac{3}{2}}+C$;   (3) $-\sqrt{1-x^2}+C$;   (4) $\ln|\ln x|+C$;

(5) $2\sin\sqrt{x}+C$;   (6) $\mathrm{e}^{\sin x}+C$;   (7) $-\dfrac{1}{\arcsin x}+C$;   (8) $\dfrac{x}{2}+\dfrac{\sin 2x}{4}+C$;

(9) $2\mathrm{e}^{\frac{x}{2}}+C$.

(B)

1. (1) $-\dfrac{1}{2}\mathrm{e}^{\cos 2\theta}+C$;   (2) $\arcsin(1+x)+C$;   (3) $\sqrt{x^2-a^2}-a\cdot\arccos\dfrac{a}{x}+C$;

(4) $-\dfrac{\sqrt{1+x^2}}{x}+C$;   (5) $x-\ln(1+\mathrm{e}^x)+C$;   (6) $\ln|\ln\ln x|+C$;   (7) $\dfrac{\tan^3 x}{3}+\tan x+C$;

(8) $\dfrac{\sqrt{2}}{2}\arctan\dfrac{\sqrt{2}x}{\sqrt{1-x^2}}+C$;   (9) $x+\dfrac{4}{3}\sqrt[4]{x^3}+2\sqrt{x}+4\sqrt[4]{x}+4\ln|\sqrt[4]{x}-1|+C$.

习题 6-3
(A)

(1) $x\ln x-x+C$;   (2) $\dfrac{1}{2}x^2\ln x-\dfrac{1}{4}x^2+C$;   (3) $\dfrac{1}{2}x^2\left(\ln^2 x-\ln x+\dfrac{1}{2}\right)+C$;

(4) $-\mathrm{e}^{-x}(x+1)+C$;   (5) $x\arcsin x+\sqrt{1-x^2}+C$;

(6) $\dfrac{1}{2}(x+\mathrm{arccot}\,x+x^2\,\mathrm{arccot}\,x)+C$.

(B)

(1) $\dfrac{x^{n+1}}{n+1}\left(\ln x - \dfrac{1}{n+1}\right)+C$;

(2) $\dfrac{1}{3}\left[x^3\arccos x + \dfrac{1}{3}(1-x^2)^{\frac{3}{2}} - \sqrt{1-x^2}\right]+C$;

(3) $-\dfrac{x}{\sin x} - \dfrac{1}{2}\ln\left|\dfrac{1+\cos x}{1-\cos x}\right|+C$;

(4) $x\tan x + \ln|\cos x| + C$;

(5) $\dfrac{1}{13}e^{2x}(2\cos 3x + 3\sin 3x) + C$;

(6) $\dfrac{x}{2}(\sin\ln x - \cos\ln x) + C$.

习题 6-4
(A)

1. (1) $\dfrac{7}{x} + \dfrac{3}{x^2} - \dfrac{7}{x-1} + \dfrac{4}{(x-1)^2}$;

(2) $\dfrac{3}{x+1} - \dfrac{1}{(x+1)^2} - \dfrac{3x+2}{x^2+x+2}$.

2. (1) $\dfrac{1}{4}\ln\left|\dfrac{2+x}{2-x}\right|+C$; (2) $\dfrac{2}{x-2}+C$; (3) $\dfrac{1}{5}\ln\left|\dfrac{x-2}{x+3}\right|+C$;

(4) $\dfrac{1}{a+b}\ln\left|\dfrac{x-b}{x-a}\right|+C$; (5) $5\ln|x-3| - 3\ln|x-2| + C$; (6) $\ln|\ln x| + \ln x + C$.

(B)

(1) $\dfrac{1}{3\cos^2 x} - \dfrac{1}{\cos x}+C$; (2) $(\arctan\sqrt{x})^2+C$;

(3) $\ln|x-1| - \dfrac{1}{2}\ln|x^2-x+1| + 2\sqrt{3}\arctan\dfrac{2x+1}{\sqrt{3}}+C$;

(4) $\ln|x| + \ln|x-2| - 2\ln|x+1| + C$.

复习题六
(A)

1. $\dfrac{x^4}{4}$. 2. $\arcsin x$.

3. (1) $\dfrac{1}{2}\sin x^2+C$; (2) $\dfrac{1}{2}x(\cos\ln x + \sin\ln x)+C$; (3) $(\sqrt{2x+1}-1)e^{\sqrt{2x+1}}+C$;

(4) $-\sin\dfrac{1}{x}+C$; (5) $\dfrac{x}{\sqrt{1+x^2}}+C$; (6) $\arctan e^x + C$;

(7) $\ln x^2 - \ln(x^2+1) + C$; (8) $\dfrac{1}{4}\sin(2t+3) - \dfrac{1}{2}t\cos(2t+3) + C$.

(B)

1. $\sin e^x dx$.

2. $x - \dfrac{x^2}{2} + C$.

3. $-(\sin x + \cos x) + C$.

4. (1) $e^x \left(\cos^2 x + \dfrac{\sin 2x - 2\cos 2x}{5}\right) + C$;   (2) $-\dfrac{1}{e^x} - \arctan e^x + C$;

   (3) $\dfrac{1}{8}\left(\arctan \dfrac{x}{2}\right)^2 + C$;   (4) $\dfrac{1}{8\cos^2 2x} + C$;   (5) $-\dfrac{\sqrt{2-x^2}}{x} - \arcsin \dfrac{x}{\sqrt{2}} + C$;

   (6) $\dfrac{2}{3}(1+e^x)^{\frac{3}{2}} - 2(1+e^x)^{\frac{1}{2}} + C$;   (7) $-\dfrac{x^2}{2} + x\tan x + \ln|\cos x| + C$.

第七章 参考答案

习题 7-1

(A)

1. (1) 假； (2) 假.

2. (1) 9； (2) $\dfrac{\pi a^2}{2}$； (3) 6； (4) 0.

3. (1) $\displaystyle\int_{-1}^{2} e^x dx$； (2) $\displaystyle\int_{1}^{3} \sqrt{y} dy$； (3) 0.

习题 7-2

(A)

1. (1) $2A - 3B$； (2) $3A + 5B$.

2. (1) $\dfrac{13}{6}$； (2) $-\dfrac{1}{2}$.

3. (1) $\displaystyle\int_0^1 x dx > \int_0^1 x^2 dx$；

   (2) $\displaystyle\int_0^{\frac{\pi}{2}} x dx > \int_0^{\frac{\pi}{2}} \sin x dx$；

   (3) $\displaystyle\int_0^1 e^x dx > \int_0^1 \ln(1+x) dx$.

4. $\displaystyle\int_a^b f(x) \cdot g(x) dx \neq \left[\int_a^b f(x) dx\right] \cdot \left[\int_a^b g(x) dx\right]$.

习题 7-3

(A)

1. (1) $F'(x) = xe^x$； (2) $F'(x) = \ln x$； (3) $\phi'(x) = -\dfrac{1}{1+x^2}$； (4) $\phi'(x) = 2xe^{x^2} - e^x$.

2. $F'(x) = (1-x^2)\sin x$, $F'(1) = 0$.

3. (1) 2； (2) e^2-3； (3) -2； (4) 4； (5) $\frac{\pi}{4}$； (6) $1-\frac{\pi}{4}$； (7) $\ln\frac{3}{2}$； (8) $\frac{\pi}{3}$.

(B)

1. $\int_0^4 f(x)\mathrm{d}x = 11\frac{5}{6}$.

习题 7-4
(A)

1. (1) $\ln(1+e)-\ln 2=\ln\frac{1+e}{2}$； (2) $\frac{1}{5}$； (3) $2+2\ln 2-2\ln 3$； (4) $2-\frac{\pi}{2}$；
(5) $\frac{a^4\pi}{16}$； (6) $\frac{1}{6}$； (7) $\ln 3$； (8) $\arctan e-\frac{\pi}{4}$.

2. (1) $\frac{3e^4}{4}+\frac{1}{4}$； (2) $1-\frac{2}{e}$； (3) 1； (4) $\frac{\pi}{4}-\frac{1}{2}$； (5) $\frac{\sqrt{2}\pi}{8}+\frac{\sqrt{2}}{2}-1$；
(6) $\frac{1}{2}e^{\frac{\pi}{2}}-\frac{1}{2}$； (7) 0； (8) $2e-2$.

习题 7-5
(A)

1. (1) $\frac{1}{2}$； (2) 4； (3) 6； (4) $\frac{1}{12}$； (5) $\frac{9}{2}$.

2. (1) $\frac{80\sqrt{10}}{27}-\frac{8}{27}$； (2) $16a$； (3) $\frac{e^2}{4}+\frac{1}{4}$； (4) $2a\pi^2$.

3. (1) $\frac{2\pi}{3}$； (2) 6π； (3) $\frac{128}{7}\pi$； (4) $\frac{\pi^2}{2}+\pi$.

4. (1) $65-\cos 4$； (2) $\frac{22\sqrt{11}}{3}-\frac{2}{3}$； (3) 700.

(B)

1. $W = 12\,000 g\pi$.
2. $W = 1\,950\,000 g\pi$.
3. $V = \pi^2 e^2 - \frac{\pi^2}{2}$.

复习题七
(A)

1. D.　2. D.　3. B.　4. D.

5. (1) 0； (2) $-\frac{\pi}{6}$； (3) $\frac{1}{15}$； (4) $\frac{2}{3}\left(1-\frac{1}{e}\right)^{\frac{3}{2}}$； (5) $\frac{\pi}{8}$； (6) $8\frac{2}{3}$.

6. (1) $\frac{e^2}{4}+\frac{1}{4}$； (2) $\frac{\sqrt{3}}{16}-\frac{\pi}{48}$； (3) $\pi-2$； (4) $1-\frac{1}{2}(\ln 2)^2-\ln 2$.

7. (1) $\dfrac{1}{3}$;　(2) $12+\dfrac{25}{2}\left(\arcsin\dfrac{4}{5}+\arcsin\dfrac{3}{5}\right)=12+\dfrac{25\pi}{4}$.

(B)

1. $l=2\arctan\dfrac{1}{2}-\dfrac{1}{2}$.

2. $\displaystyle\int_0^{+\infty}\dfrac{\mathrm{d}x}{x^2+2x+2}=\lim_{b\to+\infty}\int_0^b\dfrac{\mathrm{d}x}{x^2+2x+2}$

$\qquad\qquad\qquad\qquad=\displaystyle\lim_{b\to+\infty}\int_0^b\dfrac{\mathrm{d}(x+1)}{(x+1)^2+1}$

$\qquad\qquad\qquad\qquad=\displaystyle\lim_{b\to+\infty}\left[\arctan(x+1)\right]_0^b$

$\qquad\qquad\qquad\qquad=\displaystyle\lim_{b\to+\infty}\left[\arctan(b+1)-\dfrac{\pi}{4}\right]$

$\qquad\qquad\qquad\qquad=\dfrac{\pi}{2}-\dfrac{\pi}{4}=\dfrac{\pi}{4}$.

3. $A=1+\ln 6;\ V=\dfrac{11\pi}{3}$.

附录一

常用的初等数学基本知识

一、基本公式

（一）初等代数一些公式

1. 二次方程 $ax^2+bx+c=0$

(1) 求根公式：

$$x_1=\frac{-b+\sqrt{b^2-4ac}}{2a}, \quad x_2=\frac{-b-\sqrt{b^2-4ac}}{2a};$$

(2) 根的性质：

当 $b^2-4ac \begin{cases} >0, & \text{两个根是实数且不相等,} \\ =0, & \text{两个根是实数且相等,} \\ <0, & \text{两个根是虚数.} \end{cases}$

2. 有理指数幂

(1) $a^0=1$；

(2) $a^{-n}=\dfrac{1}{a^n}(a\neq 0, n\in \mathbf{N})$；

(3) $a^{\frac{m}{n}}=\sqrt[n]{a^m}(m,n\in\mathbf{N}, a\neq 0)$；

(4) $a^{-\frac{m}{n}}=\dfrac{1}{a^{\frac{m}{n}}}(m,n\in\mathbf{N}, a\neq 0)$；

(5) $a^{\alpha}\cdot a^{\beta}=a^{\alpha+\beta}$；

(6) $(a^{\alpha})^{\beta}=a^{\alpha\beta}$；

(7) $(ab)^{\alpha}=a^{\alpha}b^{\alpha}$.

3. 对数

(1) $a^{\log_a x}=x$；

(2) $\log_a N_1 N_2 \cdots N_k=\log_a N_1+\log_a N_2+\cdots+\log_a N_k$；

(3) $\log_a \dfrac{M}{N}=\log_a M-\log_a N$；

(4) $\log_a M^{\alpha}=\alpha\log_a M$；

(5) $\log_b M=\dfrac{\log_a M}{\log_a b}$.

常用对数：$\lg N=\log_{10} N$；

自然对数：$\ln N=\log_e N (e=2.71828\cdots)$.

(二) 三角学的一些公式

1. 弧与度

$$180° = \pi \text{ 弧}$$

即 $1° = \dfrac{\pi}{180}$ 弧 $= 0.0174\cdots$ 弧,

1 弧 $= \dfrac{180}{\pi}$ 度 $= 57°17'45'' = 57.29\cdots$ 度.

2. 三角函数

角 α 终边上任取一点 $P(x, y)$, 设 $\overrightarrow{OP} = r$, 则

$\sin \alpha = \dfrac{y}{r},\qquad \cos \alpha = \dfrac{x}{r},$

$\tan \alpha = \dfrac{y}{x},\qquad \cot \alpha = \dfrac{x}{y},$

$\sec \alpha = \dfrac{r}{x},\qquad \csc \alpha = \dfrac{r}{y}.$

3. 同角三角函数的基本关系

平方关系: $\sin^2 \alpha + \cos^2 \alpha = 1, \tan^2 \alpha + 1 = \sec^2 \alpha, \cot^2 \alpha + 1 = \csc^2 \alpha$;

倒数关系: $\sin \alpha \cdot \csc \alpha = 1, \cos \alpha \cdot \sec \alpha = 1, \tan \alpha \cdot \cot \alpha = 1$;

商数关系: $\tan \alpha = \dfrac{\sin \alpha}{\cos \alpha}, \cot \alpha = \dfrac{\cos \alpha}{\sin \alpha}$.

4. 诱导公式 ($k \in \mathbf{Z}$)

$\sin(\alpha + 2k\pi) = \sin \alpha,\qquad \cos(\alpha + 2k\pi) = \cos \alpha;$

$\sin[\alpha + (2k+1)\pi] = -\sin \alpha,\qquad \cos[\alpha + (2k+1)\pi] = -\cos \alpha;$

$\tan(\alpha + k\pi) = \tan \alpha,\qquad \cot(\alpha + k\pi) = \cot \alpha;$

$\sin(-\alpha) = -\sin \alpha,\qquad \cos(-\alpha) = \cos \alpha;$

$\tan(-\alpha) = -\tan \alpha,\qquad \cot(-\alpha) = -\cot \alpha;$

$\sin\left(\alpha + \dfrac{\pi}{2}\right) = \cos \alpha,\qquad \cos\left(\alpha + \dfrac{\pi}{2}\right) = -\sin \alpha;$

$\tan\left(\alpha + \dfrac{\pi}{2}\right) = -\cot \alpha,\qquad \cot\left(\alpha + \dfrac{\pi}{2}\right) = -\tan \alpha.$

5. 倍角公式

$\sin 2\alpha = 2\sin \alpha \cos \alpha,\qquad \tan 2\alpha = \dfrac{2\tan \alpha}{1 - \tan^2 \alpha},$

$\cos 2\alpha = \cos^2 \alpha - \sin^2 \alpha = 2\cos^2 \alpha - 1 = 1 - 2\sin^2 \alpha.$

6. 半角公式

$\sin \dfrac{\alpha}{2} = \pm\sqrt{\dfrac{1 - \cos \alpha}{2}},\qquad \cos \dfrac{\alpha}{2} = \pm\sqrt{\dfrac{1 + \cos \alpha}{2}},$

$\tan \dfrac{\alpha}{2} = \pm\sqrt{\dfrac{1 - \cos \alpha}{1 + \cos \alpha}} = \dfrac{1 - \cos \alpha}{\sin \alpha} = \dfrac{\sin \alpha}{1 + \cos \alpha}.$

7. 两角和差公式

$$\sin(\alpha\pm\beta)=\sin\alpha\cos\beta\pm\cos\alpha\sin\beta,$$
$$\cos(\alpha\pm\beta)=\cos\alpha\cos\beta\mp\sin\alpha\sin\beta,$$
$$\tan(\alpha\pm\beta)=\frac{\tan\alpha\pm\tan\beta}{1\mp\tan\alpha\tan\beta}.$$

8. 和差化积公式

$$\sin\alpha+\sin\beta=2\sin\frac{\alpha+\beta}{2}\cos\frac{\alpha-\beta}{2},$$
$$\sin\alpha-\sin\beta=2\cos\frac{\alpha+\beta}{2}\sin\frac{\alpha-\beta}{2},$$
$$\cos\alpha+\cos\beta=2\cos\frac{\alpha+\beta}{2}\cos\frac{\alpha-\beta}{2},$$
$$\cos\alpha-\cos\beta=-2\sin\frac{\alpha+\beta}{2}\sin\frac{\alpha-\beta}{2}.$$

9. 积化和差公式

$$\sin\alpha\cos\beta=\frac{1}{2}[\sin(\alpha+\beta)+\sin(\alpha-\beta)],$$
$$\cos\alpha\sin\beta=\frac{1}{2}[\sin(\alpha+\beta)-\sin(\alpha-\beta)],$$
$$\cos\alpha\cos\beta=\frac{1}{2}[\cos(\alpha+\beta)+\cos(\alpha-\beta)],$$
$$\sin\alpha\sin\beta=-\frac{1}{2}[\cos(\alpha+\beta)-\cos(\alpha-\beta)].$$

10. 特殊角的三角函数值

θ	$0°$	$30°$	$45°$	$60°$	$90°$
$\sin\theta$	0	$\dfrac{1}{2}$	$\sqrt{2}$	$\dfrac{\sqrt{3}}{2}$	1
$\cos\theta$	1	$\dfrac{\sqrt{3}}{2}$	$\dfrac{\sqrt{2}}{2}$	$\dfrac{1}{2}$	0
$\tan\theta$	0	$\dfrac{\sqrt{3}}{3}$	1	$\sqrt{3}$	∞

(三) 初等几何的一些公式

以字母 r 或 R 表示半径,h 表示高,S 表示底面积,l 表示母线长.

1. 圆　　　　周长 $=2\pi r$;面积 $=\pi r^2$.

2. 圆扇形　　面积 $=\dfrac{1}{2}r^2 a$(a 为扇形的圆心角).

3. 正圆柱体　体积 $=\pi r^2 h$;侧面积 $=2\pi rh$;表(全)面积 $=2\pi(r+h)$.

4. 正圆锥　　体积 $=\dfrac{1}{3}\pi r^2 h$;侧面积 $=\pi rh$;表(全)面积 $=\pi r(r+l)$.

5. 球　　　　体积 $=\dfrac{4}{3}\pi r^3$;表面积 $=4\pi r^2$.

6. 正截锥体　　体积 $=\dfrac{1}{3}\pi h(R^2+r^2+Rr)$；侧面积 $=\pi l(R+r)$.

（四）平面解析几何的一些公式

设平面上有两点 $M_1(x_1,y_1)$ 和 $M_2(x_2,y_2)$：

1. 两点间的距离：
$$d=\sqrt{(x_2-x_1)^2+(y_2-y_1)^2}.$$

2. 线段 M_1M_2 的斜率：
$$k=\dfrac{y_2-y_1}{x_2-x_1}=\tan\varphi.$$

3. 通过两点 M_1 与 M_2 的直线方程：
$$y-y_1=\dfrac{y_2-y_1}{x_2-x_1}(x-x_1).$$

4. 直角坐标与极坐标的关系式：
$$\begin{cases} x=p\cos\varphi, & p=\sqrt{x^2+y^2}, \\ y=p\sin\varphi, & \varphi=\arctan\dfrac{y}{x}. \end{cases}$$

5. 以点 (a,b) 为圆心，以 r 为半径的圆的方程：
$$(x-a)^2+(y-b)^2=r^2,$$
或
$$\begin{cases} x=a+r\cos\varphi, \\ y=b+r\sin\varphi, \end{cases} 0\leqslant\varphi\leqslant 2\pi.$$

6. 以原点为中心，分别以 a 与 b 为半长、短轴的椭圆方程：
$$\dfrac{x^2}{a^2}+\dfrac{y^2}{b^2}=1.$$

二、希腊字母

字母		字母汉语拼音
A	α	alfa
B	β	beta
Γ	γ	gama
Δ	δ	delta
E	ε	epsilon
Z	ζ	zheita
H	η	eta
Θ	θ	sita
I	ι	yota
K	κ	kapa

Λ	λ	lamda
M	μ	miu
N	ν	niu
Ξ	ξ	ksi
O	o	omiklon
Π	π	pai
P	ρ	lo
Σ	σ	sigma
T	τ	tao
Υ	υ	ipsilon
Φ	φ	fai
X	χ	qi
Ψ	ψ	psi
Ω	ω	omiga

三、常用的符号

1. 蕴含符号

符号"⇒"表示"蕴含"或"若…,则…".

符号"⇔"表示"必要充分"或"等价".

设 P 与 Q 表示两个陈述句.

用蕴含的符号连接起来,即

$$P \Rightarrow Q$$

表示 P 蕴含 Q,或者有 P 则有 Q.

用等价符号连接起来,即

$$P \Leftrightarrow Q$$

表示 P 与 Q 等价,或 P 蕴含 Q(P⇒Q)同时 Q 蕴含 P(Q⇒P).

例如,等边三角形⇒等腰三角形,

等腰三角形⇔三角形两个底角相等.

根据排中律,命题

$$P \Rightarrow Q \text{ 与非 } Q \Rightarrow \text{非 } P$$

是等价的. 如果要证明命题 P⇒Q 为真,也可证明命题非 Q⇒非 P 为真即可.

2. 量词符号

数量逻辑的量词只有两个:全称量词和存在量词.

全称量词的符号是"∀",表示"对任意的"或"对任一的".

存在量词的符号是"∃",表示"存在"或"能找到".

例如 $A \subset B$,即集合 A 是集合 B 的子集,也就是,集合 A 的任意元素 x 都是集合 B 的元素,用符合表示是

$$A \subset B \Leftrightarrow \forall x \in A \Rightarrow x \in B.$$

$A = B$ 用符号表示是

$$A = B \Leftrightarrow \forall x \in A \Rightarrow x \in B, \text{同时} \forall x \in B \Rightarrow x \in A.$$

可见用量词符号表示比用文字叙述简练.

3. 几个常用的符号

(1) 阶乘符号

设 n 是自然数,符号"$n!$"读作"n 的阶乘",表示不超过 n 的所有自然数的连乘积,即 $n! = n(n-1)(n-2)\cdots 2 \cdot 1$.

例如:
$$4! = 4 \cdot 3 \cdot 2 \cdot 1.$$
$$9! = 9 \cdot 8 \cdot 7 \cdot 6 \cdot 5 \cdot 4 \cdot 3 \cdot 2 \cdot 1.$$

为了运算上的方便,规定 $0! = 1$.

(2) 双阶乘符号

设 n 是自然数,符号"$n!!$"读作"n 的双阶乘",表示不超过 n 并与 n 有相同奇偶性的自然数的连乘积.

例如:
$$10!! = 10 \cdot 8 \cdot 6 \cdot 4 \cdot 2.$$
$$13!! = 13 \cdot 11 \cdot 9 \cdot 7 \cdot 5 \cdot 3 \cdot 1.$$

注意:$n!!$ 不是 $(n!)!$.

(3) 组合数符号

设 n 与 m 是自然数,且 $m \leqslant n$. 符号"C_n^m"表示"从 n 个不同元素取 m 个元素的组合数". 已知

$$C_n^m = \frac{n(n-1)(n-2)\cdots(n-m+1)}{m!} = \frac{n!}{m!(n-m)!}.$$

有公式:$C_n^m = C_n^{n-m}$ 和 $C_{n+1}^m = C_n^m + C_n^{m-1}$.

为了运算上的方便,规定 $C_n^0 = 1$.

(4) 最大(小)数的符号

符号"max"读作"最大","max"是 maximun(最大)的缩写.

符号"min"读作"最小","min"是 minimun(最小)的缩写.

$\max\{a_1, a_2, \cdots, a_n\}$ 表示 $a_1, a_2, \cdots, a_n$ 这 n 个数中的最大者.

$\min\{a_1, a_2, \cdots, a_n\}$ 表示 $a_1, a_2, \cdots, a_n$ 这 n 个数中的最小者.

例如:
$$\max\{7, 5, 4, 8, 2\} = 8.$$
$$\min\{7, 5, 4, 8, 2\} = 2.$$

附录二

导数与微分公式法则对照表

导 数 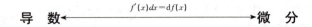 微 分

1. 基本初等函数导数公式和微分公式

(1) $(C)'=0$; $\qquad dC=0$ (C 为常数);

(2) $(x^\alpha)'=\alpha x^{\alpha-1}$; $\qquad d(x^\alpha)=\alpha x^{\alpha-1}dx$ (α 是任意实数);

(3) $(\log_a x)'=\dfrac{1}{x\ln a}=\dfrac{\log_a e}{x}$; $\qquad d(\log_a x)=\dfrac{1}{x\ln a}dx=\dfrac{\log_a e}{x}dx$ ($a>0,a\neq 1$);

$\quad\;\;(\ln x)'=\dfrac{1}{x}$; $\qquad d(\ln x)=\dfrac{1}{x}dx$;

(4) $(a^x)'=a^x\ln a$; $\qquad d(a^x)=a^x\ln a\,dx$ ($a>0,a\neq 1$);

$\quad\;\;(e^x)'=e^x$; $\qquad d(e^x)=e^x dx$;

(5) $(\sin x)'=\cos x$; $\qquad d(\sin x)=\cos x\,dx$;

(6) $(\cos x)'=-\sin x$; $\qquad d(\cos x)=-\sin x\,dx$;

(7) $(\tan x)'=\sec^2 x=\dfrac{1}{\cos^2 x}$; $\qquad d(\tan x)=\sec^2 x\,dx=\dfrac{1}{\cos^2 x}dx$;

(8) $(\cot x)'=-\csc^2 x=-\dfrac{1}{\sin^2 x}$; $\qquad d(\cot x)=-\csc^2 x\,dx=-\dfrac{1}{\sin^2 x}dx$;

(9) $(\sec x)'=\sec x\tan x$; $\qquad d(\sec x)=\sec x\tan x\,dx$;

(10) $(\csc x)'=-\csc x\cot x$; $\qquad d(\csc x)=-\csc x\cot x\,dx$;

(11) $(\arcsin x)'=\dfrac{1}{\sqrt{1-x^2}}$; $\qquad d(\arcsin x)=\dfrac{1}{\sqrt{1-x^2}}dx$;

(12) $(\arccos x)'=-\dfrac{1}{\sqrt{1-x^2}}$; $\qquad d(\arccos x)=-\dfrac{1}{\sqrt{1-x^2}}dx$;

(13) $(\arctan x)'=\dfrac{1}{1+x^2}$; $\qquad d(\arctan x)=\dfrac{1}{1+x^2}dx$;

(14) $(\operatorname{arccot} x)'=-\dfrac{1}{1+x^2}$; $\qquad d(\operatorname{arccot} x)=-\dfrac{1}{1+x^2}dx$.

2. 导数法则和微分法则

(1) $(u\pm v)'=u'\pm v'$; $\qquad d(u+v)=du\pm dv$;

(2) $(uv)'=u'v+uv'$; $\qquad d(uv)=vdu+udv$;

$(Cv)' = Cv'$; $\qquad\qquad$ $d(Cv) = Cdv$;

(3) $\left(\dfrac{u}{v}\right)' = \dfrac{u'v - uv'}{v^2}$; $\qquad$ $d\left(\dfrac{u}{v}\right) = \dfrac{vdu - udv}{v^2}$;

$\left(\dfrac{1}{v}\right)' = -\dfrac{v'}{v^2}$; $\qquad\qquad$ $d\left(\dfrac{1}{v}\right) = \dfrac{-dv}{v^2}$;

(4) $y'_x = y'_u u'_x$; $\qquad\qquad$ $dy = y'_u u'_x dx$.

附录三

简易积分表

（一）基本积分公式

1. $\int \mathrm{d}x = x + C.$

2. $\int x^n \mathrm{d}x = \dfrac{x^{n+1}}{n+1} + C \quad (n \neq -1).$

3. $\int \dfrac{1}{x} \mathrm{d}x = \ln|x| + C.$

4. $\int \mathrm{e}^x \mathrm{d}x = \mathrm{e}^x + C.$

5. $\int a^x \mathrm{d}x = \dfrac{1}{\ln a} a^x + C.$

6. $\int \sin x \mathrm{d}x = -\cos x + C.$

7. $\int \cos x \mathrm{d}x = \sin x + C.$

8. $\int \tan x \mathrm{d}x = -\ln|\cos x| + C.$

9. $\int \cot x \mathrm{d}x = \ln|\sin x| + C.$

10. $\int \sec^2 x \mathrm{d}x = \int \dfrac{1}{\cos^2 x} \mathrm{d}x = \tan x + C.$

11. $\int \csc^2 x \mathrm{d}x = \int \dfrac{1}{\sin^2 x} \mathrm{d}x = -\cot x + C.$

12. $\int \sec x \mathrm{d}x = \int \dfrac{1}{\cos x} \mathrm{d}x = \ln|\sec x + \tan x| + C = \ln\left|\tan\left(\dfrac{x}{2} + \dfrac{\pi}{4}\right)\right| + C.$

13. $\int \csc x \mathrm{d}x = \int \dfrac{1}{\sin x} \mathrm{d}x = \ln|\csc x - \cot x| + C = \ln\left|\tan \dfrac{x}{2}\right| + C.$

14. $\int \sec x \tan x \mathrm{d}x = \sec x + C.$

15. $\int \csc x \cot x \mathrm{d}x = -\csc x + C.$

16. $\int \dfrac{1}{\sqrt{a^2 - x^2}} \mathrm{d}x = \arcsin \dfrac{x}{a} + C \text{ 或 } -\arccos \dfrac{x}{a} + C.$

17. $\int \dfrac{1}{a^2+x^2}\mathrm{d}x = \dfrac{1}{a}\arctan\dfrac{x}{a}+C.$

(二) 有理函数的积分

18. $\int \dfrac{1}{a+bx}\mathrm{d}x = \dfrac{1}{a}\ln|a+bx|+C.$

19. $\int (a+bx)^2 \mathrm{d}x = \dfrac{(a+bx)^{n+1}}{b(n+1)}+C \quad (n\neq 1).$

20. $\int \dfrac{x}{(a+bx)^2}\mathrm{d}x = \dfrac{1}{b^2}\left[\dfrac{a}{a+bx}+\ln|a+bx|\right]+C.$

21. $\int \dfrac{x^2}{(a+bx)^2}\mathrm{d}x = \dfrac{1}{b^3}\left[a+bx-\dfrac{a^2}{a+bx}-2a\ln|a+bx|\right]+C.$

22. $\int \dfrac{1}{x(a+bx)}\mathrm{d}x = -\dfrac{1}{a}\ln\left|\dfrac{a+bx}{x}\right|+C.$

23. $\int \dfrac{1}{(x+a)(x+b)}\mathrm{d}x = \dfrac{1}{b-a}\ln\left|\dfrac{x+a}{x+b}\right|+C.$

24. $\int \dfrac{1}{x^2(a+bx)}\mathrm{d}x = -\dfrac{1}{ax}+\dfrac{b}{a^2}\ln\left|\dfrac{a+bx}{x}\right|+C.$

25. $\int \dfrac{1}{x(a+bx)^2}\mathrm{d}x = \dfrac{1}{a(a+bx)}-\dfrac{1}{a^2}\ln\left|\dfrac{a+bx}{x}\right|+C.$

26. $\int \dfrac{1}{x^2(a+bx)^2}\mathrm{d}x = \dfrac{1}{-a^3}\left[\dfrac{a+bx}{x}-2b\ln\left|\dfrac{a+bx}{x}\right|-\dfrac{b^2 x}{a+bx}\right]+C.$

27. $\int \dfrac{1}{a+bx^2}\mathrm{d}x = \dfrac{1}{\sqrt{ab}}\arctan\dfrac{x\sqrt{ab}}{a}+C \quad (a、b \text{ 同号}).$

28. $\int \dfrac{1}{a+bx^2}\mathrm{d}x = \dfrac{1}{2\sqrt{-ab}}\ln\left|\dfrac{a+\sqrt{-ab}\,x}{a-\sqrt{-ab}\,x}\right|+C \quad (a、b \text{ 异号}).$

29. $\int \dfrac{x}{a+bx^2}\mathrm{d}x = \dfrac{1}{2b}\ln|a+bx^2|+C.$

30. $\int \dfrac{x}{a^2\pm b^2 x^2}\mathrm{d}x = \dfrac{1}{\pm 2b^2}\ln|a^2\pm b^2 x^2|+C.$

31. $\int \dfrac{1}{a^2+b^2 x^2}\mathrm{d}x = \dfrac{1}{ab}\arctan\dfrac{bx}{a}+C.$

32. $\int \dfrac{1}{a^2-b^2 x^2}\mathrm{d}x = \dfrac{1}{2ab}\ln\left|\dfrac{a+bx}{a-bx}\right|+C.$

33. $\int \dfrac{1}{x(a^2\pm b^2 x^2)}\mathrm{d}x = \dfrac{1}{2a^2}\ln\left|\dfrac{x^2}{a^2\pm b^2 x^2}\right|+C.$

34. $\int \dfrac{1}{x^2(a^2+b^2 x^2)}\mathrm{d}x = -\dfrac{1}{a^2 x}-\dfrac{b}{a^3}\arctan\dfrac{b}{a}x+C.$

35. $\int \dfrac{1}{(a^2+b^2 x^2)^2}\mathrm{d}x = \dfrac{x}{2a^2(a^2+b^2 x^2)}+\dfrac{1}{2a^3 b}\arctan\dfrac{bx}{a}+C.$

36. $\int \dfrac{1}{(a^2-b^2 x^2)^2}\mathrm{d}x = \dfrac{x}{2a^2(a^2-b^2 x^2)}+\dfrac{1}{4a^3 b}\ln\left|\dfrac{a+bx}{a-bx}\right|+C.$

37. $\int \dfrac{1}{a+bx+cx^2}\mathrm{d}x = \dfrac{2}{\sqrt{4ac-b^2}}\arctan\left(\dfrac{2cx+b}{\sqrt{4ac-b^2}}\right)+C \quad (b^2<4ac).$

38. $\int \dfrac{1}{a+bx+cx^2}dx = \dfrac{2}{\sqrt{b^2-4ac}}\ln\left|\dfrac{2cx+b-\sqrt{b^2-4ac}}{2cx+b+\sqrt{b^2-4ac}}\right|+C \quad (b^2>4ac)$.

（三）无理函数的积分

39. $\int x\sqrt{a+bx}\,dx = \dfrac{2(2a-2bx)(a+bx)^{\frac{3}{2}}}{15b^2}+C$.

40. $\int x^2\sqrt{a+bx}\,dx = \dfrac{2(8a^2-12abx+15b^2x^2)(a+bx)^{\frac{3}{2}}}{105b^3}+C$.

41. $\int \dfrac{x}{\sqrt{a+bx}}dx = -\dfrac{2(2a-bx)\sqrt{a+bx}}{3b^2}+C$.

42. $\int \dfrac{x^2}{\sqrt{a+bx}}dx = \dfrac{2(8a^2-4abx+3b^2x^2)\sqrt{a+bx}}{15b^3}+C$.

43. $\int \dfrac{1}{x\sqrt{a+bx}}dx = \dfrac{1}{\sqrt{a}}\ln\left|\dfrac{\sqrt{a+bx}-\sqrt{a}}{\sqrt{a+bx}+\sqrt{a}}\right|+C \quad (a>0)$.

44. $\int \dfrac{1}{x\sqrt{a+bx}}dx = \dfrac{2}{\sqrt{-a}}\arctan\sqrt{\dfrac{a+bx}{-a}}+C \quad (a<0)$.

45. $\int \dfrac{1}{\sqrt{x^2\pm a^2}}dx = \ln\left|x+\sqrt{x^2\pm a^2}\right|+C$.

46. $\int \sqrt{x^2\pm a^2}\,dx = \dfrac{x}{2}\sqrt{x^2\pm a^2}\pm \dfrac{a^2}{2}\ln\left|x+\sqrt{x^2\pm a^2}\right|+C$.

47. $\int (x^2\pm a^2)^{\frac{3}{2}}dx = \dfrac{x}{8}(2x^2\pm 5a^2)\sqrt{x^2\pm a^2}+\dfrac{3a^4}{8}\ln\left|x+\sqrt{x^2\pm a^2}\right|+C$.

48. $\int \dfrac{1}{(x^2\pm a^2)^{\frac{3}{2}}}dx = \dfrac{x}{\pm a^2\sqrt{x^2\pm a^2}}+C$.

49. $\int \dfrac{x^2}{\sqrt{x^2\pm a^2}}dx = \dfrac{x}{2}\sqrt{x^2\pm a^2}\mp \dfrac{a^2}{2}\ln\left|x+\sqrt{x^2\pm a^2}\right|+C$.

50. $\int \dfrac{1}{x\sqrt{x^2+a^2}}dx = -\dfrac{1}{a}\ln\left|\dfrac{a+\sqrt{x^2+a^2}}{x}\right|+C$.

51. $\int \dfrac{1}{x^2\sqrt{x^2-a^2}}dx = \dfrac{1}{a}\arccos\dfrac{a}{x}+C \quad (x>a)$.

52. $\int \dfrac{1}{x^2\sqrt{x^2\pm a^2}}dx = \mp\dfrac{\sqrt{x^2\pm a^2}}{a^2x}+C$.

53. $\int \dfrac{\sqrt{x^2+a^2}}{x}dx = \sqrt{x^2+a^2}-a\ln\left|\dfrac{a+\sqrt{x^2+a^2}}{x}\right|+C$.

54. $\int \dfrac{\sqrt{x^2-a^2}}{x}dx = \sqrt{x^2-a^2}-\arccos\dfrac{a}{x}+C \quad (x>a)$.

附录三　简易积分表

55. $\int \dfrac{\sqrt{x^2 \pm a^2}}{x^2} dx = -\dfrac{\sqrt{x^2 \pm a^2}}{x} + \ln\left| x + \sqrt{x^2 \pm a^2} \right| + C.$

56. $\int \sqrt{a^2 - x^2}\, dx = \dfrac{x}{2}\sqrt{a^2 - x^2} + \dfrac{a^2}{2}\arcsin\dfrac{x}{a} + C.$

57. $\int (a^2 - x^2)^{\frac{3}{2}}\, dx = \dfrac{x}{8}(5a^2 - 2x^2)\sqrt{a^2 - x^2} + \dfrac{3}{8}a^4 \arcsin\dfrac{x}{a} + C.$

58. $\int \dfrac{1}{\sqrt{a^2 - x^2}}\, dx = \arcsin\dfrac{x}{a} + C.$

59. $\int \dfrac{1}{(a^2 - x^2)^{\frac{3}{2}}}\, dx = \dfrac{x}{a^2 \sqrt{a^2 - x^2}} + C.$

60. $\int x^2 \sqrt{a^2 - x^2}\, dx = \dfrac{x}{8}(2x^2 - a^2)\sqrt{a^2 - x^2} + \dfrac{a^4}{8}\arcsin\dfrac{x}{a} + C.$

61. $\int \dfrac{x^2}{\sqrt{a^2 - x^2}}\, dx = -\dfrac{x}{2}\sqrt{a^2 - x^2} + \dfrac{a^2}{2}\arcsin\dfrac{x}{a} + C.$

62. $\int \dfrac{1}{x\sqrt{a^2 - x^2}}\, dx = -\dfrac{1}{a}\ln\left| \dfrac{a + \sqrt{a^2 - x^2}}{x} \right| + C.$

63. $\int \dfrac{1}{x^2 \sqrt{a^2 - x^2}}\, dx = -\dfrac{\sqrt{a^2 - x^2}}{a^2 x} + C.$

64. $\int \dfrac{\sqrt{a^2 - x^2}}{x}\, dx = \sqrt{a^2 - x^2} - a\ln\left| \dfrac{a + \sqrt{a^2 - x^2}}{x} \right| + C.$

65. $\int \dfrac{\sqrt{a^2 - x^2}}{x^2}\, dx = -\dfrac{\sqrt{a^2 - x^2}}{x} - \arcsin\dfrac{x}{a} + C.$

66. $\int \sqrt{2ax - x^2}\, dx = \dfrac{x - a}{2}\sqrt{2ax - x^2} + \dfrac{a^2}{2}\arccos\left(1 - \dfrac{x}{a}\right) + C.$

67. $\int x\sqrt{2ax - x^2}\, dx = -\dfrac{3a^2 + ax - 2x^2}{6}\sqrt{2ax - x^2} + \dfrac{a^3}{2}\arccos\left(1 - \dfrac{x}{a}\right) + C.$

68. $\int \dfrac{\sqrt{2ax - x^2}}{x}\, dx = \sqrt{2ax - x^2} + a\arccos\left(1 - \dfrac{x}{a}\right) + C.$

69. $\int \dfrac{\sqrt{2ax - x^2}}{x^2}\, dx = -\dfrac{2\sqrt{2ax - x^2}}{x} - \arccos\left(1 - \dfrac{x}{a}\right) + C.$

70. $\int \dfrac{1}{\sqrt{2ax - x^2}}\, dx = \arccos\left(1 - \dfrac{x}{a}\right) + C.$

71. $\int \dfrac{x}{\sqrt{2ax - x^2}}\, dx = -\sqrt{2ax - x^2} + a\arccos\left(1 - \dfrac{x}{a}\right) + C.$

72. $\int \dfrac{x^2}{\sqrt{2ax - x^2}}\, dx = -\dfrac{(x + 3a)\sqrt{2ax - x^2}}{2} + \dfrac{3a^2}{2}\arccos(1 - x) + C.$

73. $\int \dfrac{1}{x\sqrt{2ax - x^2}}\, dx = -\dfrac{\sqrt{2ax - x^2}}{ax} + C.$

74. $\int \dfrac{1}{\sqrt{2ax + x^2}}\, dx = \ln\left| x + a + \sqrt{2ax + x^2} \right| + C.$

75. $\int \sqrt{\dfrac{a+x}{b+x}}\,dx = \sqrt{(a+x)(b+x)} + (a-b)\ln(\sqrt{a+x} + \sqrt{b+x}) + C.$

76. $\int \sqrt{\dfrac{a-x}{b+x}}\,dx = \sqrt{(a-x)(b+x)} + (a+b)\arcsin\sqrt{\dfrac{x+b}{a+b}} + C.$

77. $\int \sqrt{\dfrac{a+x}{b-x}}\,dx = -\sqrt{(a+x)(b-x)} - (a+b)\arcsin\sqrt{\dfrac{b-x}{a+b}} + C.$

78. $\int \dfrac{1}{\sqrt{(x-a)(b-x)}}\,dx = 2\arcsin\sqrt{\dfrac{x-a}{b-a}} + C.$

（四）超越函数的积分

79. $\int e^{ax}\,dx = \dfrac{e^{ax}}{a} + C.$

80. $\int b^{ax}\,dx = \dfrac{b^{ax}}{a\ln b} + C.$

81. $\int \ln x\,dx = x\ln x - x + C.$

82. $\int x^n \ln x\,dx = x^{n+1}\left[\dfrac{\ln x}{n+1} - \dfrac{1}{(n+1)^2}\right] + C.$

83. $\int \sin^2 x\,dx = \dfrac{1}{2}x - \dfrac{1}{4}\sin 2x + C.$

84. $\int \cos^2 x\,dx = \dfrac{1}{2}x + \dfrac{1}{4}\sin 2x + C.$

85. $\int \cos^n x \sin x\,dx = -\dfrac{\cos^{n+1} x}{n+1} + C.$

86. $\int \sin^n x \cos x\,dx = \dfrac{\sin^{n+1} x}{n+1} + C.$

87. $\int \sin mx \sin nx\,dx = -\dfrac{\sin(m+n)x}{2(m+n)} + \dfrac{\sin(m-n)x}{2(m-n)} + C.$

88. $\int \cos mx \cos nx\,dx = \dfrac{\sin(m+n)x}{2(m+n)} + \dfrac{\sin(m-n)x}{2(m-n)} + C.$

89. $\int \sin mx \cos nx\,dx = -\dfrac{\cos(m+n)x}{2(m+n)} - \dfrac{\cos(m-n)x}{2(m-n)} + C.$

90. $\int \dfrac{dx}{1+\cos x} = \tan\dfrac{x}{2} + C.$

91. $\int \dfrac{dx}{1-\cos x} = -\cot\dfrac{x}{2} + C.$

92. $\int x \sin nx\,dx = \dfrac{1}{n^2}\sin nx - \dfrac{1}{n}x\cos nx + C.$

93. $\int x \cos nx\,dx = \dfrac{1}{n^2}\cos nx + \dfrac{1}{n}x\sin nx + C.$

94. $\int x^2 \sin nx\,dx = \dfrac{x}{n^2}(2\sin nx - nx\cos nx) + \dfrac{2}{n^3}\cos nx + C.$

95. $\int x^2 \cos nx \, dx = \dfrac{x}{n^2}(nx \sin nx + 2\cos nx) - \dfrac{2}{n^3} \sin nx + C.$

96. $\int \arcsin x \, dx = x \arcsin x + \sqrt{1-x^2} + C.$

97. $\int \arccos x \, dx = x \arccos x - \sqrt{1-x^2} + C.$

98. $\int \arctan x \, dx = x \arctan x - \ln\sqrt{1+x^2} + C.$

99. $\int \operatorname{arccot} x \, dx = x \arctan x + \ln\sqrt{1+x^2} + C.$

参考文献

[1] 田秋野. 高等数学(经济管理类)[M]. 北京:北京大学出版社,2004.
[2] 陈兰祥. 高等数学复习指南[M]. 北京:学苑出版社,2000.
[3] 同济大学应用数学系. 高等数学(上册)[M]. 北京:高等教育出版社,2002.
[4] 陈传璋. 数学分析[M]. 北京:高等教育出版社,1997.
[5] 黄华贤. 微积分[M]. 南宁:广西科学技术出版社,2002.
[6] 张永曙,刘浩荣. 高等数学[M]. 北京:高等教育出版社,1998.
[7] 上海交通大学、集美大学编. 高等数学及其教学软件[M]. 北京:科学出版社,2004.
[8] 吴赣昌等. 高等数学讲义[M]. 海口:海南出版社,2005.
[9] 李群高. 高等数学辅导与练习[M]. 北京:机械工业出版社,2007.
[10] 同济大学高等数学教研室. 高等数学习题精编(全解)[M]. 上海:同济大学出版社,2003.
[11] 刘书田,葛振三. 微积分标准化试题[M]. 北京:学苑出版社,1990.
[12] 王佩荔,等. 高等数学提要与习题集[M]. 天津:天津大学出版社,1994.
[13] 廖玉麟,刘凯. 微积分试题精解[M]. 长沙:湖南大学出版社,2001.
[14] 张国楚,等. 大学文科数学[M]. 北京:高等教育出版社,2007.
[15] 李志熙,等. 微积分(财经类)[M]. 北京:高等教育出版社,1988.
[16] 齐民友. 微积分学习指导[M]. 武汉:武汉大学出版社,2004.
[17] 邱英杰. 高等数学辅导[M]. 北京:科学技术文献出版社,2008.
[18] 朱来义. 微积分中的典型例题分析与习题[M]. 北京:高等教育出版社,2004.
[19] 张顺燕. 心灵之花(北京大学数学素质教育学生论文精选)[M]. 北京:北京大学出版社,2002.
[20] 恩格斯. 自然辩证法[M]. 北京:人民出版社,1964.